通用智能与大模型丛书

深度学习推荐系统 2.0

王喆 / 著

電子工業出版社
Publishing House of Electronics Industry
北京•BEIJING

内 容 简 介

深度学习和大模型技术在推荐系统领域掀起了一场技术革命，本书从深度学习推荐模型、Embedding 技术、大模型、AIGC、模型工程实现、业界前沿实践等几个方面介绍了这场技术革命中的主流技术要点。

本书既适合推荐系统、计算广告和搜索领域的从业者阅读，也适合人工智能相关专业的本科生、研究生、博士生阅读，帮助建立深度学习推荐系统的技术框架。通过学习前沿案例，读者可加强深度学习理论与推荐系统工程实践的融合能力。

图书在版编目（CIP）数据

深度学习推荐系统 2.0 / 王喆著. -- 北京 : 电子工业出版社, 2025. 3. -- (通用智能与大模型丛书).
ISBN 978-7-121-49746-9

Ⅰ. TP181; TP393

中国国家版本馆 CIP 数据核字第 20259WQ038 号

责任编辑：郑柳洁
印　　刷：河北迅捷佳彩印刷有限公司
装　　订：河北迅捷佳彩印刷有限公司
出版发行：电子工业出版社
　　　　　北京市海淀区万寿路 173 信箱　　　邮编：100036
开　　本：787×1092　1/16　印张：18.75　字数：480 千字
版　　次：2025 年 3 月第 1 版
印　　次：2025 年 5 月第 3 次印刷
定　　价：128.00 元

凡所购买电子工业出版社图书有缺损问题，请向购买书店调换。若书店售缺，请与本社发行部联系，联系及邮购电话：（010）88254888，88258888。

质量投诉请发邮件至 zlts@phei.com.cn，盗版侵权举报请发邮件至 dbqq@phei.com.cn。

本书咨询联系方式：zhenglj@phei.com.cn，（010）88254360。

推荐序

时隔 5 年再次受王喆的邀请，为《深度学习推荐系统 2.0》作序，我一开始略有犹豫，原因有二。

第一，自 2021 年我离开阿里妈妈加入汇量科技后，工作重心已经从“立足互联网头部业务平台，带领业界顶尖团队，在广告推荐技术的前沿持续创新突破”，转变为“在帮助全球开发者增长的 To B（面向企业）型技术服务平台，带领普通水平的团队，面向业务，研发强调实效但不一定‘出彩’的产品、系统和模型”。可以说，我已经选择了与 2021 年之前大家熟悉的我说再见，这几年也没有给业界贡献公开的作品，因此是否适合为这本再版的佳作写序，让我犹豫。

第二，2021 年我在切换赛道时，曾在知乎上发表一篇长文《屠龙少年与龙：漫谈深度学习驱动的广告推荐技术发展周期》，用絮絮叨叨的文字探讨了我当时对深度学习引发的广告推荐技术变革前后那段波澜壮阔的发展时期的浅见，尤其是详细分享了我在领导阿里广告技术团队的数年时间里，一系列重要研发作品背后的思考逻辑。而此时再多妄言是否欠妥，也让我犹豫。

然而，预览完新书的样稿后，作者对技术的深入了解、对深度学习推荐系统发展到当下所面临的技术困境的剖析、对大模型引发的新范式的探讨，以及对从业者的职业选择与发展方向的思辨，又勾起了我的表达欲。王喆兄趁热打铁，“狡黠”地发来一个微信红包，并贴心地安慰道：“具体的工作是次要的，行业思考和人生感悟层次更高。”收钱就得干活，于是我再跟大家絮叨几句。

如果说我在阿里期间的工作偏向于立足互联网的头部业务，努力推高广告推荐技术的上限，那么当下在汇量科技的工作则聚焦在互联网的中下层场景，面向全球数以百万计的开发者，在性价比的严格约束下，研发如何将 Data-driven+ AI-driven（数据驱动+AI 驱动）为内核的广告推荐技术落地为实际的产品，帮助开发者精进技术。从这个角度出发，我在阿里的工作是为阿里独家打造“1 个”强大高效的增长引擎，而在汇量科技的工作则是为数百万的开发者打造“数百万个”高性价比的增长引擎。这两段迥异的经历，恰恰为我提供了互补的视角，让我有机会重新审视广告推荐系统的产品技术体系以及相关从业者，因此获得了一些新的观察。

1. 突破惯性，构建技术体系性思维

一般情况下，技术不直接面向用户，产品才是用户接触的窗口，如广告推荐系统。产

品形态定义了技术的作用域。在给定的作用域里，对特定的技术模块独立进行优化和迭代，是绝大部分技术人员喜欢和习惯的模式。举个例子，负责广告推荐系统精排模型的技术人员可以数年如一日地专注于改进精排模型技术，不需要频繁地与产品经理打交道，响应各种奇怪的业务需求，很多人对此乐此不疲。哪怕是跳槽到同行业新公司，他们往往还是习惯于从事之前擅长的（方向或者模块）工作。其背后的惯性思维是：所有产品形态定义的技术体系是一致的。

只有两种情况会触及<产品形态,技术体系>二元关系的破坏式重构。

（1）既有的产品形态发生重大改变。例如，区别于电商货架式的瀑布流交互形态，抖音等平台创造的沉浸式全屏交互形态重塑了短视频推荐技术体系。

（2）既有的技术发展临近该体系的极限，继续惯性式地优化带来的增量空间远不能满足需求。例如，当前头部广告推荐平台基于深度学习构建的技术体系，其迭代带来的边际增长收益已经很低。

在这两种情况下，技术人员都需要突破原本的惯性思维，重新思考和构建更适应当前生产力的“生产关系”，也就是新的产品形态和技术体系，然后在这种更合理的生产关系下再分而治之，进行局部迭代式优化。我认为这种重构能够创造系统性增长空间。所以，技术人员在思考自己的工作方向时，需要时常追问自己这样的问题：是继续沿着当前的技术体系改良得到剩余的红利更大，还是推动更宏观的结构性重构、创造新的体系得到的红利更大？大模型时代的推荐系统何去何从，就是对这个命题最好的注解。

2. 务实地理解和追求技术深度

我接触过很多广告推荐技术领域的从业者，其中一大部分，尤其是自驱力很强的年轻从业者，往往容易陷入典型的“大厂情结”陷阱：过度追求大厂那些看起来能参与“高精尖”模型研发、能发表各种酷炫论文的工作机会。背后的想法都类似：那样的工作才具有技术深度，那样的人才是技术专家。诚然，能够研发被业界广泛认可、对别人有很强借鉴意义的模型，这样的人技术造诣肯定不低，例如本书剖析的众多在广告推荐技术发展史上留下耀眼光芒的模型背后的作者们。

但千万不要以偏概全，用幸存者偏差来狭隘化对技术深度的理解。在工业界，评价技术深度的标准其实很朴素：给定问题，你能不能给出最简单、最优雅、性价比最高的方案，并且将其落地，得到实实在在的结果？对于头部推荐平台，因为业务本身的规模足够大，哪怕是 1%的优化，带来的绝对增长量以及相对 ROI（投资回报率）都足够可观，因此企业才会高薪招聘优秀人才并组建相关的技术团队。这些技术人才往往对技术体系有着深刻而全面的理解，能够静下心来推敲当前 SOTA（最先进技术）的细微缺陷，长期致力于通过对模型的极致改进来挖掘那 1%的优化空间，哪怕技术落地需要的投入是惊人的。而对于绝大部分中小业务而言，如何充分考虑当前业务的规模和团队的综合能力，设计性价比最高的模型，得到 80%的收益，而不是追求那 1%的增量空间，也同样具有挑战性。两者看似差异很大，实则殊途同归——都是在各自的约束条件下追求自己的最优解。所以在我看来，能够讲清楚自己的问题约束条件、明确技术选型和设计思路的逻辑依据，并在合理的资源约束下落地自己的想法而得到收益，这本身就说明了个人技术能力的全面性和贯通性，同样是具备技术深度的体现。

一般而言，头部广告推荐平台的核心团队总归是小规模的。广告推荐技术发展到今天，我估计从业者有数十万之众。换句话说，只有不到 1%的人有机会进入那些核心团队，余下的人在日常工作中所追求的都不是那 1%的优化空间。对于这 99%的人而言，对技术深度建立清晰的认知，并据此来设计自己的职业发展路线，才更为务实和理性。事实上，哪怕负责的业务体量对当前来说并不算头部，但只要能够深刻掌握业界主流技术的脉络和细节，在自己的业务场景下合理选型，取得实实在在的业务效果，这种人其实比头部那一小撮核心团队的成员具有更高的市场价值。因为这类业务场景更普遍，对个人而言能够尽情施展才华的舞台其实更大，也相对没那么“卷”。这类案例在我最近几年接触的人群中并不少见。

3. 寻找并抓住系统性的增长机会

2015 年前后，我在阿里广告团队尝试开启并随后带领整个团队“All-In”的深度学习技术范式，给当时的阿里展示广告创造了一次系统性增长机会：从 2017 年我在 arXiv 上发布 DIN 的第一版论文到 2021 年离开阿里，基本上每年都有两三个核心的模型/系统研发成功并在生产业务中推广，这给企业带来爆炸式增长。这些技术随后大多被总结为工业实战论文分享给业界，其中既包括 DIN、DIEN、ESMM、MIMN、SIM、CAN、STAR、DEFER 等广告推荐主模型，也包括工业级深度学习框架 XDL、流式深度学习系统 Bernoulli、支持任意复杂模型的全库召回框架二向箔、算力消耗和模型复杂度灵活可控的粗排框架 COLD、个性化算力分配框架 DCAF 等系统架构。

于个人而言，我是幸运的，因为我碰巧赶上了深度学习爆发的浪潮，从而有机会站在当时阿里这个高速增长的平台上，和一群优秀的人一起对整个广告推荐技术体系进行颠覆式的思考和创新，得到系统性的增长红利。很多人会觉得这样的幸运仅此一次，职业生涯中恐难再遇。不可否认，机遇具有偶然性，但回顾这段技术发展史，事实上在不同的业务场景、不同水平的技术团队中，类似的系统性增长机会并非不可复现。

以我加入汇量科技 3 年多以来的工作为例。不熟悉三方广告平台的人，应该很少能在国内的技术社区了解到汇量科技的商业模式及其背后的技术体系。为了让后续的叙述清晰易懂，我先简单介绍一下汇量科技的主营业务场景——三方广告平台。

三方广告平台是相对于主流的媒体广告平台而言的，它们之间有以下两个显著的差异。

（1）媒体广告平台是面向封闭生态内的自有流量进行商业化变现的自营广告平台（如阿里妈妈负责淘宝电商流量的商业化），三方广告平台则是为开放生态中的全球数百万开发者（下文称之为 supply）提供商业化变现能力的技术服务平台。

（2）媒体广告平台内的广告主（下文称之为 player）付费购买的是媒体平台的用户时长和注意力，它们与媒体平台有着天然的利益冲突，而三方广告平台的 player 大多是开发者本身（下文称之为 demand 侧）。这些开发者发行的 App 往往处于互联网中下层，因为产品、运营甚至资本能力处于弱势，相比于头部 App 而言很难获得用户的高黏性，因此只能抱团取暖，互相开放流量，共同促进增长。

从本质上讲，三方广告平台里的 player，其实是在互联网尺度下组团，从头部 App 争夺用户时长和注意力，因为有着共同的强大敌人而利益一致。简言之，媒体广告平台拥有封闭的流量体系，player 与其存在对抗博弈，媒体广告平台的目标是提高自有流量分配效率（俗称“亩产量”）的同时优化生态健康度，从而使平台短期和长期收益都更高。而三方广告平台则恰恰相反，它面临的是开放的流量环境、利益基本一致的 player，此时平台的目标不是利益的博弈分配，而是尽可能帮助客户成功并由此实现平台的成功。这是一种双赢的商业模式。

事实上，汇量科技几乎是唯一扎根于中国独立发展起来的，在全球市场有头部竞争力的三方广告平台，在中国出海的开发者以及全球更大范围内的开发者社区中有着较大的影响力。由于中国互联网强大的“围墙花园”结构，国内技术圈对这个市场的了解有限。汇量科技的最强竞争对手和榜样 AppLovin，则成长于流量结构更为开放透明的欧美互联网，是目前三方广告平台的 Top 1。在互联网流量红利接近枯竭的今天，相比于封闭式媒体广告平台而言，构建在开放式互联网下的三方广告平台反而表现出更强劲的增长。截至本文写作时，AppLovin 的市值已经接近千亿美元。自从我加入汇量科技以来，成功地将头部互联网的迭代经验转化为技术红利，量体裁衣地将其应用于三方广告平台。3 年的时间我们的广告营收峰值几乎翻了 3 倍，核心利润更是增长了超过 5 倍。那么，带来这种明显的系统性增长机会的底层逻辑是什么？是类似我在阿里期间的偶然机遇吗？是只有汇量科技这样的三方广告平台才独有吗？我认为并不是。

增长的秘密其实很简单：静下心来剖析由互联网头部平台实践并成功落地的技术新范式的底层逻辑，结合自己业务场景的关键要素，针对性地进行二次创作，由此收获相对于原有技术基底的大幅增长红利。这种在成熟经验基础上通过体系性的二次创新实现的增长，就是系统性增长。如同下棋，高段位的棋手往往善于长考，因势利导、精心布局，下出屠龙名局。像汇量科技这样的三方广告平台，supply 侧是开放的流量体系，数百万个 App 共建的流量结构异常丰富和多样，覆盖全球 200 多个主要经济体的数十亿用户；demand 侧是与客户共赢的商业模式，产品设计的主旨是帮助客户成功而非“收割”客户。在这种业务形态下，我推动汇量科技增长，主要依靠如下几个朴实但有效的优化措施。

（1）定义与商业模式适配的业务优化目标，并将其数学形式化。据我观察，不少业务场景都缺乏准确的可度量目标。在业务由 0 到 1 的发展初期，负责人往往凭直觉带领团队冲锋，这是合理的；但进入规模化发展阶段后，靠直觉的逻辑在多目标视角下经常存在冲突，导致团队走弯路。通过数学形式严格准确地定义目标是推动业务规模化发展的关键钥匙之一。

（2）站在包括产品、系统、数据、算法、人及组织在内的更高维度进行全局优化。加入汇量科技之后我经常跟团队讲：我的角色是 problem solver（问题解决者），凡是在全局业务目标函数里梯度较大的方向，我都会切入并进行梯度下降式优化。以前我推崇 algo-system co-design（算法与系统协同设计），现在来看，站在更高的维度能够获得更合理的全局寻优路径。对技术人而言，从优化模型到优化模块，再到优化系统、优化产品、优化业务，甚至优化整个公司体系，每一步跃迁的背后都代表你的视野和能力在更高维空间得到拓展。这种升维式成长对个人发展而言是一条快车道。

（3）跟客户“对齐”目标，用 Data-driven+AI-driven 代替人工经验模式主导的产品和运营体系。广告推荐平台在发展的初期，大多用人的先验经验牵引系统度过由 0 到 1 的冷启动阶段。早期成功的人工经验模式，在平台规模化阶段通常都存在由数据和算法驱动的巨大升级红利。这一点不用过多介绍，业界有很多成功的实践。只不过我要强调的是，在这个过程中如何尽可能跳出算法工程师要掌控一切的狭隘意识，设计出让人工经验可控地进行“半自动驾驶”的体系非常重要。它不仅能有效避免因为发展模式切换带来的团队边界摩擦，减少低水平内耗，更重要的是还能构建在以黑盒为主的自动化系统里施加专家经验牵引业务的机制，为新业务破局提供“人工”+“智能”的双增长引擎。从我的实践经验来看，算法的结构性升级能够给大部分客户带来规模化红利，但很难避免局部客户的 bad case（不良案例），人工运营的投入恰好能够弥补这个缺陷，两者搭配是更优的组合。

（4）持续构建面向高速迭代的基建体系。这是我多年来坚持的技术理念。在 AI 迭代已经迈入高度工业化大生产的今天，一天迭代 10 个模型的团队，就是比 10 天才能迭代 1 个模型的团队强 100 倍。快速试错是业务发展的关键，面向迭代的强大基建则是胜负手。特别注意，基建体系的升级不是一次性的，需要随时对技术体系性的发展进行合理准确的预判，通过螺旋式迭代构建最适合当前需求的形态。

（5）在性价比的严格约束下，分批次落地成熟业务的成功算法经验，按需进行局部创新改造。所有能够在业界留下名字的优秀广告推荐模型或者系统，它们的成功不是来自炫技，而是在面对要解决的问题时，能够给出足够合理、优雅的应对办法，甚至让人觉得不可思议的简单方案。我的技术偏好也是如此，如同围棋里的神之一手，职业生涯中那些构思出简单但优雅方案的“aha 时刻”是我最珍贵的记忆。这种“aha 时刻”，来自你看出了问题的关键结构，改良或者创造出适合问题的最佳方案。不过相比头部业务的“大手大脚”，在中长尾的业务中通常需要追求极致的技术性价比。

与汇量科技类似，这种底子不算厚但又存在规模化增长空间的业务场景不在少数。冷静耐心地思考，将复杂的局面分解并确立正确的方向，然后找到合理高效的迭代路径并付诸实践，从而带来系统性增长，这是很多从业者都有机会做到的。一旦你成功地参与甚至主导过一两次这样的增长，并通过反思构建具有泛化性的认知和方法体系，一定能将你的职业生涯推到一个足够高的高度。换句话说，抓住你个人发展的系统性增长机会。

4. 追求技术的 sense（敏锐度）和 taste（品位）

如果你是一个有追求的技术人，我想和你谈谈这个话题。很多人说自己经常面临的苦恼是：“leader（领导）一方面鼓励和要求我创新，另一方面又常常否定我提出的新 idea（思路），或者虽然不反对但也没有我预期的那么兴奋。”从我的视角出发，在排除私人恩怨的情况下，关键点就在于 leader 长期实践积累出来的技术 sense 和 taste，让他比你能够更务实地判断新 idea 的合理性。

这个话题其实非常具有个人色彩，我仅分享自己在技术上的一些偏好。

（1）技术的克制性。短期内把系统做复杂获得项目收益相对容易，但是在保持系统简单可迭代的同时获得类似的收益一般则很难。不仅难在技术选型时要反复推敲，更难的是在业务压力下做出决策并说服团队放弃短期破坏式但迅速可得效果的方案。业界均知，在深度学习浪潮到来之前，百度的凤巢系统是公认的国内广告推荐技术标杆，从凤巢团队也走出来了非常多的优秀人才，引领了早期国内广告推荐技术的发展。但据我所知，在深度学习爆发的前后，凤巢广告系统受制于过于复杂的级联式模型架构设计，一度造成广告算法体系死锁，很长时间几乎没人能在如此复杂的系统下再获得优化收益。这种短期上线快速拿收益，但长期死锁丢失更大红利空间的现象，我认为大抵就是因为缺乏技术克制性。

（2）少一些功利主义，尊重常识，相信常识的力量。我经常看到很多人追逐热点技术，什么技术火就想迅速把它应用到自己的业务场景中。不可否认，对新技术保持敏感度是好事，但如果只是为了用新技术而用新技术，看不清问题或者不思辨，就是典型的"拿着锤子找钉子"工作模式。这是要不得的。当然，不排除在很多公司的评价体系下，大家为了晋升刻意地"创造亮点"。短期而言，这不失为一种投机性的策略，但如果习惯了这种模式，对个人长期的职业成长 reward（回报）是有损的。举个例子，这两年我与热衷于将大模型简单粗暴地引入推荐系统的人讨论问题时，最喜欢问的问题是：你判断大模型带来的增长空间有多大？它能带来增长的逻辑是什么？需要付出的系统改造代价有多大？如果同样的努力你放在别的传统的方向上，会不会带来更大的增长空间？如果是，那么你为什么选择入局大模型？到今天为止，业界已经经历了 2 年左右的深度探索，真正能够在生产场景直接落地大模型带来规模式增长的案例，目前我还没看到。而这 2 年内有多少人蹭了这个热点方向？损失的这些机会成本对这些人而言又是多少？相反地，Meta 推荐团队真正深度思考了大模型的底层逻辑，结合推荐系统的特点，给出了让人眼前一亮、极富创意的 GR 推荐范式。在我看来，这是一个非常漂亮、有可能带来推荐系统技术颠覆式变革的创新。

（3）个人的成长也可以寻找系统性增长机会。最后聊聊这个话题。事实上不可否认，广告推荐系统技术的发展这几年的确步入滞涨的常态。对个人而言，如何在这种常态下让自身价值最大化？从我的经验来看，有一个非常简单的策略：溢出式发展。如同深度学习改造广告推荐系统一样，将第一阶段由精排迭代创造的高技术水位逐步溢出到更多的模块，比如粗排、召回、重排等。据我这几年的观察，在中国，头部互联网对整个生态而言是巨大的人才黑洞，非常多的中下层互联网业务极端缺乏优秀人才，而这些地方对于已经经历过大规模平台实践锻炼的人而言，能提供的发展空间远大于继续留在高度内卷的头部团队。只不过，过去 20 多年来中国互联网的头部效应过于严重，大部分人不敢走出这一步，因为成功的样板不多。在当前环境下，我建议把寻找个人的系统性增长机会也纳入个人的全局优化目标，一半理性，一半赌性，成功的概率可能远大于维持现状。

作为《深度学习推荐系统 2.0》这本技术味道浓厚的佳作的序言，本序看似不伦不类，既没有探讨技术发展的具体趋势，也没有给出可供实践的具体技术方向，通篇似乎尽是说教的"废话"，但我相信，在广告推荐系统经历了近 30 年的高速发展，尤其是近 10 年由深度学习驱动的广告推荐技术爆炸式发展已经明显放缓的今天，在前几年行业出现严重的泡沫化，很多人跨行转入这个领域却迅速遭遇行业和技术双重降温的当下，正是跳出单纯技术探讨视角的良机。

从更务实的宏观角度出发，认真地探讨领域内从业者的职业发展方向与空间，在当前推荐系统相对不再热门但依然在工业界承担核心增长引擎角色的新阶段，适应这种新常态，习惯坐冷板凳，从底层冷静地审视现有技术体系的局限和机会，为下一个推荐系统的黄金时代到来蓄力。我想在这一点上与王喆撰写本书背后的底层思考是殊途同归的。

当下可能是整个行业发展的艰难时刻，但站在未来的角度，未尝不是新一代从业者积蓄力量的最佳时机。与诸君共勉！

朱小强
汇量科技首席人工智能官
2024 年 11 月 10 日

前言

推荐系统的创新时代

1992 年，施乐公司帕拉奥图研究中心（Xerox Palo Alto Research Center）的 David Goldberg 等学者创建了应用协同过滤算法的推荐系统[1]。如果以此作为推荐系统领域的开端，那么推荐系统距今已有 30 多年的历史。在这 30 多年中，推荐系统技术的发展日新月异，经历了一次又一次技术革命，始终站在信息科技领域的浪潮之巅。

如果说 1992 年到 2012 年是以协同过滤为代表的传统推荐系统算法的天下，那么随着 2012 年深度学习网络 AlexNet 在著名的 ImageNet 竞赛中一举夺魁[2]，深度学习引爆了图像、语音、自然语言处理等领域，就连互联网商业化最成功、机器学习模型应用最广泛的推荐、广告和搜索领域，也被深度学习的浪潮席卷。2015 年，微软、谷歌、百度、阿里巴巴等公司成功地在推荐、广告等业务场景中应用深度学习模型，推荐系统领域正式迈入深度学习时代。

推荐系统的相关技术在深度学习时代逐渐开枝散叶。除了深度学习推荐模型的结构经历了一轮又一轮的迭代优化，多目标学习、联邦学习、图神经网络等前沿的机器学习技术也在推荐系统领域大显身手，你方唱罢我登场，引领着技术发展的潮流。

2022 年，ChatGPT 横空出世，宣告推荐系统新的技术革命的到来。如何将大模型技术与深度学习推荐系统结合起来，如何在这场技术革命中找到推荐系统新的增长点，成为激动人心的新话题。推荐系统也随之进入全新的创新时代。突破单点优化，寻求推荐算法、工程架构和大模型的联合创新成为“深度学习推荐系统 2.0”时代的主题。

作为这个创新时代的推荐系统算法工程师（以下简称“推荐工程师”），我们是幸运的，因为我们见证了最深刻也是最迅猛的技术变革；但在某种意义上，我们也是不幸的，因为在这个技术日新月异、模型飞速演化的时代，一不小心就会处于被淘汰的边缘。然而，这个时代终究为对技术充满热情的工程师留下了充足的发展空间。希望本书能为热忱的推荐工程师搭建自己的技术蓝图、丰富技术储备，**提供一份清晰的思维导图，帮助他们构建深度学习推荐系统的技术框架**。

本书的缘起

距离《深度学习推荐系统》的出版已经 5 年。也许在其他传统行业，5 年不算什么，但在推荐系统领域，5 年的技术革新足以“翻天覆地”。这两年恰逢新一轮 AI 技术革命，笔者深感全面更新这本书迫在眉睫。于是从 2024 年年初开始，我开始了本书的写作之旅。

《深度学习推荐系统》的出版无疑是成功的。一本垂直领域的技术书销量能够超过 5 万册，推荐、广告、搜索领域的很多从业者能够从中获益，甚至引领很多年轻人走上算法工程师的道路，这让笔者非常自豪，也非常感谢业内同行的支持。

在这 5 年间，笔者的经历也更加丰富和全面，笔者带领着 TikTok 的一个国际化算法团队，全面负责 TikTok Ad Network 的算法设计、开发和架构工作，又在 Disney 流媒体组建了一支全新的研发队伍，负责整个 Disney 下辖流媒体的商业化算法和模型的研究及开发工作。这些经历让笔者从更高的视角重新审视推荐系统的架构工作，期待在这本书中与读者分享。笔者希望《深度学习推荐系统 2.0》不仅是一本技术书，也是一次与读者交流算法架构、业务感悟与行业经验的机会。

本书特色

本书旨在讨论**推荐系统相关的“经典的”或者“前沿的”技术内容**。其中着重讨论**深度学习在推荐系统业界的应用及大模型等推荐系统的最新技术趋势**。需要明确的是，本书不是一本机器学习或者深度学习的入门书。虽然书中会穿插对机器学习基础知识的介绍，但绝大多数内容建立在读者有一定的机器学习背景基础之上；本书也不是一本纯理论技术书，**而是一本从工程师的实际经验角度出发**，介绍深度学习在推荐系统领域的应用方法，以及相关的业界前沿知识的技术书。

本书读者群

本书的目标读者可分为两类：

一类是互联网行业相关方向，特别是**推荐、广告、搜索领域的从业者**。希望这些同行能够通过学习本书熟悉深度学习推荐系统的发展脉络，厘清每个关键模型和技术的细节，进而在工作中将其应用甚至改进。

另一类是有一定机器学习理论基础，**希望进入推荐系统领域的爱好者、在校学生**。本书尽量用平实的语言，从细节出发，介绍推荐系统的相关技术原理和应用方法，帮助读者从零开始构建前沿、实用的推荐系统知识体系。

欢迎交流

深度学习推荐系统的知识迭代迅速，而笔者的所知有限，难免有挂一漏万之憾。**笔者非常希望与读者一起完成深度学习推荐系统的知识迭代工作**。欢迎读者反馈阅读过程中遇到的问题。无论是指出错误、提出改进建议，还是探讨技术问题，都可以联系笔者。

致谢

《深度学习推荐系统》的再版工作横跨了一年。仅在这一年间，AI 带来的技术革新就是翻天覆地的，因此笔者经常面临写完后面的章节又要更新前面的章节的状况。好在《深度学习推荐系统 2.0》的写作终于完成了，相比初版，这几乎是一本全新的技术书。在这期间，为了掌握更多前沿的技术资料，确认很多论文的细节，我也寻求了多位资深业内专家的帮助。在此，感谢清华大学的刘知远教授、汇量科技的首席人工智能官朱小强、新浪微博的张俊林博士、华为的唐睿明博士和董振华博士、美团的技术专家薛涛锋等业内专家的帮助和指导。

与第一版一样，在写作本书的过程中，责任编辑郑柳洁为本书提出了大量有价值的建设性意见，感谢文字编辑对很多细节问题进行了大量专业的修改。在此，再次感谢郑柳洁编辑和为本书做出贡献的电子工业出版社的编辑朋友们。

最后，谨以此书献给刚出生的二女儿王悠然，祝她健康开心！

王喆

美国旧金山湾区 Foster City

2025 年 2 月 7 日

[1] GOLDBERG D, NICHOLS D, OKI BM, et al. Using Collaborative Filtering to Weave an Information Tapestry[J]. Communications of the ACM,1992,35.(12): 61-71.

[2] KRIZHEVSKY A, SUTSKEVER I, HINTON G. Imagenet Classification with Deep Convolutional Neural Networks[C]//Advances in Neural Information Processing Systems, 2012.

目录

第 1 章 推荐系统——互联网的增长引擎 ······ 1

1.1 为什么推荐系统是互联网的增长引擎 ······ 1
1.2 推荐系统的架构 ······ 3
1.3 算法、工程与大模型的协同创新 ······ 6
1.4 本书的整体结构 ······ 8
参考文献 ······ 9

第 2 章 推荐之心——深度学习推荐模型的进化之路 ······ 10

2.1 深度学习推荐模型的演化关系 ······ 10
2.2 协同过滤——经典的推荐算法 ······ 12
2.3 从 LR 到 FFM——融合多种特征的推荐模型 ······ 18
2.4 Deep Crossing 模型——深度学习推荐模型的开端 ······ 25
2.5 NeuralCF 模型——双塔模型的经典应用 ······ 28
2.6 Wide&Deep 模型——记忆能力和泛化能力的综合 ······ 33
2.7 加强特征交叉能力的深度学习推荐模型 ······ 35
2.8 注意力机制在推荐模型中的应用 ······ 40
2.9 考虑用户兴趣进化的序列模型 ······ 46
2.10 强化学习与推荐系统的结合 ······ 52
2.11 总结——推荐系统的深度学习时代 ······ 57
参考文献 ······ 59

第 3 章 浪潮之巅——大模型在推荐系统中的创新 ······ 61

3.1 引爆大模型时代的 ChatGPT ······ 61
3.2 基于 Prompt 的推荐——以 ChatGPT 的方式改造推荐系统 ······ 66
3.3 大模型特征工程——让推荐模型学会“世界知识” ······ 72
3.4 华为 ClickPrompt——大模型与深度学习推荐模型的融合方案 ······ 76
3.5 Meta GR——用大模型的思路改进推荐模型 ······ 79
3.6 总结——方兴未艾的革命与理性的深度思考 ······ 83
参考文献 ······ 83

第 4 章 核心技术——Embedding 在推荐系统中的应用 …… 85

4.1 Word2vec——经典的 Embedding 方法 …… 85
4.2 Graph Embedding——引入更多结构信息的图嵌入技术 …… 89
4.3 GNN——直接处理图结构数据的神经网络 …… 94
4.4 Embedding 与深度学习推荐系统的结合 …… 101
4.5 近似最近邻搜索——让 Embedding 插上翅膀的快速搜索方法 …… 104
4.6 总结——深度学习推荐系统的核心操作 …… 108
参考文献 …… 109

第 5 章 推荐架构——深度学习推荐系统的级联架构 …… 110

5.1 以快为主的召回层 …… 111
5.2 承上启下的粗排层 …… 116
5.3 算力和模型复杂度的较量 …… 118
5.4 冲破信息茧房的重排层 …… 124
5.5 总结——天下大势，合久必分，分久必合 …… 131
参考文献 …… 132

第 6 章 多个角度——推荐系统中的其他重要问题 …… 133

6.1 如何合理地设定推荐系统中的优化目标 …… 133
6.2 推荐系统的冷启动问题 …… 139
6.3 消除推荐系统的“偏见”与消偏方法 …… 144
6.4 联邦学习——解决隐私合规问题的利器 …… 149
6.5 推荐系统中比模型结构更重要的是什么 …… 152
参考文献 …… 156

第 7 章 数据为王——推荐系统的特征工程与数据流 …… 157

7.1 推荐系统的特征工程 …… 157
7.2 多模态特征的处理与融合 …… 163
7.3 推荐系统的数据流 …… 167
7.4 推荐系统的实时性 …… 171
7.5 边缘计算——提升实时性的终极武器 …… 177
7.6 总结——推荐系统的血液循环系统 …… 182
参考文献 …… 182

第 8 章 模型工程——深度学习推荐模型的训练和线上服务 …… 183

8.1 TensorFlow 与 PyTorch——推荐模型离线训练平台 …… 183
8.2 分布式训练与 Parameter Server 的原理 …… 190

8.3 深度学习推荐模型的上线部署 …… 198
8.4 模型架构与数据流的深度整合——模型流式训练 …… 202
8.5 理想照进现实——工程与理论之间的权衡 …… 206
参考文献 …… 208

第 9 章 效果评估——推荐系统的评估体系 …… 210

9.1 离线评估方法与评估指标 …… 210
9.2 更接近线上环境的离线评估方法——Replay …… 216
9.3 离线评估的终极方法——推荐系统模拟器 …… 219
9.4 A/B 测试与线上评估指标 …… 222
9.5 快速线上评估方法——Interleaving …… 225
9.6 推荐系统的评估体系 …… 229
参考文献 …… 230

第 10 章 无限可能——拥抱多模态大模型和 AIGC 的未来 …… 231

10.1 Stable Diffusion——多模态大模型的基本原理 …… 231
10.2 世界的模拟器——Sora 的基本原理 …… 235
10.3 AI 辅助内容生成 …… 239
10.4 AI 个性化内容生成 …… 241
参考文献 …… 244

第 11 章 前沿实践——深度学习推荐系统的业界经典案例 …… 245

11.1 YouTube 深度学习视频推荐系统 …… 245
11.2 Airbnb 基于 Embedding 的实时搜索推荐系统 …… 251
11.3 阿里巴巴深度学习推荐系统的进化 …… 261
11.4 “麻雀虽小，五脏俱全”的开源推荐系统 SparrowRecSys …… 270
11.5 Meta 生成式推荐模型 GR 的工程实现 …… 275
参考文献 …… 278

第 12 章 宏观体系——构建属于你的推荐系统知识框架 …… 279

12.1 推荐系统的整体知识架构图 …… 279
12.2 推荐模型发展的时间线 …… 280
12.3 如何成为一名优秀的推荐工程师 …… 282
12.4 大模型时代的挑战与机遇 …… 284

第 1 章 推荐系统——互联网的增长引擎

我们生活在一个处处被推荐系统影响的时代。想上网购物，推荐系统会帮你挑选满意的商品；想了解资讯，推荐系统会为你准备感兴趣的新闻；想学习或“充电”，推荐系统会为你提供最适合的课程；想消遣放松，推荐系统会为你奉上让你欲罢不能的短视频；想闭目养神，推荐系统可以为你播放最应景的音乐。可以说，推荐系统从来没有像现在这样影响着人们的生活。

而推荐系统背后的算法工程师们，也从没有像现在这样追逐着日新月异的推荐系统技术。如果说推荐系统是互联网发展的增长引擎，那么算法工程师就是这个引擎的设计师。在本章中，笔者将以推荐系统的具体场景为出发点，介绍什么是推荐系统，为什么推荐系统被称为互联网的“增长引擎”，如何从技术的角度看待推荐系统，构建推荐系统的整体技术架构，以及如何在大模型和 AIGC（AI-Generated Content，人工智能生成内容）的新时代进一步发展推荐系统。

1.1 为什么推荐系统是互联网的增长引擎

对互联网从业者来说，“增长”这个词就像插在心中的一支矛，无时无刻不被其刺激并激励着。笔者对“增长”这个词最初的理解来自大学时在实验室的一段经历。清华大学计算机系和在清华东门的搜狗公司是长期合作伙伴，因此实验室的师兄、师姐经常谈起与搜狗的合作项目。笔者记忆至今的一句话是：“如果我们能为搜狗的用户推荐更合适的广告，让广告的点击率增长 1%，就能为公司增加上千万元的利润。”从那时起，“增长”这个词就深深地烙在笔者心中，因为笔者第一次意识到一个算法的变化竟然能产生如此巨大的商业价值。这个词几乎成为互联网公司成功的唯一标准，也成为所有互联网从业者永远追逐的目标。通过算法和模型“神奇”地实现“增长”的愿望，也指引笔者走上了算法工程师的职业道路。

1.1.1 推荐系统的作用和意义

具体来说，推荐系统的作用和意义可以从用户和公司两个角度进行阐述。

1. 用户角度

推荐系统解决在信息过载的情况下，用户如何高效获得感兴趣信息的问题。从理论上讲，推荐系统的应用场景并不仅限于互联网。但互联网带来的海量信息，往往会导致用户迷失在信息的汪洋中无法找到目标内容。可以说，互联网是推荐系统的最佳应用场景。从用户需求层面看，推荐系统要在用户需求并不十分明确的情况下进行信息过滤。因此，与搜索系统（用户会输入明确的“搜索词”）相比，推荐系统更多地利用用户的各类历史信息“猜测”其可能喜欢的内容，这是解决推荐问题时必须注意的基本场景假设。

2. 公司角度

推荐系统要解决产品如何最大限度地吸引用户、留存用户、增加用户黏性、提高用户转化率的问题，从而达到公司在商业上连续增长的目的。不同业务模式的公司定义的具体推荐系统优化目标不同，例如，视频类公司更注重用户观看时长，电商类公司更注重用户的购买转化率（Conversion Rate，CVR），新闻类公司更注重用户的点击率，等等。需要注意的是，设计推荐系统的最终目标是达成公司的商业目标，增加公司收益。这应是推荐工程师站在公司角度考虑问题的出发点。

正因如此，推荐系统不仅是用户高效获取感兴趣内容的“引擎”，也是互联网公司达成商业目标的“引擎”，二者是一个问题的两个维度，是相辅相成的。接下来，笔者尝试用两个应用场景进一步解释推荐系统是如何发挥“增长引擎”这一关键作用的。

1.1.2 推荐系统与 YouTube 观看时长的增长

上文提到，推荐系统的“终极”优化目标应包括两个维度：一个是用户体验的优化；另一个是满足公司的商业利益。对一个健康的商业模式来说，这两个维度应该是和谐统一的。这一点在 YouTube 推荐系统上体现得非常充分。

YouTube 是全球最大的 UGC（User Generated Content，用户生成内容）视频分享平台，其对用户体验优化结果最直接的体现就是用户观看时长的增加。YouTube 作为一家以广告为主要收入来源的公司，其商业利益也建立在用户观看时长的增长之上，因为用户总观看时长与广告的总曝光机会成正比。只有不断增加广告的曝光量，才能实现公司利润的持续增长。因此，YouTube 的用户体验和公司利益在“观看时长”这一点上达成了一致。

正因如此，YouTube 推荐系统的主要优化目标就是观看时长，而非传统推荐系统看重的“点击率”。事实上，YouTube 的工程师在一篇著名的工程论文 *Deep Neural Networks for YouTube Recommendations*[1]中，非常明确地提出了将观看时长作为优化目标的建模方法。其大致推荐流程是：先通过构建深度学习模型，预测用户观看某候选视频的时长，再按照预测时长对候选视频排序，形成最终的推荐列表。笔者会在后面的章节中详细介绍 YouTube 推荐系统的技术细节。

1.1.3 推荐系统与电商网站的收入增长

如果说推荐系统在实现 YouTube 商业目标的过程中起的作用相对间接，那么它在电商平台上则直接驱动了公司收入的增长。推荐系统为用户推荐的商品是否合适，直接影响用户的购买转化率。

图 1-1 展示了笔者在淘宝、亚马逊、京东电商 App 上的个性化推荐首页。可以看到，三个电商巨头为笔者这个“资深理工男”推荐的都是电子产品、男装、技术书等符合笔者兴趣的商品。在全球经济发展趋缓的今天，据统计分析机构 Statista 的数据显示，全球的电子商务市场在 2019 年到 2024 年期间仍然以每年 15%的增长率高速增长，市场规模从 2019 年的 2.53 万亿美元

增长到 2024 年的 5.14 万亿美元，其中推荐系统扮演着至关重要的作用。事实上，对于一名工程师来说，你也很难找到比推荐算法的改进产生更大的商业影响力的领域。

（a）淘宝推荐首页 （b）亚马逊推荐首页 （c）京东推荐首页

图 1-1 各电商 App 的个性化推荐首页

推荐系统的价值远不止于此。2024 年，全球在线广告市场规模达到 2579 亿美元，这背后的驱动者正是各大公司的广告推荐系统。2018 年，TikTok 作为一款完全由推荐系统驱动的短视频 App，仅花 9 个月的时间就实现了用户数量破亿的里程碑，成为当时史上用户破亿最快的 App，短视频推荐算法功不可没。时至 2024 年，TikTok 全球月活用户数已经突破 15 亿，推荐系统持续发挥着它的神奇魅力。可以说，推荐系统几乎是驱动互联网所有应用领域的核心技术系统，当之无愧地成为当今助推互联网增长的强劲引擎。

1.2 推荐系统的架构

通过 1.1 节的介绍，读者应该已经对以下两点有所了解：

（1）互联网企业的核心需求是“增长”，而推荐系统正处在“增长引擎”的核心位置。

（2）推荐系统要解决的“用户痛点”是用户如何在信息过载的情况下高效地获得感兴趣的信息。

第一点告诉我们，推荐系统是重要的、不可或缺的；第二点则清晰地阐释了构建推荐系统要解决的基础问题，即推荐系统要处理的是“人”和“信息”的关系。

这里的“信息”，在商品推荐中指的是“商品信息”，在视频推荐中指的是“视频信息”，在新闻推荐中指的是“新闻信息”，简而言之，可统称为“**物品信息**”。而从“人”的角度出发，为了更可靠地推测出“人”的兴趣点，推荐系统希望利用大量与“人”相关的信息，包括历史行为、人口属性、关系网络等，这些可统称为“**用户信息**”。

此外，在具体的推荐场景中，用户的最终选择一般会受时间、地点、用户的状态等一系列环境信息的影响，这些可称为**"场景信息"**或"上下文信息"。

1.2.1 推荐系统的技术框架

在获知用户信息、物品信息、场景信息的基础上，推荐系统要处理的问题可以较形式化地定义为：对于用户 U（user），在特定场景 C（context）下，针对海量的物品信息，构建一个函数 $f(U, I, C)$，预测用户对特定候选物品 I（item）的喜好程度，再根据喜好程度对所有候选物品排序，生成推荐列表的问题。

根据推荐系统问题的定义，可以得到抽象的推荐系统逻辑框架（如图 1-2 所示）。虽然该逻辑框架是概括性的，但正是在此基础上对各模块进行细化和扩展，才产生了推荐系统的整个技术体系。

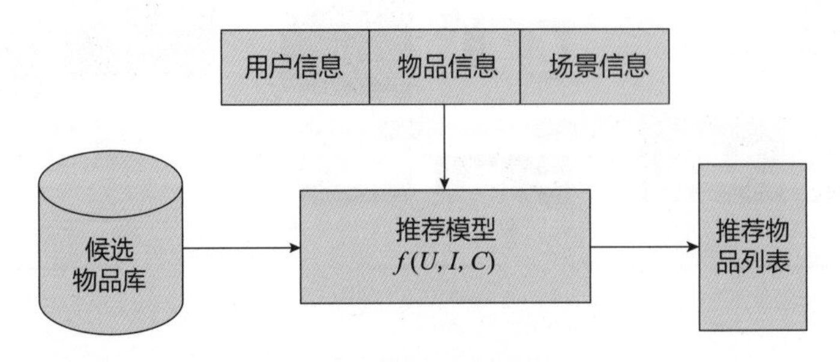

图 1-2　推荐系统逻辑框架

在实际的推荐系统中，工程师需要将抽象的概念和模块具体化、工程化。在图 1-3 的基础上，工程师需要着重解决的问题有两类：

（1）**数据和信息相关的问题**，即用户信息、物品信息、场景信息分别是什么，如何存储、更新和处理。

（2）**推荐系统算法和模型相关的问题**，即如何训练、预测推荐模型，如何达到更好的推荐效果。

可以将这两类问题分为对应的两个部分："数据和信息"部分逐渐发展为推荐系统中融合了数据离线批处理、实时流处理的数据流框架；"算法和模型"部分则进一步细化为推荐系统中集训练（training）、评估（evaluation）、部署（deployment）、线上推断（online inference）为一体的模型框架。具体地讲，推荐系统的技术架构示意图如图 1-3 所示。

1.2.2 推荐系统的数据架构

推荐系统的数据部分（如图 1-3 中米黄色部分所示）主要负责用户、物品、场景信息的收集与处理。具体地讲，将负责数据收集与处理的三种平台按照实时性的强弱排序，依次为"客户端及服务器端实时数据处理""流处理平台准实时数据处理""大数据平台离线数据处理"。在实时性由强到弱递减的同时，三种平台的海量数据处理能力则由弱到强。因此，一个成熟的推荐系统的数据流系统会对三者取长补短，配合使用。

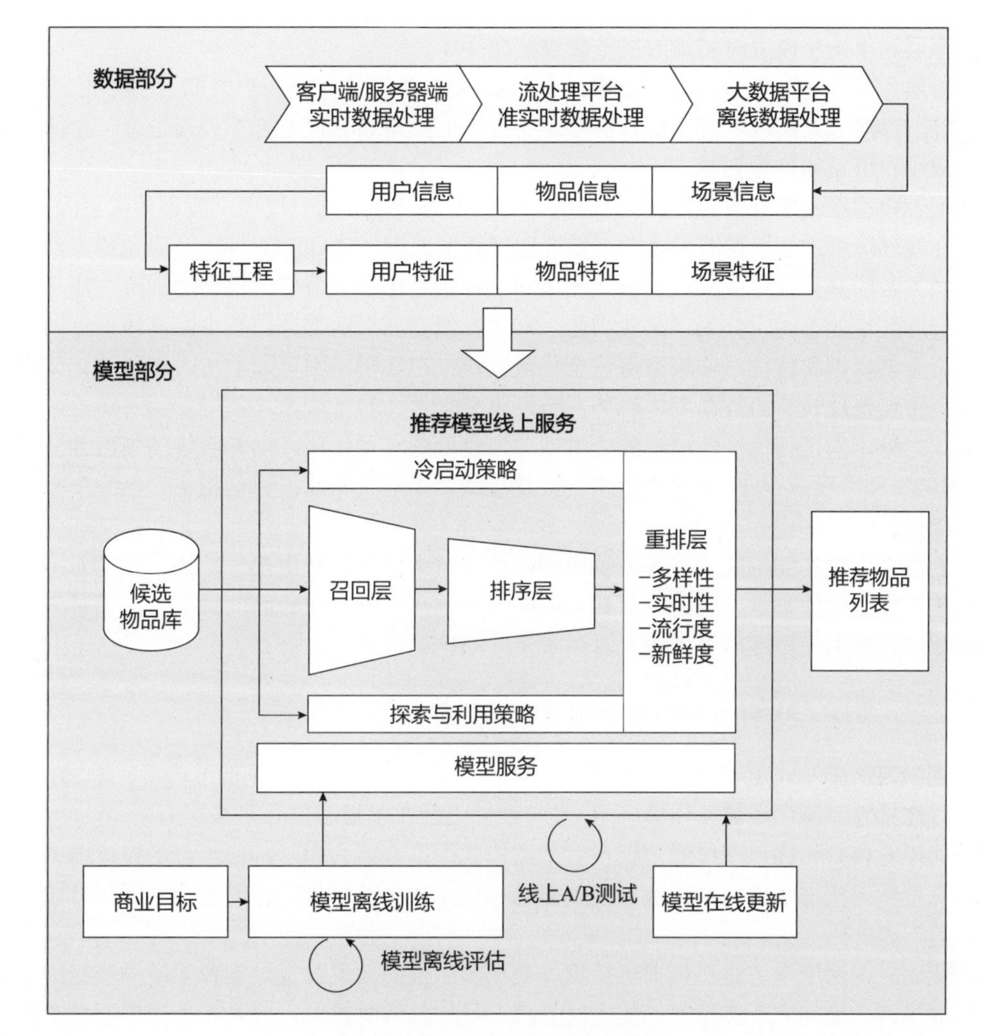

图 1-3 推荐系统的技术架构示意图

在得到原始的数据信息后，推荐系统的数据处理系统会将原始数据进一步加工，加工后数据的出口主要有三个：

（1）生成推荐模型所需的样本数据，用于算法模型的训练和评估。

（2）生成推荐模型服务（Model Serving）所需的“特征”，用于推荐系统的线上推断。

（3）生成系统监控、商业智能（Business Intelligence，BI）系统所需的统计型数据。

可以说，推荐系统的数据部分是整个推荐系统的“水源”，只有保证“水源”的持续、纯净，才能不断地“滋养”推荐系统，使其高效地运转并输出准确的推荐结果。

1.2.3 推荐系统的模型架构

推荐系统的“模型部分”是推荐系统的主体（如图 1-3 中浅蓝色部分所示）。推荐模型的工程架构一般是多层级联的架构，由召回层、排序层、重排层组成。

召回层一般利用高效的召回规则、算法或简单的模型，快速从海量的候选集中召回用户可能感兴趣的物品。

排序层利用排序模型对初筛的候选集进行精排序。

重排层主要负责融合多种推荐策略。它可以在将推荐列表返回用户之前，为兼顾结果的“多样性”“流行度”“新鲜度”等指标，结合一些补充的策略和算法对推荐列表进行一定的调整，最终形成用户可见的推荐列表。

从推荐模型接收所有候选物品集，到最后产生推荐列表，这一过程一般称为模型服务过程。

在在线环境中进行模型服务之前，需要通过模型训练（Model Training）确定模型结构、结构中不同参数的具体权重值，以及模型相关算法和策略中的参数值。模型的训练方法又可以根据模型训练环境的不同，分为“离线训练”和“在线更新”两部分，其中：离线训练的特点是可以利用全量样本和特征，使模型逼近全局最优点；在线更新则可以准实时地“消化”新的数据样本，更快地反映新的数据变化趋势，满足模型实时性的需求。

除此之外，为了评估推荐模型的效果，方便模型的迭代优化，推荐系统的模型部分提供了“离线评估”和“线上 A/B 测试”等多种评估模块，用线下和线上评估指标，指导下一步的模型迭代优化。

以上所有模块共同组成了推荐系统模型部分的技术框架。模型部分，特别是排序层模型是推荐系统产生效果的重点，也是业界和学界研究的重点。因此在后面的章节中，笔者将着重介绍模型部分，特别是排序层模型的主流技术及其演化趋势。

1.2.4 深度学习对推荐系统的革命性贡献

深度学习的爆发式发展始于 2012 年 AlexNet 大幅提高了图像识别的准确度。自 2015 年起，深度学习在推荐系统领域被大规模应用，其革命性贡献在于显著提升了推荐模型预估的准确性。与传统的推荐模型相比，深度学习模型对数据模式的拟合能力和对特征组合的挖掘能力更强。此外，深度学习模型结构的灵活性，使其能够根据不同推荐场景进行调整，从而与特定业务数据“完美”契合。

与此同时，深度学习对海量训练数据及数据实时性的要求，也对推荐系统的数据流架构提出了新的挑战。如何实现海量数据的实时处理、特征的实时提取，以及线上模型服务数据的实时获取，是深度学习推荐系统数据部分需要攻克的难题。在攻克这一难题的过程中，推荐系统的数据流架构也进行了革命性的创新。

深度学习推荐系统的整体技术架构及其对应的技术细节异常复杂，不仅要求从业者有较深厚的机器学习和推荐模型相关的理论知识，还要求从业者具备较高的工程能力，拥有针对不同技术方案进行权衡，做出最优选择的“业务嗅觉”。也许这正是推荐系统魅力之所在。

通过学习本章，读者将从整体上对深度学习推荐系统的框架有所了解。如果读者对本章涉及的技术名词、推荐系统的相关概念不太了解，也完全不用担心，先建立对深度学习推荐系统的初步印象即可。希望读者能把推荐系统的技术框架铭记于心，采用“把握整体，补充细节”的方式阅读具体章节。相信本书会抽丝剥茧地帮助读者解答心中的疑惑。

1.3 算法、工程与大模型的协同创新

1.3.1 深度学习推荐系统发展的挑战

深度学习在推荐系统领域的黄金发展期是 2017 年到 2021 年，在此期间，相比传统推荐算

法，即使是应用最简单的多层连接神经网络，也能带来推荐效果的巨大提升。在 2021 年之后，深度学习模型越来越复杂，模型改进的红利越来越微薄，推荐系统发展面临着两大挑战：

（1）深度学习模型的复杂度不断提高，支持深度学习的工程架构和数据处理开销也急剧增加，模型效果提升带来的收益甚至抵消不了工程开销提升带来的成本增长。

（2）模型结构创新本身似乎成为一个“伪命题”。在模型结构已经极端复杂的情况下，深度学习模型还有没有结构上的红利成为一个“问号”。

面对这样的发展瓶颈，业界很多一线的团队都在寻求破局之道，因为谁都不希望让互联网的这台“增长引擎”熄火，这也是本书希望与读者一起探讨的新话题。在众多优秀团队的努力之下，推荐系统下一步的发展方向也逐渐明朗起来。笔者将其总结为下面两个方向：

（1）推荐系统算法与工程架构的协同设计和协同创新。

（2）大模型与推荐系统的结合和应用落地。

对于这两个新方向的讨论将贯穿本书始终。

1.3.2 算法与工程的协同创新

无论从技术架构上还是技术团队的设置上，传统的推荐系统都有这样一个特点：算法部门的迭代和技术架构的迭代是分别独立进行的。算法部门更像一个学术研究机构，着重优化模型的结构；而技术架构部门则是一个开发团队，负责模型部署、数据流等工程部分的开发。由于在深度学习推荐系统发展的初期，任何独立模块的优化都能够获得不错的收益，所以这样分部门、分模块的迭代方式效率高，而且可以并行完成。

但当深度学习推荐系统的发展进入“深水区”之后，这样“割裂”的协同方式就逐渐成为发展的瓶颈。举两个典型的例子：

（1）算法部门希望上线一个复杂模型，其效果更好，但是模型体积相比原来增加了 10 倍。现有的模型服务架构都无法支持模型的上线，技术架构部门由于没有参与模型的开发过程，也就不能马上对现有架构进行调整。

（2）技术架构部门上线了一种新的数据流架构，可以把数据的实时性由小时级提升到秒级，推荐系统几乎可以实现零延迟。但是算法部门的模型只能实现小时级更新，无法接入实时数据流。这样，技术部门的技术优势就没法转换成实打实的算法收益。

类似的例子随着推荐系统的发展会越来越多，在单点优化的红利被吃尽之后，算法优化和工程优化的界限将不再泾渭分明，全局的同时覆盖算法和工程的联合优化才会是下一步发展的主流。

1.3.3 大模型带给推荐系统的革命

2022 年年底，OpenAI 推出 ChatGPT[2]引发大语言模型的革命。随后，多模态大模型的发展更是让大模型涵盖了文字、图像、视频、音频等几乎所有推荐系统所需的知识类型。大模型如何与推荐系统结合，推荐系统如何通过大模型的应用寻找新的增长点，成为业界讨论得最火热的话题。事实也正是如此，学术界和工业界都在积极探索大模型在推荐系统中的不同应用方向。

其中较为典型的方向包括：

（1）将大模型蕴含的“世界知识”输入推荐系统，让推荐系统在特征工程、冷启动、推荐多样性等方向上进一步优化。

（2）利用 ChatGPT 这类交互式大模型的特点，探索交互式推荐系统的新范式，尝试利用大模型直接作为新的推荐模型，进一步提升用户的交互体验和推荐效果。

（3）利用多模态大模型强大的 AIGC 能力，直接生成推荐内容、广告创意等，直接改变内容创作的模式。

除此之外，大模型在训练样本生成、模型评估等推荐系统的诸多环节都有革命性的创新。本书也会在相应的章节穿插介绍大模型在推荐系统中的应用。随着大模型这一新增长点的出现，如何把推荐算法、推荐系统工程架构与大模型有效地结合，形成“1+1+1 >> 3”的效果，也迅速成为各推荐系统团队的主要突破方向。

1.4 本书的整体结构

本书在图 1-3 所示的架构的基础上展开，重点介绍深度学习在推荐系统中的应用和实践经验。在介绍具体的技术点时，笔者力图清晰地梳理技术发展的主要脉络和前因后果。

由于排序模型在推荐系统中占据绝对的核心地位，第 2 章～第 5 章将着重介绍深度学习排序模型的技术演化趋势和经典的排序级联架构。第 6 章～第 9 章依次介绍推荐系统其他模块的前沿技术和工程实现。第 10 章～第 12 章结合大模型的创新应用、业界前沿推荐系统实践及总结，将全书内容融会贯通。

具体地讲，本书 12 章的主要内容如下。

第 1 章 推荐系统——互联网的增长引擎

介绍推荐系统的基础知识，在互联网中的地位和作用；介绍推荐系统的主要技术架构，使读者对推荐系统有宏观的认识，以便从整体到部分地理解本书的内容。

第 2 章 推荐之心——深度学习推荐模型的进化之路

介绍业界主流的传统推荐模型和深度学习推荐模型的原理，以及不同模型之间的演化关系。帮助读者掌握深度学习推荐系统主要技术途径，同时培养改进推荐模型的思维能力和技术直觉。

第 3 章 浪潮之巅——大模型在推荐系统中的创新

介绍大模型在推荐系统中的创新应用，特别是大模型对推荐模型发展的革命性影响。

第 4 章 核心技术——Embedding 在推荐系统中的应用

重点介绍深度学习的核心技术——Embedding 技术在推荐系统中的应用，包括主流 Embedding 技术的发展历程、技术细节，以及与 Embedding 密切相关的图神经网络技术方案。

第 5 章 推荐架构——深度学习推荐系统的级联架构

介绍推荐系统主流的“召回—粗排—精排—重排”级联结构，覆盖级联结构中各层级的主流技术方案和模型选型，同时探讨 COLD、Deep Retrieval、TDM 等前沿的召回和粗排模型设计方案。

第 6 章 多个角度——推荐系统中的其他重要问题

如果说深度学习推荐模型是推荐系统的核心，那么本章将从核心之外的角度重新审视推荐系统，内容覆盖推荐系统的不同技术模块及优化思路，包括多目标优化、冷启动、训练样本采样、联邦学习等多个重要的主题。

第 7 章 数据为王——推荐系统的特征工程与数据流

介绍深度学习推荐系统工程架构中的数据部分相关内容，包括特征工程、数据流相关技术，特别是 Flink、Spark、Kafka 等数据流相关的关键平台；同时，着重探讨边缘计算等提升推荐系统实时性的技术方案。

第 8 章 模型工程——深度学习推荐模型的训练与线上服务

深度学习模型的训练和线上服务是深度学习推荐系统的“工程基石”，本章旨在介绍 TensorFlow、PyTorch 等主流的模型训练方案，以及模型线上服务中的关键组件 Parameter Server、流式训练框架等技术要点。

第 9 章 效果评估——推荐系统的评估体系

介绍推荐系统评估的主要指标和方法，建立从传统离线评估、离线仿真评估、离线模拟器，到快速线上评估测试，最终到线上 A/B 测试的多层推荐系统评估体系。

第 10 章 无限可能——拥抱多模态大模型和 AIGC 的未来

介绍以 Stable Diffusion、Sora 为代表的 AIGC 技术的主要进展。从推荐系统的角度出发，探索 AIGC 在推荐内容个性化生成方向的应用。

第 11 章 前沿实践——深度学习推荐系统的业界经典案例

介绍业界前沿推荐系统的技术框架和模型细节，主要包括 YouTube、Airbnb、阿里巴巴、Meta 等业界巨头的推荐系统实践，并向读者推荐笔者领导的开源推荐系统项目 SparrowRecsys，通过参与开源项目的开发提升实践能力。

第 12 章 宏观体系——构建属于你的推荐系统知识框架

汇总并结构化本书覆盖的推荐系统知识，介绍推荐工程师应具备的主要技能点和思维方法。

参考文献

[1] COVINGTON P, ADAMS J, SARGIN E. Deep Neural Networks for YouTube Recommendations[C]//Proceedings of the 10th ACM Conference on Recommender Systems, 2016.

[2] WU T, HE S, LIU J,et al. A Brief Overview of ChatGPT: The history, Status Quo and Potential Future Development[J]. IEEE/CAA Journal of Automatica Sinica, 2023,10(5):1122-1136.

第 2 章 推荐之心——深度学习推荐模型的进化之路

在推荐系统中，推荐模型处在最核心的位置。它的主要功能是对候选物品进行排序，生成用户最感兴趣的推荐序列。某种意义上说，推荐系统的工程架构和数据架构都是围绕推荐模型搭建起来的。而推荐模型的优劣，也直接决定了整个推荐系统效果的好坏，所以推荐模型是毫无疑问的“推荐之心”。

在互联网永不停歇的增长需求驱动下，推荐模型的发展可谓一日千里。从 2010 年之前普遍使用的协同过滤、逻辑回归，进化到因子分解机，再到 2015 年之后深度学习推荐模型的百花齐放，推荐系统的主流模型经历了从经典算法到深度学习的发展过程。

时至今日，深度学习推荐模型已经成为当下推荐、广告、搜索领域的主流模型。本章的内容将聚焦深度学习推荐模型的演化过程，同时覆盖前深度学习时代的主流模型，构建它们之间的演化图谱，并逐一介绍模型的技术特点。选择模型时，笔者尽量遵循以下三个原则。

（1）模型在工业界和学术界的影响力较大。

（2）模型已经被谷歌、阿里巴巴、微软等知名互联网公司成功应用。

（3）该模型在深度学习推荐系统发展过程中具有重要的节点作用。

下面就请跟随笔者走进“推荐之心”，一同学习深度学习推荐模型的演化过程。

2.1 深度学习推荐模型的演化关系

图 2-1 展示了主流推荐模型的演化图谱。图谱中前两排模型以协同过滤（Collaborative Filtering）和逻辑回归（Logistic Regression，LR）为核心，它们也是深度学习推荐模型的基础。在 LR 发展为多层感知机（Multi-Layer Perceptron，MLP）之后，深度学习推荐模型蓬勃发展，各类改进方案通过改变神经网络的结构，构建起特点各异的深度学习推荐模型。主流推荐模型的主要演化方向如下。

（1）**改变神经网络的复杂程度**。从最简单的单层神经元推荐模型 LR，到经典的深度神经网络结构 Deep Crossing（深度特征交叉），其主要的进化方式在于增加深度神经网络的层数和结构复杂度。

（2）**改变特征交叉方式**。这类模型的主要创新在于丰富了模型中特征交叉的方式，例如，加入了二阶特征交叉项的 FM（Factorization Machine，因子分解机），改变了用户向量和物品向量互操作方式的 NeuralCF（Neural Collaborative Filtering，神经网络协同过滤），以及加入了更多用户和物品特征的双塔模型（Two Towers）。

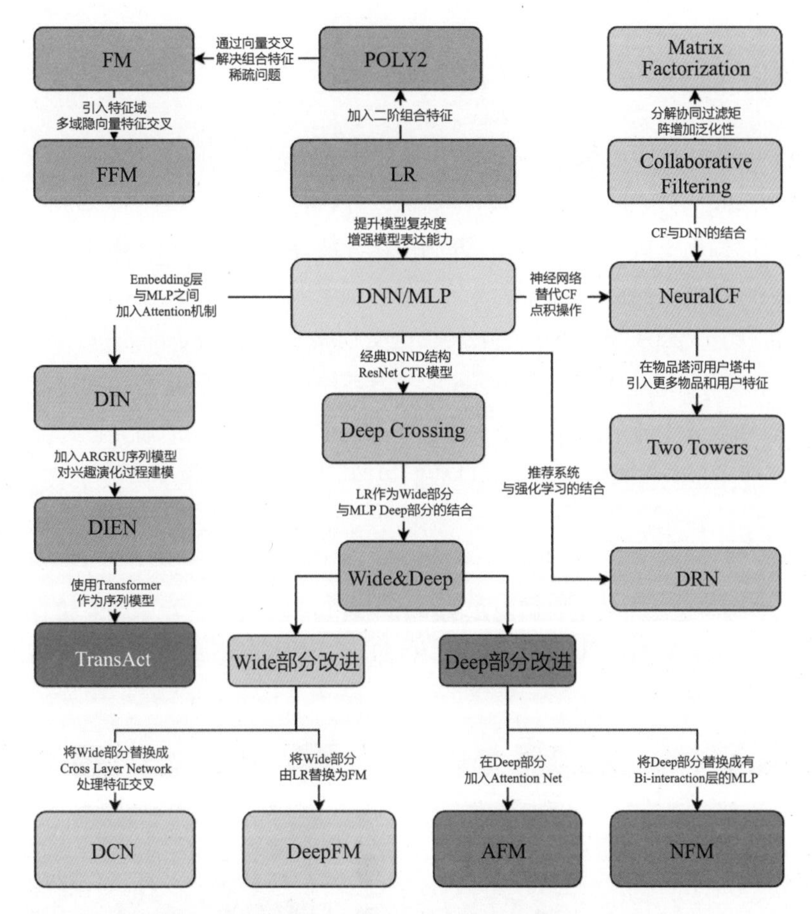

图 2-1 主流推荐模型的演化图谱

（3）**组合模型**。这类模型主要以 Wide&Deep 模型及其后续变种 Deep&Cross、DeepFM、NFM（Neural Factorization Machines）、DCN（Deep&Cross Network）等为代表。其思路是通过组合两种具有不同特点的深度学习网络，利用其互补的优势来提升模型的综合能力。

（4）**注意力机制与推荐模型的结合**。这类模型将“注意力机制”应用于深度学习推荐模型中，主要包括结合了 FM 与注意力机制的 AFM（Attention Neural Factorization Machines）模型和引入了注意力机制的 CTR 预估模型 DIN（Deep Interest Network，深度兴趣网络）。

（5）**序列模型与推荐模型的结合**。这类模型的特点是通过序列模型来模拟用户行为或用户兴趣的演化趋势，代表模型是 DIEN（Deep Interest Evolution Network，深度兴趣进化网络）和 TransAct（Transformer-based Realtime User Action Model，基于 Transformer 的实时用户行为模型）。

（6）**强化学习与推荐模型的结合**。这类模型将强化学习应用于推荐领域，强调模型的在线学习和实时更新，代表模型是 DRN（Deep Reinforcement Learning Network，深度强化学习网络）。

通过以上描述，读者应该能感受到深度学习模型的发展之快、思路之广。但每种模型都不是无本之木，其出现都是有迹可循的。接下来请读者结合图 2-1 所示的演化图谱和相关问题，学习每个模型的细节。

2.2 协同过滤——经典的推荐算法

如果让推荐系统领域的从业者评选出历史上影响力最大、应用最广泛的模型，笔者认为 90%的人会首选协同过滤。对协同过滤算法的研究甚至可以追溯到 1992 年[1]。当时，Xerox 研究中心的科学家们首次提出了协同过滤算法，并利用该算法开发了一个邮件筛选系统，用以筛除一些用户不感兴趣的邮件。但协同过滤算法在互联网领域大放异彩，则要归功于互联网电商巨头 Amazon 对它的应用。2003 年，Amazon 发表论文 *Amazon.com Recommendations Item-to-Item Collaborative Filtering*[2]，这不仅让 Amazon 的推荐系统广为人知，更让协同过滤成为其后很长时间的研究热点和业界主流的推荐模型。时至今日，尽管协同过滤的研究已与深度学习紧密结合，但其基本原理还是没有脱离经典协同过滤的思路。本节将介绍协同过滤的概念及技术细节。

2.2.1 什么是协同过滤

顾名思义，“协同过滤”就是协同用户的反馈、评价和意见，对海量信息进行过滤，从中筛选出目标用户可能感兴趣的信息的推荐过程。这里用一个电影推荐的例子来说明协同过滤的原理（如图 2-2 所示）。

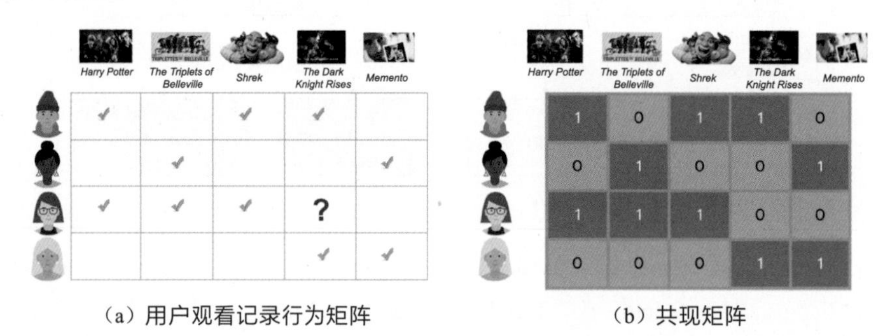

（a）用户观看记录行为矩阵　　（b）共现矩阵

图 2-2　协同过滤的例子

图 2-2（a）展示了用户观看记录行为矩阵，其中行向量代表用户的观看记录，列向量代表影片被观看的记录。绿色对钩代表某用户看过某影片。例如，第一行第三个元素的绿色对钩代表图中的红帽男孩观看过《怪物史莱克》（*Shrek*）这部影片。

那么，我们如何决定是否把某部影片推荐给特定的用户呢？例如，图 2-2（a）中用红色问号标记的元素就表示疑问：要把影片《黑暗骑士崛起》（*The Dark Knight Rises*）推荐给图中的红发女孩吗？

在协同过滤的思想下，我们希望寻求与自己兴趣相似的用户的意见，如果与我们兴趣相投的用户喜欢《黑暗骑士崛起》这部影片，那么我们喜欢这部影片的概率就比较大。从图 2-2（a）中可以看到，红发女孩与红帽男孩的观影历史是最相似的。参考红帽男孩的观影记录——他喜欢看《黑暗骑士崛起》，因此推荐系统也应该把这部影片推荐给与之兴趣相投的红发女孩。这就是一个非常典型的反映协同过滤思想的例子。

虽然这个例子体现了协同过滤的思想，但要想形式化地定义协同过滤的精确过程，还需要解决三个问题。

（1）如何形式化地定义用户和物品的交互矩阵？

（2）如何定义用户相似度，用以找出兴趣相投的用户？

（3）如何计算出用户对一个物品的精确推荐得分，从而利用推荐得分形成最终的物品推荐列表？

其中，第一个问题比较好回答，图 2-2（b）就是用户和物品交互矩阵的数学表达。矩阵中的元素表示用户与物品的交互情况：用户看过的影片对应的值为 1，没有看过的影片对应的值为 0，从而形成了一个由 0 和 1 组成的矩阵，这个矩阵也被称为“共现矩阵”。当然，共现矩阵中的元素取值是和实际问题相关的，既可以是 0 和 1 这样的离散值，也可以是非常精确的评分。当用户和物品间没有交互记录时，可以用 0、-1 或者其他默认值填充，这取决于读者对于业务问题的理解，以及最终算法的效果测试。

在生成共现矩阵之后，就可以进一步定义“用户相似度”和“推荐得分”了。

2.2.2 用户相似度计算

在协同过滤的过程中，用户相似度的计算是算法中最关键的一步。通过 2.2.1 节的介绍可知，共现矩阵中的行向量是由对应用户和物品之间的交互记录生成的，相当于用户的兴趣向量。那么，计算用户 i 和用户 j 的兴趣是否相似，其实就是计算用户向量 $\boldsymbol{i}$ 和用户向量 $\boldsymbol{j}$ 之间的相似度。常用的两个向量之间相似度的计算方法有如下几种。

（1）**余弦相似度**（Cosine Similarity），如式（2-1）所示。余弦相似度衡量的是用户向量 $\boldsymbol{i}$ 和用户向量 $\boldsymbol{j}$ 之间的夹角大小。显然，夹角越小，证明余弦相似度越大，两个用户的兴趣越相似。

$$\operatorname{sim}(\boldsymbol{i},\boldsymbol{j})=\cos(\boldsymbol{i},\boldsymbol{j})=\frac{\boldsymbol{i}\cdot\boldsymbol{j}}{\|\boldsymbol{i}\|\cdot\|\boldsymbol{j}\|} \tag{2-1}$$

（2）**皮尔逊相关系数**，如式（2-2）所示。相比余弦相似度，皮尔逊相关系数通过用户给物品的平均评分对各独立评分进行修正，减小了用户评分偏置（bias）的影响。

$$\operatorname{sim}(i,j)=\frac{\sum_{p\in P}\left(R_{i,p}-\bar{R}_i\right)\left(R_{j,p}-\bar{R}_j\right)}{\sqrt{\sum_{p\in P}\left(R_{i,p}-\bar{R}_i\right)^2}\sqrt{\sum_{p\in P}\left(R_{j,p}-\bar{R}_j\right)^2}} \tag{2-2}$$

其中，$R_{i,p}$ 代表用户 i 对物品 p 的评分。$\bar{R}_i$ 代表用户 i 对所有物品的平均评分，P 代表所有物品的集合。

（3）基于皮尔逊系数的思路，还可以通过引入物品平均评分的方式，减少物品评分偏置对结果的影响，如式（2-3）所示。

$$\operatorname{sim}(i,j)=\frac{\sum_{p\in P}\left(R_{i,p}-\bar{R}_p\right)\left(R_{j,p}-\bar{R}_p\right)}{\sqrt{\sum_{p\in P}\left(R_{i,p}-\bar{R}_p\right)^2}\sqrt{\sum_{p\in P}\left(R_{j,p}-\bar{R}_p\right)^2}} \tag{2-3}$$

其中，$\bar{R}_p$ 代表物品 p 得到的所有评分的平均分。

在用户相似度的计算过程中，理论上，任何合理的“向量相似度定义方式”都可以作为用户相似度计算的标准。在对传统协同过滤算法的改进中，研究人员也是通过改进相似度定义来解决传统协同过滤算法存在的一些缺陷的。

2.2.3 最终结果的排序

基于前面定义的用户相似度，我们就可以计算出与目标用户“兴趣相投”的 Top n 相似用户，利用 Top n 用户，就可以生成最终的推荐结果。最常用的方式是计算“用户相似度”和“相似用户对物品的评分”的加权平均值，得到目标用户对不同物品的推荐得分，如式（2-4）所示。

$$R_{u,p}=\frac{\sum_{s\in S}\left(w_{u,s}\cdot R_{s,p}\right)}{\sum_{s\in S}w_{u,s}} \tag{2-4}$$

其中，权重 $w_{u,s}$ 是用户 u 和用户 s 的相似度，$R_{s,p}$ 是用户 s 对物品 p 的评分。

在获得用户 u 对不同物品的推荐得分后，根据得分进行排序即可得到最终的推荐列表。至此，协同过滤的全部推荐过程就完成了。

以上介绍的协同过滤算法基于用户相似度进行推荐，因此也被称为基于用户的协同过滤（UserCF）。它符合“兴趣相似的朋友喜欢的物品，我也喜欢”的直觉，但从技术的角度来看，它存在一些缺点，主要包括以下两点。

（1）在互联网应用场景中，用户数往往远大于物品数，而 UserCF 需要维护用户相似度矩阵，以便快速找出 Top n 相似用户。该用户相似度矩阵的存储开销非常大，而且随着业务的发展，用户数的增长会导致用户相似度矩阵所需的存储空间以 n^2 的速度快速增长。这种扩展速度对在线存储系统来说是难以承受的。

（2）用户的历史数据向量往往非常稀疏。对于只有几次购买或者点击行为的用户，找到相似用户的准确度是非常低的。这导致 UserCF 不适用于那些获取正反馈较困难的应用场景，如酒店预订、大件商品购买等低频应用。

2.2.4 基于物品相似度的 ItemCF 算法

由于 UserCF 在技术上存在这两个缺陷，无论是 Amazon 还是 Netflix，都没有采用 UserCF 算法，而是采用 ItemCF 算法实现了其最初的推荐系统。

具体来说，ItemCF 是一种基于物品相似度进行推荐的协同过滤算法。它通过计算共现矩阵中物品向量的相似度，得到物品相似度矩阵，再根据用户的历史行为，找到与用户正反馈物品相似的物品，进一步排序和推荐。ItemCF 的具体步骤如下：

（1）基于历史数据，构建一个以用户（假设用户总数为 m）为行，物品（假设物品总数为 n）为列的 $m\times n$ 共现矩阵。

（2）计算共现矩阵每两列向量间的相似度（计算方法与用户相似度的相同），构建 $n\times n$ 的物品相似度矩阵。

（3）获取用户历史行为数据中的正反馈物品列表。

（4）利用物品相似度矩阵，针对目标用户历史行为中的每个正反馈物品，找出与之相似的 Top k 个物品，组成相似物品集合。

（5）对相似物品集合中的物品，按照相似度的值进行排序，生成最终的推荐列表。

在第 5 步中，如果某个物品与用户历史行为中的多个正反馈物品相似，那么该物品最终的相似度应该是这些相似度的累加值，如式（2-5）所示。

$$R_{u,p}=\sum_{h\in H}\left(w_{p,h}\cdot R_{u,h}\right) \tag{2-5}$$

其中，H 是目标用户的正反馈物品集合，$w_{p,h}$ 是物品 p 与物品 h 的物品相似度，$R_{u,h}$ 是用户 u 对物品 h 的已有评分。关于这里的相似度到底是进行加权累加还是加权平均，实际上取决于读者对问题的理解。如果读者认为某个物品与用户历史行为中的多个物品相似，用户对该物品的兴趣是逐步加强的，就应该选择加权累加，而不是加权平均；反之，如果希望把所有物品的兴趣值都映射到[0, 1]，避免用户历史行为中的物品数量对最终的相似度产生过大的影响，则可以选择加权平均。

除了技术实现上的差异，UserCF 和 ItemCF 在具体应用场景上也有所不同。

一方面，由于 UserCF 基于用户相似度进行推荐，具有更强的社交特性，用户能够快速得知与自己兴趣相似的人最近喜欢什么，即使某个兴趣点以前不在自己的兴趣范围内，也有可能通过“好友”的动态，快速更新自己的推荐列表。这样的特点使其非常适用于新闻推荐场景。新闻本身的兴趣点是分散的，相比用户对不同新闻的兴趣偏好，新闻的及时性、热点性往往是更重要的属性，而 UserCF 恰好适用于发现热点和跟踪趋势的变化。

另一方面，ItemCF 更适用于兴趣变化较为稳定的应用场景。例如在 Amazon 的电商场景中，用户在一个时间段内通常更倾向于寻找某一类商品，这时利用物品相似度为其推荐相关物品就是契合用户动机的。在 Netflix 的视频推荐场景中，用户对电影、电视剧的兴趣点往往比较稳定，因此利用 ItemCF 推荐风格或类型相似的视频是更合理的选择。

2.2.5 矩阵分解算法——协同过滤的进化

协同过滤是一种非常直观、可解释性很强的模型，但它并不具备较强的泛化能力。换句话说，协同过滤无法将两个物品相似这一信息推广到其他物品的相似度计算上。这就导致了一个比较严重的问题：热门物品具有很强的头部效应，容易与大量物品产生相似性；而尾部的物品由于特征向量稀疏，很少与其他物品产生相似性，导致很少被推荐。

为了解决该问题，同时增加模型的泛化能力，矩阵分解技术被提出。该方法在协同过滤共现矩阵的基础上，使用更稠密的隐向量来表示用户和物品，挖掘用户的隐含兴趣和物品的隐含特征，在一定程度上弥补了协同过滤模型处理稀疏矩阵能力的不足。

2006 年，在视频流媒体巨头 Netflix 举办的著名推荐算法竞赛 Netflix Prize Challenge 中，以矩阵分解为主的推荐算法大放异彩，此后矩阵分解在业界开始流行[3]。

图 2-3 用图例的方式描述了协同过滤算法和矩阵分解算法在视频推荐场景下的原理。

如图 2-3（a）所示，协同过滤算法首先会根据用户的观看历史，找到与目标用户相似的用户，然后根据这些相似用户喜欢看的电影，决定是否推荐某电影给目标用户。

矩阵分解算法则为每个用户和每部电影生成一个隐向量，将用户和电影映射到隐向量的表示空间中，如图 2-3（b）所示。在该空间中，用户和电影的隐向量距离相近，表明用户的兴趣点和电影的特点接近，在推荐过程中就应该把距离相近的电影推荐给目标用户。因此，矩阵分解算法最关键的问题就是如何获取用户和物品的隐向量表示。

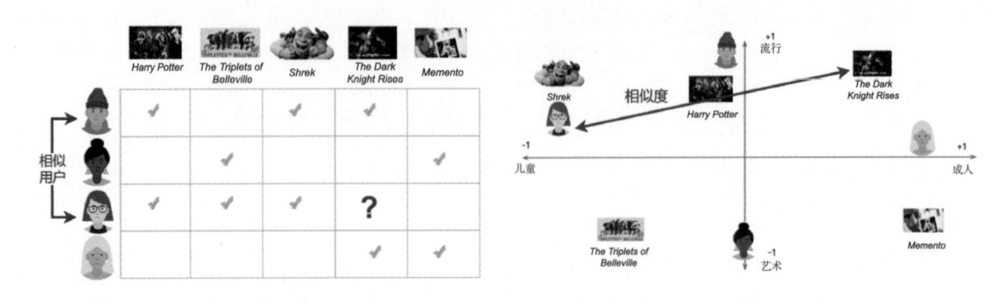

（a）协同过滤算法原理图　　（b）矩阵分解算法原理图

图 2-3　协同过滤算法和矩阵分解算法在视频推荐场景下的原理

在矩阵分解的算法框架下，**用户和物品的隐向量是通过分解协同过滤生成的共现矩阵得到的**，这也是“矩阵分解”名字的由来。图 2-4 展示了将用户观看电影的共现矩阵拆分成用户矩阵和物品矩阵的过程。

	Harry Potter	The Triplets of Belleville	Shrek	The Dark Knight Rises	Memento
用户1	✓		✓	✓	
用户2		✓			✓
用户3	✓	✓	✓		
用户4				✓	✓

≈

		0.9	-1	1	1	-0.9
		-0.2	-0.8	-1	0.9	1
1	0.1	0.88	-1.08	0.9	1.09	-0.8
-1	0	-0.9	1.0	-1.0	-1.0	0.9
0.2	-1	0.38	0.6	1.2	-0.7	-1.18
0.1	1	-0.11	-0.9	-0.9	1.0	0.91

图 2-4　矩阵分解过程

具体来讲，矩阵分解算法是将 $m\times n$ 的共现矩阵 $\boldsymbol{R}$ 分解为 $m\times k$ 的用户矩阵 $\boldsymbol{U}$ 和 $n\times k$ 的物品矩阵 $\boldsymbol{V}$ 的转置矩阵相乘的形式，如式（2-6）所示。

$$\boldsymbol{R}=\boldsymbol{U}\boldsymbol{V}^{\mathrm{T}} \tag{2-6}$$

其中，m 是用户数量，n 是物品数量，k 是隐向量的维度。k 的大小决定了隐向量表达能力的强弱。k 值越小，隐向量所包含的信息越少，模型的泛化能力越强；反之，k 值越大，隐向量的表达能力越强，但模型的泛化能力相应减弱。此外，k 的取值还与矩阵分解的求解复杂度直接相关。在具体应用中，k 的取值要经过多次试验，才能找到推荐效果和工程开销的平衡点。

基于用户矩阵 $\boldsymbol{U}$ 和物品矩阵 $\boldsymbol{V}$，用户 u 对物品 i 的预估评分如式（2-7）所示。

$$\hat{r}_{ui}=\boldsymbol{q}_i^{\mathrm{T}}\boldsymbol{p}_u \tag{2-7}$$

其中，$\boldsymbol{p}_u$ 是用户 u 在用户矩阵 $\boldsymbol{U}$ 中的对应向量，即 $\boldsymbol{U}$ 的第 u 行向量；$\boldsymbol{q}_i$ 是物品 i 在物品矩阵 $\boldsymbol{V}$ 中的对应向量，即第 i 行向量。注意，这里 $\boldsymbol{p}_u$ 和 $\boldsymbol{q}_i$ 默认为列向量的形式，所以式（2-7）中使用 $\boldsymbol{q}_i$ 向量的转置乘 $\boldsymbol{p}_u$，得到两个向量的内积。

2.2.6 矩阵分解的求解过程

矩阵分解的主要方法有 4 种：特征值分解（Eigen Decomposition）、奇异值分解（Singular Value Decomposition，SVD）、梯度下降（Gradient Descent）和交替最小二乘（Alternating Least Squares）。其中，特征值分解只能作用于方阵，显然不适用于分解用户-物品矩阵；而奇异值分解的计算复杂度达到了 $O(mn^2)$的级别[4]，这对于物品数量动辄上百万、用户数量往往上千万的互联网场景来说，几乎是不可接受的。因此，推荐系统中矩阵分解的主流求解方法是梯度下降和交替最小二乘。下面对这两种方法进行详细介绍。

梯度下降和交替最小二乘都是解决最优化问题的方法。对于矩阵分解这个最优化问题，目标是让原始评分 r_{ui} 与用户向量和物品向量的内积 $\boldsymbol{q}_i^{\mathrm{T}}\boldsymbol{p}_u$ 的差尽量小，最大限度地保存共现矩阵的原始信息。因此，可依此目标来定义矩阵分解问题的目标函数，如式（2-8）所示。

$$\min_{\boldsymbol{q}^*,\boldsymbol{p}^*}\sum_{(u,i)\in K}\left(r_{ui}-\boldsymbol{q}_i^{\mathrm{T}}\boldsymbol{p}_u\right)^2 \tag{2-8}$$

其中，K 是所有用户评分样本的集合。为了减少过拟合现象，在目标函数中加入了 L2 正则化项，如式（2-9）所示。

$$\min_{\boldsymbol{q}^*,\boldsymbol{p}^*}\sum_{(u,i)\in K}\left(r_{ui}-\boldsymbol{q}_i^{\mathrm{T}}\boldsymbol{p}_u\right)^2+\lambda\left(\left\|\boldsymbol{q}_i\right\|^2+\left\|\boldsymbol{p}_u\right\|^2\right) \tag{2-9}$$

式（2-9）所示的目标函数可以利用梯度下降或交替最小二乘来求解。这里先介绍梯度下降法。

（1）确定目标函数，如式（2-9）所示。

（2）对目标函数求偏导，求梯度下降的方向和幅度。

根据式（2-9）对 $\boldsymbol{q}_i$ 求偏导，得到的结果为

$$-2\left(r_{ui}-\boldsymbol{q}_i^{\mathrm{T}}\boldsymbol{p}_u\right)\boldsymbol{p}_u+2\lambda\boldsymbol{q}_i$$

对 $\boldsymbol{p}_u$ 求偏导，结果为

$$-2\left(r_{ui}-\boldsymbol{q}_i^{\mathrm{T}}\boldsymbol{p}_u\right)\boldsymbol{q}_i+2\lambda\boldsymbol{p}_u$$

（3）利用第 2 步的求导结果，沿梯度的反方向更新参数：

$$\boldsymbol{q}_i\leftarrow\boldsymbol{q}_i+\gamma\left(\left(r_{ui}-\boldsymbol{q}_{\mathrm{i}}^{\mathrm{T}}\boldsymbol{p}_u\right)\boldsymbol{p}_u-\lambda\boldsymbol{q}_i\right)$$

$$\boldsymbol{p}_u\leftarrow\boldsymbol{p}_u+\gamma\left(\left(r_{ui}-\boldsymbol{q}_i^{\mathrm{T}}\boldsymbol{p}_u\right)\boldsymbol{q}_i-\lambda\boldsymbol{p}_u\right)$$

其中，γ 为学习率。

（4）当迭代次数超过上限 n 或损失低于阈值 θ 时，结束训练，否则循环执行第 3 步。

交替最小二乘法是另一种常用的矩阵分解方法，它的基本步骤如下：

（1）随机初始化物品矩阵 $\boldsymbol{V}$。

（2）固定物品矩阵 $\boldsymbol{V}$，根据式（2-10）求用户矩阵 $\boldsymbol{U}$ 中的各用户向量（具体推导过程请参考参考文献[5]）。

$$p_u = \left(\sum_{(u,i)\in K} q_i q_i^{\mathrm{T}} + \lambda I_k \right)^{-1} \sum_{(u,i)\in K} r_{ui} q_i \tag{2-10}$$

其中，p_u 是用户矩阵的第 u 行用户向量，k 是隐向量维度，I_k 是单位向量，λ 是正则化系数。

（3）固定用户矩阵 U，根据式（2-11）更新物品矩阵 V 中的各物品向量。

$$q_i = \left(\sum_{(u,i)\in K} p_u p_{\mathrm{u}}^{\mathrm{T}} + \lambda I_k \right)^{-1} \sum_{(u,i)\in K} r_{ui} p_u \tag{2-11}$$

（4）当迭代次数超过上限 n 或损失低于阈值 θ 时，结束训练，否则从第 2 步开始循环执行。

在完成矩阵分解过程后，即可得到所有用户和物品的隐向量。为某用户进行推荐时，可利用该用户的隐向量与所有物品的隐向量逐一进行内积运算，得出该用户对所有物品的预测评分，再根据评分排序，得到最终的推荐列表。

在理解矩阵分解的原理之后，可以更清楚地解释为什么矩阵分解相较于协同过滤具有更强的泛化能力。在矩阵分解算法中，由于隐向量的存在，可以得到任意用户和物品之间的预测评分。隐向量的生成过程其实是对共现矩阵进行全局拟合的过程，因此隐向量是基于全局信息生成的，有更强的泛化能力；而在协同过滤中，如果两个用户没有相同的历史行为，或者两个物品没有被相同的用户购买，那么这两个用户或两个物品的相似度都将为 0（因为协同过滤只能基于用户和物品自身的信息计算相似度，无法利用全局信息，所以缺乏泛化能力）。

2.2.7 矩阵分解的优点和局限性

相比协同过滤，矩阵分解有如下非常明显的优点。

（1）**泛化能力强**，在一定程度上解决了数据稀疏问题。

（2）**空间复杂度低**，无须再存储协同过滤模型服务阶段所需的“庞大”的用户相似度或物品相似度矩阵，只需存储用户和物品的隐向量。空间复杂度由 $O(n^2)$级别降低到 $O((n+m)\cdot k)$级别。

（3）**扩展性和灵活性更好**。矩阵分解的最终产出是用户和物品的隐向量，这与深度学习中的 Embedding 思想不谋而合，因此矩阵分解的结果也便于与其他特征进行组合和拼接，进而与深度学习网络无缝结合。

但我们也要认识到矩阵分解的局限性。与协同过滤一样，在矩阵分解中也不方便加入用户、物品和上下文相关的特征，这使得矩阵分解丧失了利用更多有效信息的机会。此外，在缺乏用户历史行为时，矩阵分解无法提供有效的推荐。为了解决这个问题，逻辑回归模型及其后续发展出的因子分解机等模型，凭借其天然的融合多种特征的能力，逐渐在推荐系统领域得到更广泛的应用。

2.3 从 LR 到 FFM——融合多种特征的推荐模型

相比协同过滤模型仅利用用户与物品间的行为信息进行推荐，逻辑回归模型能够综合利用用户、物品、上下文等多种特征，生成较为“全面”的推荐结果。另外，逻辑回归的另一种表现形式——“感知机”作为神经网络中最基础的单一神经元，是深度学习的基础性结构。因此，能够进行多特征融合的逻辑回归模型，成为独立于协同过滤的推荐模型发展的另一个主要方向。

与协同过滤和矩阵分解利用用户和物品的相似度进行推荐不同，逻辑回归将推荐问题看成一个分类问题，通过预测正样本的概率对物品进行排序。这里的正样本可以是用户“点击”了某商品，也可以是用户“观看”了某视频，均代表推荐系统期望的用户“正反馈”行为。因此，逻辑回归模型将推荐问题转换为点击率（Click Through Rate，CTR）预估问题。

2.3.1 基于逻辑回归模型的推荐流程和技术细节

基于逻辑回归的推荐过程如下：

（1）将用户年龄、性别、物品属性、物品描述、当前时间、当前地点等特征转换为数值型特征向量。

（2）确定逻辑回归模型的优化目标（如优化“点击率”），利用已有样本数据对逻辑回归模型进行训练，确定模型的权重参数。

（3）在模型服务阶段，将特征向量输入逻辑回归模型，经过模型的推断，得到用户“点击”（这里以点击作为推荐系统正反馈行为的例子）某物品的概率。

（4）根据“点击”概率对所有候选物品排序，得到推荐列表。

基于逻辑回归的推荐过程的重点在于，利用样本的特征向量进行模型训练和在线推断。下面着重介绍逻辑回归模型的数学形式、推断过程和训练方法。

如图 2-5 所示，逻辑回归模型的推断过程可以形式化地分为如下几步。

（1）将特征向量 $\boldsymbol{x}=\left(x_1,x_2,\cdots,x_n,1\right)^{\mathrm{T}}$ 作为模型的输入。

（2）为各特征赋予相应的权重 $\left(w_1,w_2,\cdots,w_{n+1}\right)^{\mathrm{T}}$，来表示各特征的重要性差异，再将各特征进行加权求和，得到 $\boldsymbol{x}^{\mathrm{T}}\boldsymbol{w}$。

（3）将 $\boldsymbol{x}^{\mathrm{T}}\boldsymbol{w}$ 输入 sigmoid 函数，使之映射到[0,1]的区间，得到最终的“点击率”。

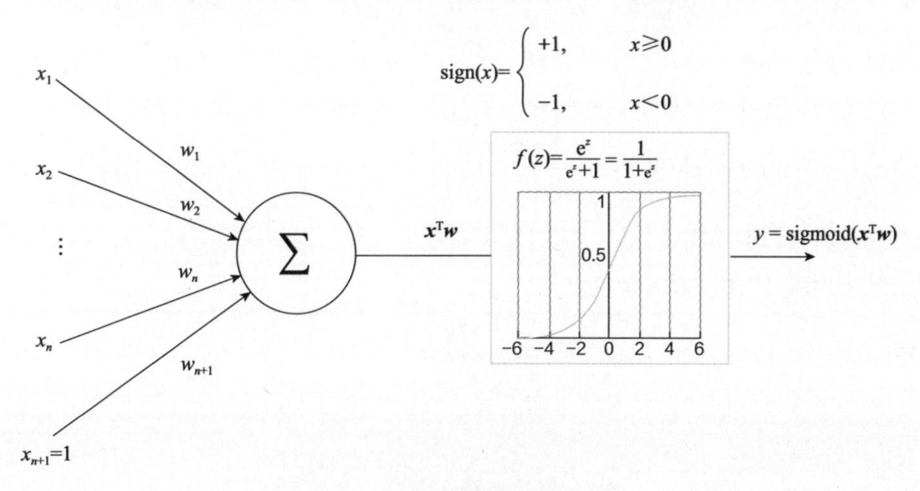

图 2-5 逻辑回归模型的推断过程

其中，sigmoid 函数的数学形式如式（2-12）所示。

$$f(z)=\frac{1}{1+\mathrm{e}^{-z}} \tag{2-12}$$

综上，逻辑回归模型整个推断过程的数学形式如式（2-13）所示。

$$f(\boldsymbol{x})=\frac{1}{1+\mathrm{e}^{-(\boldsymbol{w}\cdot\boldsymbol{x}+b)}} \tag{2-13}$$

对于标准的逻辑回归模型来说，要确定的参数就是特征向量相应的权重向量 $\boldsymbol{w}$。下面介绍逻辑回归模型的权重向量 $\boldsymbol{w}$ 的训练方法。

逻辑回归模型常用的训练方法有梯度下降法、牛顿法、拟牛顿法等。其中，梯度下降法是应用最广泛的训练方法，也是学习深度学习各种训练方法的基础。

梯度下降法利用了“梯度”的优良性质：如果实值函数 $F(x)$在点 x_0 处可微且有定义，那么函数 $F(x)$在点 x_0 处沿着梯度的反方向 $-\nabla F(x)$，下降最快。

因此，在优化某模型的目标函数时，只需对目标函数进行求导，得到梯度的方向，然后沿梯度的反方向下降，并迭代此过程，直至找到局部极小值。

使用梯度下降法求解逻辑回归模型的第一步，是确定逻辑回归的目标函数。已知逻辑回归的数学形式如式（2-13）所示，这里表示成 $f_w(\boldsymbol{x})$。对于一个输入样本 $\boldsymbol{x}$，预测结果为正样本（类别 1）和负样本（类别 0）的概率如式（2-14）所示。

$$\begin{cases}P(y=1|\boldsymbol{x};\boldsymbol{w})=f_w(\boldsymbol{x})\\P(y=0|\boldsymbol{x};\boldsymbol{w})=1-f_w(\boldsymbol{x})\end{cases} \tag{2-14}$$

将式（2-14）综合起来，可以写成式（2-15）的形式：

$$P(y|\boldsymbol{x};\boldsymbol{w})=(f_w(\boldsymbol{x}))^y(1-f_w(\boldsymbol{x}))^{1-y} \tag{2-15}$$

根据极大似然估计的原理可写出逻辑回归的目标函数，如式（2-16）所示。

$$L(\boldsymbol{w})=\prod_{i=1}^{m}P(y|\boldsymbol{x};\boldsymbol{w}) \tag{2-16}$$

由于目标函数连乘的形式不便于求导，故在式（2-16）两侧取 ln 函数，并乘以系数-(1/m)，将求最大值的问题转换为求极小值的问题。最终的目标函数形式如式（2-17）所示。

$$J(\boldsymbol{w})=-\frac{1}{m}\ln L(\boldsymbol{w})=-\frac{1}{m}\left(\sum_{i=1}^{m}\left(y^i\ln f_w(\boldsymbol{x}^i)+(1-y^i)\ln(1-f_w(\boldsymbol{x}^i))\right)\right) \tag{2-17}$$

在得到逻辑回归的目标函数后，需对每个参数求偏导，得到梯度方向，对 $J(\boldsymbol{w})$中的参数 w_j 求偏导的结果如式（2-18）所示。

$$\frac{\partial}{\partial w_j}J(\boldsymbol{w})=\frac{1}{m}\sum_{i=1}^{m}\left(f_w(\boldsymbol{x}^i)-y^i\right)\boldsymbol{x}_j^i \tag{2-18}$$

在得到梯度之后，即可得到模型参数的更新公式，如式（2-19）所示。

$$w_j\leftarrow w_j-\gamma\frac{1}{m}\sum_{i=1}^{m}\left(f_w(\boldsymbol{x}^i)-y^i\right)\boldsymbol{x}_j^i \tag{2-19}$$

至此，逻辑回归模型的更新推导就完成了。

可以看出，无论是矩阵分解还是逻辑回归，在使用梯度下降法求解时，都遵循同样的基本步骤。问题的关键在于利用模型的数学形式确定其目标函数，并通过求导得到梯度下降的公式。在接下来的章节中，如无特殊情况，将不再推导模型的参数更新公式。感兴趣的读者可以尝试自行推导或者阅读相关的论文。

2.3.2 逻辑回归模型的优势与局限性

在深度学习模型流行之前，逻辑回归曾在相当长的时间里是推荐系统、计算广告业界的首选模型。除了在形式上适于融合不同特征，形成较“全面”的推荐结果，其流行还有以下三方面的原因。

1. 数学含义上的支撑

逻辑回归属于广义线性模型，它假设因变量 y 服从伯努利分布。那么，在 CTR 预估这个问题上，“点击”事件是否发生就是模型的因变量 y，而用户是否点击广告可看作一个经典的偏心硬币投掷问题。因此，CTR 预估模型的因变量显然应该服从伯努利分布。所以，采用逻辑回归作为 CTR 预估模型是符合“点击”这一事件的物理意义的。

相比之下，线性回归作为广义线性模型的另一个特例，其假设因变量 y 服从高斯分布，这显然不符合“点击”事件这种二分类问题的数学假设。

2. 可解释性强

直观地看，逻辑回归模型的数学形式是各特征的加权和，再施以 sigmoid 函数。在逻辑回归数学理论的支持下，这种简单的数学形式也非常符合人类对预估过程的直觉认知。

使用各特征的加权和是为了综合不同特征对 CTR 的影响，而不同特征的重要程度不一样，所以为不同特征指定不同的权重。最后，通过 sigmoid 函数将其值映射到[0,1]，也正好符合 CTR 的物理意义。

逻辑回归如此符合人类的直觉认知，因此具有极强的可解释性。算法工程师可以根据权重的大小解释哪些特征比较重要，在 CTR 预估出现偏差时，可以快速定位影响了最后结果的因素；在与负责运营、产品的同事合作时，也能给出可解释的原因，有效降低沟通成本。

3. 工程化的需要

在互联网公司每天动辄 TB 级别的数据面前，模型的训练开销和在线推断效率显得异常重要。在 2012 年之前，GPU 尚未流行，逻辑回归凭借其易于并行化、模型简单、训练开销小等优势，成为工程领域的主流选择。囿于工程团队的限制，即使其他复杂模型的效果有所提升，在没有看到逻辑回归模型被明显超越之前，公司也不会贸然加大计算资源的投入来升级推荐模型。这是逻辑回归模型在业界持续流行的另一个重要原因。

逻辑回归作为一种基础模型，具有简单、直观、易用的特点。但其局限性也是非常明显的：表达能力有限，无法进行特征交叉等一系列较为“高级”的操作，因此不可避免地造成信息的损失。为解决这一问题，推荐模型朝着复杂化的方向继续发展，衍生出因子分解机等高维模型。进入深度学习时代后，多层神经网络强大的表达能力使其完全可以替代逻辑回归模型，使后者逐渐从一线公司退役。各公司也转而投入深度学习模型应用的浪潮之中。

2.3.3 POLY2 模型——特征交叉的开始

针对特征交叉的问题，算法工程师经常采用先手动组合特征，再通过各种分析手段筛选特征的方法，但该方法无疑是低效的。更遗憾的是，人类的经验往往有局限性，程序员的时间和精力也不足以支撑其找到最优的特征组合。因此，采用 POLY2 模型进行特征的“暴力”组合成为一种可行的选择。

POLY2 模型的数学形式如式（2-20）所示。

$$f_{\text{POLY2}}(\boldsymbol{x})=\text{sigmoid}\left(w_0+\boldsymbol{w}_1^{\text{T}}\boldsymbol{x}+\varnothing\text{POLY2}(\boldsymbol{w}_2,\boldsymbol{x})\right) \tag{2-20}$$

其中，

$$\varnothing\text{POLY2}(\boldsymbol{w},\boldsymbol{x})=\sum_{j_1=1}^{n-1}\sum_{j_2=j_1+1}^{n} w_{h(j_1,j_2)}x_{j_1}x_{j_2} \tag{2-21}$$

可以看到，该模型不仅保留了逻辑回归模型的一阶部分，还将所有特征两两交叉（特征 x_{j_1} 和 x_{j_2}），并对所有的特征组合赋予权重 $w_{h(j_1,j_2)}$。POLY2 通过这样暴力组合特征的方式，在一定程度上解决了特征组合的问题。此外，POLY2 模型本质上仍是线性模型，其训练方法与逻辑回归并无区别，因此容易实现工程上的兼容。然而，POLY2 模型存在两个较大的缺陷。

（1）在处理互联网数据时，经常采用 one-hot 编码的方法处理类别型数据，使特征向量极度稀疏。POLY2 对特征进行无选择的交叉，使原本就非常稀疏的特征向量更加稀疏，导致大部分交叉特征的权重缺乏有效的数据进行训练，模型无法收敛。

（2）权重参数的数量由 n 直接上升到 n^2 级别，极大地增加了训练的复杂度。

2.3.4 FM 模型——隐向量特征交叉

为了解决 POLY2 模型的缺陷，2010 年大阪大学的 Steffen Rendle 提出了 FM（因子分解机）模型[6]。

式（2-22）是 FM 二阶部分的数学形式。与 POLY2 相比，FM 模型的主要区别在于它用两个向量的内积 $\langle \boldsymbol{w}_{j_1},\boldsymbol{w}_{j_2}\rangle$ 取代了单一的权重系数 $w_{h(j_1,j_2)}$。具体来说，FM 模型为每个特征学习了一个权重隐向量（latent vector）。在特征交叉时，使用两个特征隐向量的内积作为交叉特征的权重。

$$\varnothing\text{FM}(\boldsymbol{w},\boldsymbol{x})=\sum_{j_1=1}^{n-1}\sum_{j_2=j_1+1}^{n}\langle \boldsymbol{w}_{j_1},\boldsymbol{w}_{j_2}\rangle x_{j_1}x_{j_2} \tag{2-22}$$

FM 模型引入隐向量的做法，本质上与矩阵分解用隐向量代表用户和物品的做法异曲同工。可以说，FM 模型将矩阵分解中隐向量的思想做了进一步的扩展，从用户和物品的隐向量扩展到所有特征的隐向量。

通过引入特征隐向量，FM 模型把 POLY2 模型中权重参数的数量从 n^2 级别减少到 nk 级别（k 为隐向量维度，$n \gg k$）。在使用梯度下降法训练 FM 模型的过程中，训练复杂度同样可降低到 nk 级别，极大地降低了训练开销。

隐向量的引入使 FM 模型能更好地解决数据稀疏性的问题。例如，在商品推荐的场景中，假设样本有两个特征，分别是频道（channel）和品牌（brand），某训练样本的特征组合是(ESPN, Adidas)。在 POLY2 模型中，只有当 ESPN 和 Adidas 这两个特征同时出现在一个训练样本中时，模型才能学到这个组合特征对应的权重；而在 FM 模型中，ESPN 的隐向量也可以通过(ESPN, Gucci)样本进行更新，Adidas 的隐向量也可以通过(NBC, Adidas)样本进行更新，这大幅降低了模型对数据稀疏性的要求。甚至对于一个从未出现过的特征组合(NBC, Gucci)，由于 FM 模型之前已经分别学习过 NBC 和 Gucci 的隐向量，也能具备计算该特征组合权重的能力，这是 POLY2 模型无法实现的。相比 POLY2 模型，FM 模型虽然丢失了对某些具体特征组合的精确记忆能力，但是泛化能力大大提高。

在工程方面，FM 模型同样可以用梯度下降法进行训练，不失实时性和灵活性。与之后的深度学习模型相比，FM 模型的结构较易实现，这使其线上推断过程相对简单，更容易进行线上部署和服务。因此，FM 在 2012—2014 年成为业界主流的推荐系统模型之一。

2.3.5 FFM 模型——引入特征域的概念

2015 年，基于 FM 模型的 FFM（Field-aware Factorization Machines）模型[7]在多项 CTR 预估大赛中夺魁，并被 Criteo、美团等公司广泛应用于推荐系统、CTR 预估等领域。相比 FM 模型，FFM 模型引入了“特征域感知”（field-aware）的概念，表达能力更强。

FFM 模型的二阶部分如式（2-23）所示。其与 FM 模型的区别在于隐向量由原来的 $\boldsymbol{w}_{j_1}$ 变成了 $\boldsymbol{w}_{j_1,f_2}$，这意味着每个特征对应的不是唯一的隐向量，而是一组隐向量。当 x_{j_1} 特征与 x_{j_2} 特征进行交叉时，x_{j_1} 特征会从 x_{j_1} 的这一组隐向量中挑出与特征 x_{j_2} 的域 f_2 对应的隐向量 $\boldsymbol{w}_{j_1,f_2}$ 进行交叉。同理，x_{j_2} 也会用与 x_{j_1} 的域 f_1 对应的隐向量进行交叉。

$$\varnothing\text{FFM}(\boldsymbol{w},\boldsymbol{x})=\sum_{j_1=1}^{n-1}\sum_{j_2=j_1+1}^{n}\left\langle \boldsymbol{w}_{j_1,f_2},\boldsymbol{w}_{j_2,f_1}\right\rangle x_{j_1}x_{j_2} \tag{2-23}$$

这里所说的“域”（field）具体指什么呢？简单地讲，“域”代表特征域，域内的特征一般是采用 one-hot 编码形成的一个 one-hot 特征向量。例如，用户的性别分为男、女和未知三类，那么对一个女性用户来说，采用 one-hot 编码的特征向量为[0,1,0]，这个三维的特征向量就是一个“性别”特征域。将所有特征域连接起来，就组成了样本的整体特征向量。

下面介绍 Criteo FFM 论文[7]中的一个例子，更具体地说明 FFM 模型的特点。假设在训练推荐模型的过程中接收到的训练样本如图 2-6 所示。

Publisher(P)	Advertiser(A)	Gender(G)
ESPN	NIKE	Male

图 2-6　训练样本示例

其中，Publisher、Advertiser、Gender 是三个特征域，ESPN、NIKE、Male 分别是这三个特征域的特征值（还需要转换成 one-hot 特征）。

如果按照FM模型的原理，特征ESPN、NIKE和Male都有对应的隐向量 $\boldsymbol{w}_{\text{ESPN}}$、$\boldsymbol{w}_{\text{NIKE}}$、$\boldsymbol{w}_{\text{Male}}$，那么 ESPN 特征与 NIKE 特征、ESPN 特征与 Male 特征做交叉，权重应该是 $\boldsymbol{w}_{\text{ESPN}}\cdot\boldsymbol{w}_{\text{NIKE}}$ 和

$\boldsymbol{w}_{\mathrm{ESPN}} \cdot \boldsymbol{w}_{\mathrm{Male}}$。其中，ESPN 对应的隐向量 $\boldsymbol{w}_{\mathrm{ESPN}}$ 在两次特征交叉过程中是不变的。

而在 FFM 模型中，特征 ESPN 与 NIKE、ESPN 与 Male 交叉的权重分别是 $\boldsymbol{w}_{\mathrm{ESPN,A}} \cdot \boldsymbol{w}_{\mathrm{NIKE,P}}$ 和 $\boldsymbol{w}_{\mathrm{ESPN,G}} \cdot \boldsymbol{w}_{\mathrm{Male,P}}$。

细心的读者肯定已经注意到，特征 ESPN 在与 NIKE 和 Male 交叉时分别使用了隐向量 $\boldsymbol{w}_{\mathrm{ESPN,A}}$ 和 $\boldsymbol{w}_{\mathrm{ESPN,G}}$，这是由于 NIKE 和 Male 分别属于不同的特征域 Advertiser（用 A 表示）和 Gender（用 G 表示）。

在训练过程中，FFM 模型需要学习 n 个特征在 f 个域上的 k 维隐向量，参数数量共 $n \cdot k \cdot f$ 个。在训练方面，FFM 模型的二次项并不能像 FM 模型的那样简化，因此其计算复杂度为 $O(kn^2)$。

相比 FM 模型，FFM 模型引入了特征域的概念，引入了更多有价值的信息，因此表达能力更强，但与此同时，FFM 模型的计算复杂度上升到 $O(kn^2)$，远大于 FM 模型的 $O(kn)$。在实际工程应用中，需要在模型效果和工程投入之间进行权衡。

2.3.6 从 LR 到 FFM 的模型进化过程

本节用图示的方法回顾从模型 LR 进化到 POLY2、FM，再到 FFM 的过程。这里仍采用 2.3.5 节的例子进行说明。

对于 LR 模型来说，它没有二阶特征交叉项，若特征数量为 n，则权重数量也是 n。如图 2-7 所示，每个原点代表特征和其权重的乘积，可以看到，模型只有独立特征，没有交叉特征。

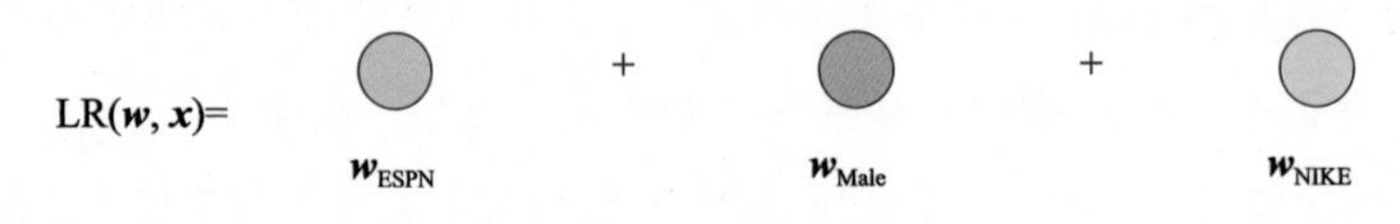

图 2-7 LR 模型示意图

POLY2 模型直接学习每个交叉特征的权重，若特征数量为 n，则权重数量为 n^2 级别，具体为 $n(n-1)/2$ 个。图 2-8 所示是模型的二阶部分，每个彩色圆点代表一个特征交叉项。

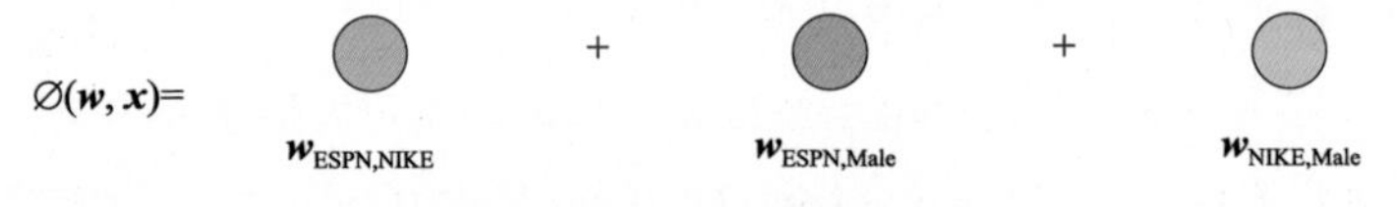

图 2-8 POLY2 模型示意图

FM 模型则学习每个特征的 k 维隐向量，交叉特征的权重由相应特征隐向量的内积得到，权重数量共 nk 个。FM 模型比 POLY2 模型的泛化能力强，虽然记忆能力有所下降，但更擅长处理稀疏特征向量。如图 2-9 所示，每个特征交叉项不再是单独的一个圆点，而是 3 个彩色圆点的内积，代表每个特征有一个 3 维的隐向量。

FFM 模型在 FM 模型的基础上引入了特征域的概念。在做特征交叉时，每个特征会根据交叉对象的特征域，从对应的隐向量中选择一个做内积运算，得到交叉特征的权重。假设有 n 个特征，f 个特征域，隐向量维度为 k，则共有 $n \cdot k \cdot f$ 个参数。如图 2-10 所示，每个特征都有 2 个隐向量，根据特征交叉对象的特征域，选择相应的隐向量进行计算。

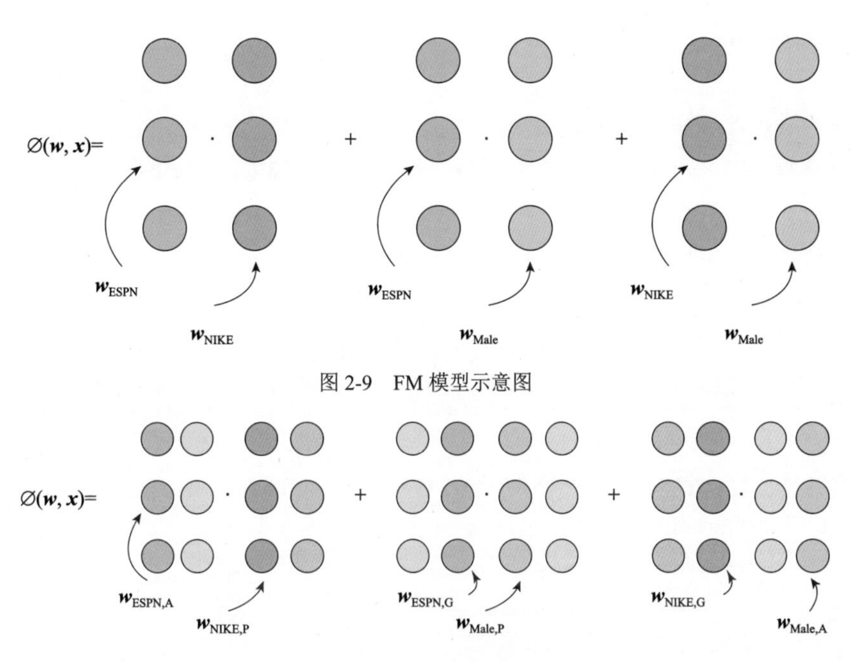

图 2-9 FM 模型示意图

图 2-10 FFM 模型示意图

理论上，利用交叉特征的思路，FM 模型族可以扩展到三阶特征交叉，甚至更高维的特征交叉。但由于组合爆炸问题的存在，三阶特征交叉无论是权重数量，还是训练复杂度都过高，难以在实际工程中实现。那么，突破二阶特征交叉的限制，进一步加强模型特征组合的能力，就成为推荐系统模型发展的新方向。而深度学习推荐模型凭借着神经网络近乎无限的特征组合能力，自然而然地成为推荐模型的新趋势。

2.4 Deep Crossing 模型——深度学习推荐模型的开端

虽然自 2014 年起，就有公司陆续透露在其推荐系统中应用了深度学习模型，但直到 2015 年，才有正式的论文分享了完整的深度学习推荐系统的技术细节。其中微软的 Deep Crossing 模型[8]是极具代表性和影响力的工作。Deep Crossing 模型全面解决了从特征工程、稀疏向量稠密化到多层神经网络的优化目标拟合等一系列深度学习在推荐系统中的应用问题，为后续的研究打下了良好的基础。

2.4.1 Deep Crossing 模型的应用场景

Deep Crossing 模型的应用场景是微软搜索引擎 Bing 中的搜索广告推荐场景。用户在搜索引擎中输入搜索词之后，除了返回相关的搜索结果，搜索引擎还会展示与搜索词相关的广告，这也是大多数搜索引擎的主要盈利模式。尽可能地增加搜索广告的点击率，准确地预测广告点击率，并以此作为广告排序的指标之一，是非常重要的工作，也是 Deep Crossing 模型的优化目标。

针对该应用场景，微软使用的特征如表 2-1 所示。这些特征大致可以分为三类：第一类是可以被处理成 one-hot 或者 multi-hot 向量的类别型特征，包括用户搜索词（query）、广告关键词（keyword）、广告标题（title）、落地页（landing page）、匹配类型（match type）等；第二类是数值型特征，微软称其为计数型（counting）特征，包括点击率、预估点击率（click prediction）等；第三类是需要进一步处理的特征，包括广告计划（campaign）、曝光样例（impression）、点击样例（click）等。严格地说，这些特征都不是独立存在的，而是一个特征组，需要进一步处理。例如，可以将广告计划中的预算（budget）作为数值型特征，而广告计划的 id 则作为类别型特征。

表 2-1 Deep Crossing 模型使用的特征

特 征	特征含义
搜索词	用户在搜索框中输入的搜索词
广告关键词	广告主为广告添加的描述其产品的关键词
广告标题	广告的标题
落地页	点击广告后的落地页面
匹配类型	广告主选择的广告–搜索词匹配类型（包括精准匹配、短语匹配、语义匹配等）
点击率	广告的历史点击率
预估点击率	另一个 CTR 模型的 CTR 预估值
广告计划	广告主创建的广告投放计划，包括预算、定向条件等
曝光样例	一个广告“曝光”的例子，该例子记录了广告在实际曝光场景中的相关信息
点击样例	一个广告“点击”的例子，该例子记录了广告在实际点击场景中的相关信息

类别型特征可以通过 one-hot 或 multi-hot 编码生成特征向量，数值型特征则可以直接拼接到特征向量中。在生成所有输入特征的向量表示后，Deep Crossing 模型利用这些特征向量进行 CTR 预估。深度学习网络的优势是可以根据需求灵活地调整网络结构，从而实现从原始特征向量到最终的优化目标的端到端训练。下面通过剖析 Deep Crossing 模型的网络结构，探索深度学习是如何通过对特征的层层处理，最终准确地预估点击率的。

2.4.2 Deep Crossing 模型的网络结构

为实现端到端的训练，Deep Crossing 模型要在其内部网络中解决如下问题。

（1）离散类特征编码后通常过于稀疏，不利于直接输入神经网络进行训练，因此需要解决稀疏特征向量稠密化的问题。

（2）特征自动交叉组合的问题。

（3）在输出层中达到设定的优化目标。

Deep Crossing 模型分别设置了不同的神经网络层来解决上述问题。如图 2-11 所示，其网络结构主要包括 4 层：Embedding 层、Stacking 层、Multiple Residual Units 层和 Scoring 层。接下来，我们将依据图 2-11 从下至上依次介绍各层的功能和实现。

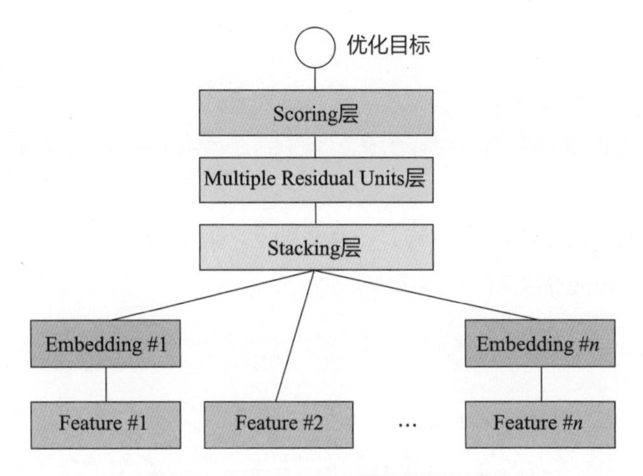

图 2-11　Deep Crossing 模型的网络结构

1. Embedding 层

Embedding 层的作用是将稀疏的类别型特征转换成稠密的 Embedding 向量。从图 2-11 中可以看到，每一个特征（例如 Feature#1，这里指的是经 one-hot 编码后的稀疏特征向量）经过 Embedding 层后，会转换成对应的 Embedding 向量（例如 Embedding#1）。

Embedding 层的结构以经典的全连接层（Fully Connected Layer）结构为主。但 Embedding 技术在深度学习中是一个被广泛研究的领域，已经衍生出 Word2vec、Graph Embedding 等多种不同的方法。第 4 章将对 Embedding 的主流方法做更详尽的介绍。

一般来说，Embedding 向量的维度应远小于原始的稀疏特征向量，一般几十到上百维就能满足需求。这里补充一点，图 2-11 中的 Feature#2 实际上代表数值型特征。可以看到，数值型特征不需要经过 Embedding 层，而是直接进入 Stacking 层。

2. Stacking 层

Stacking 层（堆叠层）的作用比较简单，是把不同的 Embedding 特征和数值型特征拼接在一起，形成新的包含全部特征的特征向量。该层通常也被称为连接（concatenate）层。

3. Multiple Residual Units 层

该层的主要结构是多层感知机（MLP），相比标准的以感知机为基本单元的神经网络，Deep Crossing 模型采用了多层残差网络（Multi-Layer Residual Network）作为 MLP 的具体实现。最著名的残差网络是在 ImageNet 大赛中由何恺明提出的 152 层残差网络 ResNet[9]。Deep Crossing 在推荐问题中对残差网络的应用，也是残差网络首次在图像识别领域之外的成功应用。

通过多层残差网络对特征向量的各个维度进行充分的交叉组合，Deep Crossing 模型能够抓取到更多的非线性特征和组合特征的信息，进而使深度学习模型在表达能力上较传统机器学习模型大为增强。

4. Scoring 层

Scoring 层作为输出层，就是为了拟合优化目标而存在的。对于 CTR 预估这类二分类问题，Scoring 层往往使用逻辑回归模型；而对于图像分类等多分类问题，Scoring 层往往采用 softmax 模型。

以上就是 Deep Crossing 的模型结构。在此基础上，采用梯度反向传播的方法进行训练，最终得到基于 Deep Crossing 的 CTR 预估模型。

2.4.3 Deep Crossing 模型对特征交叉方法的革命

从现在的视角看，Deep Crossing 模型似乎平淡无奇，因为它采用的是常规的“Embedding+MLP”深度学习网络，并没有特别的结构。但从历史的角度看，Deep Crossing 模型的出现是有革命意义的。Deep Crossing 模型中没有任何人工特征工程，原始特征经 Embedding 后直接输入神经网络层，全部特征交叉任务都由模型完成。之前介绍的 FM 和 FFM 模型只具备二阶特征交叉的能力，而 Deep Crossing 模型可以通过调整神经网络的深度实现特征之间的“深度交叉”，这也是其名称的由来。

更重要的是，Deep Crossing 使用的稀疏特征 Embedding 化和多层神经网络拟合优化目标的方法，奠定了深度学习推荐模型的基础，至今仍是推荐模型的基础框架。自此，深度学习推荐模型逐渐枝繁叶茂，蓬勃发展起来。

2.5 NeuralCF 模型——双塔模型的经典应用

2.2 节介绍了推荐系统的经典算法——协同过滤，以及沿着协同过滤的思路而发展出来的矩阵分解技术，它将协同过滤中的共现矩阵分解为用户向量矩阵和物品向量矩阵。其中，用户 u 的隐向量和物品 i 的隐向量的内积，就是用户 u 对物品 i 评分的预测。沿着矩阵分解的技术脉络，结合深度学习知识，新加坡国立大学的研究人员于 2017 年提出了基于深度学习的协同过滤模型 NeuralCF[10]。

2.5.1 从深度学习的视角重新审视矩阵分解模型

在 2.4 节对 Deep Crossing 模型的介绍中提到，Embedding 层的主要作用是将稀疏向量转换为稠密向量。事实上，如果从深度学习的视角看待矩阵分解模型，那么矩阵分解层的用户隐向量和物品隐向量完全可以看作一种 Embedding 方法。最终的 Scoring 层则将用户隐向量和物品隐向量进行内积操作来计算相似度。这里的“相似度”就是对评分的预测。综上所述，如果利用深度学习网络图的方式来描述矩阵分解模型的架构，应该如图 2-12 所示。

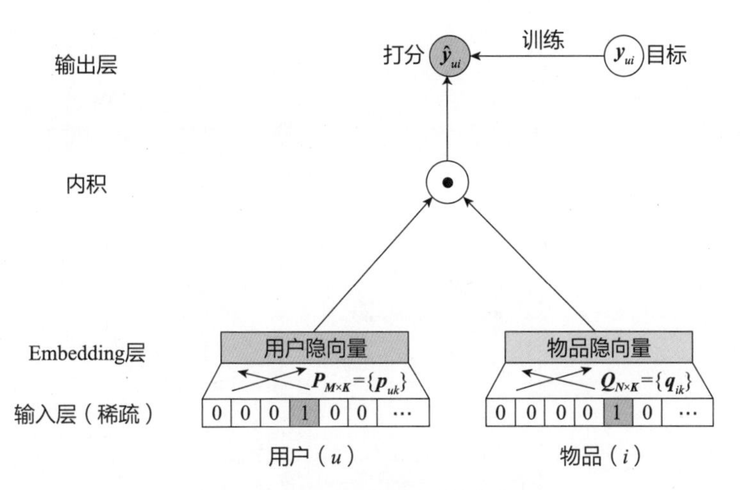

图 2-12　矩阵分解模型的网络化表示

在实际使用矩阵分解来训练和评估模型的过程中，往往会发现模型容易处于欠拟合的状态。究其原因是矩阵分解的模型结构相对比较简单，特别是“输出层”（也被称为“Scoring 层”），无法有效地拟合优化目标。这就要求模型具有更强的表达能力。在此动机的启发下，新加坡国立大学的研究人员提出了 NeuralCF 模型。

2.5.2　NeuralCF 模型的结构

如图 2-13 所示，NeuralCF 模型采用“多层神经网络+输出层”的结构，替代了矩阵分解模型中简单的内积操作。这样做的好处是显而易见的：一是让用户向量和物品向量做更充分的交叉，从而得到更多有价值的特征组合信息；二是引入了更多的非线性特征，使模型的表达能力更强。

依此类推，事实上，用户和物品向量的互操作层可以用任意的互操作形式所代替，这就是所谓的“广义矩阵分解”（Generalized Matrix Factorization）模型。

原始的矩阵分解采用内积的方式实现用户和物品向量的交叉。为了进一步使向量在各维度上充分交叉，可以通过元素积（长度相同的两个向量的对应元素相乘）的方式进行互操作，再通过逻辑回归等输出层来拟合最终的预测目标。在 NeuralCF 中，利用神经网络拟合互操作函数的做法就是广义的互操作形式。

再进一步，可以把通过不同互操作网络得到的特征向量拼接起来，交由输出层进行目标拟合。NeuralCF 的论文[10]中给出了整合两个网络的例子（如图 2-14 所示）。可以看出，NeuralCF 混合模型整合了原始 NeuralCF 模型和以元素积为互操作的广义矩阵分解模型。这让模型具有了更强的特征组合和非线性能力。

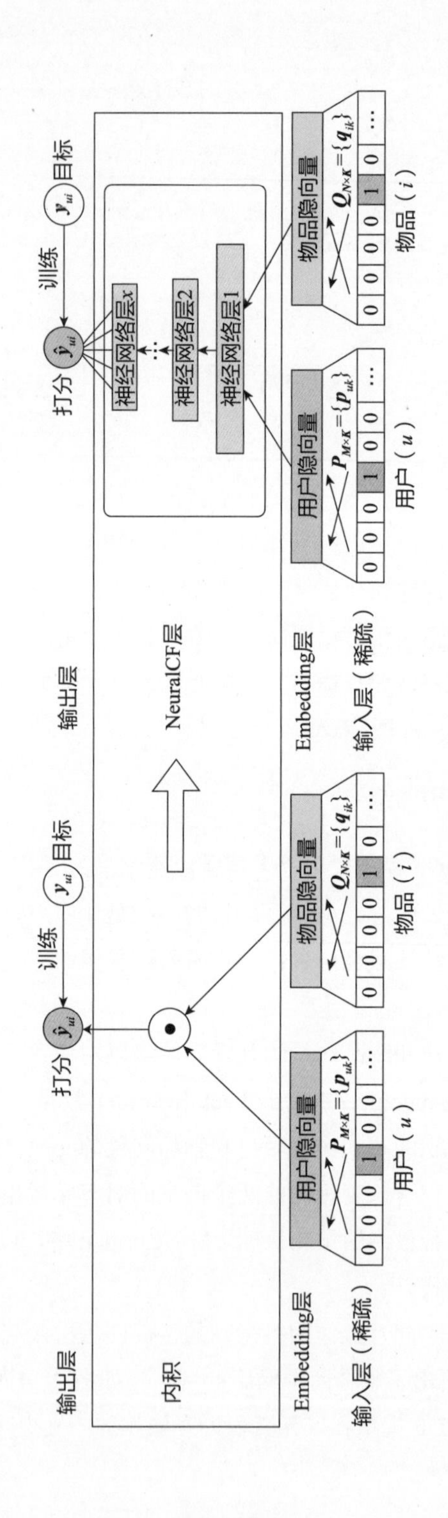

图 2-13　从传统矩阵分解模型到 NeuralCF 模型

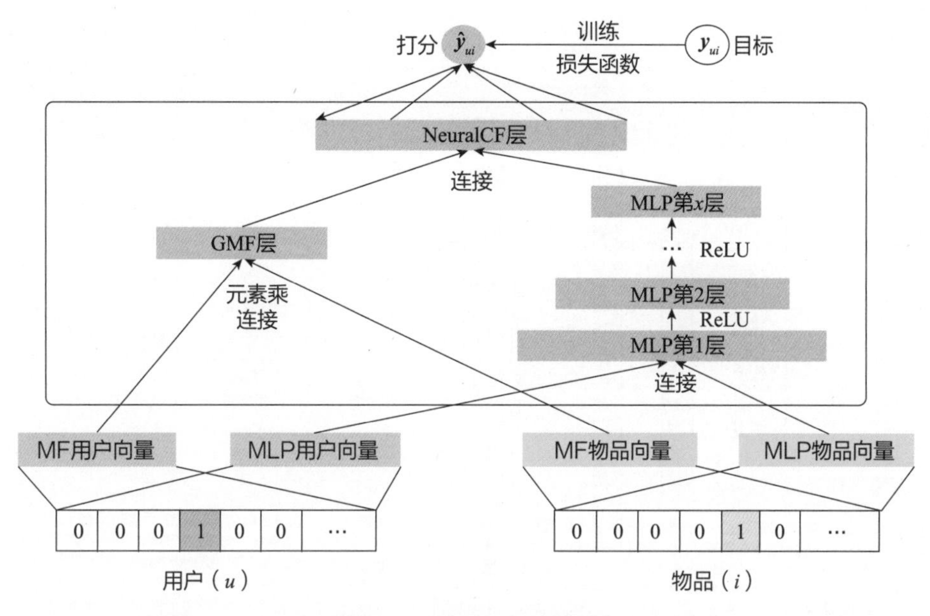

图 2-14　NeuralCF 混合模型

2.5.3　双塔模型——NeuralCF 模型的后续扩展

NeuralCF 模型实际上提出了一个模型框架，基于用户向量和物品向量这两个 Embedding 层，利用不同的互操作层进行特征的交叉组合，并灵活地拼接不同的互操作层。从这里可以看出基于深度学习构建推荐模型的优势：利用神经网络理论上能够拟合任意函数的能力，灵活地组合不同的特征，按需增加或减少模型的复杂度。

但 NeuralCF 模型也存在局限性。由于 NeuralCF 模型是基于协同过滤的思想构造的，所以并没有引入更多其他类型的特征，这在实际应用中无疑会浪费其他有价值的信息。为了解决这一问题，更多用户侧和物品侧的特征被分别加到用户隐向量和物品隐向量的生成网络中，形成了在工业界应用非常广的“双塔模型”（Two Towers Model）。

一个典型的例子是 2019 年 YouTube 应用的双塔召回模型[11]，它的模型架构如图 2-15 所示。相比 NeuralCF 模型，左侧的用户塔和右侧的物品塔都加入了很多新的特征。比如用户塔中的特征分别是用户当前观看的视频的 id（video id）、用户当前观看视频的频道 id（channel id）、用户历史观看的视频（past watches）、观看次数（views）、点赞数（likes）等，物品塔也加入了类似的特征。

值得注意的是，用户塔和物品塔中相同类型的特征（如视频 id、频道 id）拥有共同的 Embedding 空间，这保证了由此生成的用户 Embedding 和物品 Embedding 是可计算相似性的。各自经过几层神经网络后，用户 Embedding 和物品 Embedding 在最后的输出层交叉，完成了整个构建过程。

双塔模型的结构特点赋予其优秀的工程特性。它可以通过离线训练的方式生成用户和物品 Embedding，并将其存储至 Embedding 参数服务器，线上预估模块仅需要从参数服务器中取出所需的 Embedding，再进行非常简单的输出层操作（一般是简单的点积操作），就可以计算出最后的预估分。这使得模型的部署非常简单，预估过程非常高效。因此，双塔模型不仅可以直接用作推荐模型，也可以应用于对延迟要求极为苛刻的召回层。

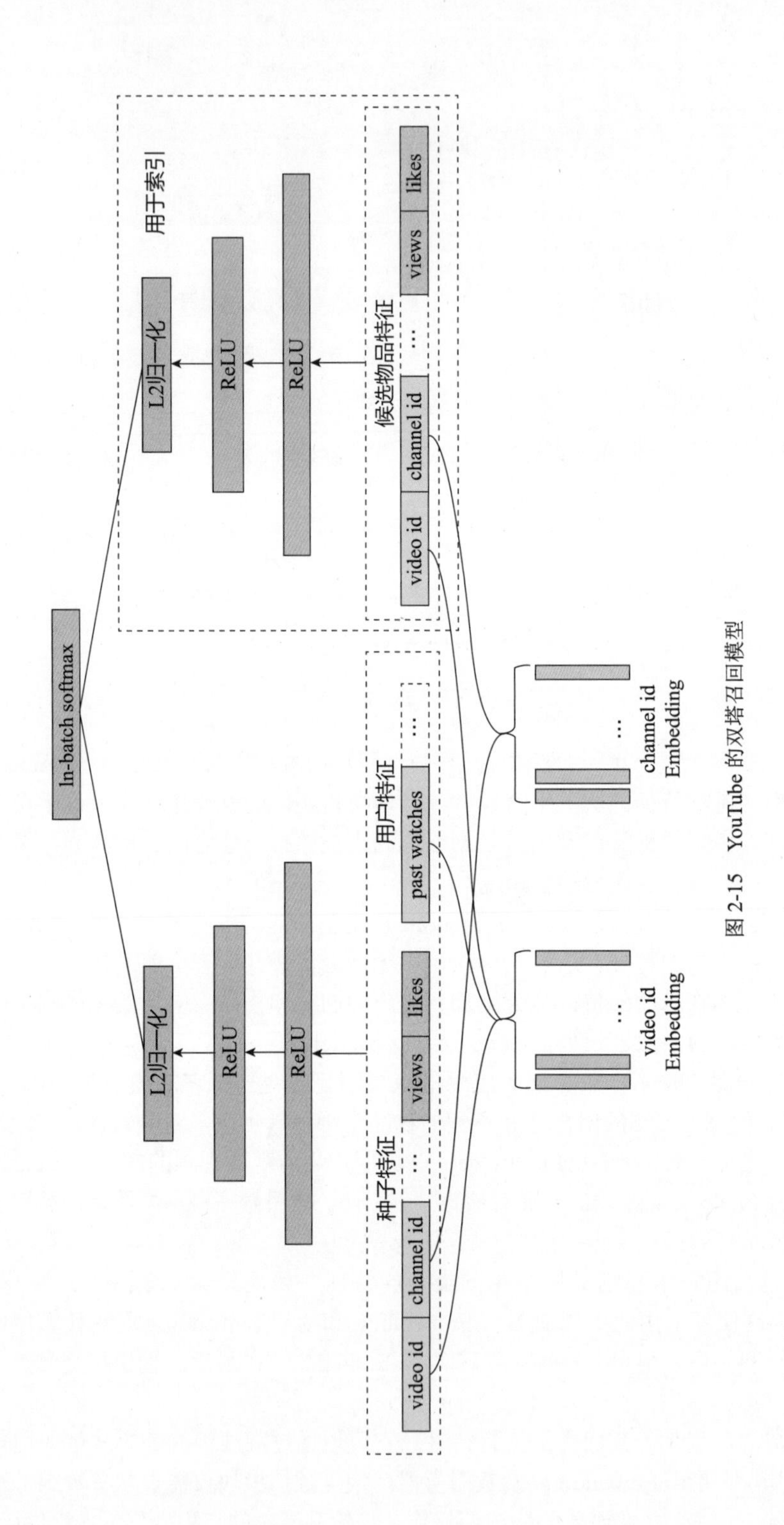

图 2-15 YouTube 的双塔召回模型

2.6 Wide&Deep 模型——记忆能力和泛化能力的综合

本节介绍自提出以来就在业界发挥了巨大影响的模型——谷歌于 2016 年提出的 Wide&Deep 模型[12]。Wide&Deep 模型是由单层的 Wide 部分和多层的 Deep 部分组成的混合模型，主要思路正如其名。其中，Wide 部分的主要作用是让模型具有较强的“记忆能力”（memorization），Deep 部分的主要作用是让模型具有“泛化能力”（generalization）。正是这样的结构特点，使 Wide&Deep 模型兼具了逻辑回归和深度神经网络的优点，能够快速处理并记忆大量历史行为特征，同时具有强大的表达能力。这使得该模型不仅在当时迅速成为业界争相应用的主流模型，而且衍生出大量以其为基础的混合模型，影响力一直延续至今。

2.6.1 模型的记忆能力与泛化能力

Wide&Deep 模型的设计初衷和最大价值在于同时具备较强的记忆能力和泛化能力。记忆能力是一个新的概念，泛化能力虽在之前的章节中屡有提及，但从未给出详细的解释，本节就对这两个概念进行详细的解释。

“记忆能力”可以理解为模型直接学习并利用历史数据中物品或者特征的“共现频率”的能力。一般来说，协同过滤、逻辑回归等简单模型具备较强的记忆能力。由于这类模型结构简单，原始数据往往可以直接影响推荐结果，产生类似于“如果点击过 A，就推荐 B”这类规则式的推荐，这就相当于模型直接记住了历史数据的分布特点，并利用这些记忆进行推荐。

Wide&Deep 是由谷歌应用商店（Google Play）推荐团队提出的，所以这里以 App 推荐场景为例，解释什么是模型的记忆能力。

假设在 Google Play 推荐模型的训练过程中，设置了如下组合特征：AND (user_installed_app=netflix, impression_app=pandora)（简称 netflix&pandora），它代表用户已经安装了 Netflix 这款应用，而且曾在应用商店中看到过 Pandora 这款应用。如果以最终“安装 Pandora”为数据标签（label），则可以轻而易举地统计出特征 netflix&pandora 和标签“安装 Pandora”之间的共现频率。假设二者的共现频率高达 10%（全局的平均应用安装率为 1%），这个特征如此之强，以至于在设计模型时，希望模型一发现这个特征，就推荐 Pandora 这款应用（就像一个深刻的记忆点一样印在脑海里），这就是所谓的模型的记忆能力。像逻辑回归这类简单模型，如果发现这样的“强特征”，则其相应的权重就会在模型训练过程中被调整得非常大，这样就实现了对这个特征的直接记忆。相反，对于多层神经网络来说，特征会被多层处理，并不断与其他特征进行交叉，因此模型对这个强特征的记忆反而没有简单模型深刻。

“泛化能力”可以理解为模型传递特征的相关性，以及发掘稀疏特征甚至从未出现过的稀有特征与最终标签相关性的能力。矩阵分解比协同过滤的泛化能力强，因为矩阵分解引入了隐向量这样的结构，使得数据稀少的用户或者物品也能生成隐向量，从而获得有数据支撑的推荐得分。这就是将全局数据学习到了稀疏物品的隐向量表达上，从而提高泛化能力的典型例子。再比如，深度神经网络通过特征的多次自动组合，可以深度发掘数据中潜在的模式，即使输入非常稀疏的特征向量，也能得到较稳定平滑的推荐概率，这就是简单模型所缺乏的“泛化能力”。

2.6.2 Wide&Deep 模型的结构

既然简单模型的记忆能力强，深度神经网络的泛化能力强，那么设计 Wide&Deep 模型的直接动机就是将二者融合，具体的模型结构如图 2-16 所示。

Wide&Deep 模型把单输入层的 Wide 部分与由 Embedding 层和多隐层组成的 Deep 部分连接起来，一起输入最终的输出层。单层的 Wide 部分善于处理大量稀疏的 id 类特征；Deep 部分利用神经网络表达能力强的特点，进行深层的特征交叉，挖掘藏在特征背后的数据模式。最终，利用逻辑回归模型，输出层将 Wide 部分和 Deep 部分组合起来，形成统一的模型。

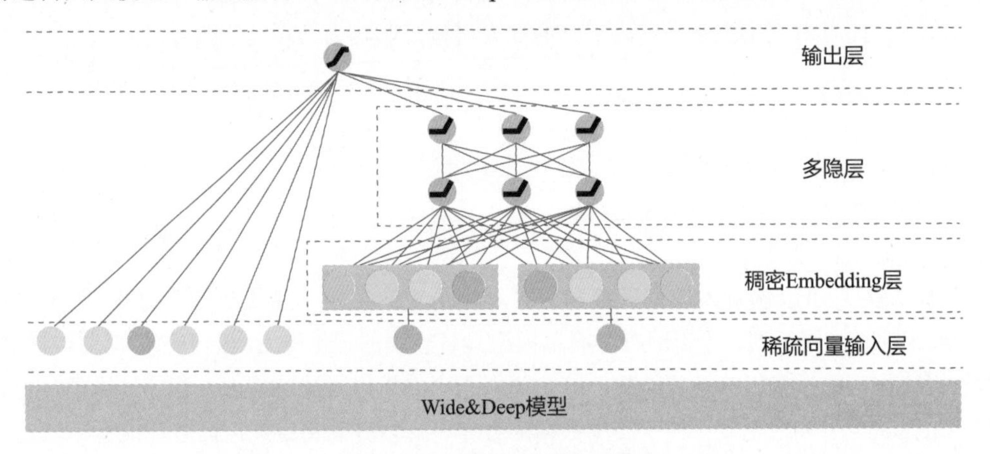

图 2-16 Wide&Deep 模型的结构

Wide&Deep 模型具体的特征工程和输入层设计，展现了 Google Play 的推荐团队对业务场景的深刻理解。从图 2-17 中可以详细地了解 Wide&Deep 模型到底将哪些特征作为 Deep 部分的输入，将哪些特征作为 Wide 部分的输入。

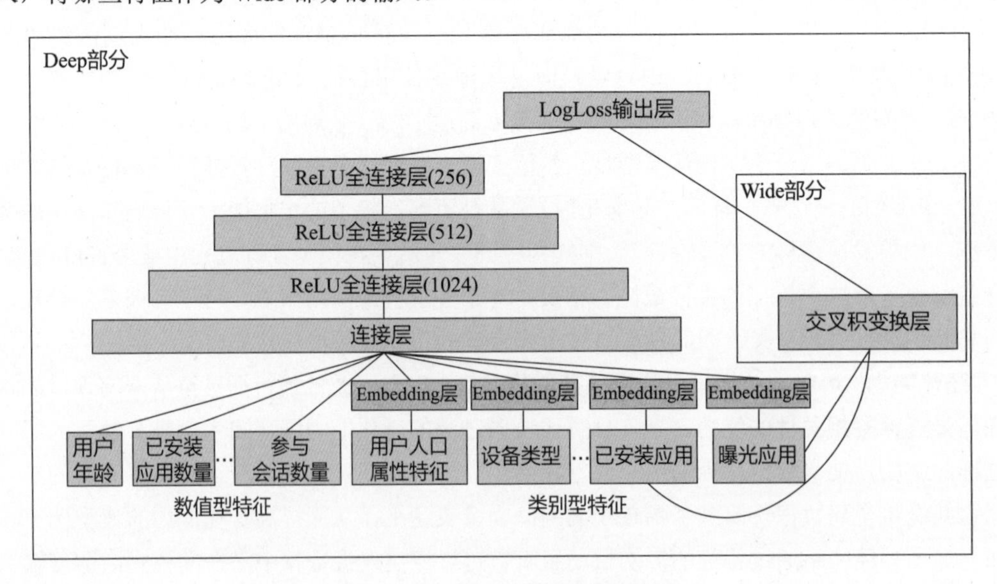

图 2-17 Wide&Deep 模型的详细结构

Deep 部分的输入是全量的特征向量，包括用户年龄、已安装应用数量、设备类型、已安装应用、曝光应用（Impression App）等特征。已安装应用、曝光应用等类别型特征，需要经过 Embedding 层输入至连接层，拼接成 1200 维的 Embedding 向量，再依次经过 3 层 ReLU 全连接层，最终输入至 LogLoss 输出层。

Wide 部分的输入仅仅为已安装应用和曝光应用两类特征，其中已安装应用代表用户的历史行为，而曝光应用代表当前的待推荐应用。选择这两类特征的原因是充分发挥 Wide 部分“记忆能力强”的优势。正如 2.6.1 节所举的“记忆能力”的例子，简单模型善于记忆用户行为特征中的信息，并根据此类信息直接影响推荐结果。

在 Wide 部分中组合“已安装应用”和“曝光应用”两个特征的函数被称为交叉积变换（Cross Product Transformation）函数，其形式化定义如式（2-24）所示。

$$\varnothing_{\kappa}(\boldsymbol{X})=\prod_{i=1}^{d} x_i^{c_{ki}} \qquad c_{ki} \in \{0,1\} \tag{2-24}$$

c_{ki} 是一个布尔变量，当第 i 个特征属于第 k 个组合特征时，c_{ki} 的值为 1，否则为 0；x_i 是第 i 个特征的值。例如，对于“AND(user_installed_app=netflix, impression_app=pandora)”这个组合特征来说，只有当“user_installed_app=netflix”和“impression_app=pandora”这两个特征同时为 1 时，其对应的交叉积变换层的输出结果才为 1，否则为 0。

在通过交叉积变换层操作完成特征组合之后，Wide 部分将组合特征输入最终的 LogLoss 输出层，与 Deep 部分的输出一同参与最后的目标拟合，完成 Wide 与 Deep 部分的融合。

2.6.3 Wide&Deep 模型的影响力

Wide&Deep 模型的影响力无疑是巨大的，不仅被成功应用于多家一线互联网公司，而且其后续的改进创新工作也延续至今。事实上，DeepFM、NFM 等模型都可以看成 Wide&Deep 模型的延伸。

Wide&Deep 模型能够取得成功的关键在于：

（1）抓住了业务问题的本质特征，能够融合传统模型记忆能力和深度学习模型泛化能力的优势。

（2）模型的结构并不复杂，较容易在工程上实现、训练和部署，这加速了其在业界的推广与应用。

也正是从 Wide&Deep 模型之后，越来越多的模型结构被加入推荐模型中，深度学习模型的结构开始朝着多样化、复杂化的方向发展。

2.7 加强特征交叉能力的深度学习推荐模型

无论是 Deep Crossing 模型利用全连接层进行特征交叉，还是 NeuralCF 等双塔模型进行用户与物品特征交叉，抑或是 Wide&Deep 模型组合不同模型结构进行特征交叉，深度学习推荐模型效果的提升，很大程度上源于其特征交叉能力的显著增强。事实上，深度神经网络的特征交叉能力远不止于此，本节将继续介绍几种具备高效特征交叉能力的深度学习推荐模型。

2.7.1 DeepFM——用 FM 代替 Wide&Deep 模型的 Wide 部分

2.3 节曾介绍过 FM 模型，它是进行特征交叉的“利器”。如果能把 FM 的特征交叉能力与深度学习推荐模型结合，就可以取二者之所长。哈尔滨工业大学和华为公司 2017 年联合提出的 DeepFM[13]模型就将 FM 与 Wide&Deep 模型进行了整合，其模型结构如图 2-18 所示。

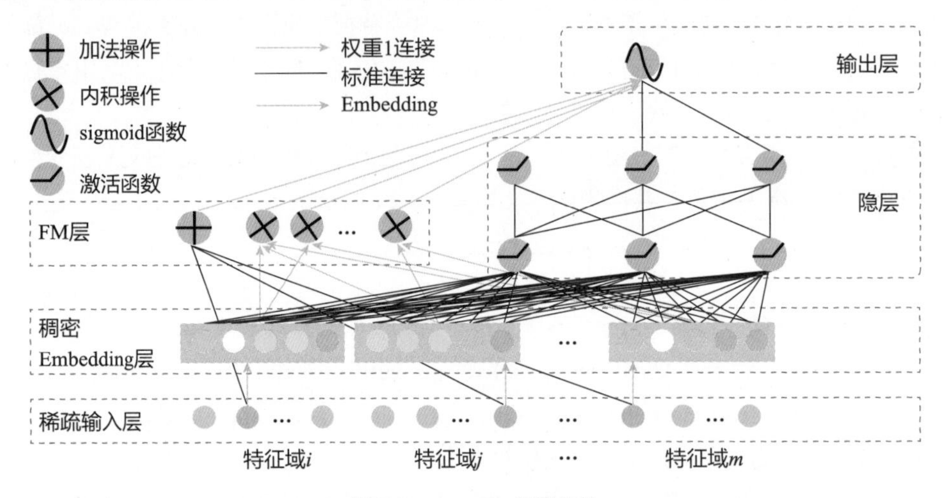

图 2-18 DeepFM 模型结构

DeepFM 延续了 Wide&Deep 双模型组合的结构，它对 Wide&Deep 模型的改进之处在于，用 FM 替换了原来的 Wide 部分，加强了浅层网络部分特征组合的能力。如图 2-18 所示，左侧的 FM 层与右侧的深度神经网络部分共享相同的 Embedding 层。左侧的 FM 层对不同特征域的 Embedding 向量进行了两两交叉，也就是将 Embedding 向量当作原 FM 中的特征隐向量。最后将 FM 层的输出与 Deep 部分的输出一同输入最后的输出层，参与最后的目标拟合。

与 Wide&Deep 模型相比，DeepFM 模型的改进主要是针对 Wide&Deep 模型的 Wide 部分不具备自动的特征组合能力来进行的。而接下来介绍的 NFM 和 Deep&Cross 模型也是对 Wide 或 Deep 部分进行了针对性优化而得到的。

2.7.2 NFM——FM 的神经网络化尝试

在 2.3 节介绍 FM 模型的局限性时，笔者曾经谈到，无论是 FM 模型，还是其改进模型 FFM，归根结底都是二阶特征交叉的模型。受组合爆炸问题的困扰，FM 模型几乎不可能扩展到三阶以上，这就不可避免地限制了 FM 模型的表达能力。那么，有没有可能利用深度神经网络更强的表达能力来改进 FM 模型呢？2017 年，新加坡国立大学的研究人员进行了这方面的尝试，提出了 NFM 模型[14]。

经典 FM 模型的数学形式如图 2-19 上部所示，在数学形式上，NFM 模型的主要思路是用一个表达能力更强的函数替代原 FM 模型中二阶隐向量内积的部分（如图 2-19 中箭头指向部分所示）。

$$\hat{y}_{\mathrm{FM}}(x)=w_0+\sum_{i=1}^{N} w_i x_i+\sum_{i=1}^{N}\sum_{j=i+1}^{N} v_i^{\mathrm{T}} v_j \cdot x_i x_j$$

$$\hat{y}_{\mathrm{NFM}}(x)=w_0+\sum_{i=1}^{N} w_i x_i+f(x)$$

图 2-19 NFM 模型对 FM 模型二阶部分的改进

如果用传统机器学习的思路来设计 NFM 模型中的函数 $f(\boldsymbol{x})$，那么势必要通过一系列数学推导来构造一个表达能力更强的函数。但进入深度学习时代后，由于深度学习网络理论上有拟合任何复杂函数的能力，$f(\boldsymbol{x})$ 的构造工作可以交由某个深度学习网络来完成，并通过梯度反向传播来学习。在 NFM 模型中，用以替代 FM 二阶部分的神经网络结构如图 2-20 所示。

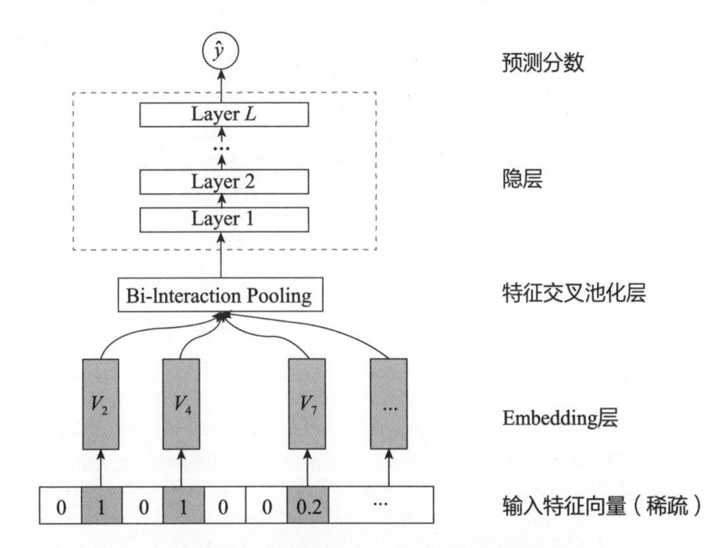

图 2-20 NFM 的深度学习网络部分模型结构

NFM 网络架构的特点非常明显，就是在 Embedding 层和多层神经网络之间加入特征交叉池化层（Bi-Interaction Pooling Layer）。假设 V_x 是所有特征域的 Embedding 集合，那么特征交叉池化层的具体操作如式（2-25）所示。

$$f_{\mathrm{BI}}(V_x)=\sum_{i=1}^{n}\sum_{j=i+1}^{n}(x_i\boldsymbol{v}_i)\odot(x_j\ \boldsymbol{v}_j) \tag{2-25}$$

其中，$\odot$ 代表两个向量的元素积操作，即两个长度相同的向量对应维的元素相乘得到的元素积向量，其中第 k 维的操作如式（2-26）所示。

$$\left(\boldsymbol{v}_i\odot\boldsymbol{v}_j\right)_k=v_{ik}v_{jk} \tag{2-26}$$

在进行两两 Embedding 向量的元素积操作后，对交叉特征向量取和，得到池化层的输出向量；再把该向量输入至上层的多层全连接神经网络，进行进一步的交叉。

在图 2-20 中省略了 NFM 模型的一阶部分，但在实际应用中，加入一阶部分后效果有明显提升。如果把 NFM 模型的一阶部分视为一个线性模型，那么 NFM 模型也可以视为 Wide&Deep

模型的进化。相比原始的 Wide&Deep 模型，NFM 模型在 Deep 部分加入了特征交叉池化层，加强了特征交叉。这是理解 NFM 模型的另一个角度。

2.7.3 Wide&Deep 模型的进化——Deep&Cross 模型

Wide&Deep 模型不仅结合了记忆能力和泛化能力，而且开创了融合不同网络结构的新思路。2017 年由斯坦福大学和谷歌的研究人员提出的 Deep&Cross 模型（简称 DCN）[15]就是又一个模型组合的经典方案。

Deep&Cross 模型的结构如图 2-21 所示，其主要思路是使用 Cross 网络替代原来的 Wide 部分。由于 Deep 部分的设计思路并没有本质的改变，所以本节着重介绍 Cross 部分的设计思路和具体实现。

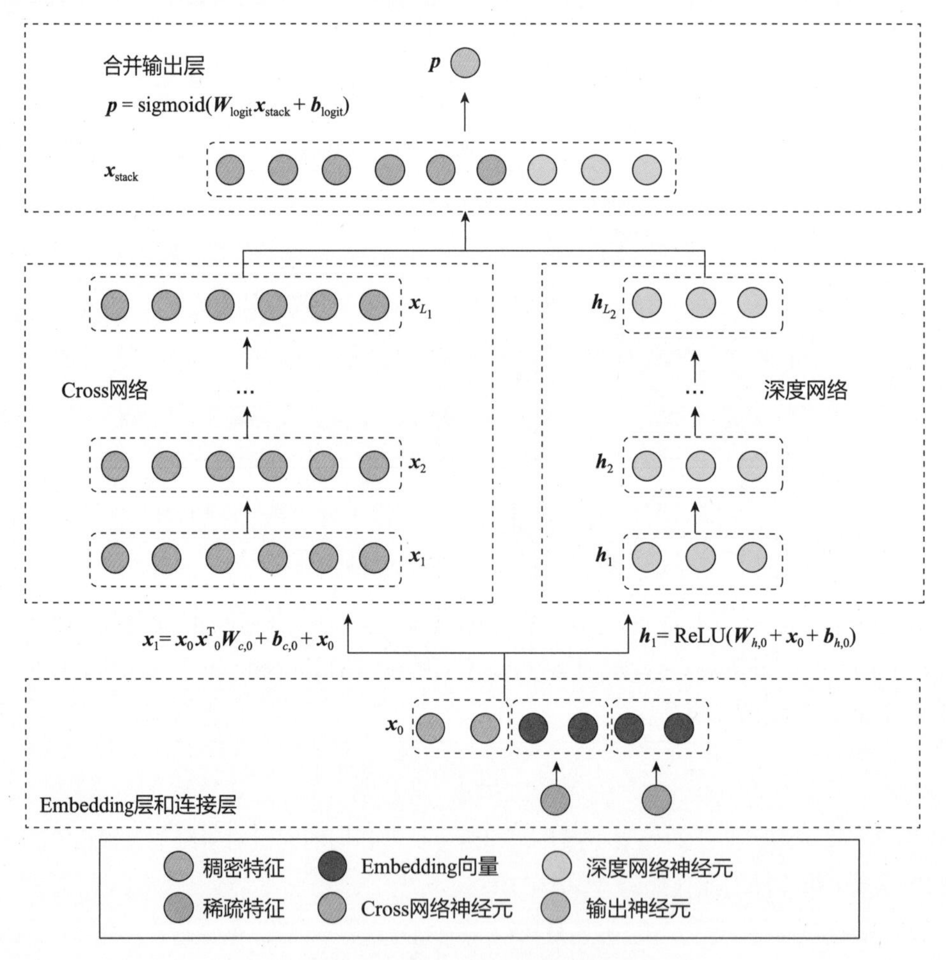

图 2-21 Deep&Cross 模型的结构

设计 Cross 网络的目的是增加特征之间的交互力度，使用多层交叉层（Cross Layer）对输入向量进行特征交叉。假设第 l 层交叉层的输出向量为 $\boldsymbol{x}_l$，那么第 l+1 层的输出向量如式（2-27）所示。

$$\boldsymbol{x}_{l+1} = \boldsymbol{x}_0 \boldsymbol{x}_l^{\mathrm{T}} \boldsymbol{w}_l + \boldsymbol{b}_l + \boldsymbol{x}_l \qquad (2\text{-}27)$$

可以看到，交叉层操作的二阶部分是对初始向量 $\boldsymbol{x}_0$ 和当前层向量 $\boldsymbol{x}_l$ 之间求外积，在此基础上增加了外积操作的权重向量 $\boldsymbol{w}_l$，以及原输入向量 $\boldsymbol{x}_l$ 和偏置向量 $\boldsymbol{b}_l$。交叉层的操作如图 2-22 所示。

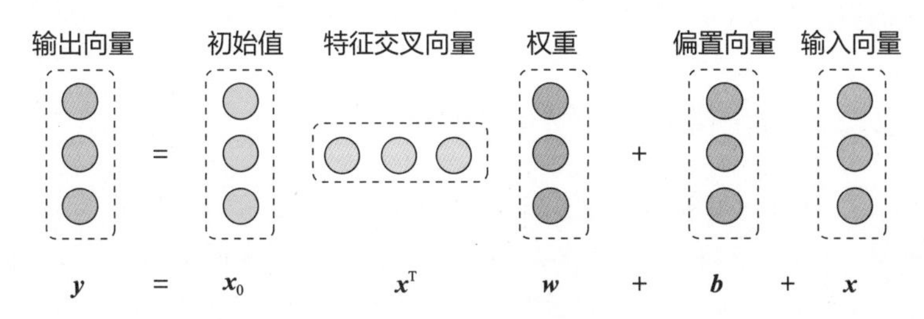

图 2-22 交叉层的操作

可以看出，交叉层在增加参数方面是比较“克制”的，每一层仅增加了一个 n 维的权重向量 $\boldsymbol{w}_l$（n 维输入向量维度），并且在每一层均保留了输入向量，因此输出与输入之间的变化不会特别明显。由多层交叉层组成的 Cross 网络在 Wide&Deep 模型中 Wide 部分的基础上进行特征的自动化交叉，减少了对基于业务理解的人工特征组合的依赖。

可以说，Cross 网络的设计动机和 DeepFM 模型中用 FM 替代 Wide 部分的思路是异曲同工的，但相比 FM 进行的单层特征交叉，Cross 网络的多层特征交叉设计显然进一步强化了特征自动交叉的理念，具备比 DeepFM 模型更强的表达能力。

2.7.4 不同特征交叉结构上的决策

本节介绍了 DeepFM、NFM 和 Deep&Cross 三个具备不同特征交叉结构的深度学习模型，它们的共同点是在经典多层神经网络的基础上加入了有针对性的特征交叉机制，使模型具备更强的非线性表达能力。再加上之前介绍的几个深度学习推荐模型，读者可能会有这样的疑问：到底如何选择特征交叉结构才是最优的呢？

这里有两个关键的判断依据。第一个判断依据是对业务和模型结构本身的理解，比如 DeepFM 为什么要用 FM 这样的特征两两交叉的结构？这是因为在推荐系统中，“为男性且年龄在 20 至 30 岁之间的用户喜欢买电子产品”这类组合特征的重要性非常高，所以用 FM 更为高效。再比如，在 Wide&Deep 模型中，为什么 Wide 层的特征是论文作者人为组合出的特征？这是因为作者在分析业务场景和数据时发现，诸如“用户安装了 App A 且浏览过 App B 的广告”这一组合特征与最终的标签关联性非常强，所以直接将其作为 Wide 层的输入。这些都是基于对业务场景和模型结构的深刻理解。

第二个判断依据就是实验验证。我们不得不承认深度学习推荐模型存在黑盒属性，特别是对于深度交叉的部分，到底是 Deep&Cross 的效果更好，还是多层全连接的效果更佳，不做实验很难得知。因此，最好的办法就是扎扎实实地做实验，挑选出效果最好的特征交叉结构。可以说，优秀的算法工程师永远是业务洞察和技术实践并重的。

沿着特征工程自动化的思路，深度学习推荐模型从 Wide&Deep 发展到 Deep&Cross，进行了大量基于不同特征互操作思路的尝试。但特征工程的思路到这里几乎已经穷尽了所有可能的尝试，模型效果进一步提升的空间已经非常小，这也是此类模型的局限性所在。

在这之后，越来越多的深度学习推荐模型开始探索更多“结构”上的尝试，诸如注意力机制、序列模型、强化学习等在其他领域大放异彩的模型结构也逐渐被应用到推荐系统之上，并且显著提升了推荐模型的效果。

2.8 注意力机制在推荐模型中的应用

注意力机制（Attention Mechanism）源于人类最自然的选择性注意行为。最典型的例子是用户在浏览网页时，会选择性地注意页面的特定区域，而忽视其他区域。图 2-23 是谷歌搜索引擎对大量用户进行眼球追踪实验后得出的页面注意力热度图。可以看出，对页面不同区域用户的注意力分布区别非常大，因此在推荐系统中考虑用户注意力的因素，有助于提高页面整体的推荐效果。同理，在电商、新闻、短视频场景中，由于不同用户的兴趣不同，他们对不同类型物品的“注意力”也是不同的。基于这样的现象，在推荐模型的建模过程中考虑注意力机制对预测结果的影响，往往会取得不错的效果。

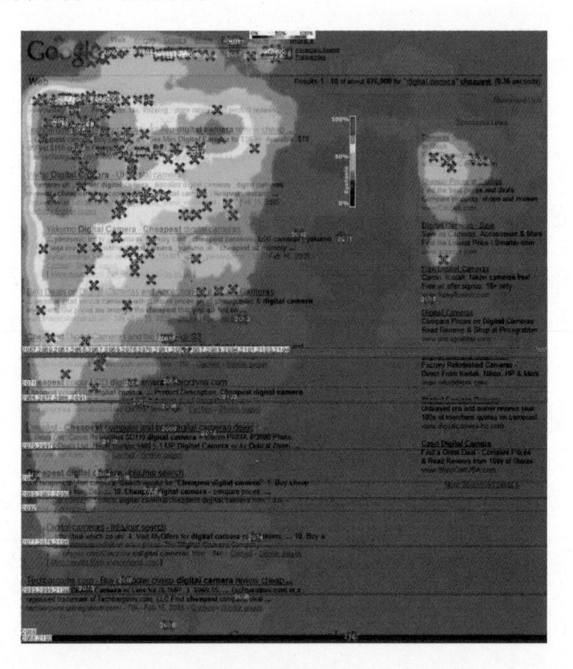

图 2-23 谷歌搜索引擎的页面注意力热度图

近年来，注意力机制被广泛应用于深度学习的各个领域，无论是在自然语言处理、语音识别还是计算机视觉领域，都取得了巨大的成功。从 2017 年开始，推荐系统领域也开始将注意力机制引入模型，其中影响力较大的是由浙江大学提出的 AFM[16]和由阿里巴巴提出的 DIN[17]模型。本节将先介绍注意力机制的基本原理，再介绍基于注意力机制的推荐模型 AFM 和 DIN。

2.8.1 什么是注意力机制

注意力机制在深度学习网络中的目标是，表达不同的输入元素对于输出元素影响的不同力度。比如在翻译问题中，输入句子中的每个词对于输出句子中不同词的影响程度是不同的；在推荐系统中，用户的不同历史行为对于其下一次行为的影响也是不同的。形式化地说，注意力机制的核心公式如式（2-28）所示。

$$\text{Attention}(\boldsymbol{Q},\boldsymbol{K},\boldsymbol{V})=\text{softmax}\left(\frac{\boldsymbol{Q}\boldsymbol{K}^{\mathrm{T}}}{\sqrt{d_k}}\right)\boldsymbol{V} \tag{2-28}$$

上式中最重要的三个变量是三个矩阵 $\boldsymbol{Q}$、$\boldsymbol{K}$、$\boldsymbol{V}$。$\boldsymbol{Q}$（代表 Query）是查询矩阵，$\boldsymbol{K}$（代表 Key）是键矩阵，$\boldsymbol{V}$（代表 Value）是值矩阵。矩阵中的一行就代表一个 Embedding 向量，比如值矩阵就是由“值 Embedding 向量”组成的。d_k 是键矩阵 $\boldsymbol{K}$ 的维度。

从整体结构来看，注意力机制的公式表达的是如下计算过程：通过计算 $\boldsymbol{Q}$ 和 $\boldsymbol{K}$ 的乘积，得到一个相似度矩阵，它表达了矩阵 $\boldsymbol{Q}$ 和矩阵 $\boldsymbol{K}$ 各 Embedding 向量之间的相似度，然后除以 $\sqrt{d_k}$，进行尺度缩放；通过 softmax 函数进行归一化，得到一个权重矩阵；再把这个权重矩阵跟 $\boldsymbol{V}$ 相乘，得到最终的 Embedding 矩阵。直观地讲，查询矩阵 $\boldsymbol{Q}$ 和键矩阵 $\boldsymbol{K}$ 的乘积运算其实是为了得到值矩阵的权重矩阵。权重大的元素相当于被注意力机制关注得多一些，对最终 Embedding 矩阵的影响大一些；权重小的自然得到的注意力就少一些。

在注意力机制中，相似度矩阵除以 $\sqrt{d_k}$ 的缩放操作是为了使训练神经网络时梯度更新更稳定而加入的。因为当 $\boldsymbol{K}$ 的维度很高时，相似度矩阵的方差会很大，进行缩放操作可以使方差变小，训练更稳定。

注意力机制的公式其实并不复杂，但读者可能还是会有疑问，$\boldsymbol{Q}$、$\boldsymbol{K}$、$\boldsymbol{V}$ 这三个矩阵到底有什么物理含义？它们跟推荐系统中的候选物品、用户行为到底有什么关系呢？接下来通过两个实际的模型——AFM 和 DIN 的讲解，相信读者可以得到答案。

2.8.2 AFM——引入注意力机制的 FM

AFM 模型可以被认为是 2.7.2 节介绍的 NFM 模型的延续。在 NFM 模型中，不同域的特征 Embedding 向量经过特征交叉池化层的交叉，各交叉特征向量进行“加和”后输入到最后由多层神经网络组成的输出层。问题的关键在于加和池化（Sum Pooling）操作，它“一视同仁”地对待所有交叉特征，不考虑不同特征对结果的影响程度，实际上消解了大量有价值的信息。

这里注意力机制就派上了用场，它基于这样一个假设——不同的交叉特征对结果的影响程度是不同的。以更直观的业务场景为例，用户对不同交叉特征的关注程度也应有所不同。举例来说，如果应用场景是预测一位男性用户是否购买一款键盘，那么“性别为男且购买历史中包含‘鼠标’”这一交叉特征，很可能比“性别为男且年龄为 30”这一交叉特征更重要，模型将更多的“注意力”投入在前者上。正因如此，将注意力机制与 NFM 模型结合就显得尤为合理。

具体地说，AFM 模型引入注意力机制是通过在特征交叉层和最终的输出层之间加入注意力网络（Attention Net）实现的。AFM 模型的结构如图 2-24 所示，注意力网络的作用是为每一个交叉特征提供权重，也就是注意力得分。

同 NFM 一样，AFM 的特征交叉过程同样采用了元素积操作，如式（2-29）所示。

$$f_{\mathrm{PI}}(\varepsilon)=\left\{\left(\boldsymbol{v}_i \odot \boldsymbol{v}_j\right)x_i x_j\right\}_{(i,j)\in\mathcal{R}_x} \tag{2-29}$$

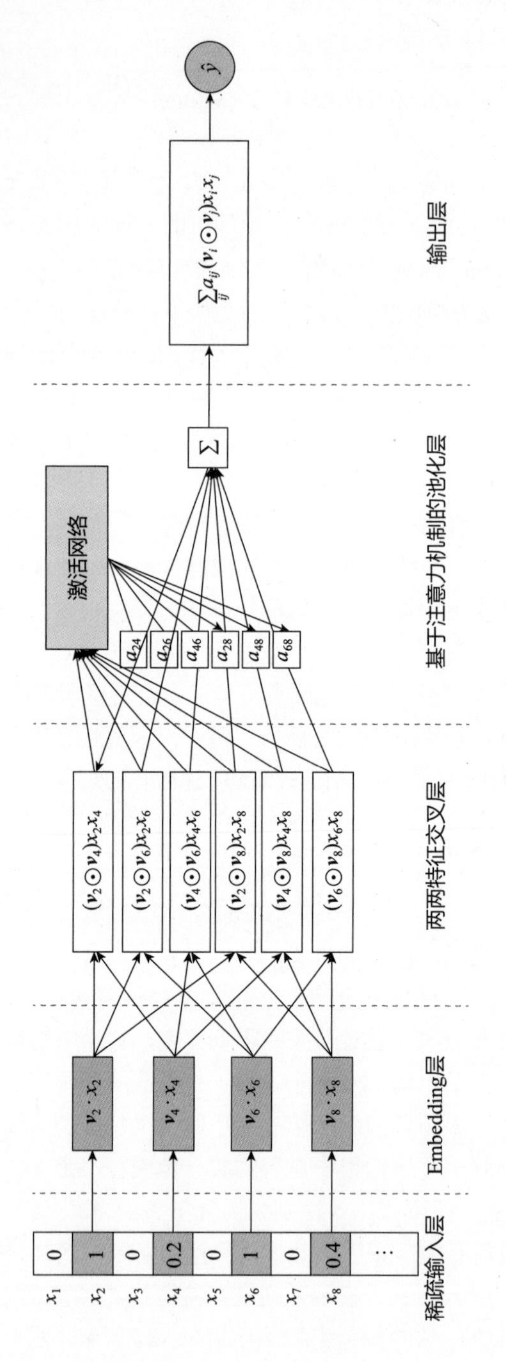

图 2-24 AFM 模型的结构

AFM 加入注意力得分后的池化过程如式（2-30）所示。

$$f_{\text{Att}}\left(f_{\text{PI}}(\varepsilon)\right)=\sum_{(i,j)\in\mathcal{R}_x} a_{ij}\left(\boldsymbol{v}_i \odot \boldsymbol{v}_j\right)x_i x_j \tag{2-30}$$

对注意力得分 a_{ij} 来说，最简单的方法就是用一个权重参数来表示，但为了防止交叉特征数据稀疏而导致权重参数难以收敛，AFM 模型在两两特征交叉层（Pair-wise Interaction Layer）和池化层之间使用了一个注意力网络来生成注意力得分。

该注意力网络的结构是一个简单的单层全连接层加 softmax 输出层，其数学形式如式(2-31)所示。

$$a'_{ij}=\boldsymbol{h}^{\mathrm{T}}\mathrm{ReLU}\left(\boldsymbol{W}\left(\boldsymbol{v}_i \odot \boldsymbol{v}_j\right)x_i x_j+\boldsymbol{b}\right)$$

$$a_{ij}=\frac{\exp\left(a'_{ij}\right)}{\sum_{(i,j)\in\mathcal{R}_x}\exp\left(a'_{ij}\right)} \tag{2-31}$$

其中，要学习的模型参数就是特征交叉层到注意力网络全连接层的权重矩阵 $\boldsymbol{W}$、偏置向量 $\boldsymbol{b}$，以及全连接层到 softmax 输出层的权重向量 $\boldsymbol{h}$。注意力网络将与整个模型一起参与梯度反向传播的学习过程，得到最终的权重参数。

对比式（2-28），AFM 的键矩阵 $\boldsymbol{K}$ 和值矩阵 $\boldsymbol{V}$ 是一样的，都是由交叉特征 Embedding 向量组成的交叉特征矩阵，查询矩阵则是权重矩阵 $\boldsymbol{W}$。与式（2-28）不同的是，式（2-31）使用 ReLU 函数对相似度矩阵的尺度进行限制，虽然形式不同，但作用与式（2-28）中除 $\sqrt{d_k}$ 的操作一致，都是为了让训练过程更稳定。

AFM 是研究人员从改进模型结构的角度出发进行的一次有益尝试，但 AFM 并没有引入候选物品来计算注意力权重，而是把注意力权重当作增强模型表达能力的一种操作。随后，阿里巴巴团队在其深度学习推荐模型中引入注意力机制，将候选物品与用户行为的关系结合到模型之中，这是一次成功的基于业务观察的模型改进。下面介绍在业界非常知名的阿里巴巴推荐模型——深度兴趣网络（Deep Interest Network，DIN）。

2.8.3 DIN——引入注意力机制的深度学习网络

相比于之前很多偏“学术风”的深度学习模型，阿里巴巴提出的 DIN 模型显然更具业务导向。它的应用场景是阿里巴巴的电商广告推荐，因此在计算用户 u 是否点击了广告 a 时，模型的输入特征自然分为两大部分：一部分是用户 u 的特征组（如图 2-25 中的用户特征组所示），另一部分是候选广告 a 的特征组（如图 2-25 中的广告特征组所示）。无论是用户还是广告，都包含三个非常重要的特征——商品 ID（good_id）、商铺 ID（shop_id）和商品类型 ID（cate_id）。所以，商品的 Embedding 向量就由这三个 ID 对应的 Embedding 向量连接而来。同理，用户点击行为序列里的商品 Embedding 向量也用同样的方法生成。

在原来的基础模型中（图 2-25 中的 Base 模型），用户特征组中的商品序列经过简单的平均池化操作后就直接进入上层神经网络进行下一步训练，序列中的商品既没有区分重要程度，也和广告特征中的候选商品没有关系。

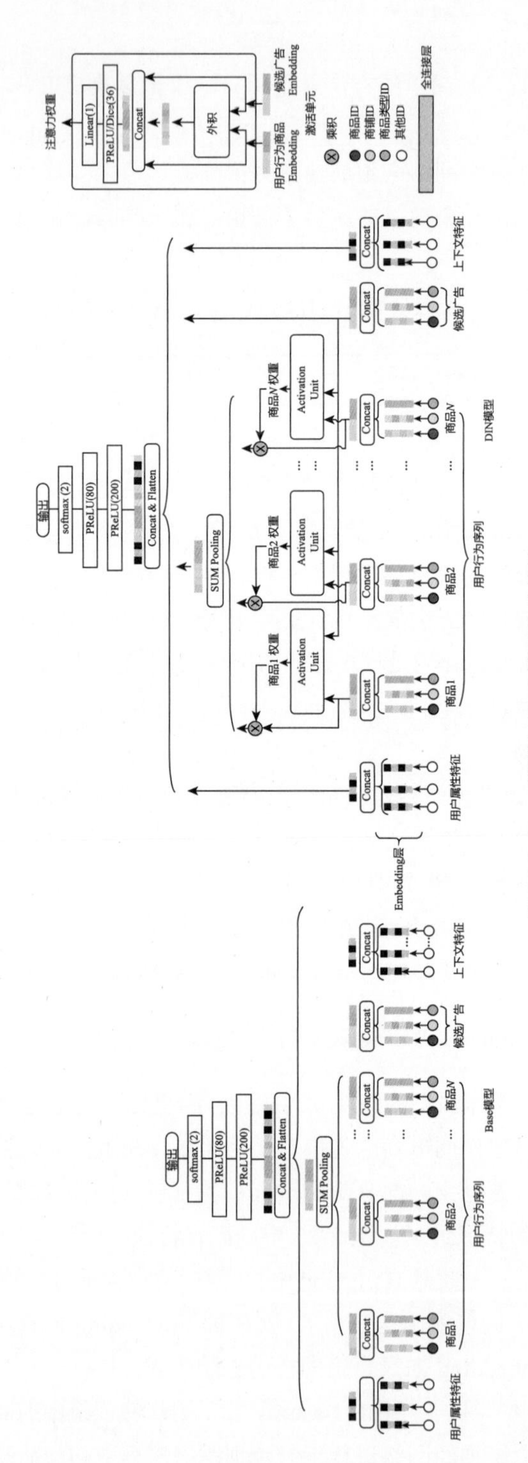

图 2-25　Base 模型与 DIN 模型的结构图

事实上，广告特征和用户特征的关联程度是非常强的。例如，如果广告中的商品是键盘，而用户的点击商品序列中有几个不同的商品，分别是鼠标、T 恤和洗面奶。从常识来看，“鼠标”这个历史商品对预测“键盘”广告点击率的重要程度应大于后两者。从模型的角度来说，在建模过程中投给不同特征的注意力理应有所不同，而且注意力得分的计算理应与广告特征有相关性。

将上述注意力思想反映到模型中也是很直观的。利用候选商品和历史行为商品之间的相关性计算出一个权重，这个权重就代表了注意力的强度。加入了注意力权重的深度学习网络就是 DIN 模型，其中注意力部分的形式化表达如式（2-32）所示。

$$\boldsymbol{v}_u = f\left(\boldsymbol{v}_a\right) = \sum_{i=1}^{N} w_i \cdot \boldsymbol{v}_i = \sum_{i=1}^{N} g\left(\boldsymbol{v}_i, \boldsymbol{v}_a\right) \cdot \boldsymbol{v}_i \tag{2-32}$$

其中，$\boldsymbol{v}_u$ 是用户的 Embedding 向量，$\boldsymbol{v}_a$ 是候选广告商品的 Embedding 向量，$\boldsymbol{v}_i$ 是用户 u 的第 i 次行为的 Embedding 向量。这里用户的行为就是点击商品，因此行为的 Embedding 向量就是那次点击商品的 Embedding 向量。

因为加入了注意力机制，所以 $\boldsymbol{v}_u$ 从过去 $\boldsymbol{v}_i$ 的加和变成了 $\boldsymbol{v}_i$ 的加权和，$\boldsymbol{v}_i$ 的权重 w_i 就由 $\boldsymbol{v}_i$ 与 $\boldsymbol{v}_a$ 的关系决定，也就是式（2-32）中的 $g\left(\boldsymbol{v}_i, \boldsymbol{v}_a\right)$，即注意力得分。

那么，$g\left(\boldsymbol{v}_i, \boldsymbol{v}_a\right)$ 函数到底采用什么形式比较好呢？DIN 模型使用一个注意力激活单元（Activation Unit）来生成注意力得分。这个注意力激活单元本质上也是一个小型神经网络，其具体结构如图 2-25 右上角的激活单元所示。可以看出，激活单元的输入层是两个 Embedding 向量，分别是候选商品的 Embedding 向量和用户历史行为中交互商品的 Embedding 向量，两个 Embedding 向量经过外积操作后，再与两个原始 Embedding 向量拼接，形成一个 Embedding 向量，经过全连接层交互后，生成注意力权重。

这里生成注意力权重的操作其实已经比式（2-28）中的原始注意力机制复杂很多了。但其核心思路是一样的，就是通过表达查询矩阵和键矩阵的相似度，得到值矩阵中各向量的权重。在 DIN 模型中，键矩阵 $\boldsymbol{K}$ 和值矩阵 $\boldsymbol{V}$ 相同，均由用户历史行为中的交互商品 Embedding 向量构成，查询矩阵则由候选物品的 Embedding 向量构成。

DIN 模型与 AFM 模型相比，是一次更典型的改进深度学习推荐模型的尝试。它通过引入候选商品与用户行为之间的相似性，使模型能够生成更适合当前候选商品的用户 Embedding 向量。DIN 自诞生以来发挥了巨大的影响力，因为它原理直观、模型结构简洁，并且在大多数场景下能够提升推荐效果，是基于业务观察的成功创新。

2.8.4 注意力机制对推荐系统的启发

在数学形式上，注意力机制只是将过去的平均操作或加和操作替换为加权平均或加权和操作，但这一机制对深度学习推荐系统的启发是重大的。因为注意力得分反映了人类天生的注意力机制特点。对这一机制的模拟，使得推荐系统更加接近用户真实的思考过程，从而提升了推荐效果。

从注意力机制开始，越来越多对深度学习推荐模型结构的改进都是基于对用户行为的深入观察而得出的。相比学术界对理论创新的关注，推荐系统工程师更需要基于对业务的理解推进推荐模型的演变。

2.9 考虑用户兴趣进化的序列模型

阿里巴巴提出 DIN 模型之后，并没有停止其推荐模型演化的进程，于 2019 年正式推出了 DIN 模型的演化版本——DIEN[18]。该模型的应用场景和 DIN 完全一致，本节不再赘述，其创新之处在于用序列模型模拟了用户兴趣的进化过程。下面对 DIEN 的主要思路和兴趣演化部分的设计进行详细介绍。

2.9.1 DIEN 的“进化”动机

无论是用户在电商网站在购买行为、在视频网站的观看行为，还是在新闻应用中的阅读行为，特定用户的历史行为都是一个随时间排序的序列。既然是时间相关的序列，就一定存在或深或浅的前后依赖关系，这样的序列信息对于推荐过程无疑是有价值的。但本章之前介绍的所有模型，有没有利用这层序列信息呢？答案是否定的。即使是引入了注意力机制的 AFM 或 DIN 模型，也不过是对不同行为的重要性打分，这样的得分是与时间无关的，也是与序列无关的。

那么，为什么说序列信息对推荐系统来说是有价值的呢？一个典型的电商用户行为现象可以说明这一点。对于综合电商来说，用户兴趣的迁移其实非常快。例如，上周一位用户在挑选一双篮球鞋，其行为序列可能都集中在篮球鞋这个品类的商品上，但在完成购买后，本周他的购物兴趣可能变成买一个机械键盘。序列信息的重要性在于：

（1）它加强了最近行为对下次行为预测的影响。在这个例子中，用户近期购买机械键盘的概率会明显高于再买一双篮球鞋或购买其他商品的概率。

（2）序列模型能够学习购买趋势的信息。在这个例子中，序列模型能够在一定程度上建立“篮球鞋”到“机械键盘”的转移概率。如果这个转移概率在全局统计意义上是足够高的，那么在用户购买篮球鞋时，推荐机械键盘也会成为一个不错的选项。直观上，二者的用户群体很有可能是一致的。

如果放弃序列信息，则推荐模型学习时间和趋势这类信息的能力就不会那么强，其仍然是基于用户所有购买历史做出的综合推荐，而不是针对“下一次购买”的个性化推荐。显然，从业务的角度看，后者才是推荐系统正确的推荐目标。

2.9.2 DIEN 模型的架构

基于引进序列信息的动机，阿里巴巴对 DIN 模型进行了改进，形成了 DIEN 模型的结构。如图 2-26 所示，DIEN 模型仍是输入层+Embedding 层+连接层+多层全连接神经网络+输出层的整体架构。图中彩色的兴趣进化网络被认为是一种用户兴趣的 Embedding 方法，它最终的输出是用户兴趣向量 $\boldsymbol{h}'(T)$ 。DIEN 模型的创新点在于如何构建兴趣进化网络。

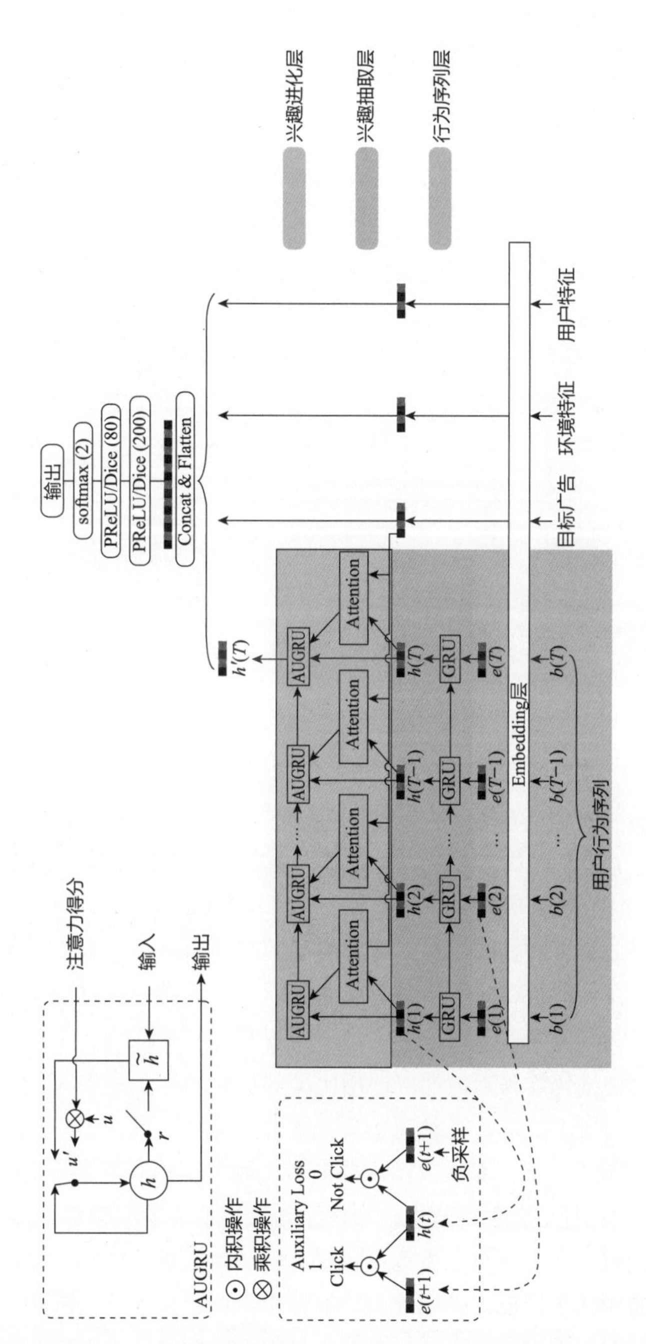

图 2-26 DIEN 模型的结构

兴趣进化网络分为 3 层，从下至上依次是：

（1）**行为序列层**（Behavior Layer，浅蓝色部分）：其主要作用是把原始的 ID 类行为序列转换成 Embedding 行为序列。

（2）**兴趣抽取层**（Interest Extractor Layer，米黄色部分）：其主要作用是通过模拟用户兴趣迁移过程，抽取用户兴趣。

（3）**兴趣进化层**（Interest Evolving Layer，浅红色部分）：其主要作用是通过在兴趣抽取层基础上加入注意力机制，模拟与当前目标广告相关的兴趣进化过程。

在兴趣进化网络中，行为序列层的结构与普通的 Embedding 层是一致的，模拟用户兴趣进化的关键在于兴趣抽取层和兴趣进化层。

兴趣抽取层的基本结构是 GRU（Gated Recurrent Unit，门循环单元）网络。相比传统的序列模型 RNN（Recurrent Neural Network，循环神经网络），GRU 解决了 RNN 的梯度消失问题（Vanishing Gradients Problem）。与 LSTM（Long Short-Term Memory，长短期记忆网络）相比，GRU 的参数数量更少，训练时收敛速度更快，因此成为 DIEN 序列模型的选择。

每个 GRU 单元的具体形式由式（2-33）～式（2-36）定义。

$$\boldsymbol{u}_t=\sigma\left(\boldsymbol{W}^u\boldsymbol{i}_t+\boldsymbol{U}^u\boldsymbol{h}_{t-1}+\boldsymbol{b}^u\right) \tag{2-33}$$

$$\boldsymbol{r}_t=\sigma\left(\boldsymbol{W}^r\boldsymbol{i}_t+\boldsymbol{U}^r\boldsymbol{h}_{t-1}+\boldsymbol{b}^r\right) \tag{2-34}$$

$$\widetilde{\boldsymbol{h}_t}=\tanh\left(\boldsymbol{W}^h\boldsymbol{i}_t+\boldsymbol{r}_t\cdot\boldsymbol{U}^h\boldsymbol{h}_{t-1}+\boldsymbol{b}^h\right) \tag{2-35}$$

$$\boldsymbol{h}_t=\left(1-\boldsymbol{u}_t\right)\cdot\boldsymbol{h}_{t-1}+\boldsymbol{u}_t\circ\tilde{\boldsymbol{h}}_t \tag{2-36}$$

其中，σ 是 sigmoid 激活函数，· 是元素积操作，$\boldsymbol{W}^u$、$\boldsymbol{W}^r$、$\boldsymbol{W}^h$、$\boldsymbol{U}^z$、$\boldsymbol{U}^r$和$\boldsymbol{U}^h$ 是 6 组需要学习的参数矩阵，$\boldsymbol{i}_t$ 是输入状态向量，也就是行为序列层的各行为 Embedding 向量 $\boldsymbol{e}(t)$，$\boldsymbol{h}_t$ 是 GRU 网络中第 t 个隐状态向量。

经过由 GRU 组成的兴趣抽取层后，用户的行为向量 $\boldsymbol{b}(t)$ 被进一步抽象，形成了兴趣状态向量 $\boldsymbol{h}(t)$。理论上，在兴趣状态向量序列的基础上，GRU 网络已经可以预测下一个兴趣状态向量，但 DIEN 模型却进一步设置了兴趣进化层，这是为什么呢？

DIEN 模型的兴趣进化层与兴趣抽取层相比，其最大的特点是加入了注意力机制。这一特点与 DIN 一脉相承。从图 2-26 中的注意力单元的连接方式可以看出，兴趣进化层注意力得分的生成过程与 DIN 的完全一致，都是当前状态向量与候选广告向量进行互作用的结果。也就是说，DIEN 在模拟用户兴趣进化的过程中，考虑了与候选广告的相关性。

因此，在兴趣抽取层之上再加上兴趣进化层，就是为了更有针对性地模拟与目标广告相关的兴趣进化路径。鉴于阿里巴巴这种综合电商的特点，用户很可能同时购买多个品类的商品。例如，在购买机械键盘的同时还在查看“服装”品类下的商品。这时注意力机制就显得格外重要了。当目标广告是某个电子产品时，用户购买“机械键盘”相关的兴趣演化路径显然比购买“服装”的演化路径重要，而兴趣抽取层没有这样的筛选功能。

兴趣进化层通过 AUGRU（GRU with Attentional Update Gate，基于注意力更新门的 GRU）结构实现注意力机制的引入。AUGRU 在原 GRU 的更新门（update gate）结构上加入了注意力得分，具体形式如式（2-37）所示。

$$\tilde{\boldsymbol{u}}_t' = a_t \cdot \boldsymbol{u}_t'$$
$$\boldsymbol{h}_t' = \left(1 - \tilde{\boldsymbol{u}}_t'\right) \circ \boldsymbol{h}_{t-1}' + \tilde{\boldsymbol{u}}_t' \circ \tilde{\boldsymbol{h}}_t' \tag{2-37}$$

可以看出 AUGRU 在原始的 $\boldsymbol{u}_t'$〔原始更新门向量，即式（2-36）中的 $\boldsymbol{u}_t$〕基础上加入了注意力得分 a_t，注意力得分的生成方式与 DIN 模型中注意力激活单元的基本一致。

2.9.3 Pinterest 基于 Transformer 的序列化推荐模型 TransAct

2023 年，基于图片的社交分享网站 Pinterest 发布了其最新的推荐模型成果 TransAct（Transformer-based Realtime User Action Model，基于 Transformer 的实时用户行为模型）[19]。它最大的创新之处在于把用户行为序列分成长期历史行为序列和短期实时行为序列两部分，并基于 Transformer 结构构建了实时行为序列的处理模块。图 2-27 左侧展示的是 TransAct 的模型结构，从最下方的用户行为序列的划分可以看到，长期历史行为是由 PinnerFormer 模块处理的，生成了用户的长期兴趣 Embedding（为简化表述，后文将省略 Embedding 向量中的向量二字），而短期实时行为是由 TransAct 模块进行处理的，生成了用户的短期兴趣 Embedding。那么，这样划分的好处是什么呢？

这样的划分主要还是出于工程优化的目的。理论上，用户的行为序列越长，序列模型预测的用户兴趣会越精准。但是，用户序列的长度是与序列模型的训练开销和线上推断时间成正比的，用户序列越长，模型输入需要准备的 Embedding 就越多，序列模型进行串行推断的时间就越长。在推荐系统的低延迟要求下，序列长度必将受到限制。此外，模型的体积、训练周期、部署难度也受序列长度的直接影响。因此，为了从序列长度过长的困扰中解放出来，Pinterest 的推荐模型才把行为序列拆分成长期兴趣部分和实时兴趣部分。

长期兴趣模块 PinnerFormer[20]的结构可以认为是类似 DIEN 的序列模型结构。它是离线更新的，而且用户长期兴趣 Embedding 一旦离线生成便不再实时修改，线上预估的时候直接从 Embedding 参数服务器中取出使用即可。这样，模型就从长行为序列预估的工程“枷锁”中解放出来。

实时兴趣模块 TransAct 是一个基于 Transformer 的序列模型，它的结构如图 2-27 右侧所示。可以看到，输入的每一个行为 Embedding 都由三部分组成，分别是行为类型 Embedding、行为物品 Embedding 和候选物品 Embedding。之后行为 Embedding 序列被输入到两层的 Transformer 编码层，然后输出为用户实时兴趣 Embedding。

这个过程中有两个细节值得注意：一是行为序列 Embedding 使用了时间窗口掩码（time window masks），**随机**截取最近 0～24 小时内的用户行为，这样做是为了增强系统的多样性，避免系统过度依赖用户最近的行为而导致过强的相关性；二是 TransAct 的输出只保留了前 k 个兴趣 Embedding，而把第 k 个之后的所有兴趣 Embedding 通过最大池化操作压缩成一个 Embedding，这样做的目的是保留用户最近的兴趣特征，同时通过对 Embedding 序列的压缩进行又一次的工程优化。

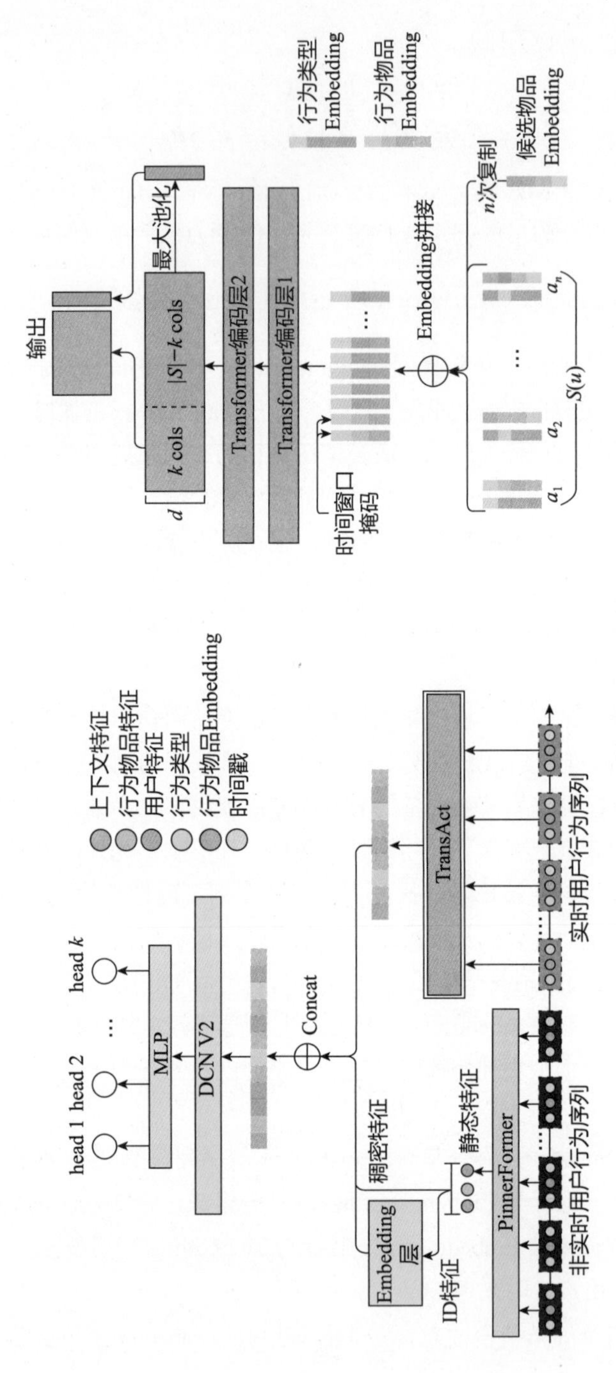

图 2-27 TransAct 模型的结构

关于 TransAct 的最后一个关键问题是，为什么使用 Transformer 作为序列模型。笔者认为这是 NLP 领域向推荐领域跨界输出的又一个案例。正是因为 Transformer 在机器翻译领域的成功应用，让这一技术与之前的注意力机制、GRU 等模型结构一样，被推荐算法工程师们关注并应用在自己的领域。从模型结构上来说，Transformer 具备更强的表达能力，比 DIN 这类直接基于注意力机制的模型更复杂。

图 2-28 展示了谷歌著名的注意力机制论文 *Attention is All You Need*[21]中描绘的 Transformer 架构。由于 Transformer 最初应用于机器翻译领域，需要对原句子编码和对目标句子解码，所以整个模型由左侧的编码器（Encoder，负责接收原句子）和右侧的解码器（Decoder，负责接收目标句子）部分组成，编码器和解码器之间其实是由编码器输出的隐向量相连的。在 TransAct 中，使用 Transformer 的主要目的是提取出用户兴趣隐向量，所以 TransAct 只使用了左侧的编码器部分。可以看到，编码器部分的主要结构是一个叫作多头注意力（Multi-head Attention）机制的模块，它其实就是基于注意力机制进行了多头的输出，输出用户的多个兴趣向量。如前文所述，在生成多个兴趣向量后，TransAct 出于工程优化的考虑，将多兴趣向量裁剪成 k+1 个，保留用户最近兴趣的表达。

TransAct 不仅在模型上进行了创新，使用 Transformer 进一步提升对用户兴趣的提取能力，还在工程上进行了创新，在兼顾用户的长期和实时兴趣的同时，降低了工程实现的难度，可谓模型和工程兼顾的杰出方案。读者要知道的是，在 TransAct 中用到的 Transformer 也是大语言模型的基础，正是 Transformer 在超大规模语料库上的成功应用，带来了大模型的革命，其也必定会揭开大模型影响推荐系统的新篇章。

2.9.4 序列模型对推荐系统的启发

前面介绍了阿里巴巴融合了序列模型的推荐模型 DIEN 和 Pinterest 基于 Transformer 的推荐模型 TransAct。由于序列模型具备对用户行为序列的强大表达能力，因此非常适合模拟用户的兴趣变化过程，从而预估用户的下一步动作。

但序列模型在工程实现上面临一些挑战：训练复杂度较高，以及在线上预估过程中的串行推断导致模型服务过程中延迟较大。对此，TransAct 方案给出了分割长期行为序列和实时行为序列的方案，可谓兼顾了模型创新和工程优化。

实事求是地说，推荐模型发展到复杂的序列模型阶段，模型本身的创新空间就不大了，特别是在多层 GRU、Transformer 等复杂的结构被引入推荐模型之后，模型训练和部署的开销越来越大，带来的效果提升却越来越小。如果再进一步复杂化模型，收益已经很难抵消其工程开销。所以，各大公司的算法团队也在反思如何进一步优化推荐系统的效果。推荐模型的优化将何去何从，笔者将在下面两节探讨这个问题。

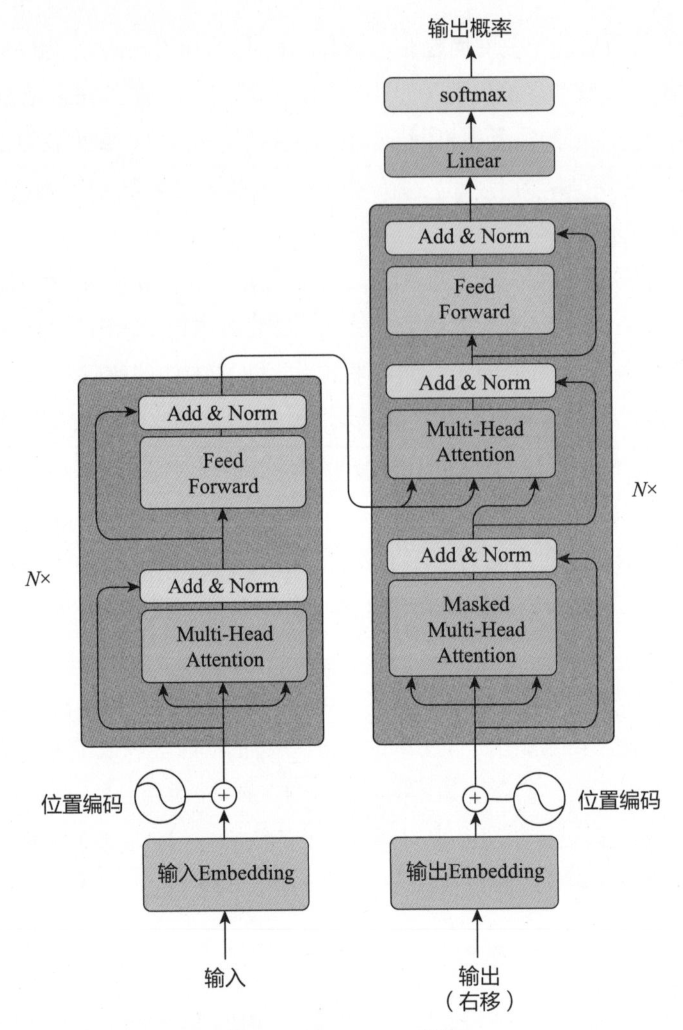

图 2-28 Transformer 结构

2.10 强化学习与推荐系统的结合

强化学习（Reinforcement Learning）是近年来机器学习领域非常热门的研究方向，它的研究源于机器人领域，旨在为智能体（Agent）在不断变化的环境（Environment）中的决策和学习的过程建模。在强化学习中，智能体会通过收集外部反馈（Reward）改变自身状态（State），再根据自身状态对下一步的行动（Action）进行决策。这一过程的循环，简称“行动—反馈—状态更新”循环。

“智能体”的概念非常容易让人联想到机器人，整个强化学习的过程可以放到机器人学习人类动作的场景下理解。如果把推荐系统也当作一个智能体，把整个推荐系统的学习过程当作智能体“行动—反馈—状态更新”的循环，就能理解将强化学习的诸多理念应用于推荐系统领域并不是一件困难的事情。

2.9 节结束时提到，推荐模型的复杂化可能已经是一条收益抵消不了投入的“赛道”。那么，我们能否从强化学习的方向开辟一条不同的创新之路，让推荐系统更实时、反应更快，从而避免陷入模型复杂化的瓶颈呢？由宾夕法尼亚州立大学和微软亚洲研究院的学者提出的推荐领域的强化学习模型 DRN[22]，就是一次将强化学习应用于新闻推荐系统的尝试，希望能够给读者提供新的思路。

2.10.1 深度强化学习推荐系统框架

深度强化学习推荐系统框架是基于强化学习的经典过程提出的。读者可以通过推荐系统的具体应用场景，进一步理解强化学习中的智能体、环境、状态、行动、反馈等概念。图 2-29 所示的框架图非常清晰地展示了深度强化学习推荐系统框架的各个组成部分，以及整个强化学习的迭代过程。其中，各要素在推荐系统场景下的具体解释如下。

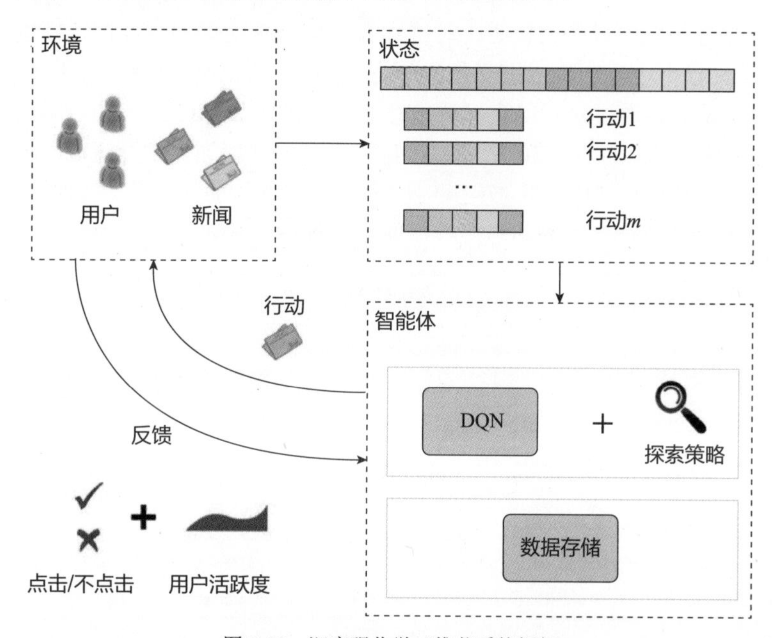

图 2-29 深度强化学习推荐系统框架

智能体：指推荐系统本身，它包括基于深度学习的推荐模型、探索（explore）策略，以及相关的数据存储（memory）。

环境：由新闻网站或 App 及用户组成的整个推荐系统外部环境。在环境中，用户接收推荐的内容并做出相应反馈。

行动：对一个新闻推荐系统来说，“行动”指的就是推荐系统对新闻排序，并将排序后的新闻推送给用户的过程。

反馈：用户收到推荐结果后产生的行为反馈，包括正向的或负向的反馈。例如，点击行为被认为是一个典型的正反馈，曝光未点击则是负反馈。此外，用户的活跃程度、用户打开 App 的间隔时间也被认为是有价值的反馈信号。

状态：指的是对环境及系统当前所处具体情况的刻画。在新闻推荐场景中，状态可以被看作已收到的所有行动和反馈，以及用户和新闻的所有相关信息的特征向量表示。站在传统机器学习的角度，“状态”可以被看作已收到的、可用于模型训练的所有数据的集合。

在这样的强化学习框架下，模型的学习过程可以不断地迭代。迭代过程主要有如下几步：

（1）初始化推荐系统（智能体）。

（2）推荐系统基于当前已收集的数据（状态）对新闻排序（行动），并将排序结果推送到网站或 App（环境）中。

（3）用户收到推荐列表，点击或者忽略（反馈）某推荐结果。

（4）推荐系统收到反馈，更新当前状态或通过模型训练进行更新。

（5）重复第 2 步。

读者可能已经意识到，强化学习模型相较于传统深度学习模型的优势，就在于它能够进行“在线学习”，不断利用新学到的知识更新自己，及时做出调整和反馈。这也正是将强化学习应用于推荐系统的核心收益所在。

2.10.2 深度强化学习推荐模型

智能体部分是强化学习模型的核心，对推荐系统这一智能体来说，推荐模型就是推荐系统的“大脑”。在 DRN 模型中，扮演“大脑”角色的是 Deep Q-Network（深度 Q 网络，简称 DQN）。其中，Q 代表 Quality，指通过对行动进行质量评估，得到行动的效用得分，以此做出行动决策。

DQN 模型的网络结构如图 2-30 所示。在特征工程中套用强化学习状态向量和行动向量的概念，把用户特征和环境特征归为状态向量，因为它们与具体的行动无关；把用户-新闻交叉特征和新闻特征归为行动特征，因为其与推荐新闻这一行动相关。

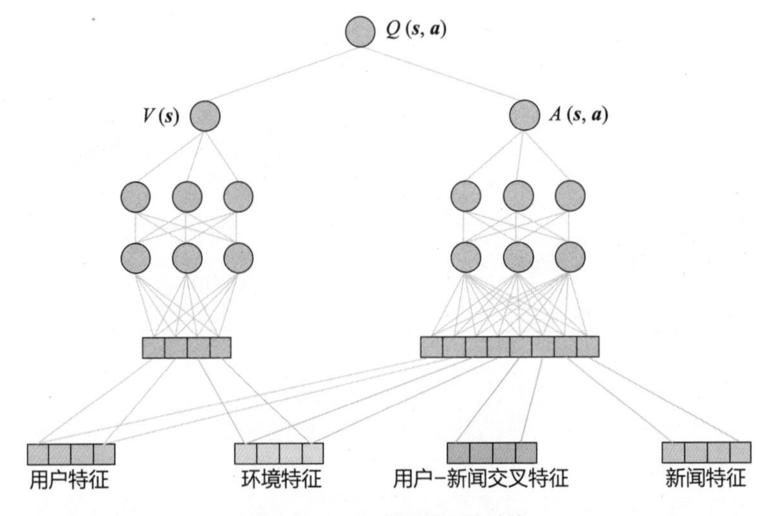

图 2-30 DQN 模型的网络结构

用户特征和环境特征经过图 2-30 左侧多层神经网络的拟合生成价值（value）得分 $V(\boldsymbol{s})$，利用状态向量和行动向量生成优势（advantage）得分 $A(\boldsymbol{s},\boldsymbol{a})$，最后把这两部分得分综合起来，就得到最终的质量得分 $Q(\boldsymbol{s},\boldsymbol{a})$。

价值得分和优势得分都是强化学习中的概念。在理解 DQN 模型时，读者不必纠结于这些名词，只要弄清楚 DQN 模型的结构即可。事实上，任何深度学习模型都可以作为智能体的推荐模型，并不受特殊建模方法的限制。

2.10.3 DRN 模型的学习过程

DRN 模型的学习过程是整个强化学习推荐系统框架的核心。正是由于可以在线更新，强化学习模型相较于其他“静态”深度学习模型在实时性上才具有更多的优势。图 2-31 以时间轴的形式形象地描绘了 DRN 模型的学习过程。

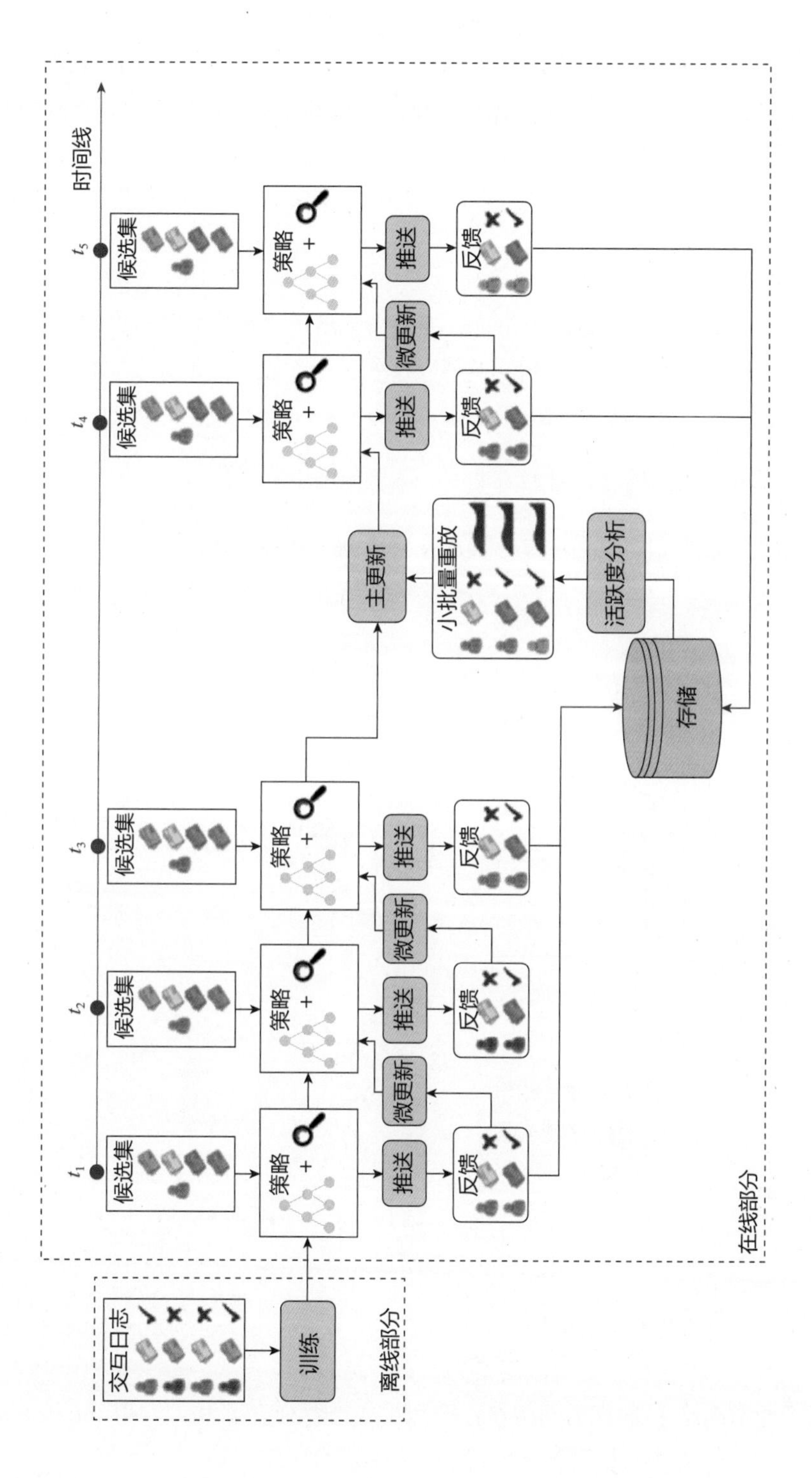

图 2-31 DRN 模型的学习过程

下面按照从左至右的时间顺序介绍 DRN 模型学习过程中的重要步骤。

（1）在离线部分，根据历史数据训练 DQN 模型，作为智能体的初始化模型。

（2）在 $t_1 \rightarrow t_2$ 阶段，利用初始化模型进行推送（Push）服务，积累反馈（Feedback）数据。

（3）在 t_2 时间点，利用 $t_1 \rightarrow t_2$ 阶段积累的用户点击数据，进行模型微更新（Minor Update）。

（4）在 t_4 时间点，利用 $t_1 \rightarrow t_4$ 阶段的用户点击数据及用户活跃度数据进行模型的主更新（Major Update）。

（5）重复第 2～4 步。

在第 4 步中出现的模型主更新操作可以理解为利用历史数据的重新训练，用训练好的模型替代现有模型。那么在第 3 步中提到的模型微调怎么操作呢？这就涉及 DRN 模型使用的一种新的在线训练方法——竞争梯度下降算法（Dueling Bandit Gradient Descent Algorithm）。

2.10.4 DRN 模型的在线学习方法——竞争梯度下降算法

DRN 模型的在线学习方法——竞争梯度下降算法的流程如图 2-32 所示。

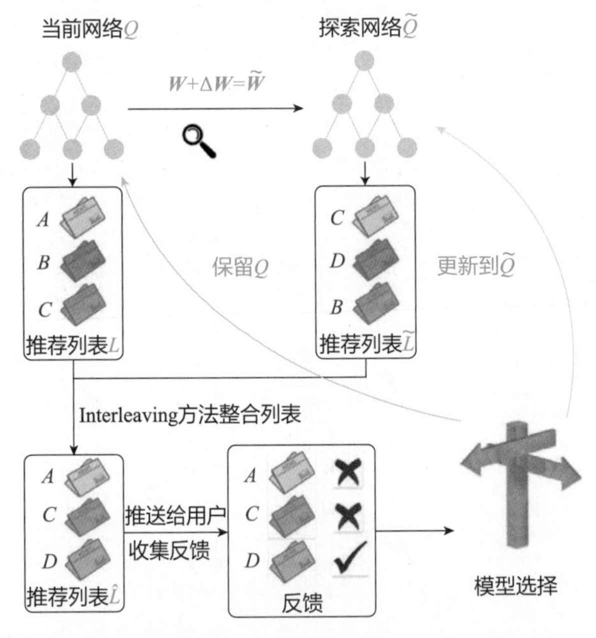

图 2-32 DRN 模型的在线学习方法

其主要步骤如下：

（1）对于已经训练好的当前网络 Q，为其模型参数 $\boldsymbol{W}$ 添加一个较小的随机扰动 $\Delta\boldsymbol{W}$，得到新的模型参数 $\tilde{\boldsymbol{W}}$，这里称 $\tilde{\boldsymbol{W}}$ 对应的网络为探索网络 $\tilde{Q}$。

（2）对于当前网络 Q 和探索网络 $\tilde{Q}$，分别生成推荐列表 L 和 $\tilde{L}$，用 Interleaving 方法（将在第 9 章中介绍）将两个推荐列表组合成一个再推送给用户。

（3）实时收集用户反馈。如果探索网络 $\tilde{Q}$ 生成内容的效果好于当前网络 Q，则用探索网络代替当前网络，进入下一轮迭代；反之，则保留当前网络。

在第 1 步中，由当前网络 Q 生成探索网络 $\tilde{Q}$，产生随机扰动的公式如式（2-38）所示。

$$\Delta \boldsymbol{W} = \alpha \cdot \text{rand}(-1,1)\boldsymbol{W} \tag{2-38}$$

其中，α是探索因子，决定探索的力度。$\text{rand}(-1,1)$ 是一个$[-1,1]$内的随机数。

DRN 模型的在线学习过程利用了“探索”的思想，其调整模型时的粒度可以精细到每次获得反馈之后。这一点很像随机梯度下降的思路，虽然单个样本的反馈可能引入随机扰动，但只要总的下降趋势是正确的，就能通过海量的尝试最终达到最优点。DRN 正是通过这种方式，让模型时刻与最“新鲜”的数据保持同步，将最新的反馈信息实时地融入模型中的。

2.10.5 强化学习对推荐系统的启发

强化学习在推荐系统中的应用又一次拓展了推荐模型的建模思路。它与之前提到的其他深度学习模型的不同之处在于，将模型的学习过程由静态转变为动态，把模型学习的实时性提高到一个空前重要的位置。

强化学习也给我们提出了一个值得思考的问题：到底是应该打造一个重量级的、“完美”的，但训练延迟很大的模型，还是应该打造一个轻巧的、简单的，但能够实时训练的模型？当然，工程问题没有假设，更没有猜想，只用实际效果说话。“重量级”与“实时”之间也绝非对立关系，但在最终决定一个技术方案之前，这样的思考是非常必要的，也是值得花时间去探索和验证的。

2.11 总结——推荐系统的深度学习时代

2.11.1 深度学习推荐模型的综合对比

本章梳理了主流的推荐模型的相关知识，对其进行总结（如表 2-2 所示）。

表 2-2　推荐模型的关键知识

模型名称	基本原理	特　　点	局限性
协同过滤	根据用户的历史行为生成用户–物品共现矩阵，利用用户相似性和物品相似性进行推荐	原理简单、直接，应用广泛	泛化能力差，处理稀疏矩阵的能力差，推荐结果的头部效应较明显
矩阵分解	将协同过滤算法中的共现矩阵分解为用户矩阵和物品矩阵，利用用户隐向量和物品隐向量的内积进行排序并推荐	相较协同过滤，泛化能力有所加强，对稀疏矩阵的处理能力有所增强	除了用户历史行为数据，难以利用其他用户、物品特征及上下文特征
逻辑回归	将推荐问题转换成类似 CTR 预估的二分类问题，将用户、物品、上下文等不同特征转换成特征向量，输入逻辑回归模型，得到 CTR 预估值，再按照预估的 CTR 进行排序并推荐	能够融合多种类型的不同特征	不具备特征组合的能力，表达能力较差
FM	在逻辑回归的基础上，加入二阶特征交叉部分，为每一维特征训练得到相应特征隐向量，通过隐向量间的内积运算得到交叉特征权重	相比逻辑回归，具备了二阶特征交叉能力，模型的表达能力增强	由于组合爆炸问题的限制，模型不易扩展到三阶特征交叉阶段
FFM	在 FM 模型的基础上，加入“特征域”的概念，使每个特征在与不同域的特征交叉时采用不同的隐向量	相比 FM 模型，进一步加强特征交叉的能力	模型的训练开销达到 $O(n^2)$ 量级，训练开销较大

续表

模型名称	基本原理	特　点	局限性
AutoRec	基于自编码器，对用户或者物品进行编码，利用自编码器的泛化能力进行推荐	单隐层神经网络结构简单，可实现快速训练和部署	表达能力较差
Deep Crossing	利用"Embedding 层+多隐层+输出层"的经典深度学习框架，完成特征的自动深度交叉	经典深度学习推荐模型框架	利用全连接隐层进行特征交叉，针对性不强
NeuralCF	将传统的矩阵分解中用户向量和物品向量的点积操作，换成由神经网络代替的互操作	表达能力加强版的矩阵分解模型	只使用了用户和物品的 ID 特征，没有加入更多其他特征
Two-Towers	由用户塔和物品塔组成，用户塔融合所有用户特征生成用户 Embedding，物品塔融合所有物品特征生成物品 Embedding，通过点积或神经网络融合两塔得到 Embedding 并得到最终得分	模型结构简单，便于工程化实现与线上部署，应用广泛	用户特征和物品特征无法进行特征交叉，无法融入其他特征，比如上下文特征
Wide&Deep	利用 Wide 部分加强模型的记忆能力，利用 Deep 部分加强模型的泛化能力	开创了组合模型的构造方式，对深度学习推荐模型的后续发展具有重大影响	Wide 部分需要人工筛选特征组合
Deep&Cross	用 Cross 网络替代 Wide&Deep 模型中的 Wide 部分	解决了 Wide&Deep 模型人工组合特征的问题	Cross 网络的复杂度较高
DeepFM	在 Wide&Deep 模型的基础上，用 FM 替代原来的线性 Wide 部分	加强了 Wide 部分的特征交叉能力	与经典的 Wide&Deep 模型相比，结构差别不明显
NFM	用神经网络代替 FM 中二阶隐向量交叉的操作	相比 FM，NFM 的表达能力和特征交叉能力更强	与 PNN 模型的结构非常相似
AFM	基于 FM，在二阶隐向量交叉的基础上对每个交叉结果加入了注意力得分，并使用注意力网络学习注意力得分	不同交叉特征的重要性不同	没有在计算注意力得分的过程中引入候选物品的影响
DIN	在传统深度学习推荐模型的基础上引入注意力机制，并利用用户历史行为物品和目标广告物品的相关性计算注意力得分	根据目标广告物品的不同，进行更有针对性的推荐	并没有充分利用除历史行为以外的其他特征
DIEN	将序列模型与深度学习推荐模型结合，使用序列模型模拟用户的兴趣进化过程	序列模型增强了系统对用户兴趣变迁的表达能力，使推荐系统开始考虑时间相关的行为序列中包含的有价值信息	序列模型的训练复杂，线上服务的延迟较长，需要进行工程上的优化
TransAct	基于 Transformer 构建的序列推荐模型，将用户行为分成长期兴趣和实时兴趣部分	长期兴趣部分天级更新，实时兴趣部分实时预估，兼顾模型优化和工程部署的要求	模型结构复杂，不同结构的更新频率不同、部署方式不同，工程实现难度较大
DRN	将强化学习的思路应用于推荐系统，进行推荐模型的线上实时学习和更新	模型对数据实时性的利用能力大大加强	线上部分较复杂，工程实现难度较大

面对如此多的推荐模型，不迷失于其中的前提是熟悉每个模型之间的关系及其适用场景。需要明确的是，在深度学习时代，没有一个特定的模型能够胜任所有业务场景，从表 2-2 中也能看出每种模型的特点各不相同，我们应该做的是结合具体的推荐场景工程成本要求和效果要求，选择合适的模型方案。

2.11.2 开枝散叶——推荐模型的下一步发展

深度学习推荐模型的发展从没有停下前进的脚步，但当模型结构已经复杂如 DIEN 和

TransAct，进一步复杂化模型结构还能带来多少收益呢？一如既往地在模型结构优化上投入时间和精力还是正确的方向吗？针对这些问题，很多优秀的算法团队都给出了回应。2021 年以来，我们看到越来越多的杰出工作不再单一地通过优化模型来寻求推荐效果的提升，而是在以下三个方向寻求突破。

（1）**寻求模型和工程的协同设计，进一步提升算法效果，同时降低工程成本**，比如把推荐模型搬到客户端，寻求绝对实时推荐效果的 EdgeRec；针对召回层的新框架 TDM；应用于粗排层的工程方案 COLD，等等。这些工作把算法的创新和工程的创新融合在一起，力图达到在工程约束下挖掘算法最大潜力的目的。

（2）**推荐系统独立问题上的优化**。除了主推荐模型的优化，其实推荐系统中有大量独立的问题值得深入探索。深入优化往往会得到出乎意料的收益。典型的例子包括多目标模型对不同推荐目标的联合优化、探索与利用算法对推荐多样性的优化、图神经网络对更多特征的深入整合等。

（3）**推荐系统与大模型的结合**。大模型在推荐系统中的应用是 2023 年以来的新话题，也是推荐系统领域无法回避的新趋势。大模型就像一个无所不知的长者，有实力进一步丰富推荐系统的输入特征，甚至可以直接参与推荐素材的生成、推荐系统与用户的会话式交互过程。大模型的革命可谓方兴未艾，就像一座金矿一样等待我们持续挖掘。

毫无疑问，推荐模型下一步的发展将脱离主推荐模型的单一路线，逐渐朝不同的独立问题、不同的子方向并行发展。笔者也将在接下来的章节中逐一覆盖不同的“支线剧情”，带来更精彩的内容。

参 考 文 献

[1] GOLDBERG D, NICHOLS D, OKI B, et al. Using Collaborative Filtering to Weave an Information Tapestry[J]. Communications of the ACM. 1992, 35(12): 61-70.

[2] GREG L, SMITH B, YORK J. Amazon. com Recommendations: Item-to-Item Collaborative Filtering[J]. IEEE Internet Computing, 2003, 7(1): 76-80.

[3] KOREN Y, BELL R, CHRIS V. Matrix Factorization Techniques for Recommender Systems[J]. Computer, 2009, 42(8): 30-37.

[4] CLINE A K, DHILLON I S. Computation of the Singular Value Decomposition[M]. Chapman and Hall/CRC. 2006.

[5] ZADEH R. Matrix Completion via Alternating Least Square(ALS)[R]. Databricks and Stanford, 2015.

[6] RENDLE S. Factorization Machines[C]//2010 IEEE International Conference on Data Mining. Sydney: IEEE, 2010: 995-1000.

[7] JUAN Y, ZHUANG Y, CHIN W S, et al. Field-aware Factorization Machines for CTR Prediction[C]//Proceedings of the 10th ACM Conference on Recommender Systems. Boston: ACM, 2016: 43-50.

[8] SHAN Y, HOENS TR, JIAO J, et al. Deep Crossing: Web-scale Modeling without Manually Crafted Combinatorial Features[C]//Proceedings of the 22nd ACM SIGKDD International Conference on Knowledge Discovery and Data Mining, 2016: 255-262.

[9] HE K, ZHANG X, REN S, et al. Deep Residual Learning for Image Recognition[C]// Proceedings of the IEEE Conference on Computer Vision and Pattern Recognition, 2016: 770-778.

[10] HE X, LIAO L, ZHANG H, et al. Neural Collaborative Filtering[C]// Proceedings of the 26th International Conference on World Wide Web, 2017: 173-182.

[11] YI X, YANG J, HONG L, et al. Sampling-bias-corrected Neural Modeling for Large Corpus Item Recommendations[C]// Proceedings of the 13th ACM Conference on Recommender Systems, 2019: 269-277.

[12] CHENG HT, KOC L, HARMSEN J, et al. Wide & Deep Learning for Recommender Systems[C]// Proceedings of the 1st Workshop on Deep Learning for Recommender Systems, 2016: 7-10.

[13] GUO H, TANG R, YE Y, et al. DeepFM: A Factorization-machine Based Neural Network for CTR Prediction [EB/OL]. arXiv preprint arXiv: 1703. 04247, 2017.

[14] HE X, CHUA TS. Neural Factorization Machines for Sparse Predictive Analytics[C]// Proceedings of the 40th International ACM SIGIR Conference on Research and Development in Information Retrieval, 2017: 355-364.

[15] WANG R, FU B, FU G, et al. Deep & Cross Network for Ad Click Predictions[C]//Proceedings of the ADKDD'17, 2017: 1-7.

[16] XIAO J, YE H, HE X, et al. Attentional Factorization Machines: Learning the Weight of Feature Interactions via Attention Networks[EB/OL]. arXiv preprint arXiv: 1708. 04617, 2017-08-15.

[17] ZHOU G, ZHU X, SONG C, et al. Deep Interest Network for Click-through Rate Prediction[C]// Proceedings of the 24th ACM SIGKDD International Conference on Knowledge Discovery & Data Mining, 2018: 1059-1068.

[18] ZHOU G, MOU N, FAN Y, et al. Deep Interest Evolution Network for Click-through Rate Prediction[C]// Proceedings of the AAAI Conference on Artificial Intelligence, 2019, 33(1): 5941-5948.

[19] XIA X, EKSOMBATCHAI P, PANCHA N, et al. TransAct: Transformer-based Realtime User Action Model for Recommendation at Pinterest[C]//Proceedings of the 29th ACM SIGKDD Conference on Knowledge Discovery and Data Mining, 2023: 5249-5259.

[20] PANCHA N, ZHAI A, LESKOVEC J, et al. PinnerFormer: Sequence Modeling for User Representation at Pinterest[C]// Proceedings of the 28th ACM SIGKDD Conference on Knowledge Discovery and Data Mining, 2022: 3702-3712.

[21] VASWANI A, SHAZEER N, PARMAR N, et al. Attention is All You Need[C]//Advances in Neural Information Processing Systems. 2017: 30.

[22] ZHENG G, ZHANG F, ZHENG Z, et al. DRN: A Deep Reinforcement Learning Framework for News Recommendation[C]// Proceedings of the 2018 World Wide Web Conference, 2018: 167-176.

深度学习推荐系统 2.0

第 3 章 浪潮之巅——大模型在推荐系统中的创新

2022 年 11 月 30 日，ChatGPT 横空出世，成为人工智能领域的一个重要里程碑，引发了全球范围内的广泛关注和讨论。作为由 OpenAI 开发的大语言模型，ChatGPT 凭借前所未有的 1750 亿个模型参数和 570 GB 的纯文本训练数据，展示了多种惊人的能力，包括自然语言对话、多语言翻译、知识问答、文章写作等。

ChatGPT 引领的大模型革命影响是空前的，几乎所有科技公司都开始在大模型领域投入大量资源，产生了越来越多令人振奋的成果。2023 年 9 月，基于 GPT-4 的 ChatGPT 改进版本发布，它具备了理解和生成图像的多模态能力。紧接着，谷歌推出了多模态大模型 Gemini，Stability AI 推出了擅长艺术创作的 Stable Diffusion，Anthropic 推出了注重大模型安全问题的 Claude，中国的大模型产品如 Kimi、ChatGLM、DeepSeek 等也如雨后春笋般出现。

在大模型时代，推荐系统将何去何从是一个既无法逃避又激动人心的话题。大模型像一个先知，掌握着开放世界的海量知识，可以极大地拓展推荐系统的知识边界；它也像一个智者，似乎其本身就可以成为一个智能的推荐专家；它更是一个灵感丰富、不知疲倦的创作者，能够直接根据用户的喜好生成推荐内容。

这场革命还在如火如荼地进行，作为推荐系统的从业者和研究人员，我们自然不能错过这波“浪潮之巅”。笔者将在本章介绍以 ChatGPT 为代表的大模型的实现原理，并与读者探讨大模型在推荐系统应用的可能性，以及已经在华为、Meta 等公司的推荐系统中落地的大模型创新。

3.1 引爆大模型时代的 ChatGPT

ChatGPT 的全称是 Chat Generative Pre-trained Transformer，可翻译为“**基于生成式预训练 Transformer 的聊天模型**”。其中，Chat 代表模型主要用于对话应用，模型的主要目标是生成自然连贯的对话文本，与用户进行互动和交流。Generative 指“生成式”，表明模型能够生成新的内容，而不仅仅执行分类或回归等任务。Pre-trained 即“预训练”，代表模型在大量数据上进行了预训练，这个过程使得模型在广泛的语言和知识背景下进行了学习，从而具备强大的语言理解和生成能力。最后的 Transformer 代表模型的基本结构是基于 Transformer 搭建的。

所以，ChatGPT 这个名字取得非常好，它同时说明了模型的应用场景和基本原理。图 3-1 用一个例子来说明 ChatGPT 的工作过程。向 ChatGPT 提问“GenAI 和 ChatGPT 的关系是什么”，它给出了非常准确且全面的回答。在这一过程中，向大模型提出的问题被称为 **Prompt**，可翻译为“提示词”。这些提示词可以是人类提出的一个问题、一个任务，也可以是希望让大模型翻译的内容。大模型就是在与人类交互的过程中，基于一系列的提示词，利用自己通过预训练获得的强大知识储备，完成整个会话过程的。

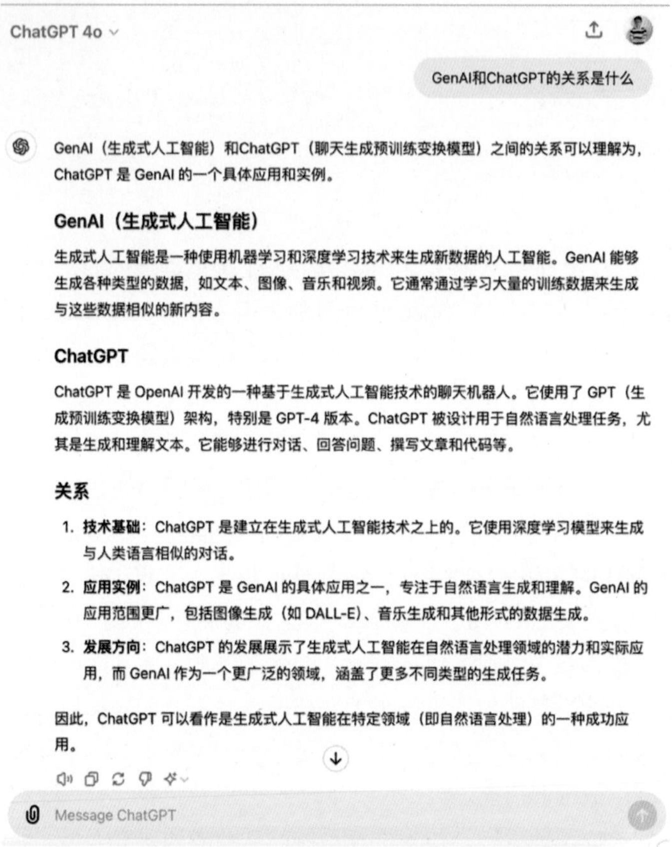

ChatGPT 4o

GenAI和ChatGPT的关系是什么

GenAI（生成式人工智能）和ChatGPT（聊天生成预训练变换模型）之间的关系可以理解为，ChatGPT 是 GenAI 的一个具体应用和实例。

GenAI（生成式人工智能）

生成式人工智能是一种使用机器学习和深度学习技术来生成新数据的人工智能。GenAI 能够生成各种类型的数据，如文本、图像、音乐和视频。它通常通过学习大量的训练数据来生成与这些数据相似的新内容。

ChatGPT

ChatGPT 是 OpenAI 开发的一种基于生成式人工智能技术的聊天机器人。它使用了 GPT（生成预训练变换模型）架构，特别是 GPT-4 版本。ChatGPT 被设计用于自然语言处理任务，尤其是生成和理解文本。它能够进行对话、回答问题、撰写文章和代码等。

关系

1. **技术基础**：ChatGPT 是建立在生成式人工智能技术之上的。它使用深度学习模型来生成与人类语言相似的对话。
2. **应用实例**：ChatGPT 是 GenAI 的具体应用之一，专注于自然语言生成和理解。GenAI 的应用范围更广，包括图像生成（如 DALL-E）、音乐生成和其他形式的数据生成。
3. **发展方向**：ChatGPT 的发展展示了生成式人工智能在自然语言处理领域的潜力和实际应用，而 GenAI 作为一个更广泛的领域，涵盖了更多不同类型的生成任务。

因此，ChatGPT 可以看作是生成式人工智能在特定领域（即自然语言处理）的一种成功应用。

Message ChatGPT

图 3-1　ChatGPT 对问题“GenAI 和 ChatGPT 的关系是什么”的解答

那么，ChatGPT 是如何获得与人类对话的能力的呢？这主要分为两个步骤：一是通过预训练获得强大的知识储备并学习人类语言的结构、词汇和语法；二是通过 Fine Tuning（微调）获得精准完成特定任务的能力。下面我们深入讲解这两个步骤的技术细节。

3.1.1　ChatGPT 的大模型结构和预训练过程

在 ChatGPT 能够“Chat”之前，它必须学会人类所具备的大量知识和自然语言中的语法结构。这一过程是通过海量的语料库预训练实现的。整个训练任务并不复杂，**就是给定模型一个词序列作为输入，要求模型预测序列中的下一个词**。在实际的任务中，ChatGPT 就是从 Prompt 开始，重复这一过程，从而完成整个问题的回答的。

举例来说，训练样本的语料库里有这样一句话：

大模型可以让推荐系统更智能。

经过分词，这句话变成了如下词序列，也被称为 token 序列（以下称每个词为 token）：

大模型　|　可以　|　让　|　推荐系统　|　更　|　智能

这时，我们去掉最后一个 token 作为训练标签，其余部分作为训练输入，一个完整的训练样本就生成了。

训练 token 序列：大模型 | 可以 | 让 | 推荐系统 | 更 | [预测词]

标签：智能

当然，为了更充分地利用语料库，生成更多训练样本，也让大模型能够掌握更全面的语法结构，我们可以遮盖中间的某个 token，生成一条新的训练样本。

训练 token 序列：大模型 | 可以 | 让 |[预测词]| 更 | 智能

标签：推荐系统

ChatGPT 使用的大语言模型 GPT-3 使用的语料库规模达到了 570GB，涵盖了维基百科、书籍、网页快照、新闻和文章、在线论坛和社交媒体对话数据等多种数据源，保证了 ChatGPT 的知识丰富程度和语言学习的全面性。

接下来要探讨的问题是 GPT 使用了怎样的模型结构。图 3-2 为 GPT 模型结构示意图，模型的输入是 token 序列，经过 Embedding 层后，每个 token 的 Embedding 都会加上相应的位置编码（Positional Encoding）。经过 L 层的 GPT Block 后，模型的输出是通过 softmax 层计算出的概率分布，表示模型预估的下一个 token 在整个词汇表上的概率分布。仍以上面的训练样本为例，假设词汇表里只有三个词：[智能，精彩，普通]，模型的输出是[0.5, 0.3, 0.2]，那么模型最终会选择概率最大的 token 作为下一个生成的 token，也就是“智能”。

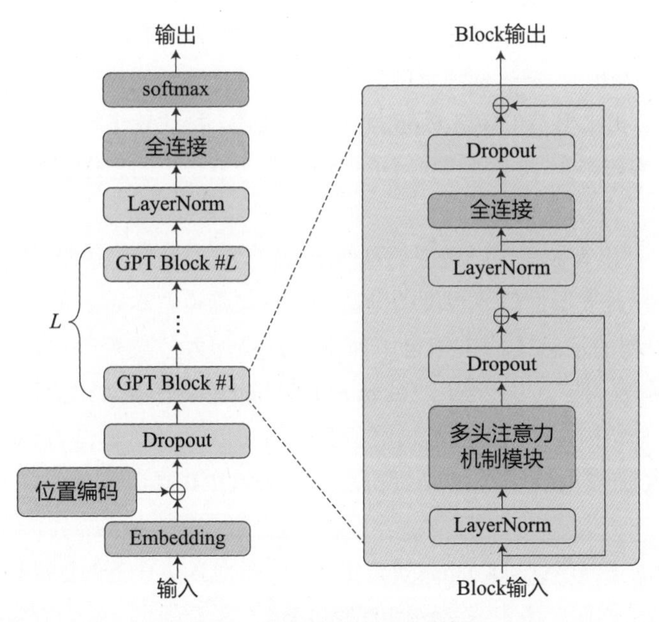

图 3-2 GPT 模型结构示意图[1]

GPT 模型中的 GPT Block 其实就是 2.9 节介绍过的 Transformer 结构（参见图 2-28）中的解码器，这也是 GPT 以 Transformer 为基本结构的原因。只引入 Transformer 的解码器部分而抛弃编码器部分，主要是因为解码器部分更适用于文本生成。对于 ChatGPT 来说，其主要应用场景是对用户输入的简短 Prompt 生成较长的回复，并不需要进行过多的文本编码，所以只使用解码器部分是更高效、针对性更强的结构设计。

在 ChatGPT 初期版本所使用的 GPT-3 模型中，一共有 96 层 Transformer 解码器、1750 亿个模型参数，相比 GPT-1 的 12 层解码器、1.17 亿个参数，GPT-2 的 48 层解码器、15 亿个参数，GPT-3 可谓实现了量级上的飞跃，这也是 ChatGPT 性能提升如此大的主要原因。

3.1.2 ChatGPT 是如何听懂人类指令的

通过预训练，ChatGPT 虽然拥有了强大的语言模型，但这并不意味着它能够很好地完成所有人类任务。它就像一个学富五车但表达能力很弱的大学问家，“肚里有货却说不出来”。为了让预训练模型能够更好地完成不同的人类任务，还需要对其进行微调。

从技术上来说，模型的微调过程和训练过程是类似的，但前者的训练样本不再是随机从语料库中生成的，而是严格地进行人工构造——构造由 Prompt 到预期输出的训练样本。ChatGPT 使用了由标注人员人工构造的 12,000 到 15,000 个训练样本进行微调。

但是，人工生成的训练样本总量还是太少了，不足以让 ChatGPT 具有完备的回答能力。为了让 ChatGPT 能够在更大规模的数据集上微调，研究人员创建了一个奖励模型（Reward Model）来评估 ChatGPT 的输出。该模型对 ChatGPT 生成的回答评分并反馈给 ChatGPT 进行进一步微调。

那么，问题来了：如何训练一个具备评分功能的奖励模型呢？

首先，人工准备一个 Prompt 集合，让通过第一步微调后的 ChatGPT 产生多个输出（每个 Prompt 对应 4～9 个输出），然后标注者将这些输出从最佳到最差排序，就形成了训练一个奖励模型所需的数据集。相比于人工构造 Prompt 的输出文本，标注者进行人工排序的工作量显然少了很多，通过这种方式产生 10 万到 20 万条标注数据。下一步的工作就是用这些标注数据训练奖励模型。

虽然 ChatGPT 并没有披露奖励模型的具体结构，但它的原理是清晰的。它的输入是 Prompt 和对应的回答，输出是表明回答满意度的分数，所以奖励模型本质上是一个评分模型。图 3-3 给出了一个奖励模型的示意图，模型自下而上分别是加入了位置 Embedding 的输入 Token Embedding 层、多层解码层，以及输出 Token Embedding 层。仔细对比图 3-2 可以看出，除了输出层，模型的大部分结构是相同的，都采用了多层 Transformer 结构作为 token 的编码层。输出层不同，是因为奖励模型要训练的是评分任务，而 GPT 要训练的是生成下一个 token 的任务。

经过奖励模型的进一步训练，ChatGPT 才逐步具备对人类任务的精准理解能力。我们回头再看一下 ChatGPT 是如何一步步练就这样的“功夫”的。

（1）使用 570 GB 的海量文本数据训练出具备 1750 亿个参数的超大规模预训练模型 GPT。

（2）利用人工生成的约 15,000 个“Prompt—预期输出”样本对 GPT 模型微调。

（3）准备 20 万个 Prompt 样本，利用初步微调过的 GPT 模型对每个 Prompt 生成 4～9 个回答，再以人工根据回答的质量、准确度排序，生成 20 万个奖励模型训练样本。

（4）利用 20 万个排序样本训练奖励模型，使其具备判断回答优劣的能力，其中的文本编码器复用预训练的 GPT 模型。

（5）利用奖励模型微调 GPT 模型，使其最终成为能精准回答不同人类问题的 ChatGPT 模型。

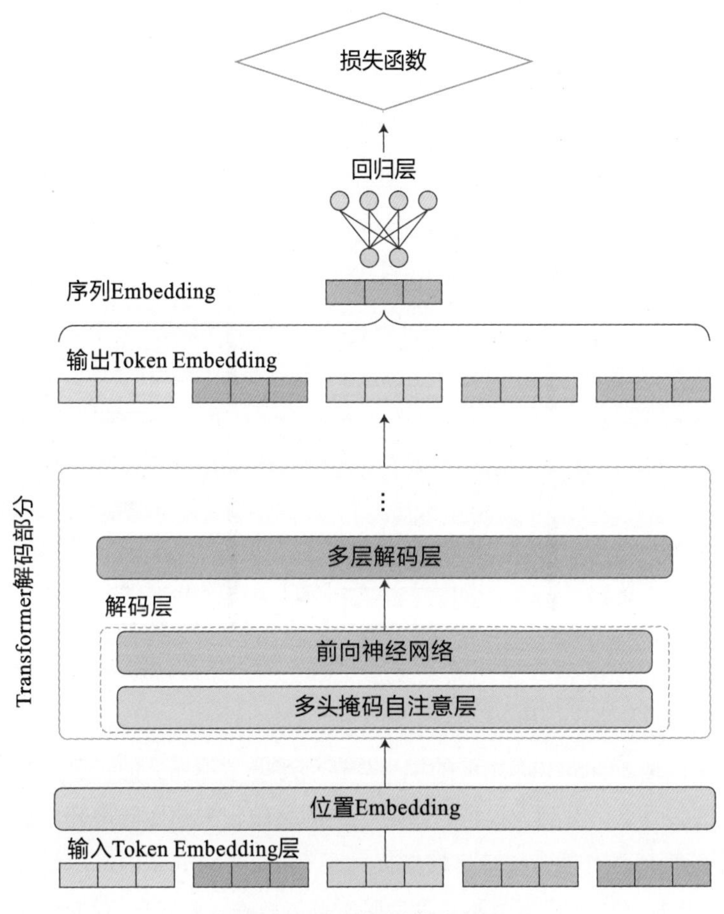

图 3-3　奖励模型结构示意图

3.1.3　从量变到质变——大模型的技术奇点

面对 ChatGPT 强大的对话能力时，我们不禁会好奇：到底是什么样的技术发展让 ChatGPT 突然拥有了前所未有的能力？ChatGPT 基于的 GPT 模型在 2018 年就已经被提出，Transformer 模型更是在 2017 年就被提出。ChatGPT 依赖的微调技术也在 2018 年就开始被应用。诚然，从 GPT-1 到 GPT-3，模型和训练技术一直在改进和调整，但最大的突破还是模型参数数量的增长：从 GPT-1 的 1.17 亿个到 GPT-3 的 1750 亿个，参数数量增长超过 1000 倍。那么，模型规模的量变就一定会带来质变吗？这就不得不提大模型领域新的“金科玉律”——Scaling Law（尺度定律），它揭示了模型能力与模型规模之间的渐近关系。对于大模型来说，是模型参数越多，能力就越强吗？

图 3-4 是 OpenAI[2]发布的生成式模型在不同任务上（图像识别、文字转图像、视频识别、数学推理计算、图像转文字、语言模型），参数量和模型 Loss（损失）之间的关系。图 3-4 中，颜色越浅，代表模型参数越多；颜色越深，代表模型参数越少。横轴为训练计算量，纵轴为模型 Loss。毫无疑问，Loss 越小，模型的性能就越好。可以看到的是，无论是在图像、视频、文本还是多模态任务中，模型总是参数越多，训练的计算量越大，Loss 越小。更可怕的是，模型的参数量增加之后，我们似乎看不到 Loss 降低的尽头，它似乎总是可以朝着性能更强的方向发展。

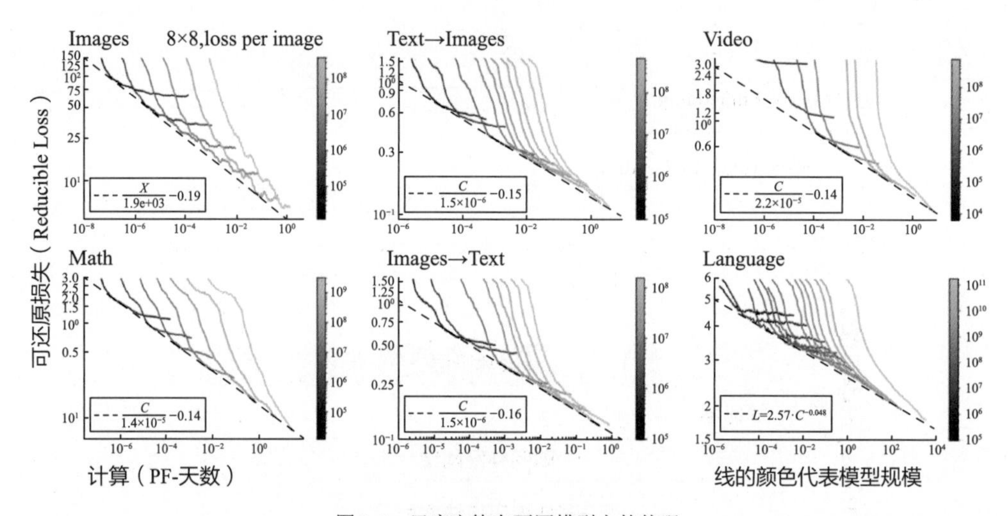

图 3-4 尺度定律在不同模型上的体现

目前业界的共识是，ChatGPT 之前的模型处在训练非常不充分的阶段，其参数量也远未达到取得性能突破的临界点。看到大模型参数量级上的突破带来的性能提升，我们不禁要问一个问题："推荐模型的规模提升能持续带来性能提升吗？"第 2 章介绍的深度学习推荐模型似乎已经足够复杂，进一步复杂化推荐模型还有收益吗？读者将在 3.5 节介绍 Meta 的生成式推荐模型中找到答案。

3.2 基于 Prompt 的推荐——以 ChatGPT 的方式改造推荐系统

ChatGPT 从海量的数据库中学习了"世界知识"，自然也包括大量跟推荐的候选物品相关的知识。此外，Prompt 可以定义 ChatGPT 要处理的任务。那么，能否把推荐任务也以 Prompt 的形式输入 ChatGPT，让它完成个性化推荐的过程呢？这个想法当然是可行的，亚马逊和华为的研究人员就是基于这样的思路实现了基于 ChatGPT 这类大语言模型的推荐系统。

3.2.1 PALR——亚马逊基于 Prompt 的大模型推荐系统

亚马逊的研究人员给出的大模型推荐系统方案被命名为 PALR[3]（Personalization Aware LLMs for Recommendation，个性化感知大语言推荐），它通过构造自然语言的 Prompt，把所有用户的历史行为、用户画像、候选物品列表的信息都传递给大模型，让大模型根据这些输入信息进行候选物品的排序并得出最终的推荐列表。

如图 3-5 所示，PALR 模型的输入分为三大部分。

（1）用户行为序列：以自然语言的形式列出用户曾经交互过的物品序列。

（2）用户画像：根据用户行为历史和用户属性，由大模型生成用户画像描述。

（3）候选物品列表：待排序的候选物品列表。

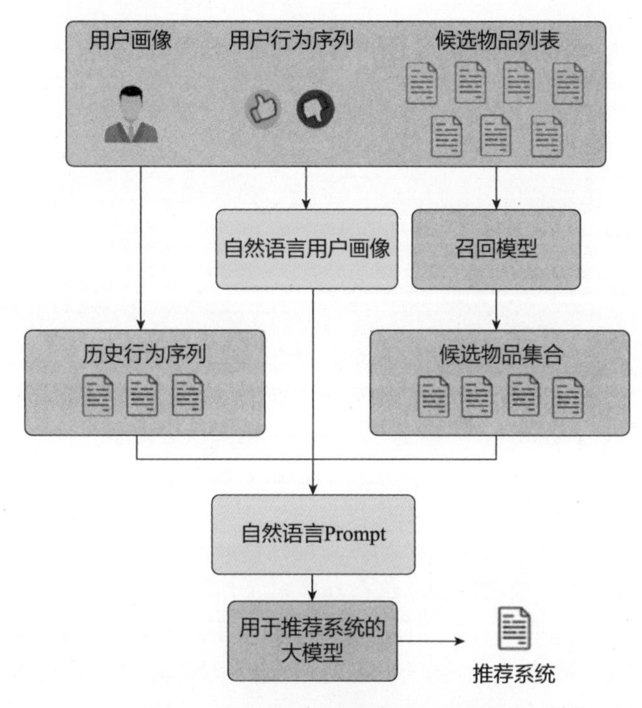

图 3-5　Amazon 的大模型推荐系统 PALR

可以说，这三大部分输入基本包含了一个推荐任务所需的所有信息，只不过与传统推荐系统以结构化数据为输入的形式不同，大模型推荐系统使用自然语言构造 Prompt 作为模型输入。值得注意的是，PALR 的用户画像也是通过大模型预先生成的，也就是说，整个推荐过程其实需要大模型的两次参与。下面基于电影推荐的场景，用两个例子（如例 3-1 和例 3-2 所示）分别描述大模型的用户画像生成过程和推荐过程。

例 3-1　PALR 中大模型生成用户画像的过程

任务描述 Prompt	你的任务是基于以下用户看过的电影集合，用两个关键词描述用户的兴趣偏好： 《宝可梦大电影》 《星球大战 IV》 《终结者》 《回到未来》 《寻找卡米洛城》
输　　出	该用户喜欢“冒险”和“科幻”电影

例 3-2 PALR 进行电影推荐的过程

任务描述 Prompt	你的任务是根据用户的观看历史和兴趣偏好从候选电影列表中推荐三部用户喜欢的电影： 该用户喜欢“冒险”和“科幻”电影。 该用户看过： 《宝可梦大电影》 《星球大战 IV》 《终结者》 《回到未来》 《寻找卡米洛城》 候选电影列表如下： 《待到梦醒时分》 《夺宝奇兵》 《冰雪奇缘》 《狮子王》 《玩具总动员》 《查理三世》 《地心历险记》
输　　出	《夺宝奇兵》《冰雪奇缘》《玩具总动员》

我们可以根据个人经验初步判断大模型的推荐结果是比较合理的，因为三部影片都是“冒险”“科幻”风格的，与用户观看历史中的影片相关性也很强。为了增加该模型的实用性，PALR 模型结构中还加入了候选物品的召回模型，用以减少输入候选物品的数量，提升大模型推理的效率。此外，为了提高模型的推荐效果，还可以根据系统中用户的实际反馈构建训练样本，对模型微调，以提升模型在推荐任务中的准确度。

PALR 方案是一次大模型推荐系统的初步尝试，接触过工业界推荐系统的读者肯定会有这样的疑问：“业界的推荐系统的候选物品集合动辄包含几百万、上千万条数据，都能通过构造 Prompt 的方式输入给大模型吗？有效率问题吗？”要解决这个问题，就要把大模型与候选集快速召回的方法结合起来，构建一个工业界可落地的大模型推荐系统，这也是下面要介绍的华为提出的 UniLLMRec 方案的基本动机。

3.2.2 端到端的大模型推荐系统框架——UniLLMRec

华为 2024 年提出了大模型推荐系统框架 UniLLMRec[4]，它是一个端到端的推荐系统解决方案。该框架的成熟度更接近一个工业级推荐系统的标准。如图 3-6 所示，UniLLMRec 的召回、排序、重排全部由大模型完成。其中的两个主要模块是“用户画像建模”和“物品搜索树”。用户画像建模是利用用户历史行为构造 Prompt 输入给大模型，生成用户画像，这一过程与 PALR 方案的一致。物品搜索树则是为解决大模型检索海量候选物品效率低下的问题而专门设计的搜索结构。

从推荐流程上来说，UniLLMRec 的逻辑架构如图 3-7 所示。

（1）以文本的方式准备好用户的行为数据，输入至大模型，得到用户的兴趣列表。

（2）将用户兴趣列表以 Prompt 的方式输入大模型，大模型利用物品搜索树检索出候选物品，再通过合并每个兴趣类别下的候选物品得到候选物品集合。

（3）大模型对候选物品集合进行排序。

（4）大模型对排序后的推荐列表进行重排，提升最终推荐列表的多样性。

（a）传统级联推荐系统

（b）大模型端到端推荐系统

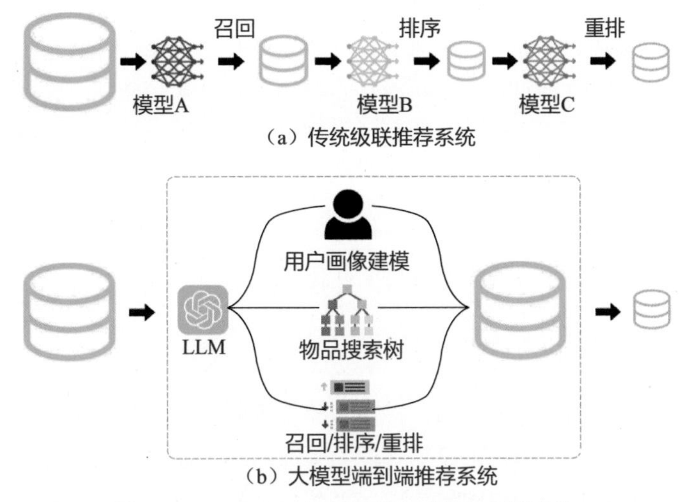

图 3-6 UniLLMRec 包含了召回—排序—重排流程

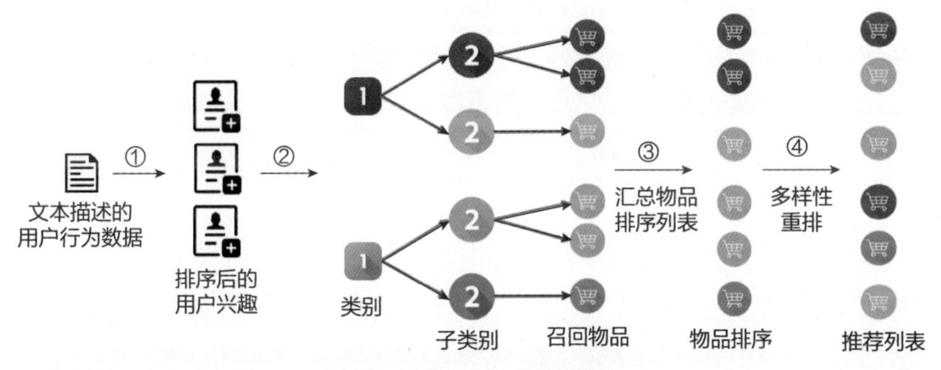

图 3-7 UniLLMRec 的逻辑架构

接下来介绍这几步的技术细节。

3.2.3 UniLLMRec 的用户画像模块

UniLLMRec 中的用户画像模块主要通过分析用户行为历史生成用户兴趣画像。它的输入和输出形式简单，就是通过用户历史行为构造 Prompt，输入给大模型，大模型返回用户的兴趣列表。这里构造的 Prompt 如图 3-8 所示。

User Profile Modeling

Prompt: A user's click items are: {item list}. Summarize the interested items topic categories, from the most important to the least important.
LLM: {Summarized Topic List}.

图 3-8 生成用户兴趣画像的 Prompt

与该 Prompt 相关的关键问题是如何表示用户行为涉及的物品列表（Item List），以及大模型返回的用户兴趣列表具体是什么形式的。

具体来说，物品列表 H（$H=\left[i_1,i_2,\cdots,i_{n_u}\right]$）由用户交互过（如点击、观看）的物品信息组成，其中 i_{n_u} 代表用户 u 交互过的第 n 个物品。

而每个 i_{n_u} 又由一系列物品相关的类别和属性语义信息构成，如 $\left[s_1,s_2,\cdots,s_{k_i}\right]$。其中，$s_{k_i}$ 代表第 i 个物品的第 k 个语义信息。每个语义信息对应该物品相关的一组属性，包括类别、子类别、关键词、描述语等。例如，该物品属于“电子产品”分类下的“单反照相机”子类，那么“类别：电子产品—单反照相机”就可以是一条语义信息。

大模型返回的用户画像是一组用户的兴趣标签集合 I，在下一步召回过程中，这组兴趣标签就代表着用户的喜好，也是最终的推荐结果个性化的依据。

3.2.4 基于物品搜索树的召回和排序过程

在形式化用户交互过的物品列表 H，并由大模型推断出用户的兴趣标签集合 I 之后，就可以进一步利用物品搜索树召回用户可能感兴趣的候选物品集合。UniLLMRec 框架把这一步分为两个子步骤：先根据物品搜索树召回用户感兴趣的子分类集合，缩小搜索规模，并在子分类集合中召回所有物品，再进行排序。

这一过程如式（3-1）和式（3-2）所示：

$$\left[\text{node}_{c_1},\text{node}_{c_2},\cdots,\text{node}_{cn_c}\right]=\text{Item\_Tree\_Search}(H,I,\text{node}) \tag{3-1}$$

$$\text{items}=\text{Reacall\_From\_Leaf\_Node}(H,I,\text{subset},k) \tag{3-2}$$

式（3-1）中的输入信息包括 H、I 和 node，H 和 I 上文已经解释过，node 代表搜索树中的父节点，表示在哪个范围内搜索候选物品。左侧的节点集合是召回的候选子分类集合。执行这一步所构造的 Prompt 如图 3-9 所示。

Item Tree Search

Prompt: Rank the top k subcategories about {Category of the parent node} based on the user's interest without any explanation. Please do not deviate from the format of subcategory names in the output. The output template is: {Subcategory1, Subcategory2, ...} Here is the provided list: {Subcategory List}.
LLM: {Ranked top n_c subcategory list}.

图 3-9 召回候选子分类的 Prompt

在召回最终候选物品的过程中，式（3-2）的输入项增加了上一步得到的子分类集合 subset 及候选物品集合的规模 k。执行这一步的 Prompt 如图 3-10 所示。值得注意的是，由于 Prompt 的指令是选择候选集并排序（rank the top k items），所以实质上这一步不仅召回了所有子分类下的候选物品，而且进行了排序，其实是合并了召回层和排序层。

Recall From Leaf Node

Prompt: Rank the top k items about {Semantic information of the leaf node} based on the user's interest without any explanation. Please do not deviate from the format of subcategory names in the output. The output template is: {Item1, Item2, ...} Here is the provided list: {Item list}.

LLM: {Ranked top k item list}.

图 3-10 召回候选物品的 Prompt

值得一提的是，由于从用户画像生成到召回、排序的整个推荐过程基于大模型的同一会话，所以没有必要在每次构造 Prompt 时都把前面生成的信息放进去，因为会话中已经保存了用户的所有个性化信息。

看到这里，读者一定对大模型召回和排序所使用的物品搜索树很感兴趣，它的结构和生成过程是怎样的呢？图 3-11 展示了物品搜索树的生成过程。假设全部物品候选集是由物品 ID 和物品的描述信息组成的，如 3.2.3 节描述的 i_{n_u} 所示。物品搜索树是基于物品描述信息的语义生成的。具体步骤如下：

（1）生成一个根节点，包含所有物品。

（2）对于每个物品 i，从根节点开始，搜索其子节点是否包含物品描述信息中的类别信息，如果包含，则将物品置于该子节点下；如果不包含，则根据物品的类别信息创建一个新节点。例如，图 3-11 中的物品 1，根据类别描述信息，首先创建 Boxed Sets 类别，然后创建 Musicals & Arts 类别。

（3）重复执行步骤（2），直到描述信息中最细粒度的类别都已经在搜索树中被创建。物品 i 也成为最小分类下的叶节点，例如物品 1 的最小类别是 Opera，因此被挂在了 Opera 类别下作为叶节点。

（4）依次将所有物品添加到搜索树中，直到构建出包含所有候选物品的搜索树。

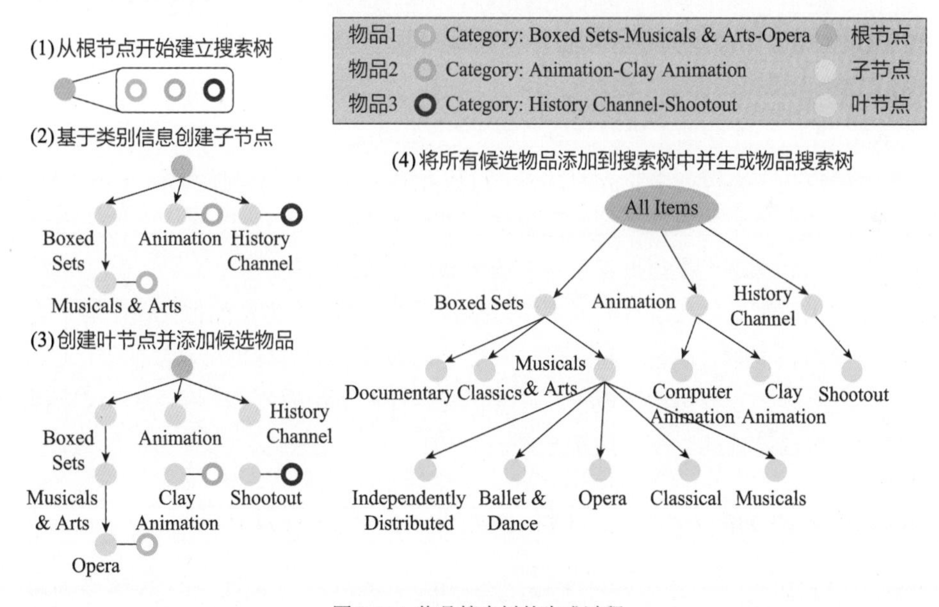

图 3-11　物品搜索树的生成过程

事实上，对于大多数商业公司来说，它们的推荐物品系统、商品系统都是有成熟的标签体系的，不用从头建新的物品搜索树，直接把已有的成熟的层级标签体系当作物品搜索树就可以了。

善于思考的读者在这里一定会产生一个疑问——物品搜索树和大模型的关系是怎样的？从图 3-9 和图 3-10 展示的 Prompt 来看，物品搜索树的搜索过程也是大模型完成的，那么大模型又是怎么学习到物品搜索树的结构知识的呢？针对这个问题，笔者还专门请教了文献[4]的第一作者，事实上，物品搜索树也是通过构造 Prompt 的形式输入大模型的。当大模型学习到搜索树的结构知识后，在同一会话中就可以执行子树的搜索过程，完成召回任务。

当然，从工程角度考虑，这里仍然有较大的优化空间。由大模型执行搜索过程显然不如直接在搜索树中搜索高效，如果把搜索树召回和大模型排序分成两个过程，虽然整个推荐过程在一致性上要打一些折扣，但在效率和缩短延迟上肯定会有较大的提升。

为了兼顾推荐结果的多样性，在得到 Top *k* 推荐物品之后，UniLLMRec 还通过一次 Prompt 交互完成了推荐结果的重排，示例 Prompt 如图 3-12 所示。

Diversity-aware Re-ranking

Prompt: Rank these pre-selected items based on user interests. Be aware of ranking diversity and do not change the format of the title: {Item list}. **LLM:** {Re-ranked item list}.

图 3-12 重排过程的 Prompt

可以说，重排过程完全依赖大模型通过预训练得到的通用知识，这里不需要输入任何额外信息，只要清晰地描述重排任务就足够了。

3.2.5 UniLLMRec 带来的启发

UniLLMRec 是工业界尝试大模型推荐系统落地的一次探索。如果说 PALR 更像一个“玩具”系统，UniLLMRec 则已经十分接近一个业界可落地的框架，特别是针对大模型海量候选物品召回慢的问题，创新性地提出了大模型结合物品搜索树的做法。一方面，在架构上，UniLLMRec 包含召回、排序、重排等工业级推荐系统必要的工程模块，这与成熟的推荐系统架构是一致的。

另一方面，我们仍能看到大模型落地的困难之处。物品搜索树是以 Prompt 的形式输入大模型的，搜索过程也是在大模型中完成的。这一过程并不是工程上的最佳选择，UniLLMRec 的论文作者也提到，这一方案工程落地的难点仍然在于整个推荐过程的延迟相比传统推荐系统长，资源消耗较高。这些都是大模型推荐系统工业化需要解决的问题。

相比完全用大模型来替代现有的深度学习推荐系统，如果有方法能把大模型的“世界知识”与成熟的深度学习模型结合起来，将是取二者优势的做法。大模型也可以依托于已经非常成熟的深度学习推荐系统的工程架构落地实践，真正提升推荐系统的效果。在 3.3 节，笔者将与读者一起探索这类容易落地的大模型创新方案。

3.3 大模型特征工程——让推荐模型学会“世界知识”

本节将探讨利用大模型构建特征工程，将大模型的“世界知识”输入深度学习推荐模型的方案。如果该方案是可行的，就意味着大模型和目前成熟的深度学习推荐系统框架是可融合的。

3.3.1 大模型和传统推荐模型的知识差异

表 3-1 对比了大模型在知识层面上与传统推荐系统的不同之处。通过对比可以发现，大模型的知识事实上与推荐系统的知识是“完美互补”的关系。**大模型的知识是开放的、多模态的，**

它从开放世界学习到的外部知识将给推荐系统带来大量的“新鲜血液”；但与此同时，**大模型缺乏推荐系统内部的用户行为信息**，这也就意味着它无法完全替代推荐系统的知识体系。因此，二者的结合理论上能够提升推荐系统的效果上限。

表 3-1　大模型和传统推荐系统在知识层面上的对比

对比点	大模型	传统推荐系统
知识来源	开放世界中可被数字化的所有信息	系统内产生的用户行为信息，系统内的用户、商品、场景信息
知识类型	文本、图像、视频、音频等不同模态信息	代表用户行为的 ID 类信息，以及结构化的用户及商品描述性信息、统计类信息
知识特点	开放、来源广、总量大，但接触不到推荐系统内的私域信息，缺少用户行为信息	封闭、结构化，是经过筛选的知识，但难以学习到开放世界的外部知识
主要知识结构	大模型学习到的事实性知识和知识间的推理能力	从用户行为、结构化信息中学习到的协同信号和共现频率

从模型架构的角度来看，利用大模型的知识辅助推荐主要有两种方式（如图 3-13 所示）。

（1）LLM→Embedding：对于 LLaMA[5]这样的开源大模型，我们可以知道模型所有的参数，也可以对模型进行改造，所以在预训练完成之后，大模型可以作为一个多模态特征的编码器，把多模态特征转换成同一隐空间内的 Embedding，从而与深度学习推荐系统无缝衔接。

（2）LLM→token：对于 ChatGPT 这样的闭源大模型，我们无法让模型直接生成 Embedding，只能通过它的 API 生成与 Prompt 对应的 token 序列。这时，token 序列就可以成为大模型将知识传播到推荐系统的媒介。

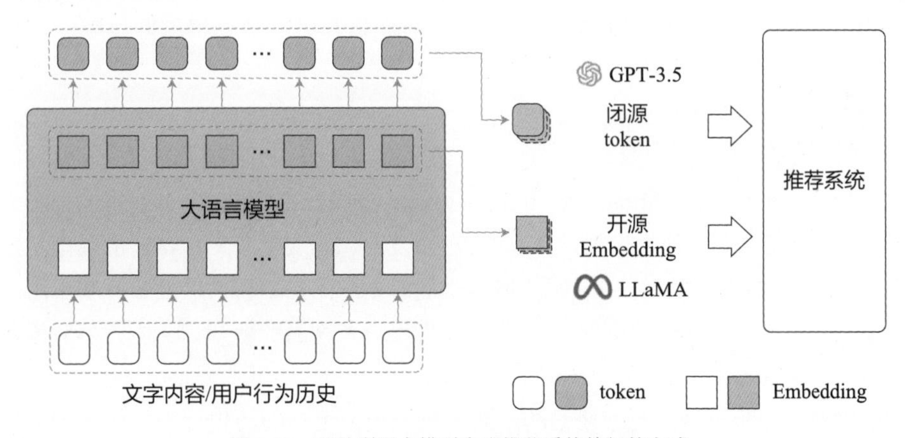

图 3-13　两种利用大模型生成推荐系统特征的方式

下面笔者用两个具体的例子——MoRec 和 GENRE 来说明这两种方式。

3.3.2　MoRec：利用大模型通过 Embedding 传递多模态知识

MoRec[6]（Modality-based Recommendation，基于多模态的推荐）是西湖大学的研究人员在 2023 年提出的一种结合多模态大模型和推荐系统的方案。

在这一推荐场景中，模型专注于任天堂的 Switch 游戏推荐，根据用户之前的游戏安装记录向其推荐新游戏。推荐模型的架构如图 3-14 所示。作为对比的基于物品 ID 的推荐模型被称为

IDRec，IDRec 利用传统的 Embedding 技术把用户行为序列中的物品 ID 序列转换成 Embcdding 序列，然后基于 Transformer 序列模型生成用户兴趣 Embedding，再与候选物品 Embedding 经过双塔模型处理得到最终的推荐得分。这是一个经典的深度学习推荐模型。

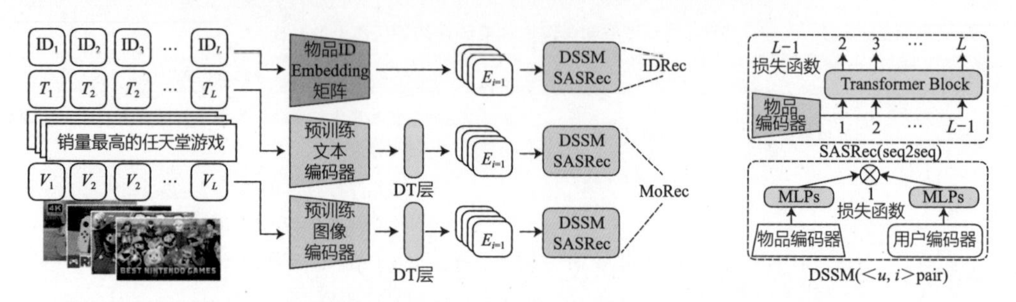

图 3-14 ID 类推荐模型 IDRec 和多模态推荐模型 MoRec 的架构对比

MoRec 则由两个双塔模型组成，一个双塔处理游戏文本特征，另一个双塔处理游戏图像特征。两个双塔的最终推荐得分经过平均后得到最终的输出。这两个双塔模型与 IDRec 的不同之处是把 ID 特征替换为多模态内容特征，把 Embedding 层替换为预训练的文本和图像大模型。这两个大模型分别作为编码器，将游戏的描述词和图像转换为 Embedding。为了保证大模型生成的 Embedding 与后续推荐模型所需的 Embedding 维度匹配，还加入了一个 DT 层（Dimension Transformation，维度转换）进行用户维度转换。

在最后的评估中，MoRec 相较于 IDRec 性能提升了 5%到 8%。当然，这里的性能提升只具备参考意义，并不能说明基于多模态大模型的推荐系统一定比基于 ID 特征的推荐系统效果好，但多模态大模型对“万物”Embedding 化，然后将其引入推荐模型的思路，是有借鉴意义的。

3.3.3 GENRE：利用大模型通过 token 传递多模态知识

GENRE（Generative Recommendation framework，生成式推荐框架）[7]是香港理工大学的研究人员于 2023 年提出的一种大模型推荐系统方案。图 3-15 展示了 GENRE 的模型示意图，它分为左侧的大模型知识生成部分和右侧的推荐模型部分。在左侧的大模型中，基于用户的历史行为和物品信息设计 Prompt，并输入大模型，产生用户和物品的新知识文本，然后输入右侧的推荐模型中。

右侧的推荐模型也是经典的双塔结构，用户塔接收由用户的历史行为生成的大模型知识，物品塔则接收候选物品相关文本的大模型知识。然后，通过推荐模型自己的文本编码器将这些信息转换成用户和物品 Embedding，最后通过双塔交叉生成推荐得分。

下面给出两个通过 ChatGPT 生成用户和物品特征 token 的例子。

（1）Prompt：一个用户喜欢看《肖生克的救赎》《美国往事》《教父》，请生成该用户的 10 个兴趣标签。

生成的 token：犯罪片、经典电影、剧情片、复仇、监狱电影、黑帮电影、人性、改编电影、励志故事、历史电影。

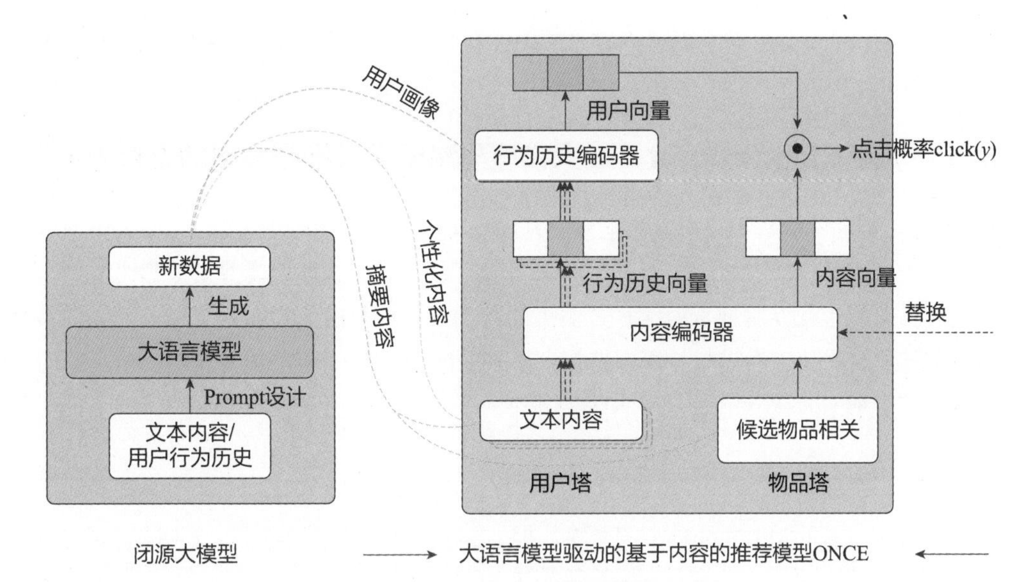

图 3-15 GENRE 模型示意图

（2）Prompt：请提取该海报（如图 3-16 所示）的 10 个关键词。

生成的 token：E.T.、外星人、月亮、自行车飞行、手指触碰、友谊、Steven Spielberg、经典电影、科幻、空中剪影。

图 3-16 电影 *E.T.*的海报

通过这两个例子可以看到，大模型可以轻易地把异构的多模态数据转换成一系列标签特征，这些标签特征更加结构化，易于推荐模型学习。更加重要的是，大模型凭借其掌握的世界知识，自己添加了很多有价值的信息，比如仅凭三部电影的名字就添加了电影诸多的内容类型标签，仅凭一张海报就添加了电影的导演、类别、关键要素的信息。而在传统的推荐系统中，这些电影只能是一个个电影 ID 特征，海报则根本无法被利用。这就是大模型结合推荐系统的魅力。

更进一步讲，大模型为推荐系统输入的增量信息，可以在没有用户历史行为的情况下基于内容完成新推荐，这十分有助于解决推荐系统的冷启动问题，也是传统的基于 ID 特征的推荐系统很难实现的。

3.4 华为 ClickPrompt——大模型与深度学习推荐模型的融合方案

3.3 节的主要内容是基于大模型对世界的理解能力为推荐系统带来增量知识。大模型可以将 token 或者 Embedding 作为桥梁把自己的知识传递给推荐模型。这种大模型与推荐模型“松耦合”的方式也非常有利于业界落地。但这种方案下的大模型和推荐模型实际上是独立训练的，无法做到端到端的联合优化。为进一步深入挖掘大模型的能力，2024 年，华为提出了一个新的大模型推荐系统的方案 ClickPrompt[8]，对大模型和推荐模型进行了更深度的融合。

3.4.1 ClickPrompt 的基本思路

图 3-17 展示了 ClickPrompt 模型的基本思路。对于一个训练样本来说，它可以有两种表示，$\boldsymbol{x}_i^{\text{text}}$ 是适用于大语言模型的自然语言文本表达方式，$\boldsymbol{x}_i^{\text{ID}}$ 是适用于 CTR 预估类推荐模型的 one-hot 表达方式。这两种表达方式各有优劣。文本表达方式可以保留特征的语义信息，比如《闪电侠》（*The Flash*）这部电影，从电影名中就可以推断出它是一部超级英雄电影，但基于 ID 类的表达方式就会丢掉这类语义信息。

ID 类表达方式在特征交叉时也有独有的优势，就是精准。特别是用户行为类的 ID 特征，能够准确地发掘喜欢电影 A 的用户也喜欢电影 B 这类精确的共现关系，这也是 CTR 模型最倚重的信息。

如何结合二者的优势呢？就是把善于挖掘语义信息的大模型和善于挖掘 ID 协同共现类信息的 CTR 模型融合，让它们互通有无，形成新的 CTR 预估模型结构，这就是 ClickPrompt 设计的基本思路。

图 3-17 中的蓝色部分是学习语义知识的大模型，黄色部分是学习协同知识的 CTR 模型，二者之间是通过 Soft Prompt 向量进行知识传递和联合训练的。下面介绍 ClickPrompt 具体的模型结构和训练方式。

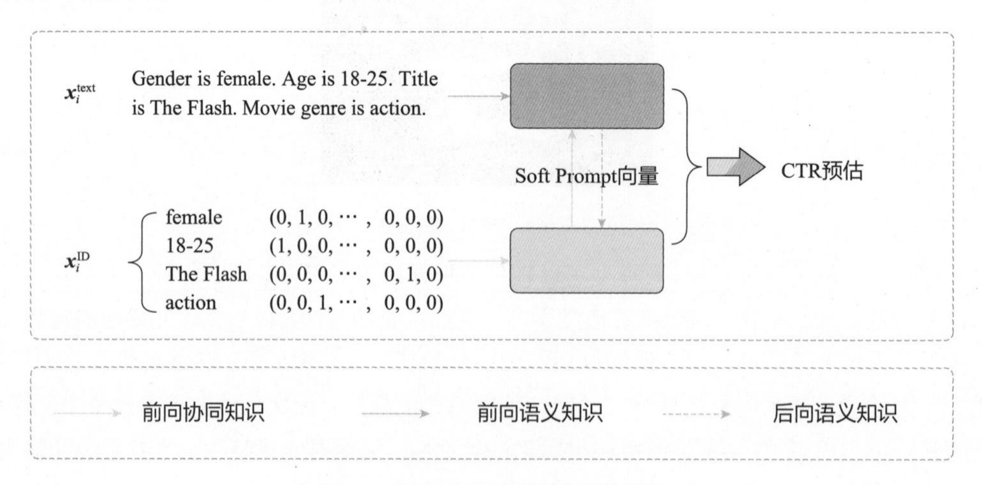

图 3-17 ClickPrompt 模型的基本思路

3.4.2 ClickPrompt 的模型结构

图 3-18 给出了 ClickPrompt 的模型结构。左侧是 CTR 模型，右侧是大语言模型，CTR 模型的输出与大语言模型的输出通过一个 MLP（多层感知器）结构的 Prompt 融合层融合在一起，生成最终的 CTR 预估结果。具体来说，模型的预估过程自下而上经历了三个关键步骤。

（1）多模态信息转换。多模态转换层将原始的训练样本特征分别转换成 one-hot 特征和文本特征，再分别输入 CTR 模型和大语言模型。这里的转换层被命名为“多模态”的原因是该模型的特征可以接受文本、图片等多种模态的输入，并被统一转换为 one-hot 特征或文本特征。

（2）Prompt 生成。理论上，CTR 模型的结构可以是任意的，在 CTR 模型的最后一层生成的 logits 通过 Prompt 生成层连接到 Prompt 融合层中。事实上，Prompt 生成层也是一个 MLP，它根据 Prompt 融合层的层数和 Embedding 的维度，将 CTR 模型的输出 logits 变换成 Prompt 融合层所需的各层 Embedding。读者可以理解为 CTR 模型的知识被浓缩到了 Prompt 生成层生成的 Embedding 中。

（3）Prompt 融合。Prompt 融合层接收了 CTR 模型的输出 Prompt，也接收了大语言模型对文本输入特征的转换得到的 Embedding。这里预训练好的大语言模型就位于“分词与 Embedding 层”中。生成的词 Embedding 在 Prompt 融合层的各层中与 CTR 输出 Prompt Embedding 进行充分融合，最终由“池化和预估层”生成 CTR 预估结果。

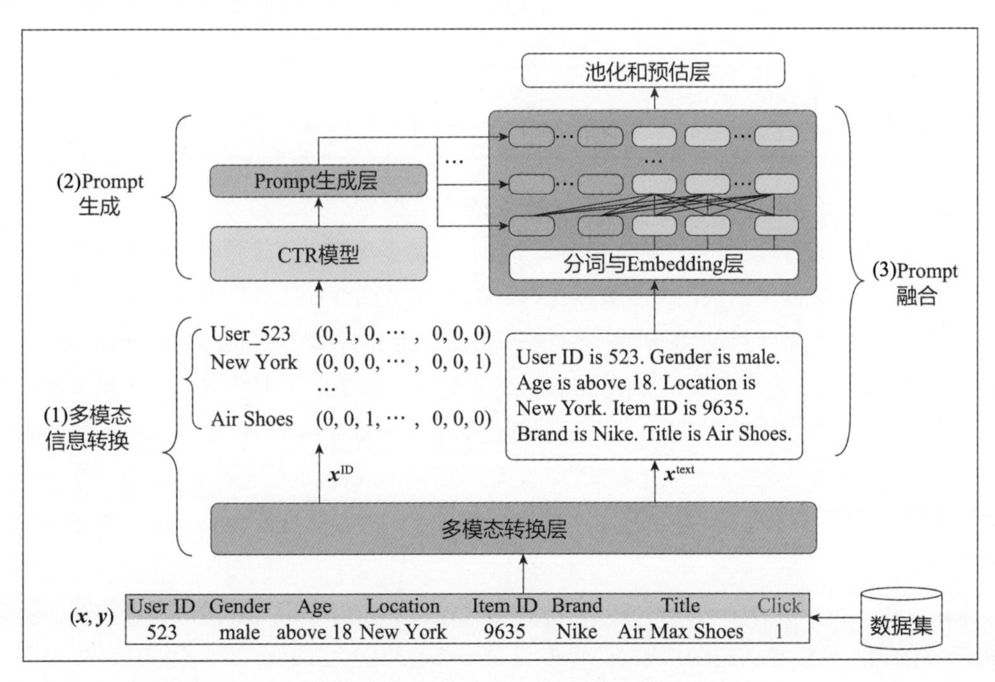

图 3-18 ClickPrompt 的模型结构

ClickPrompt 模型的设计是非常巧妙的，它将 CTR 模型的输出转化为 Prompt Embedding 后与大模型融合；也将传统 CTR 模型学习 ID 特征的能力与大模型学习文本特征的能力融合，做到了取长补短。可以想象，ClickPrompt 模型的训练和线上预估过程将会比较复杂，需要将大模型预训练、CTR 模型训练、大模型微调等多种训练方式融合，下面探讨 ClickPrompt 的训练方式。

3.4.3 ClickPrompt 的训练方式

如图 3-19 所示，ClickPrompt 采用了与 ChatGPT 一样的“预训练+微调”的方式。

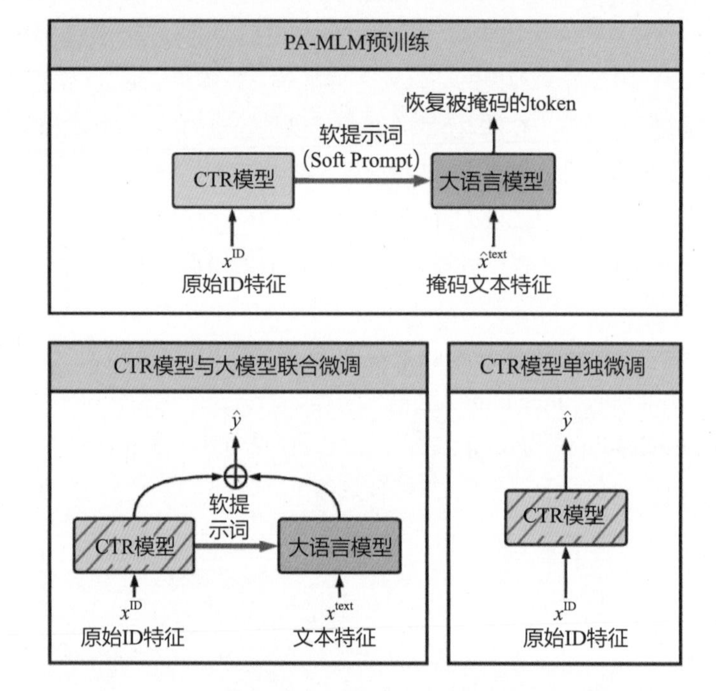

图 3-19　ClickPrompt 的训练方式

预训练过程：CTR 模型的预训练和第 2 章介绍的诸多深度学习推荐模型的训练过程一样，利用由 ID 特征组成的曝光点击样本进行训练。CTR 模型训练好后进行大语言模型的训练，这里大语言模型采用了创新的“基于提示增强的掩码语言模型”（Prompt-augmented Masked Language Modeling，PA-MLM）的训练方式。基于图 3-18 描述的模型结构，CTR 模型利用的样本 x^{ID} 不变，生成软提示 Embedding。大模型部分利用的训练样本 x^{text} 则进行掩码操作，对其中 15%的 token 进行掩码，生成训练样本 $\hat{x}^{text}$。被掩码的 token 则成为要预测的 token。因为有 CTR 模型生成的提示词参与训练，并增强了大语言模型，因此该方法被称为**基于提示增强**的掩码语言模型训练方式。

微调过程：微调过程分为两种方式。一种方式是 CTR 模型和大语言模型进行联合微调。CTR 模型的训练依赖 Prompt 生成层的梯度反向传播进行。这种联合微调的方式显然更有利于整个模型达到最优状态，提升整体的 CTR 预估精度。由于大语言模型的参数量非常庞大，训练的计算负担相比传统的深度学习推荐模型增加很多。

另一种方式是大语言模型不参与微调，仅微调 CTR 模型。由于 CTR 模型是基于传统的深度学习推荐模型构建的，参数量较少，因此不会增加计算负担。这种方式既利用了大语言模型的语义理解能力，又不增加计算负担，便于工程落地。

ClickPrompt 是大模型在推荐系统领域的又一次创新，它在模型层面对传统的深度学习推荐模型进行了改造，结合了大语言模型和深度学习推荐模型的优势。但归根结底，这是二者的一次融合，并非革命式的创新。接下来要介绍的 Meta 的生成式推荐模型 GR，则是大模型对推荐模型结构的一次彻底革命。

3.5 Meta GR——用大模型的思路改进推荐模型

本节介绍 Meta 2024 年 5 月的工作——生成式推荐模型（Generative Recommendation，GR）[9]。它借鉴大语言模型结构的思路重塑了推荐模型，并且回答了一个关键问题——推荐模型是否也能遵循大语言模型的尺度定律，通过不断增加模型参数提升推荐效果呢？Meta GR 给出的回答是肯定的，而且该工作第一次在核心产品线替换了近十年工业界长期使用的基于海量异构特征的深度学习推荐模型，在模型规模、业务效果、性能加速等方面表现出色。本节着重介绍 GR 在模型上的创新，工程实现部分会留在第 11 章进行探讨。

3.5.1 生成式推荐模型的改进动机

大语言模型的成功为推荐模型指明了一条道路——既然语言模型能够通过扩大规模实现效果的飞跃式提升，那么推荐模型也很有可能通过增加模型参数持续提升推荐效果。像之前从自然语言处理领域借鉴注意力机制、序列模型一样，推荐系统的革新也期待再次从大语言模型领域得到灵感。这就是 Meta GR 的改进思路。生成式推荐模型这一名字也来源于对大语言模型的借鉴，大语言模型采用生成式模型架构，生成下一个 token，GR 则生成用户的推荐内容序列。

推荐问题有自己的特点和难点，想复制大语言模型的成功还需要解决下面两个问题。

（1）大语言模型的特征是同构的，直白点儿说，大语言模型的训练样本只由 token 构成。推荐系统的特征是异构的，有 ID 型、数值型、组合特征，等等。这些异构特征无法直接输入大语言模型，一定要通过特征工程进行转换。

（2）大语言模型的模型结构适用于处理文本数据，推荐场景有其自身的特点，如何改造大语言模型的模型结构，让它适用于推荐场景是另外一个问题。

为此，GR 采用了特殊的特征处理过程并提出了新的模型结构层次化序列直推式单元来分别解决上述两个问题。下面具体介绍。

3.5.2 统一异构特征空间

GR 处理推荐系统特征的宏观思路是把用户行为视为一种新的模态。传统的非结构化的图片、视频、文本是模态；结构化的用户画像、属性也是模态；将用户行为定义为“新模态”，就能够实现海量词表所有模态间的充分交叉和无损信息输入。同时，既然大语言模型在文本模态上能够通过扩大规模实现效果的突破，推荐模型自然也有可能通过扩大规模在用户行为这一模态上实现突破。

针对用户行为这一新模态，如何把用户行为相关的异构特征映射到统一的特征空间是必须要解决的前置问题。如图 3-20（左）所示，传统的深度学习推荐模型（简称 DLRM）的特征分为数值型和类别型两种，数值型特征包括历史 CTR、用户点击某类别物品次数等；类别型特征包括用户点击物品 ID、商铺 ID 等。对于这两种不同的特征，DLRM 是分别进行处理后独立输入模型进行训练的。显然，数值型特征是无法转换成一个序列的，也就无法直接被生成式模型学习。类别型特征虽然天然是一个序列，但用户行为往往是由多个序列表达的，比如点击物品序列、购买物品序列、浏览商铺序列等，只有把多个序列合并成一个才能让 GR 学习。为此，如图 3-20（右）所示，GR 处理数值型特征和类别型特征的方法如下。

（1）数值型特征：与类别型特征相比，这些特征的变化频率要高得多，可能会随着每个用户行为的变化而发生变化。因此，从计算和存储的角度来看，将这些特征完全序列化是不可行的。然而，一个重要的洞察是，如果我们能够把用户历史行为全量输入模型，那么这些统计类数值型特征是不包含信息增量的。例如，一个数值型特征是用户点击体育类新闻的次数，如果用户的全量点击序列已经输入模型，那么模型是能够自己学习这一统计特征的。这也是我们期待 GR 能够做到的——参数量的大规模提升能够带给模型更强大的学习能力。因此，对于数值型特征，GR 给出的做法是直接摒弃。

（2）类别型特征：选择跨度最长的序列作为主时间序列，其中的一个行为就是一个 token。例如，在 Facebook 场景下，把用户点击物品的序列当作主序列，其中的一个物品及其相关特征就是一个 token。对于其他行为，比如用户画像的变化过程、用户关注列表的变化过程，由于这些序列的变化速度较慢，可以进行一定程度的压缩，因此一段连续时间内只选择最早的行为作为标志性 token，再把该 token 根据时间戳插入主序列，这样所有序列就合并为一个序列。

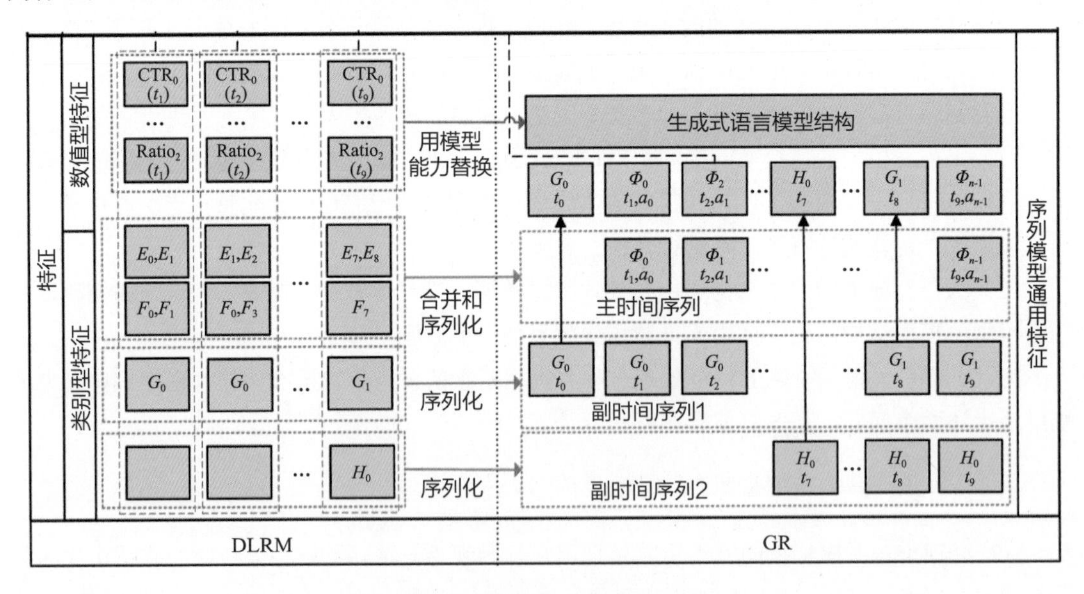

图 3-20　GR 和 DLRM 的特征工程对比

通过摒弃数值型特征，合并类别型特征到一个长序列，GR 完成了特征上的准备。下面的问题是如何优化模型结构让生成式模型完成推荐任务。

3.5.3 GR的模型结构

为了让GR在工业界落地，Meta的研究人员必须做两件事情，一件事情是把大语言模型基于Transformer的结构搬到推荐系统中，另一件事情是改进Transformer的结构，让它能够更加适应推荐任务的需求。为此，Meta的研究人员设计了新一代的Transformer Encoder架构HSTU（Hierarchical Sequential Transduction Unit，层次化序列直推式单元）。

3.1节介绍过GPT的结构，如图3-2所示，它是一个堆叠Transformer Block的堆叠式模型。GR的模型结构类似于GPT，如图3-21（右）所示，只不过把Transformer Block换成了HSTU。每个HSTU包含三个主要的子层：pointwise投影层、空间聚合层和pointwise转换层。

其中，pointwise投影层的作用是把原始的特征输入投影成注意力机制所需的三个Embedding向量 $\boldsymbol{Q}$，$\boldsymbol{K}$，$\boldsymbol{V}$（如2.8.1节介绍的）。此外，GR还加入了一个新的Embedding $\boldsymbol{U}$，负责压缩该用户长期历史行为信息，可以理解为底层的用户长期行为序列表征。形式化地讲，投影层如式（3-3）。其中，f_1 代表一个单层MLP，用于拟合投影函数，ϕ_1 是激活函数，此处使用SiLU（Sigmoid Linear Unit）作为激活函数。

$$\boldsymbol{U}(X),\boldsymbol{V}(X),\boldsymbol{Q}(X),\boldsymbol{K}(X)=\mathrm{Split}(\phi_1(f_1(X))) \tag{3-3}$$

空间聚合层可被看作自注意力机制层，如式（3-4）所示，它和传统的注意力机制公式的主要区别是激活函数（不再是softmax激活函数，而是采用SiLU激活函数）。该激活函数的作用是不再需要softmax归一化，从而保留了兴趣强度信息。公式中，$\mathrm{rab}^{p,t}$ 指的是注意力偏置项，其中引入了位置 p 和时间 t 的信息。这样做使注意力机制考虑的要素更全面。

$$\boldsymbol{A}(X)\boldsymbol{V}(X)=\phi_2(\boldsymbol{Q}(X)\boldsymbol{K}(X)^{\mathrm{T}}+\mathrm{rab}^{p,t})\boldsymbol{V}(X) \tag{3-4}$$

pointwise转换层的主要目的是把基于注意力机制得到的特征与其他特征交互，特别是让物品信息和用户信息进行充分交互，可以用双塔模型的作用来解释这一层。如式（3-5）所示，$\mathrm{Norm}(\boldsymbol{A}(X)\boldsymbol{V}(X))$ 是经过注意力机制处理的高阶Embedding，$\boldsymbol{U}(X)$ 则是保留了原始用户行为序列信息的Embedding，执行二者的元素积操作能够让不同等级、不同阶段的Embedding进行更加充分的交叉。

$$\boldsymbol{Y}(X)=f_2(\mathrm{Norm}(\boldsymbol{A}(X)\boldsymbol{V}(X))\odot\boldsymbol{U}(X)) \tag{3-5}$$

通过图3-21可以看到，HSTU单元出现了三次，而且每个HSTU单元的输出都要和原始特征输入叠加才输入下一层HSTU单元，它的目的也是让特征进行充分的交叉。

相比经典的Transformer架构，HSTU进行了一些细节上的改造，例如，增加保留了用户原始行为信息的Embedding $\boldsymbol{U}(X)$，这是为了更好地让高阶和低阶的特征进行交叉；把注意力机制中的softmax激活函数改为SiLU激活函数，这是为了更好地保留兴趣强度信息；在最后的转化层加入的 $\mathrm{Norm}(\boldsymbol{A}(X)\boldsymbol{V}(X))$ 和 $\boldsymbol{U}(X)$ 操作也是为了进一步进行特征交叉。可以说，HSTU相比Transformer更适合需要将物品和用户特征充分交叉的推荐任务。

看到这里，读者一定会对GR的模型结构有很多细节上的疑问。事实上，推荐模型发展到这一步，已经很难建立起模型结构到业务理解的直接认知，研究人员更多的是靠经验和直觉改进模型。读者也不必强求理解模型中每一个操作的意义，更多的优化思路还需要在具体实践中积累。

在 GR 模型工程落地的过程中，还有诸多工程优化的手段保证模型能够在有限资源下完成模型训练和部署。本节的介绍着重在模型原理上，GR 的工程优化方法将在第 11 章继续探讨。

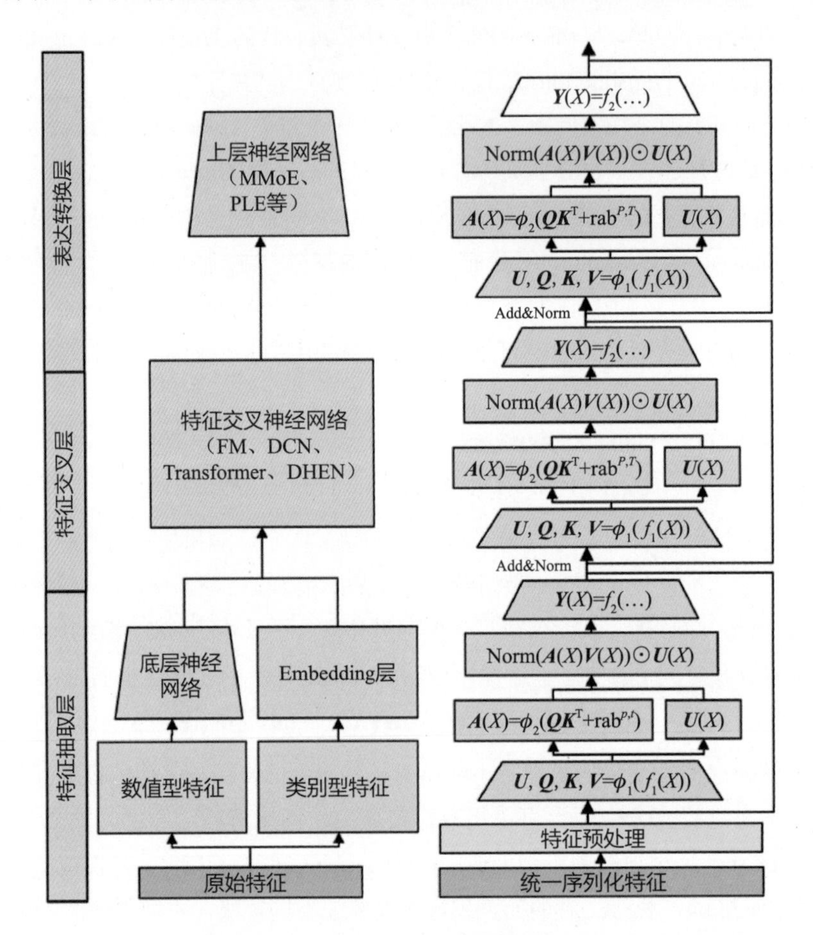

图 3-21 DLRM 和 GR 的模型结构对比

3.5.4 GR 对推荐系统行业的意义

GR 的成功对推荐系统行业的意义是重大的。首先是推荐效果上的提升，Meta 的研究人员披露 GR 在其核心产品上，相比于迭代数年的 DLRM 基线模型，线上业务指标提升达到 12.4%，并且第一次在核心产品线替代了近十年推荐工业界长期使用的传统海量异构特征的深度学习推荐模型，这是很震撼的成果。

更重要的是，GR 定义了新的推荐模型范式，这让笔者想起了 2015 年前后深度学习模型替代 LR、协同过滤等传统模型的时代，正是深度学习推荐模型效果的显著提升为业界定义了新的推荐模型范式，并开启了一条全新的增长赛道。GR 是大模型结构在推荐系统的初步尝试，我们期待它能开辟一条和深度学习推荐模型一样的增长之路。

3.6 总结——方兴未艾的革命与理性的深度思考

大模型给推荐系统带来的革命只能用“方兴未艾”来形容，相信本书出版后还会有更多本书未涉及的新应用横空出世。通过本章的学习，读者只要能够掌握大模型的基础知识与推荐系统的典型应用案例，建立起大模型的知识框架，就能够获得开启大模型时代的钥匙。

总的来说，本章主要介绍的是大模型对于推荐模型的影响。无论是大模型特征工程，华为的 ClickPrompt，还是 Meta 的 GR，大模型的应用都能够进一步带来推荐模型效果的提升。事实上，大模型在推荐系统中的应用已经扩展到从训练数据生成到推荐系统评估的各个环节[10]。更让人振奋的是，由多模态大模型驱动的 AIGC（人工智能内容生成）技术的发展，更是有可能让未来的推荐系统超脱于内容推荐的范畴，具备内容个性化生成的能力。本书对大模型应用于推荐系统的介绍远未结束，除了在后续各相关章节陆续介绍大模型的应用，还会在第 10 章重点介绍 AIGC 技术对推荐系统的影响。

在拥抱大模型革命之时，从工程师的角度，我们也应该对大模型的应用有理性的认识。实事求是地说，截至本章截稿时（2025 年 2 月），深度学习推荐模型仍然是各大公司的主流，大模型推荐系统还未在大多数一线公司取代基于 ID 类数据的深度学习推荐系统。这一方面是由于大模型的推荐系统应用仍处于早期探索阶段，另一方面是受限于大模型昂贵的训练和推理成本，在场景复杂、请求量巨大、对延迟的要求极苛刻的推荐和广告领域，直接将大模型作为主推荐模型的时机还不成熟。

从业务的角度看，推荐系统要应付的场景是多样的，其优化目标也各不相同。大模型能够成为推荐模型的有效补充，但远未到完全替代深度学习推荐模型之时。举例来说，在广告推荐系统中，既有针对点击率优化的产品，也有针对转化率优化的产品，甚至有针对 7 天留存率、21 天复购率等非常具体的优化目标的产品。这就要求公司训练多种不同的推荐“小模型”来满足不同的业务需求。显然，大模型不具备这样的灵活性。因此，灵活地结合大模型和传统推荐模型才是更加实用的选择。

笔者建议，搜索、广告、推荐行业的从业者能够真正从大模型的商业价值出发，不要单纯为了应用大模型而应用大模型，要综合考虑其工程和理论的特性，决定大模型在推荐系统的应用方案。同时，笔者也强烈建议跳出推荐模型的框架思考大模型的应用，从推荐内容生成、用户交互模式优化等更加宽广的视角来优化推荐系统，这些才是大模型能够发挥更大作用的地方。

参考文献

[1] LEE M. A Mathematical Investigation of Hallucination and Creativity in GPT Models[J]. Mathematics, 2023, 11(10): 2320.

[2] HENIGHAN T, KAPLAN J, KATZ M, et al. Scaling Laws for Autoregressive Generative Modeling[EB/OL]. arXiv preprint arXiv: 2010. 14701. 2020.

[3] YANG F, CHEN Z, JIANG Z, et al. Palr: Personalization Aware LLMs for Recommendation[EB/OL]. arXiv preprint arXiv: 2305. 07622. 2023.

[4] ZHANG W, LI X, WANG Y, et al. Tired of Plugins? Large Language Models Can Be End-To-End Recommenders[EB/OL]. arXiv preprint arXiv: 2404. 00702. 2024.

[5] TOUVRON H, LAVRIL T, IZACARD G, et al. LLaMA: Open and Efficient Foundation Language Models[EB/OL]. arXiv preprint arXiv:2302. 13971. 2023.

[6] YUAN Z, YUAN F, SONG Y, et al. Where to Go Next for Recommender Systems? Id-vs. Modality-based Recommender Models Revisited[C]//Proceedings of the 46th International ACM SIGIR Conference on Research and Development in Information Retrieval, 2023: 2639-2649.

[7] LIU Q, CHEN N, SAKAI T, et al. Once: Boosting Content-based Recommendation with Both Open-and Closed-source Large Language Models[C]//Proceedings of the 17th ACM International Conference on Web Search and Data Mining, 2024: 452-461.

[8] LIN J, CHEN B, WANG H, et al. ClickPrompt: CTR Models are Strong Prompt Generators for Adapting Language Models to CTR Prediction[C]//Proceedings of the ACM on Web Conference, 2024: 3319-3330.

[9] WANG W, LIN X, FENG F, et al. Generative Recommendation: Towards Next-generation Recommender Paradigm[EB/OL]. arXiv preprint arXiv: 2304. 03516. 2023.

[10] LIN J, DAI X, XI Y, et al. How can Recommender Systems Benefit from Large Language Models: A Survey[EB/OL]. arXiv preprint arXiv: 2306. 05817. 2023.

第 4 章 核心技术——Embedding 在推荐系统中的应用

Embedding，中文直译为“嵌入”，也常被翻译为“向量化”或者“向量映射”。在整个深度学习框架中，特别是以推荐、广告、搜索为核心的互联网领域，Embedding 技术的应用非常广泛，将其称为深度学习的“核心基础操作”也不为过。

笔者在前面的章节曾多次提及 Embedding 技术，它的主要作用是将稀疏向量转换成稠密向量，便于上层深度神经网络处理。事实上，Embedding 技术的作用远不止于此，它的应用场景非常多元化，具体的实现方法也各不相同。

在学术界，Embedding 本身作为深度学习研究领域的热门方向，经历了从处理序列样本，到处理图样本，再到处理包含各类异构数据的知识图谱的快速发展过程。在工业界，Embedding 技术凭借其综合信息的能力强、易于上线部署的特点，成为应用最广泛的深度学习技术之一。本章将涵盖以下几个方面的内容：

（1）Embedding 的基础知识。

（2）Embedding 从经典的 Word2vec，到热门的 Graph Embedding（图嵌入），再到能够处理知识图谱的图神经网络（Graph Neural Network，GNN）的演化过程。

（3）Embedding 技术在推荐系统中的具体应用、线上部署和快速服务的实现方法。

4.1 Word2vec——经典的 Embedding 方法

提到 Embedding，就不得不提 Word2vec。它不仅让词向量在自然语言处理领域再度流行，更关键的是，自 2013 年谷歌提出 Word2vec[1,2]以来，Embedding 技术从自然语言处理领域迅速扩展到广告、搜索、图像、推荐等深度学习应用领域，成为深度学习技术框架中不可或缺的组成部分。作为经典的 Embedding 方法，熟悉 Word2vec 对于理解后续所有的 Embedding 相关技术和概念至关重要。

4.1.1 什么是 Word2vec

Word2vec 是“word to vector”的简称，是一种生成“词”的向量表示的模型。

图 4-1（a）所示为使用 Word2vec 方法编码的几个单词（带有性别特征）的 Embedding 在 Embedding 空间内的位置。可以看出，从 Embedding(king)到 Embedding(queen)，从 Embedding(man)到 Embedding(woman)的距离向量几乎一致，这表明词 Embedding 之间的运算甚至能够反映单

词之间的语义关系信息。同样，图 4-1（b）所示的词性例子也显示了词向量的这一特点，从 Embedding(walking)到 Embedding(walked)和从 Embedding(swimming)到 Embedding(swam)的距离向量一致，这表明 walking-walked 和 swimming-swam 的词性关系是一致的。

在有大量语料输入的前提下，Embedding 技术甚至可以挖掘出一些通用知识。如图 4-1（c）所示，Embedding(Madrid)-Embedding(Spain)≈Embedding(Beijing)-Embedding(China)，这表明通过 Embedding 操作可以挖掘出“首都—国家”这类通用的关系知识。

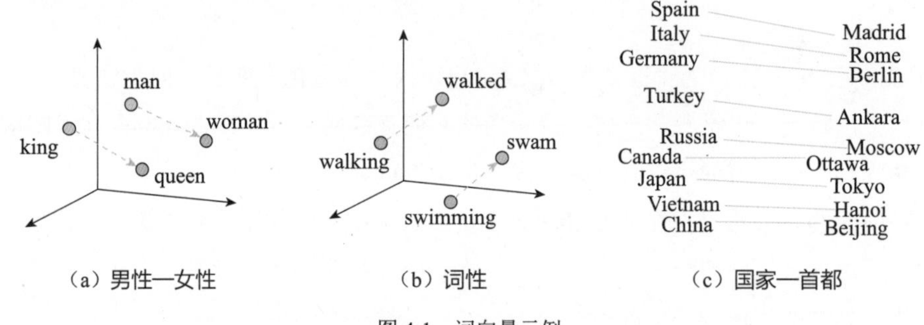

图 4-1　词向量示例

为了训练 Word2vec 模型，需要准备由一组句子组成的语料库。假设其中一个长度为 T 的句子为 $w_1,w_2,\cdots,w_T$，假定每个词都和与其相邻的词的关系最密切，即每个词的含义都由相邻的词决定（这是图 4-2 中 CBOW 模型的主要原理）；或者反过来，每个词都可以用于预测与其相邻的词（这是图 4-2 中 Skip-gram 模型的主要原理）。如图 4-2 所示，CBOW 模型的输入是 w_t 周边的词，预测的输出是 $w(t)$，而 Skip-gram 则相反。从经验上来看，Skip-gram 的效果较好。本节以 Skip-gram 为基本框架讲解 Word2vec 模型的细节。

4.1.2 Word2vec 模型的训练过程

为了基于语料库生成模型的训练样本，可以选取一个长度为 $2c+1$（目标词前后各选 c 个词）的滑动窗口，从语料库中抽取一个句子，并将滑动窗口由左至右滑动。每移动一次，窗口中的词组就形成一个训练样本。

有了训练样本，就可以着手定义优化目标了。既然每个词 w_t 都决定了相邻的词 w_{t+j}，基于极大似然估计的方法，我们希望所有样本的条件概率 $p(w_{t+j}|w_t)$之积最大，这里使用对数概率。因此，Word2vec 的目标函数如式（4-1）所示。

$$\frac{1}{T}\sum_{t=1}^{T}\sum_{-c\leqslant j\leqslant c,j\neq 0}\log p\left(w_{t+j}\middle|w_t\right) \tag{4-1}$$

接下来的核心问题是如何定义$p(w_{t+j}|w_t)$。作为一个多分类问题，最直接的方法是使用softmax 函数。Word2vec 的“愿景”是希望用一个向量 $\boldsymbol{v}_w$ 表示词 w，用词向量的内积距离 $\boldsymbol{v}_i^{\mathrm{T}}\boldsymbol{v}_j$ 表示语义的接近程度。因此，可以很直观地给出条件概率 $p(w_{t+j}|w_t)$的定义，如式（4-2）所示，其中 w_{O} 代表 w_{t+j}，被称为输出词；w_{I} 代表 w_t，被称为输入词。

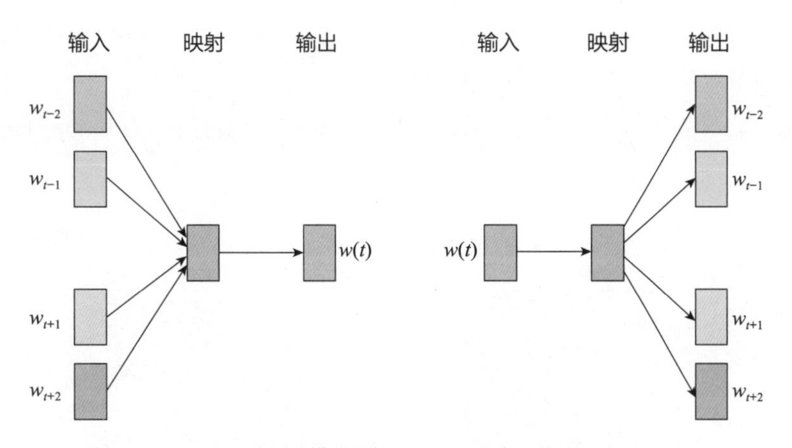

图 4-2 Word2vec 的两种模型结构：CBOW（左）和 Skip-gram（右）

$$p\left(w_{\mathrm{O}} \mid w_{\mathrm{I}}\right)=\frac{\exp\left(\boldsymbol{v}_{w_{\mathrm{O}}}^{\prime}{}^{\mathrm{T}} \boldsymbol{v}_{w_{\mathrm{I}}}\right)}{\sum_{w=1}^{W} \exp\left(\boldsymbol{v}_{w}^{\prime}{}^{\mathrm{T}} \boldsymbol{v}_{w_{\mathrm{I}}}\right)} \tag{4-2}$$

看到上面的条件概率公式，很多读者可能会习惯性地忽略这样一个事实：在 Word2vec 中是**用 w_t 预测 w_{t+j} 的，但其实二者的向量表达并不在同一个向量空间内。**就像上面的条件概率公式那样，$\boldsymbol{v}_{w_{\mathrm{O}}}$ 和 $\boldsymbol{v}_{w_{\mathrm{I}}}$ 分别是词 w 的输出向量表达和输入向量表达。**那么，什么是输入向量表达和输出向量表达呢？**这里用 Word2vec 的神经网络结构图（如图 4-3 所示）来做进一步说明。

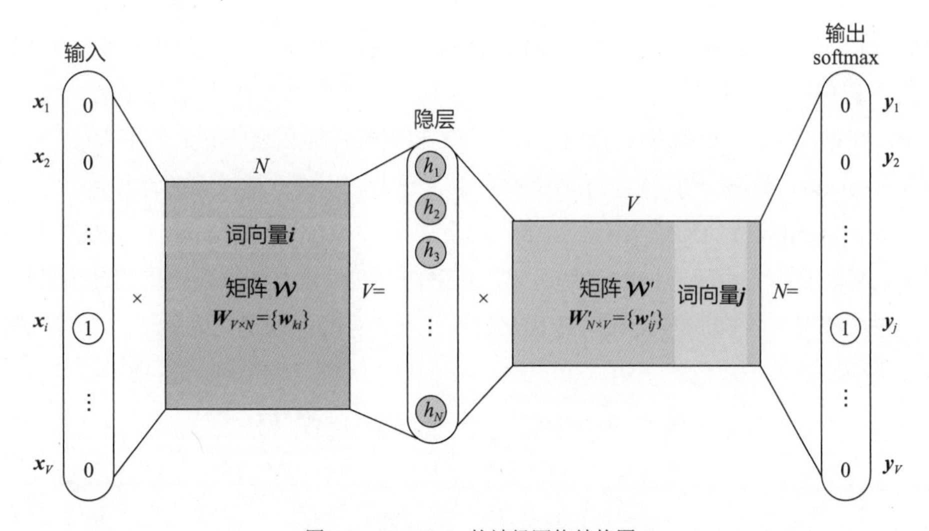

图 4-3 Word2vec 的神经网络结构图

根据条件概率 $p(w_{t+j}|w_t)$的定义，可以把两个向量的乘积再套上 softmax 形式，转换成图 4-3 所示的神经网络结构。用神经网络表示 Word2vec 模型架构后，在训练过程中就可以通过梯度下降的方式求解模型参数。那么，输入向量的表达就对应于输入层到隐层的权重矩阵 $\mathcal{W}_{V\times N}$，而输出向量的表达就对应于隐层到输出层的权重矩阵 $\mathcal{W}'_{N\times V}$。

在获得矩阵 $\mathcal{W}_{V\times N}$ 后，其中每一行对应的权重向量就是通常意义上的“词向量”。于是，这个权重矩阵自然转换成为 Word2vec 的查找表（lookup table，如图 4-4 所示）。例如，输入向量是 10,000 个词组成的 one-hot 向量，隐层维度是 300 维，那么输入层到隐层的权重矩阵为 10,000×300 维。在转换为词向量查找表后，每行的权重就成为对应词的 Embedding。

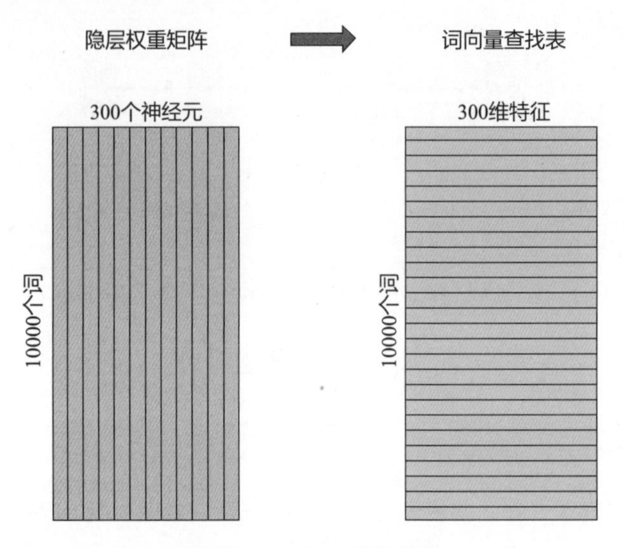

图 4-4 Word2vec 的查找表

4.1.3 Word2vec 的“负采样”训练方法

虽然 4.1.2 节给出了 Word2vec 的模型结构和训练方法，但实际上，完全遵循原始 Word2vec 的多分类结构进行训练并不可行。假设语料库中词的数量为 10,000，则输出层神经元也将有 10,000 个。在每次迭代更新隐层到输出层神经元的权重时，都必须计算词表中 10,000 个词的预测误差（Prediction Error）[3]，在实际训练过程中几乎无法承受这样巨大的计算量。

为了减轻 Word2vec 的训练负担，通常采用负采样（Negative Sampling）的方法进行训练。相比原来需要计算词表中所有词的预测误差，负采样方法只需要计算采样出的几个负样本的预测误差。在此情况下，Word2vec 模型的优化目标就从多分类问题退化为近似二分类问题[4]，如式（4-3）所示。

$$E=-\log\sigma\left({\boldsymbol{v}'_{w_O}}^{\mathrm{T}}\boldsymbol{h}\right)-\sum_{w_j\in W_{\text{neg}}}\log\sigma\left(-{\boldsymbol{v}'_{w_j}}^{\mathrm{T}}\boldsymbol{h}\right) \tag{4-3}$$

其中，$\boldsymbol{v}'_{w_O}$ 是输出词向量（正样本），$\boldsymbol{h}$ 是隐层向量，W_{neg} 是负样本集合，$\boldsymbol{v}'_{w_j}$ 是负样本词向量。由于负样本集合的大小非常有限（在实际应用中通常小于 10），因此在每轮梯度下降的迭代中，计算复杂度至少可以缩减为原来的 1/1000（假设词表的大小为 10,000）。

实际上，加快 Word2vec 训练速度的方法还有 Hierarchical softmax（层级 softmax），但其实现较为复杂，且最终效果没有明显优于负采样方法，因此较少被采用。感兴趣的读者可以阅读参考文献[3]，其中包含了详细的 Hierarchical softmax 的推导过程。

4.1.4 Word2vec 对 Embedding 技术的奠基性意义

Word2vec 由谷歌于 2013 年正式提出，其实它并不完全由谷歌原创，因为词向量的研究可以追溯到 2000 年[5]，甚至更早。但正是谷歌对 Word2vec 的成功应用，使词向量在业界迅速推广，并使 Embedding 这一研究话题成为热点。毫不夸张地说，Word2vec 对深度学习时代 Embedding 方向的研究具有奠基性的意义。

从另一个角度看，在 Word2vec 的研究中提出的模型结构、目标函数、负采样方法及负采样中的目标函数，在后续的研究中被重复使用并被不断优化。可以说，Word2vec 中的每一个细节都是研究 Embedding 的重要基础知识。因此，熟练掌握本节的内容非常重要。

4.1.5 Item2vec——Word2vec 在推荐系统领域的推广

在 Word2vec 诞生之后，Embedding 的思想迅速从自然语言处理领域扩散到几乎所有机器学习领域，推荐系统也不例外。既然 Word2vec 可以对词"序列"中的词进行 Embedding，那么对于用户购买"序列"中的商品，用户观看"序列"中的电影，也应该存在相应的 Embedding 方法。这就是微软于 2016 年提出的 Item2vec[6]方法的基本思想。

训练 Word2vec 时利用的是由单词组成的"词序列"，而训练 Item2vec 所利用的"物品序列"则是由特定用户的浏览、购买等行为产生的历史行为记录构成的。假设在 Item2vec 中，一个长度为 K 的用户历史记录为 $w_1, w_2, \cdots, w_K$，类比 Word2vec 的优化目标式（4-1），Item2vec 的优化目标如式（4-4）所示。

$$\frac{1}{K}\sum_{i=1}^{K}\sum_{j\neq i}^{K}\log p\left(w_j \middle| w_i\right) \tag{4-4}$$

通过观察式(4-1)和式(4-4)的区别会发现，Item2vec 与 Word2vec 唯一的不同在于，Item2vec 摒弃了时间窗口的概念，认为序列中任意两个物品都相关。因此，我们可以看到 Item2vec 的目标函数是两两物品的对数概率的总和，而不仅仅是时间窗口内物品的对数概率之和。

在定义优化目标之后，Item2vec 剩余的训练过程及物品 Embedding 的产生过程都与 Word2vec 完全一致，最终得到的物品向量查找表就是 Word2vec 中的词向量查找表。

作为 Word2vec 模型的推广，Item2vec 理论上可以利用任何序列型数据生成物品的 Embedding，这大大拓展了 Word2vec 的应用场景。但 Item2vec 方法也有其局限性，因为它只能利用序列型数据来生成 Embedding，所以在处理互联网场景下大量的图结构数据时往往显得捉襟见肘。在这样的背景下，Graph Embedding 技术应运而生。

4.2 Graph Embedding——引入更多结构信息的图嵌入技术

在互联网场景下，数据对象之间通常呈现图结构。典型的场景是由用户行为数据生成的物品关系图〔如图 4-5（a）和（b）所示〕，以及由属性和实体组成的知识图谱（Knowledge Graph），如图 4-5（c）所示。

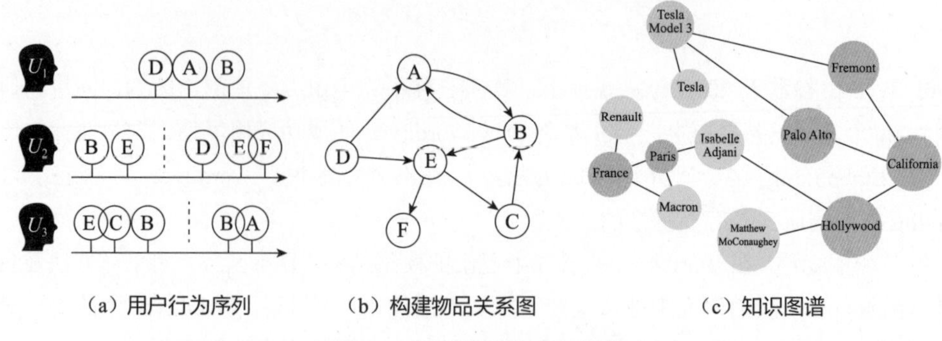

（a）用户行为序列　　（b）构建物品关系图　　（c）知识图谱

图 4-5　物品关系图与知识图谱

在面对图结构数据时，传统的序列 Embedding 方法往往显得力不从心，因此直接在图数据上进行学习的 Graph Embedding 成为新的研究方向，并逐渐在深度学习推荐系统领域流行。

Graph Embedding 是一种对图结构中的节点进行 Embedding 编码的方法。最终生成的节点 Embedding 一般包含图的结构信息及附近节点的局部相似性信息。不同 Graph Embedding 方法的原理相同，但对图信息的利用方式有所差异。下面介绍几种主流的 Graph Embedding 方法和它们之间的联系。

4.2.1 DeepWalk——基础的 Graph Embedding 方法

早期影响力较大的 Graph Embedding 方法是 2014 年被提出的 DeepWalk[7]。它的主要思想是在由物品组成的图结构上随机游走，从而产生大量物品序列，然后将这些物品序列作为训练样本输入 Word2vec 进行训练，得到物品的 Embedding。因此，DeepWalk 可以被看作从序列 Embedding 到 Graph Embedding 的过渡方法。

论文 *Billion-scale Commodity Embedding for E-commerce Recommender in Alibaba* 用图示的方法展现了 DeepWalk 的算法流程（如图 4-6 所示）。

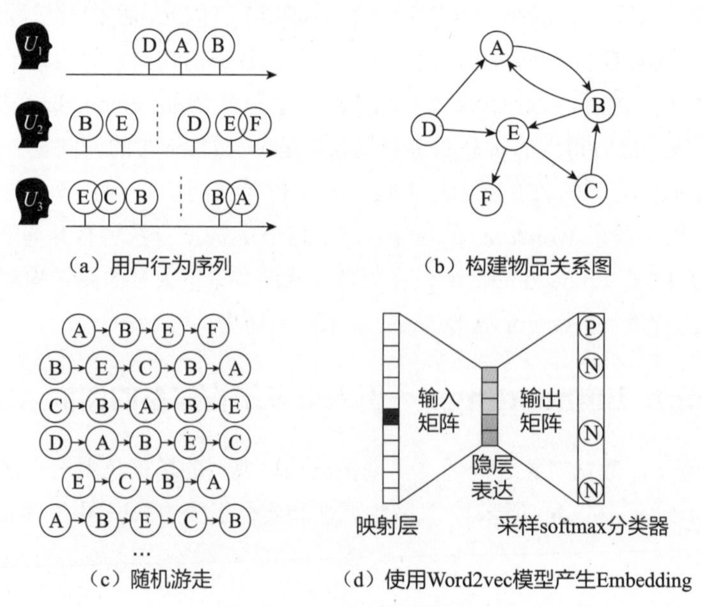

（a）用户行为序列　　（b）构建物品关系图

（c）随机游走　　（d）使用Word2vec模型产生Embedding

图 4-6　DeepWalk 的算法流程

（1）图 4-6（a）是原始的用户行为序列。

（2）图 4-6（b）基于这些用户行为序列构建了物品关系图。可以看出，物品 A 和物品 B 之间的边是由用户 U_1 先后购买了物品 A 和物品 B 所产生的。如果后续产生了多条相同的有向边，则这些有向边的权重将被加强。在将所有用户行为序列都转换成物品关系图中的边之后，全局的物品关系图就建立起来了。

（3）图 4-6（c）采用随机游走的方式随机选择起始点，重新生成了物品序列。

（4）将这些物品序列输入图 4-6（d）所示的 Word2vec 模型中，以生成最终的物品 Embedding。

在上述 DeepWalk 的算法流程中，唯一需要形式化定义的是随机游走的跳转概率，也就是在到达节点 v_i 后，下一步遍历 v_i 的邻接点 v_j 的概率。如果物品关系图是有向有权图，那么从节点 v_i 跳转到节点 v_j 的概率定义如式（4-5）所示。

$$P\left(v_j \middle| v_i\right)=\begin{cases}\dfrac{M_{ij}}{\sum_{j\in N_+\left(v_i\right)} M_{ij}}, & v_j \in N_+\left(v_i\right) \\ 0, & e_{ij} \notin \varepsilon\end{cases} \tag{4-5}$$

其中，ε 是物品关系图中所有边的集合，$N_+(v_i)$是节点 v_i 所有的出边的集合，M_{ij} 是节点 v_i 到节点 v_j 边的权重，e 是所有节点的边。因此，DeepWalk 的跳转概率就是跳转边的权重占所有相关出边权重之和的比例。

如果物品关系图是无向无权图，那么跳转概率将是式（4-5）的一个特例，即权重 M_{ij} 将为常数 1，且 $N_+(v_i)$应是节点 v_i 所有“边”的集合，而不仅仅是所有“出边”的集合。

4.2.2 Node2vec——同质性和结构性的权衡

2016 年，斯坦福大学的研究人员在 DeepWalk 的基础上更进一步，提出了 Node2vec 模型[8]，通过调整随机游走权重的方法，使 Graph Embedding 的结果更倾向于体现网络的同质性（Homophily）或结构性（Structural Equivalence）。

具体地讲，网络的同质性指的是距离相近节点的 Embedding 应尽量接近。如图 4-7 所示，节点 U 与其相连的节点 S_1、S_2、S_3、S_4 的 Embedding 表达应该是接近的，这就是网络同质性的体现。

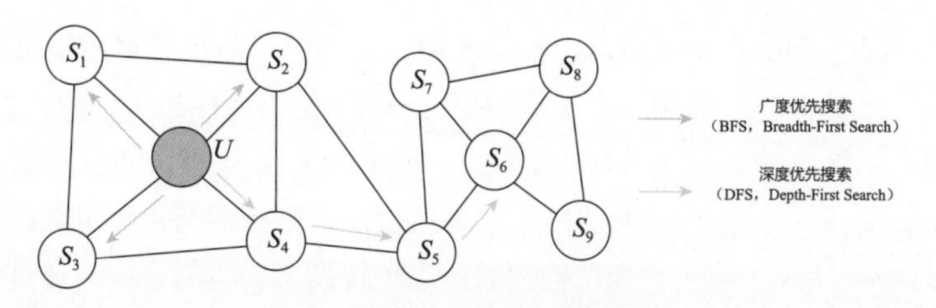

图 4-7　网络的同质性和结构性

结构性指的是结构上相似的节点的 Embedding 应尽量接近。在图 4-7 中，节点 U 和节点 S_6 都是各自局域网络的中心节点，结构上相似，因此其 Embedding 表达也应该相近，这是结构性的体现。

为了使 Graph Embedding 的结果能够表达网络的结构性，在随机游走的过程中，需要更倾向于广度优先搜索（BFS），因为 BFS 会更多地在当前节点的邻域内游走，相当于对当前节点周边的网络结构进行一次“微观扫描”。当前节点是局部中心节点、边缘节点，或连接性节点，其生成的序列包含的节点数量和顺序必然是不同的，从而让最终的 Embedding 抓取到更多结构性信息。

另外，为了表达同质性，随机游走的过程需要倾向于深度优先搜索（DFS），因为 DFS 更有可能通过多次跳转，游走到远方的节点上。但无论怎样，DFS 的游走更大概率会在一个大的集团内部进行，这就使得同一个集团或者社区内部的节点 Embedding 更为相似，从而更好地表达网络的同质性。

那么，在 Node2vec 算法中，是怎样控制 BFS 和 DFS 的倾向性的呢？主要是通过节点间的跳转概率控制的。图 4-8 显示了 Node2vec 算法从节点 t 跳转到节点 v，再从节点 v 跳转到周围各点的概率。

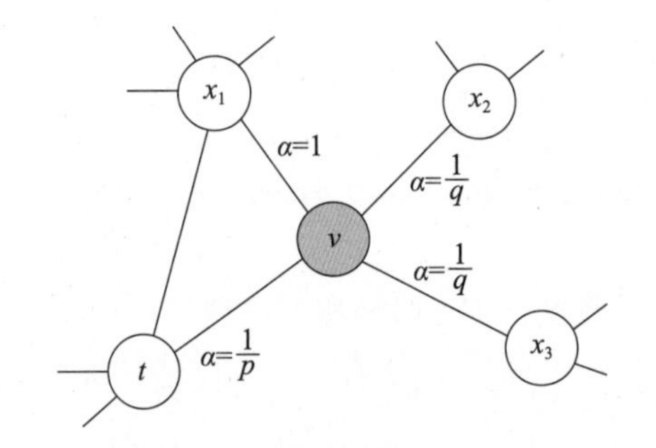

图 4-8 Node2vec 的跳转概率

从节点 v 跳转到下一个节点 x 的概率 $\pi_{vx}=\alpha_{pq}(t,x)\cdot\omega_{vx}$，其中 ω_{vx} 是边 vx 的权重，$\alpha_{pq}(t,x)$ 的定义如式（4-6）所示。

$$\alpha_{pq}(t,x)=\begin{cases}\dfrac{1}{p},\ 如果d_{tx}=0\\ 1,\quad 如果d_{tx}=1\\ \dfrac{1}{q},\ 如果d_{tx}=2\end{cases}\tag{4-6}$$

其中，d_{tx} 指节点 t 到节点 x 的距离，参数 p 和 q 共同控制随机游走的倾向性。参数 p 称为返回参数（return parameter），p 越小，随机游走回节点 t 的可能性越大，Node2vec 就更注重表达网络的结构性。参数 q 称为进出参数（in-out parameter），q 越小，随机游走到远方节点的可能性越大，Node2vec 就更注重表达网络的同质性；反之，则当前节点更可能在附近节点游走。

Node2vec 这种灵活表达同质性和结构性的特点也得到了实验的证实，通过调整参数 p 和 q 产生了不同的 Embedding 结果。图 4-9（a）就是 Node2vec 更注重同质性的体现，可以看到，距离相近的节点颜色更接近；图 4-9（b）则更注重体现结构性，其中结构特点相近的节点的颜色更接近。

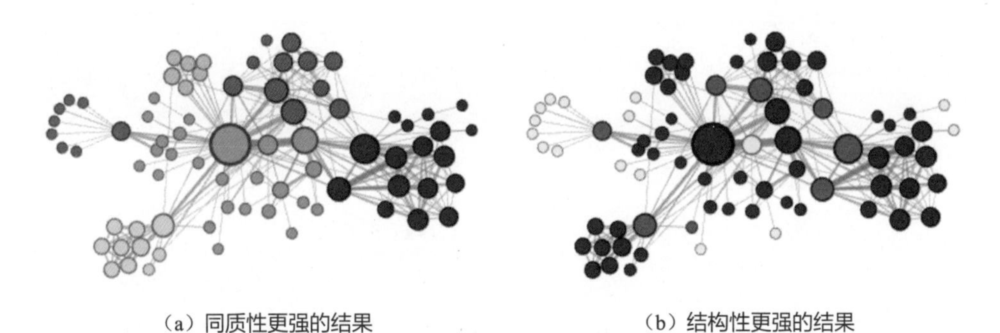

（a）同质性更强的结果　　（b）结构性更强的结果

图 4-9　Node2vec 实验结果

Node2vec 所体现的网络的同质性和结构性在推荐系统中可以被很直观地解释。同质性相同的物品很可能是同品类、同属性，或者经常被一同购买的商品，而结构性相同的物品则是各品类的爆款、各品类的最佳凑单商品等拥有类似趋势或者结构性属性的商品。毫无疑问，二者在推荐系统中都是非常重要的特征表达。由于 Node2vec 的这种灵活性，以及发掘不同图特征的能力，甚至可以把不同 Node2vec 生成的偏向“结构性”的 Embedding 结果和偏向“同质性”的 Embedding 结果共同输入后续的深度学习网络，以保留物品的不同图特征信息。

4.2.3　EGES——阿里巴巴的综合性 Graph Embedding 方法

2018 年，阿里巴巴公布了其在淘宝应用的 Embedding 方法 EGES（Enhanced Graph Embedding with Side Information）[9]，其基本思想是在 DeepWalk 模型中引入补充信息，让最终生成的 Graph Embedding 也能学到补充信息中有价值的部分。

单靠用户行为生成的物品相关图，固然可以生成物品的 Embedding，但如果遇到新加入的物品，或者缺少互动数据的“长尾”物品，推荐系统将面临严重的“冷启动”问题。为了使“冷启动”的商品获得“合理”的初始 Embedding，阿里巴巴团队通过引入更多补充信息（Side Information）来丰富 Embedding 信息的来源，使没有用户历史行为记录的商品生成较合理的初始 Embedding。

生成 Graph Embedding 的第一步是生成物品关系图。可以通过用户行为序列生成物品关系图，也可以利用“相同属性”“相同类别”等信息，建立物品之间的边，从而构建基于内容的知识图谱。而基于知识图谱生成的物品向量被称为补充信息 Embedding。当然，根据补充信息的不同类别，可以有多个补充信息 Embedding。

如何融合一个物品的多个 Embedding，形成物品最后的 Embedding 呢？最简单的方法是在深度神经网络中加入平均池化层，将不同 Embedding 平均。为了防止简单的平均池化导致有效 Embedding 信息的丢失，阿里巴巴在此基础上进行了增强，为每个 Embedding 加上了权重（类似于 DIN 模型的注意力机制）。如图 4-10 所示，为每类特征对应的 Embedding 分别赋予权重 a_0, $a_1, \cdots, a_n$。图中的隐层表达（Hidden Representation）层就是对不同 Embedding 进行加权平均操作的层，将加权平均后的 Embedding 输入 softmax 层，并通过梯度反向传播，求得每个 Embedding 的权重 $a_i(i=0, 1, \cdots, n)$。

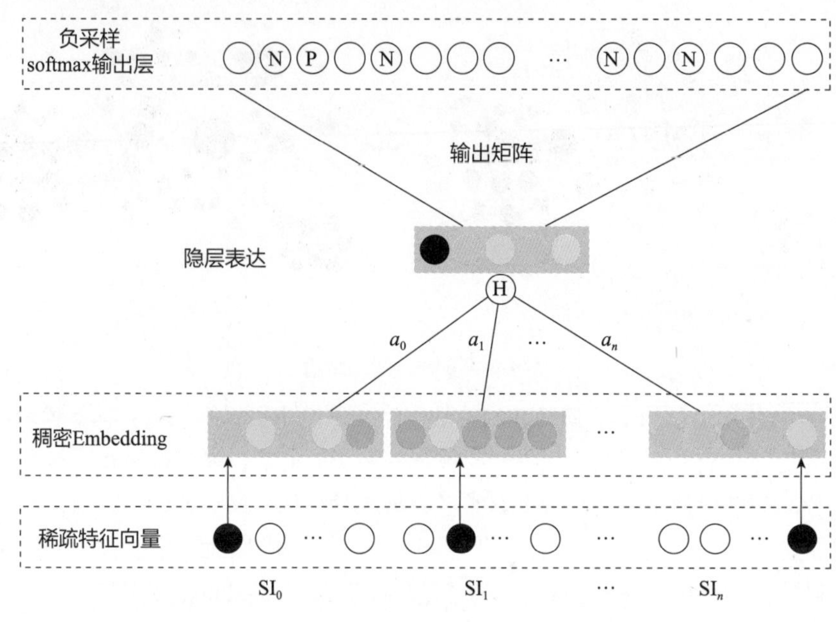

图 4-10 EGES 模型

在实际的模型中，阿里巴巴采用 e^{a_j} 而不是 a_j 作为相应 Embedding 的权重，主要原因有两个：一是保证权重为正，使所有的补充信息都对最终的 Embedding 有所贡献；二是 e^{a_j} 在梯度下降过程中有良好的数学特性，便于求导和计算梯度。

关于 EGES 的训练过程，还有三个关键点：

（1）各特征的 Embedding 维度必须保持相同，这样才能通过加权池化的方式组合成最终的 Embedding。

（2）各特征的 Embedding 不可以通过单独预训练的方式生成。因为只有将各特征 Embedding 放到 EGES 模型中进行端到端的训练，才能保证它们在同一向量空间，才能进行加权池化操作。

（3）EGES 的训练样本也是通过类似 DeepWalk 的随机游走过程生成的，只不过除了物品 ID，还要在训练中加入物品的补充信息特征，而不是仅仅依赖物品 ID 生成 Embedding。

EGES 并没有提出过于复杂的理论创新，但它给出了一种工程上的融合多种 Embedding 的方法，降低了因某类信息缺失而造成的冷启动问题，具有极强的实用性。

时至今日，Graph Embedding 仍然是工业界和学术界的研究和实践热点，除了本节介绍的 DeepWalk、Node2vec、EGES 等主流模型，LINE[10]、SDNE[11]等方法也是重要的 Graph Embedding 模型，感兴趣的读者可以通过阅读参考文献进一步学习。

4.3 GNN——直接处理图结构数据的神经网络

4.2 节介绍了 DeepWalk、Node2vec、EGES 等基于随机游走的 Graph Embedding 模型。虽然它们能够处理图数据，但其实是采用了一种取巧的方式——先把图数据通过随机游走采样转换成序列数据，再用诸如 Word2vec 的序列数据 Embedding 方法生成最终的 Graph Embedding 表示。

这种取巧的方法其实代表了我们在解决技术问题时的一类思路：当面对一个复杂问题时，我们不直接解决它，而是"搭一座桥"，通过这座桥把复杂问题转换成简单问题，因为对于简单问题，我们往往有非常多的处理方法。这样一来，复杂问题就能简单地解决。显然，基于随机游走的 Graph Embedding 方法就是这样一种"搭桥"的解决方案。

但在搭桥的过程中难免会损失一些有用的信息。例如，用随机游走对图数据进行采样时，虽然得到的序列数据中包含了部分图结构信息，但破坏了其原始的结构。正因如此，很多研究人员不满足于这样"搭桥"的方式，而是希望造一台"推土机"，把这个障碍"推平"，直接解决它。

近年来兴起的图神经网络（Graph Neural Networks，GNN），就是这样一台"推土机"。它针对图结构数据构建神经网络模型，生成图中每个节点的 Embedding。在诸多 GNN 的解决方案中，由斯坦福大学提出的 GraphSAGE[12]和由上海交通大学等研究机构提出的 RippleNet[13]具有代表性，下面就来介绍这两个 GNN 方案的细节。

4.3.1 GraphSAGE 的主要步骤

GraphSAGE 由斯坦福大学的 Jure Leskovec 团队于 2017 年提出，并成功应用于社交电商巨头 Pinterest 的推荐场景。GraphSAGE 的全称为 Graph Sample and Aggregate，翻译为中文就是"图采样和聚集方法"。这个名称本身就很好地解释了它运行的过程：先"采样"，再"聚集"。具体来说，它的主要步骤包括如下三步（如图 4-11 所示）。

（1）在整体的图结构数据上，从某一个中心节点开始采样，得到一个 k 阶的子图。图 4-11（a）中给出的示例是一个二阶子图。

（2）有了这个二阶子图，就可以先利用 GNN 把二阶邻接点聚合成一阶邻接点〔见图 4-11（b）中绿色的聚合操作〕，再把一阶邻接点聚合成这个中心节点〔图 4-11（b）中所示的紫色的聚合操作〕。

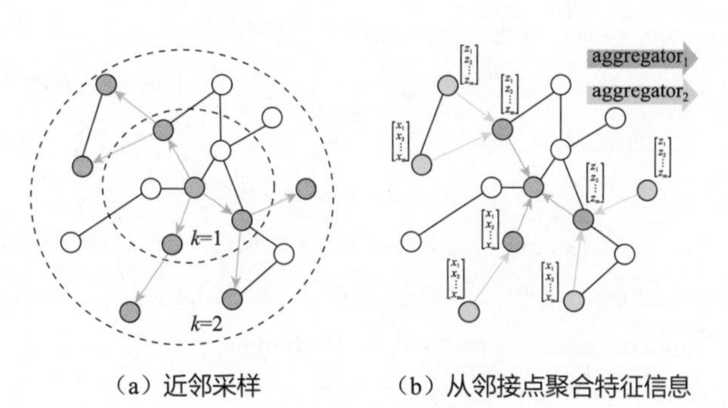

（a）近邻采样　　（b）从邻接点聚合特征信息

label

（c）使用聚合信息预测标签或生成Embedding

图 4-11　GraphSAGE 的主要步骤（引自论文 *Inductive Representation Learning on Large Graphs*）

（3）基于这个聚合后的中心节点 Embedding，模型就可以完成一个预测任务。例如，这个中心节点的标签是被点击的电影，就可以使用这个 GNN 完成一个点击率预测任务。

虽然 GraphSAGE 也通过采样生成基本的训练样本，但其采样方法和随机游走是完全不同的。GraphSAGE 采样的是一个二阶子图，而随机游走采样的是序列数据，这就是 GNN 方法是直接处理图数据的“推土机”，而随机游走 Graph Embedding 方法是间接处理图数据的一座“桥”的原因。

4.3.2 GraphSAGE 的模型结构

了解了 GraphSAGE 方法的大体流程后，问题的重点就变成 GraphSAGE 的模型结构到底是怎么样的，它是如何把一个 k 阶子图放到 GNN 中去训练，然后生成中心节点的 Embedding 的。这里以二阶 GraphSAGE 为例（如图 4-12 所示），讲解该模型的技术细节。

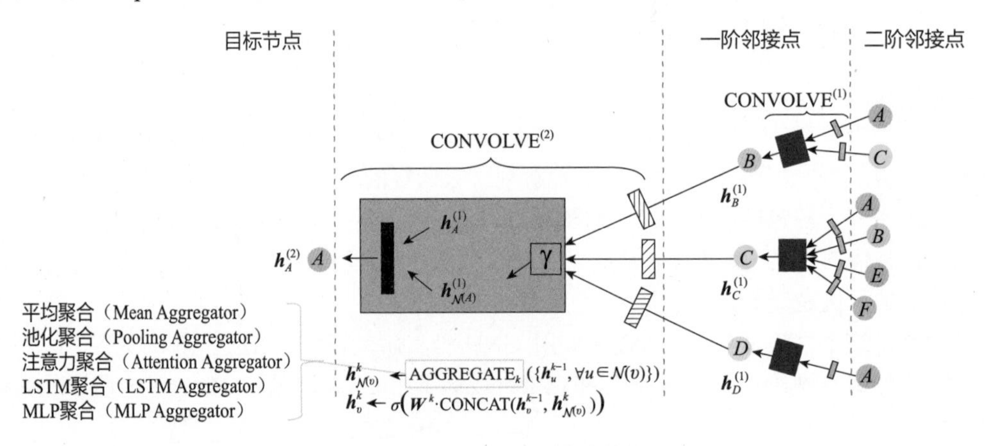

图 4-12　GraphSAGE 的模型结构

图 4-12 中 GraphSAGE 模型处理的样本是一个以点 A 为中心节点的二阶子图。从左向右观察，点 A 的一阶邻接点包括点 B、C 和 D。从点 B、C、D 再扩散一阶，可以看到点 B 的邻接点是点 A 和 C，点 C 的邻接点是点 A、B、E、F，而点 D 的邻接点是点 A。

理解了样本的结构，我们再从右向左来看一看 GraphSAGE 的训练过程。这个 GNN 的输入是二阶邻接点的 Embedding，这些二阶邻接点的 Embedding 通过一个叫 CONVOLVE 的操作生成了一阶邻接点的 Embedding，一阶邻接点的 Embedding 再通过相同的 CONVOLVE 操作生成目标中心节点的 Embedding，至此整个训练完成。

这个过程的核心就在于 CONVOLVE 操作。它到底是什么呢？

对于 CONVOLVE 的中文名，读者肯定不会陌生，就是卷积。但这里的卷积并不是传统数学意义上的卷积运算，而是由 Aggregate 操作和 Concat 操作组成的复杂操作。这里要重点关注图 4-12 的中间部分，它放大了 CONVOLVE 操作的细节。

CONVOLVE 操作由两个步骤组成：第一步叫 Aggregate 操作，也就是图 4-12 中 γ 符号代表的操作，它对点 A 的三个邻接点 Embedding 进行聚合，生成了一个 Embedding，即 $\boldsymbol{h}_{\mathcal{N}(A)}$；第二步，把 $\boldsymbol{h}_{\mathcal{N}(A)}$ 与点 A 上一轮训练中的 Embedding($\boldsymbol{h}_A$)连接起来，然后通过一个全连接层生成点 A 新的 Embedding。

第二步实现起来很简单，但第一步中的Aggregate操作到底是什么呢？这里的Aggregate操作读者一定不陌生，它其实就是把多个Embedding聚合成一个Embedding的操作。例如，把Embedding平均起来的Mean Aggregator，在DIN中使用过的Attention机制（Attention Aggregator），在序列模型中讲过的基于LSTM的序列化处理Embedding的方法（LSTM Aggregator），以及“万能”的MLP（MLP Aggregator），等等。具体采用哪种Aggregator，还需要通过实践和效果评估来确定。

至此，笔者抽丝剥茧地介绍了GraphSAGE的模型细节。但新手在理解GNN时，经常会疑惑：图样本的结构千差万别（一个点的邻接点个数不尽相同），难道GraphSAGE的模型结构也要跟着改变吗？当然不是。GraphSAGE要训练的是一个统一的GNN模型，并不是为每种图结构单独训练一个对应的模型。第一层和第二层邻接点的数目都需要提前指定，在实际邻接点数目多于指定值时，用采样的方式去除，确保所有样本在同一个GraphSAGE模型下训练。

4.3.3 GraphSAGE的预测目标

关于GraphSAGE的最后一个关键问题是，如何选择它的预测目标。其实，GraphSAGE既可以是一个有监督学习模型，又可以是一个无监督学习模型。就是说，GraphSAGE既可以预测中心节点的标签，如“点击”或“未点击”，又可以单纯地生成中心节点的Embedding。

对于有监督学习的情况，为了预测中心节点附带的标签（如“点击”或“未点击”），就需要让GraphSAGE的输出层是一个LR这样的二分类模型。这个输出层的输入就是之前通过GNN学到的中心节点Embedding，输出就是标签的预测概率。这样，GraphSAGE就可以完成有监督学习的任务了。

而对于无监督学习，GraphSAGE的输出层可以仿照4.1节介绍的Word2vec输出层的设计，用一个softmax层当作输出层，预测每个点的ID。这样一来，每个点的ID对应的softmax输出层向量就是这个点的Embedding，这和Word2vec的原理是完全一致的。

4.3.4 基于知识图谱的GNN——RippleNet

GraphSAGE直接利用图结构数据进行训练，避免了图结构数据转换成序列化数据过程中结构信息的损失。但它也不是完美的，敏锐的读者应该已经发现，GraphSAGE其实无法直接把不同种类的补充信息整合进来。在这一点上，它不如4.2.3节介绍的EGES模型灵活。那么，是否存在一种图模型，能够直接处理包含大量异构信息的知识图谱呢？如果能解决这个问题，就可以为知识图谱上的各类节点都生成相应的Embedding，进而灵活地计算相似度。

基于知识图谱的GNN研究其实有很多，自2018年以来，这逐渐成为一个热门研究方向。本节介绍其中比较有代表性的研究——由上海交通大学、微软亚洲研究院等研究机构联合提出的方案RippleNet[13]。

RippleNet的应用场景是在一个由电影及其相关知识节点，如导演、演员、影片类型等组成的知识图谱上进行推荐的。图4-13展示的就是一个以电影《阿甘正传》（*Forrest Gump*）为核心的知识图谱的例子。图中有两大类信息：一类是节点，也被称为知识实体，如电影*Forrest Gump*、演员Tom Hanks、影片风格Drama等都是知识实体；另一类是边，边是有不同类型的，它揭示了不同节点之间的关系，比如节点 Forrest Gump 和节点 Tom Hanks 之间边的类型就是 film.star，它指的是电影和主要演员之间的关系。

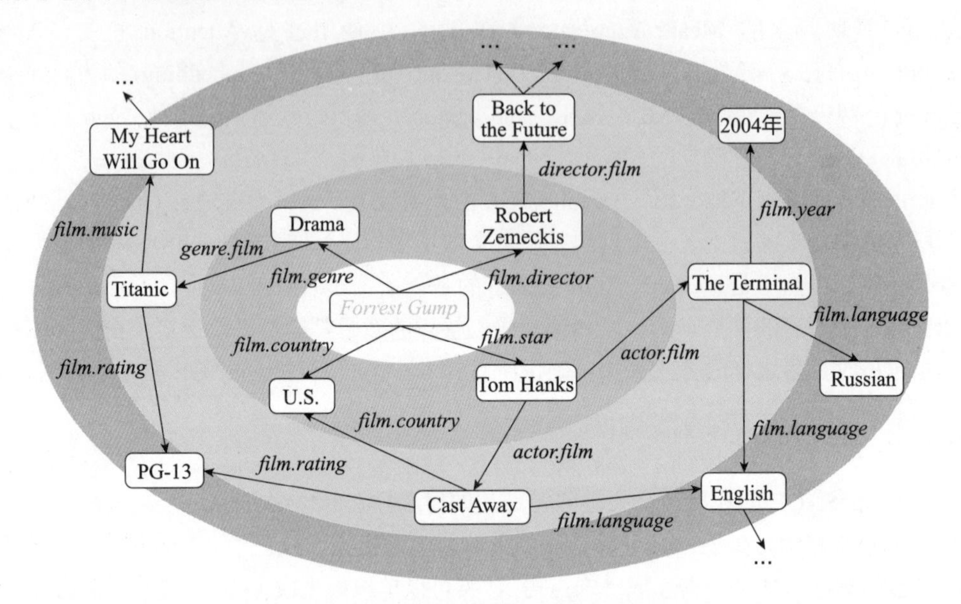

图 4-13 以电影《阿甘正传》为核心的知识图谱

那么，基于这样一个知识图谱，RippleNet 是如何做推荐的呢？如图 4-14 所示，推荐的过程大致分为三步。

（1）选择某用户观看过的影片作为种子影片。

（2）从种子影片开始，在知识图谱上扩散，利用扩散到的知识节点帮助推荐模型学习用户的兴趣分布。

（3）根据模型结果推荐影片。

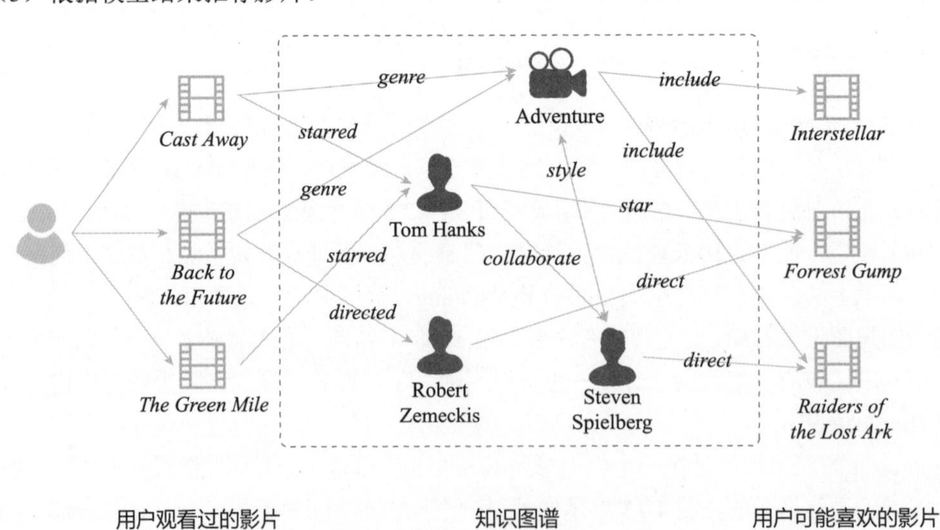

图 4-14 基于知识图谱的推荐过程

讲到这里，就要再提一下 RippleNet 这个名字的由来。其中，Ripple 的意思是水波、涟漪，所以 RippleNet 的名字正好描述了它的原理，用户观看过的种子影片就像投入知识图谱这个水面的石子，在知识图谱上激起涟漪之后扩散出去，再根据这些涟漪的综合效果找到用户可能喜欢的其他影片。

清楚了 RippleNet 的推荐流程，问题的重点又回到了模型本身。图 4-15 展现了 RippleNet 的模型结构。图 4-15 中的一些基础性的设定和符号表达如下。

（1）模型输入：用户 u 和候选影片 v。

（2）模型输出：预估用户 u 点击候选影片 v 观看的概率。

（3）样本生成：将已有的观看记录作为正样本，随机采样候选影片 v 作为负样本。

（4）知识图谱表示：由一个三元组(h, r, t)表示，其中 h 表示起点知识实体，t 表示终点知识实体，r 表示二者之间的关系。例如，在<'Frost Gump', film.star, Tom Hanks>中，h 是影片'Frost Gump'，t 是演员 Tom Hanks，关系 r 是 film.star。

（5）知识图谱假设：基于知识图谱的表示，给出模型的假设。对于表达 h 的 Embedding $\boldsymbol{h}$，表达 t 的 Embedding $\boldsymbol{t}$，它们之间的关系为 $\boldsymbol{Rh}=\boldsymbol{t}$，这里 $\boldsymbol{R}$ 是专属于一类关系 r 的转换矩阵，每类关系都有对应的转换矩阵。

基于上述定义和假设，下面从左至右讲解图 4-15 所示 RippleNet 的模型结构，主要分为准备阶段，扩散阶段和输出阶段。

准备阶段：根据用户的历史观看行为准备种子影片集合 V_u。在模型中加入 Embedding 层，把种子影片转换成 Embedding 表示。

扩散阶段：从种子集合开始，在知识图谱上向外扩散，将扩散到的知识实体加入一阶扩散集合 $\mathcal{S}_u^1$。这里注意两点，一是由于知识图谱是有向图，所以只扩散出度节点；二是如果扩散集合规模过大，则通过随机采样舍弃一部分扩散节点。

扩散阶段的最终输出是由各扩散节点 Embedding 加权求和得到的扩散 Embedding（图 4-15 中的浅绿色向量）。这里的关键是如何确定每个扩散节点 Embedding 的权重。这就要用到之前的知识图谱的关系假设 $\boldsymbol{Rh}=\boldsymbol{t}$。假设种子节点到扩散节点的三元组是$(\boldsymbol{h}_i, \boldsymbol{r}_i, \boldsymbol{t}_i)$，则这里每个扩散节点的权重 p_i 的计算方式如式（4-7）所示：

$$p_i = \text{softmax}\left(\boldsymbol{v}^{\mathrm{T}} \boldsymbol{R}_i \boldsymbol{h}_i\right) = \frac{\exp\left(\boldsymbol{v}^{\mathrm{T}} \boldsymbol{R}_i \boldsymbol{h}_i\right)}{\sum_{(h,r,t)\in \mathcal{S}_u^1} \exp\left(\boldsymbol{v}^{\mathrm{T}} \boldsymbol{R} \boldsymbol{h}\right)} \tag{4-7}$$

其中，$\boldsymbol{v}$ 指的是每个扩散节点的 Embedding，通过 $\boldsymbol{v}^{\mathrm{T}} \boldsymbol{R}_i \boldsymbol{h}_i$ 得到的是扩散节点 Embedding 和种子节点 Embedding 经过关系矩阵 $\boldsymbol{R}_i$ 转换后的相似度。对这个相似度用 softmax 函数进行权重归一化。

通过上述方式，我们就得到了一阶扩散节点的 Embedding。依此类推，可以得到二阶到 n 阶扩散节点的 Embedding。

输出阶段：输出阶段本质上是一个简单的双塔结构，直接求用户 Embedding 和候选影片 Embedding 的内积作为预估点击概率。候选影片的 Embedding 可以直接从物品的 Embedding 层中获得，而用户的 Embedding 则是由所有扩散阶段的 Embedding 累加获得的（图 4-15 中的灰色向量）。

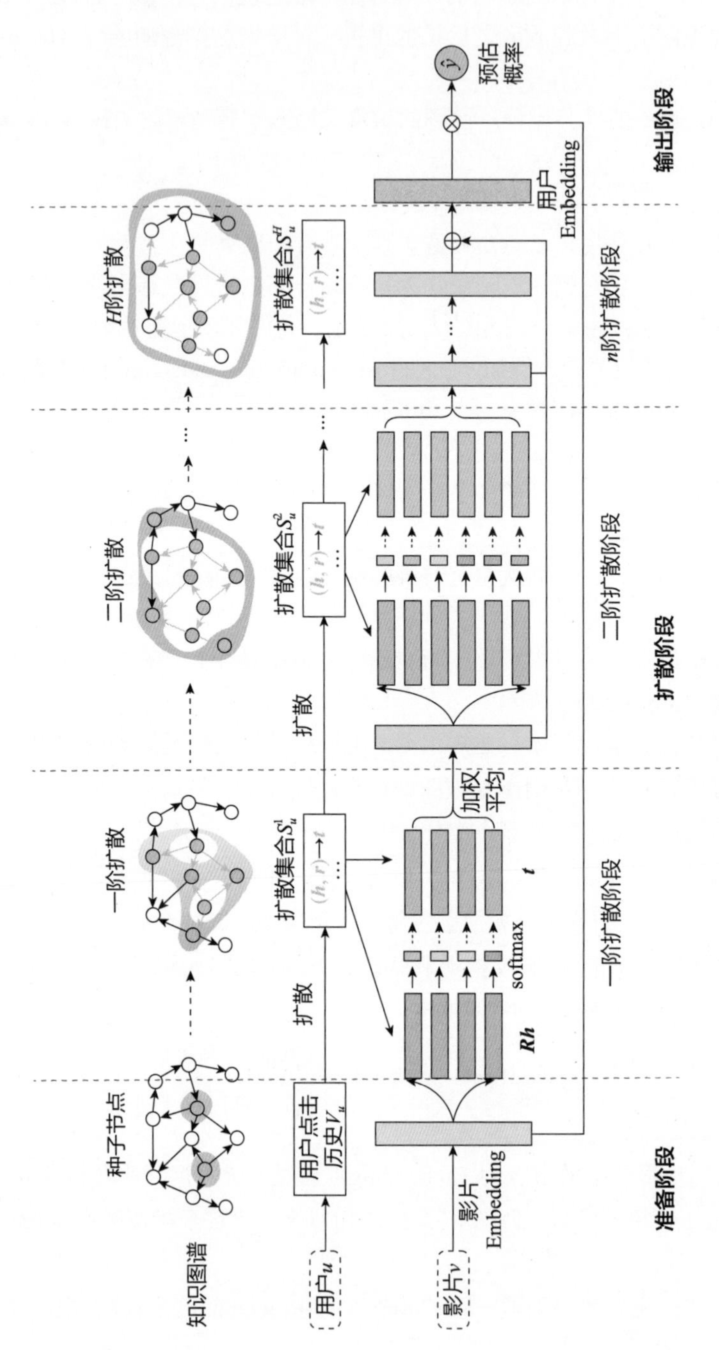

图 4-15 RippleNet 的模型结构

至此，我们就厘清了基于知识图谱的 GNN RippleNet 的主体思路和模型结构。它基于用户观看历史的种子节点，通过在知识图谱上层层扩散的方式，把图结构“浓缩”到用户 Embedding 中，最后用双塔结构进行推荐，可以说是一种直观且实用的 GNN 方法。

4.3.5 关于 GNN 方法的思考

从 4.2 节的各类随机游走 Graph Embedding 方法，到本节的 GNN，可以看到不同模型采用了不同的思路去解决图结构上的推荐问题。它们各有优点，也各有缺点。例如，EGES 能够学习补充信息，却无法直接学习图结构数据；GraphSAGE 能够直接学习图结构数据，却不容易与补充信息融合；RippleNet 能够直接基于知识图谱推荐，相当于把补充信息融合到图谱中学习，但还是有些许遗憾，因为它没有直接把用户放到图谱中，难免会忽视用户交互信息中的潜在价值。

学术界与工业界的进步永远不会停止。在 RippleNet 之后，仍有大量关于 GNN 的研究旨在解决现有研究成果的缺憾。例如，2019 年提出的 KGAT（Knowledge Graph Attention Network）[14]不仅在知识图谱中加入了用户和物品间的交互信息，还进一步在 GNN 中融合了注意力机制；2020 年的 CAFE（a CoArse-to-FinE neural symbolic reasoning approach）[15]等研究工作，更关注知识图谱推荐的可解释性，希望在推荐物品的同时给出推荐理由，并以此增强用户点击目标物品的意愿。

4.4 Embedding 与深度学习推荐系统的结合

笔者已经介绍了 Embedding 的原理和发展过程，但在推荐系统实践中，Embedding 需要与深度学习网络的其他部分协同完成整个推荐过程。作为深度学习推荐系统不可分割的一部分，Embedding 技术主要应用在如下三个方向上。

（1）在深度学习网络中作为 Embedding 层，完成从高维稀疏特征向量到低维稠密特征向量的转换。

（2）作为预训练的 Embedding 特征向量，与其他特征向量连接后，一同输入深度学习网络进行训练。

（3）通过计算用户和物品的 Embedding 相似度，Embedding 可以直接用作推荐系统的召回层或者召回策略之一。

下面介绍 Embedding 与深度学习推荐系统结合的具体方法。

4.4.1 深度学习网络中的 Embedding 层

高维稀疏特征向量天然不适合多层复杂神经网络的训练。因此，当使用深度学习模型处理高维稀疏特征向量时，几乎都会在输入层到全连接层之间加入 Embedding 层，完成高维稀疏特征向量到低维稠密特征向量的转换。这一点在第 2 章介绍的几乎所有深度学习推荐模型中都有所体现。图 4-16 中用红框圈出了 Deep Crossing、NerualCF、Wide&Deep 三个经典深度学习推荐模型的 Embedding 层。

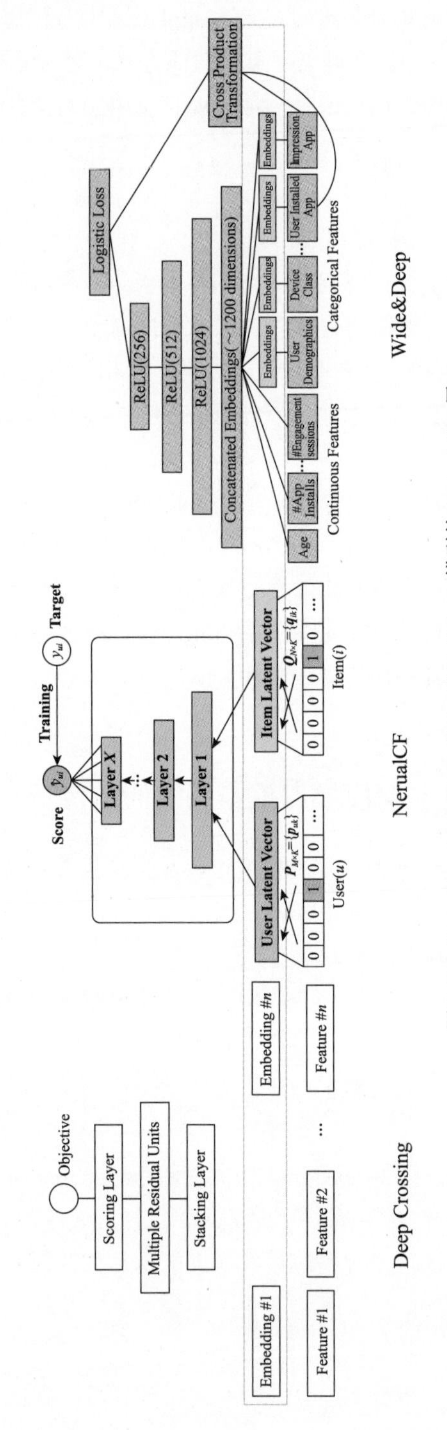

图 4-16 Deep Crossing、NerualCF、Wide&Deep 模型的 Embedding 层

可以清楚地看到，三个模型的 Embedding 层接收的都是类别型特征的 one-hot 向量，转换的目标是低维的 Embedding。所以，在结构上，深度神经网络中的 Embedding 层是高维稀疏向量向低维稠密向量的直接映射，与图 4-3 描绘的 Word2vec 中的输入向量矩阵的结构是一样的。

将 Embedding 层与整个深度学习网络整合后一同进行训练是理论上最优的选择，因为上层梯度可以直接反向传播到输入层，模型整体是自洽的。但这样做的缺点也是显而易见的，Embedding 层输入向量的维度往往很大，导致整个 Embedding 层的参数数量非常大，因此 Embedding 层的加入会拖慢整个神经网络的收敛速度。

正因如此，很多工程上要求快速更新的深度学习推荐系统放弃了 Embedding 层的端到端训练方式，而用预训练 Embedding 层的方式替代。

4.4.2 Embedding 的预训练方法

为了解决 Embedding 层训练开销巨大的问题，Embedding 的训练往往独立于深度学习网络进行。在得到稀疏特征的稠密表示之后，再与其他特征一起输入神经网络进行训练。

采用 Embedding 预训练方法的典型模型是 YouTube 推荐系统的召回层模型（如图 4-17 所示）。图中蓝色的输入向量（用户观看历史视频的 Embedding），以及绿色的输入向量（用户搜索词 Embedding）就是通过预训练方法生成的，而不是与模型一同进行端到端训练的。这种预训练的方法由于大幅减少了参与训练的参数数量，会显著加快上层神经网络的收敛速度。

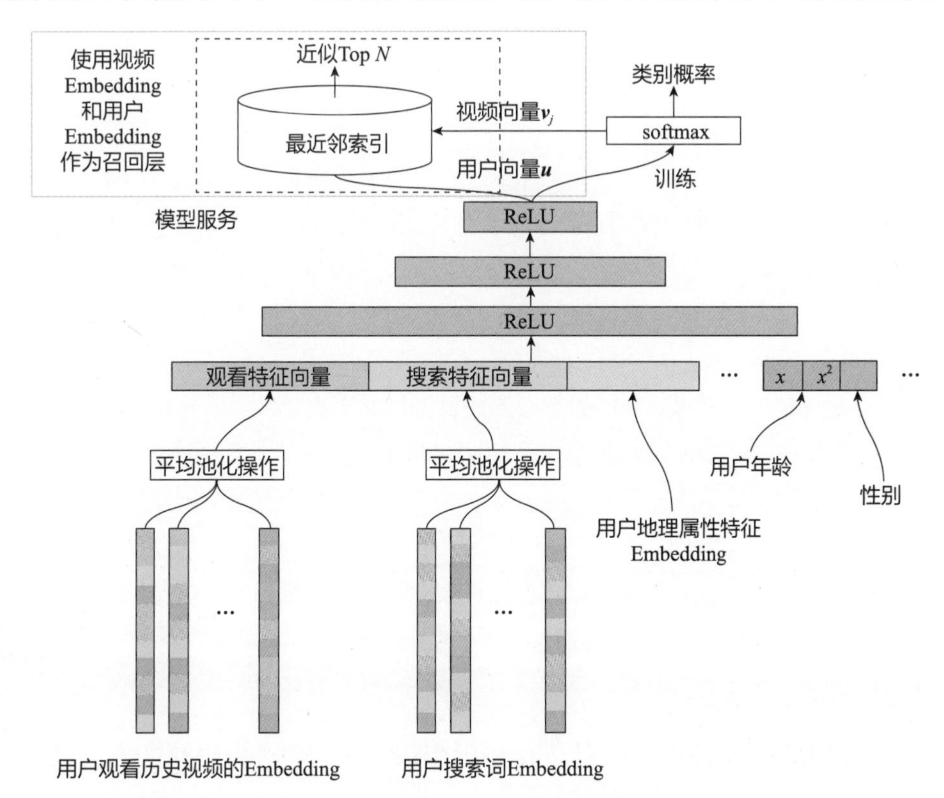

图 4-17 YouTube 推荐系统召回层模型的结构

2017 年以来，随着 Graph Embedding 技术的发展，Embedding 的表达能力进一步增强，能够将各类补充信息全部融入进来，如 4.2 节介绍的 EGES 及 4.3 节介绍的 GraphSAGE 和 RippleNet，这使 Embedding 成为推荐系统中非常有价值的特征。由于维护图结构数据较为复杂，Graph Embedding 的训练过程一般来说只能独立于推荐模型进行，因此 Graph Embedding 的预训练成为在深度学习推荐系统领域更受青睐的方法。

诚然，将 Embedding 过程与深度神经网络的训练过程割裂会损失一定的模型效果，但训练过程的独立也提升了训练灵活性。举例来说，物品或用户的 Embedding 是比较稳定的（因为用户的兴趣、物品的属性不可能在几天内发生巨大的变化），Embedding 的训练频率不需要很高，甚至可以降低到周的级别，但上层神经网络为了尽快抓住最新的数据整体趋势信息，往往需要进行更频繁的训练甚至实时训练。使用不同的训练频率更新 Embedding 模型和神经网络模型，是在训练开销和模型效果之间权衡后的最优方案。

4.4.3 Embedding 作为推荐系统召回层的方法

Embedding 自身表达能力的增强，使得直接利用其生成推荐列表成为可行的选择。因此，利用 Embedding 的相似性，将 Embedding 作为推荐系统召回层的方案逐渐被推广。其中，YouTube 推荐系统召回层（如图 4-17 所示）是典型的利用 Embedding 进行候选物品召回的做法。

从图 4-17 可以看到，模型的输入层特征全部都是用户相关特征，从左至右依次是用户观看历史视频的 Embedding、用户搜索词 Embedding、用户地理属性特征 Embedding、用户（样本）年龄、性别相关特征。

模型的输出层是 softmax 层，该模型本质上是一个多分类模型，预测目标是用户观看了哪个视频，因此 softmax 层的输入是经过三层 ReLU 全连接层生成的用户 Embedding，输出向量是用户观看每一个视频的概率分布。由于输出向量的每一维对应一个视频，该维对应的 softmax 层列向量就是物品 Embedding。通过模型的离线训练，最终可以得到每个用户的 Embedding 和物品 Embedding。

在模型部署过程中，没有必要部署整个深度神经网络来完成从原始特征向量到最终输出的预测过程，只需要将用户 Embedding 和物品 Embedding 存储到线上内存数据库，通过内积运算后排序就可以得到物品的排序，再从中取出 Top N 的物品，即可得到召回的候选集。这就是利用 Embedding 作为召回层的过程。

但是，在整体候选集物品动辄达到几百万量级的互联网场景下，即使是遍历内积运算这种 $O(n)$级别的操作，也会消耗大量计算时间，导致线上推断过程的延迟。那么，工程上有没有针对相似 Embedding 的快速索引方法，更快地召回候选集呢？答案将在 4.5 节揭晓。

4.5 近似最近邻搜索——让 Embedding 插上翅膀的快速搜索方法

Embedding 最重要的用法之一是作为推荐系统的召回层，解决相似物品间或者用户和物品间的召回问题。相比传统的基于规则的召回方法，Embedding 技术凭借其能够综合多种信息和特征的能力，更适于特征多样、可利用信息丰富的推荐系统场景。在实际工程中，能否应用 Embedding 的关键在于能否使用 Embedding 技术"快速"处理几十万甚至上百万候选集，避免增加整个推荐系统的响应延迟。本节将介绍为 Embedding 技术插上翅膀的快速搜索方法——近似最近邻搜索。

4.5.1 "快速" Embedding 最近邻搜索

传统的计算 Embedding 相似度的方法是直接进行 Embedding 间的内积运算，这就意味着为了筛选某个用户的候选物品，需要遍历候选集中的所有物品。在 k 维的 Embedding 空间中，物品总数为 n，那么遍历计算用户和物品向量相似度的时间复杂度是 $O(kn)$。在物品总数 n 动辄达到几百万量级的推荐系统中，这样的时间复杂度是无法承受的，会导致线上模型服务过程的巨大延迟。

换一个角度思考这个问题。由于用户和物品的 Embedding 同处于一个向量空间内，所以召回与用户 Embedding 最相似的物品 Embedding 的过程，其实是一个在向量空间内搜索最近邻点的过程。如果能够找到在高维空间快速搜索最近邻点的方法，那么相似 Embedding 的快速搜索问题就迎刃而解了。退一步讲，在推荐问题中，严格的"最近邻"搜索其实是没有必要的，牺牲一定的精度来换取搜索效率的提升，无疑是一笔划算的买卖。因此，"近似"最近邻（Approximate Nearest Neighbor，ANN）搜索成了快速召回 Embedding 的主要方法。

建立 kd（k-dimension）树索引结构是常用的提升最近邻搜索效率的方法，时间复杂度可以降低到 $O(\log_2 n)$。一方面，kd 树的结构较复杂，而且在进行最近邻搜索时往往还要回溯，以确保得到最近邻的结果，导致搜索过程较复杂；另一方面，$O(\log_2 n)$的时间复杂度并不是完全理想的状态。那么，有没有时间复杂度更低，操作更简便的方法呢？下面就介绍在推荐系统工程实践中的主流 ANN 搜索方法——局部敏感哈希（Locality Sensitive Hashing，LSH）[16]。

4.5.2 局部敏感哈希的基本原理

局部敏感哈希的基本思想是让相邻的点落入同一个"桶"，这样在进行最近邻搜索时，仅需要在一个桶内，或在相邻的几个桶内的元素中进行搜索即可。如果保持每个桶中的元素个数在一个常数附近，就可以把最近邻搜索的时间复杂度降低到常数级别。那么，如何构建局部敏感哈希中的"桶"呢？下面先以基于欧氏距离的最近邻搜索为例，解释构建局部敏感哈希"桶"的过程。

首先要弄清楚一个问题：如果将高维空间中的点向低维空间映射，其欧氏相对距离还能否保持相对距离不变？如图 4-18 所示，中间的彩色点处在二维空间中，当把这些点通过不同角度映射到 a、b、c 三个一维空间时，可以看到原本相近的点，在一维空间中都保持着相近的距离；而原本远离的绿色点和红色点在一维空间 a 中处于相近的位置，却在空间 b 中处于远离的位置。因此可以得出一个定性的结论：**在欧氏空间中，将高维空间的点映射到低维空间时，原本相近的点在低维空间中依然相近，但原本远离的点则有一定概率变成相近的点。**

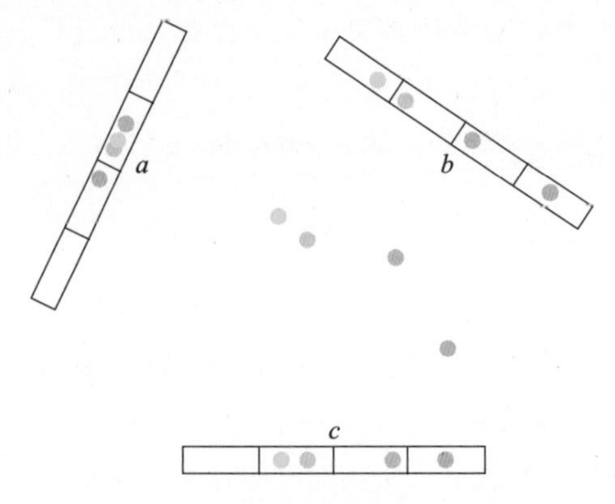

图 4-18　高维空间点向低维空间映射

利用低维空间可以保留高维空间相近距离关系的性质，我们就可以构造局部敏感哈希“桶”，并进一步在桶内做近似的最近邻搜索。

对 Embedding 来说，也可以用内积操作构建局部敏感哈希桶。假设 $\boldsymbol{v}$ 是高维空间中的 k 维 Embedding，$\boldsymbol{x}$ 是随机生成的 k 维映射向量。如式（4-8）所示，内积操作可将 $\boldsymbol{v}$ 映射到一维空间，使之成为一个数值。

$$h(\boldsymbol{v}) = \boldsymbol{v} \cdot \boldsymbol{x} \tag{4-8}$$

由上文得出的结论可知，即使一维空间也会部分保留高维空间的距离信息。因此，可以使用式（4-9）所示的哈希函数 $h(\boldsymbol{v})$进行分桶：

$$h^{\boldsymbol{x},b}(\boldsymbol{v}) = \left\lfloor \frac{\boldsymbol{v} \cdot \boldsymbol{x} + b}{w} \right\rfloor \tag{4-9}$$

其中，$\lfloor\ \rfloor$是向下取整操作，w 是分桶宽度，b 是 0 到 w 间的一个均匀分布的随机变量，以避免分桶边界固化。

映射操作损失了部分距离信息，如果仅采用一个哈希函数分桶，则必然存在相似点误判的情况。有效的解决方法是采用 m 个哈希函数同时分桶。同时掉进 m 个哈希函数的同一个桶的两点，其为相似点的概率将大大增加。通过分桶找到相似点的候选集后，就可以在有限的候选集中通过遍历找到目标点真正的 k 近邻。

4.5.3 局部敏感哈希多桶策略

采用多个哈希函数分桶时，存在一个待解决的问题：到底是通过“与”（And）操作还是“或”（Or）操作生成最终的候选集？如果通过“与”操作（“点 A 和点 B 在哈希函数 1 的同一桶中”且“点 A 和点 B 在哈希函数 2 的同一桶中”）生成候选集，那么候选集中相似点的准确率将提高。候选集的规模减小使遍历的计算量降低，减少了整体的计算开销，但有可能会漏掉一些近邻点（比如分桶边界附近的点）。如果通过“或”操作（“点 A 和点 B 在哈希函数 1 的同一桶中”或“点 A 和点 B 在哈希函数 2 的同一桶中”）生成候选集，那么候选集中近邻点的召回率提高，但候选集的规模变大，计算开销升高。到底使用几个哈希函数，是用“与”操作还是“或”操作生成近邻点的候选集，这些问题需要在准确率和召回率之间权衡，才能得出结论。

以上是欧氏空间中内积操作的局部敏感哈希使用方法，如果将余弦相似度作为距离标准，应该采用什么方式分桶呢？

余弦相似度衡量的是两个向量间夹角的大小，夹角小的向量即为“近邻”，因此可以使用固定间隔的超平面将向量空间分割成不同哈希桶。同样，可以通过选择不同组的超平面提高局部敏感哈希方法的准确率或召回率。当然，距离的定义方法远不止欧氏距离和余弦相似度两种，还包括曼哈顿距离、切比雪夫距离、汉明距离等，局部敏感哈希的方法也随距离定义的不同有所不同。但局部敏感哈希通过分桶方式保留部分距离信息，大规模降低近邻点候选集的核心思想是通用的。

4.5.4 FAISS——Facebook 著名的开源 ANN 搜索项目

局部敏感哈希固然是一个能够大幅提升 ANN 搜索效率的方法，但是在实现的过程中有大量经验性的参数需要仔细调整，如分桶的个数、宽度等。那么，有开源项目能帮助我们解决大量工程细节的问题吗？当然有，FAISS 就是业界非常流行的解决 ANN 搜索问题的开源项目之一。

FAISS 的全称是 Facebook AI Similarity Search，从名字中就可以看出它是由 Facebook 的 AI 部门开发维护的开源项目。读者在 GitHub 上搜索 FAISS，就可以轻松地找到它的全部项目代码。FAISS 的使用方法异常简便，主要步骤只有三步，分别是建立索引、添加向量、搜索 *k* 近邻。下面通过 FAISS 项目给出的官方 Python 示例代码来介绍这三步的主要过程。

```
import faiss                            # 导入 FAISS 库
import numpy as np
d = 64                                  # 定义 Embedding 的维度
nb = 100000                             # 定义测试 Embedding 的数量
nq = 10000                              # 定义查询 Embedding 的数量
np.random.seed(1234)                    # 生成测试样本和查询样本
xb = np.random.random((nb, d)).astype('float32')
xb[:, 0] += np.arange(nb) / 1000.
xq = np.random.random((nq, d)).astype('float32')
xq[:, 0] += np.arange(nq) / 1000.
index = faiss.IndexFlatL2(d)            # 第一步：建立 FAISS 索引
print(index.is_trained)
index.add(xb)                           # 第二步：将 Embedding 添加到索引中
print(index.ntotal)
k = 4                                   # 定义搜索 k 近邻的数量
D, I = index.search(xq, k)              # 第三步：搜索查询样本的 k 近邻
print(I[:5])                            # 打印出前 5 条查询样本的 k 近邻结果
```

从上面的代码可以看到，FAISS 的使用是非常便捷直观的。我们需要重点关注的是第一步的索引选择。示例代码使用了 IndexFlatL2 函数建立索引，它的含义是使用欧氏距离作为相似度的计算标准，在进行最近邻搜索时，采用的是基于欧氏距离的精确搜索。因此，IndexFlatL2 索引的特点就是搜索结果是精准的 *k* 近邻，但是搜索效率比较低。

事实上，FAISS 提供了多种索引方式，如 IndexFlatIP 索引是基于内积的精准搜索，IndexLSH

就是本节介绍的局部敏感哈希索引。此外，常用的索引方式还有 IndexIVFFlat，其中的 IVF 是 Inverted File 的缩写，它的含义是在进行欧氏距离最近邻搜索前，先对 Embedding 进行 kmeans 聚类，建立每个类别到具体向量的倒排索引。这样在进行 ANN 搜索时，就可以在一个聚类内部搜索，而不是在所有向量上搜索，大大缩小了搜索空间。

4.6 总结——深度学习推荐系统的核心操作

本章介绍了深度学习的核心操作——Embedding 技术。从最早的 Word2vec，到融合更多结构信息和补充信息的 Graph Embedding，再到能直接处理图结构数据的 GNN，Embedding 技术在推荐系统中的应用越来越广泛，应用的方式也越来越多样化。在局部敏感哈希等 ANN 搜索技术被应用于近似 Embedding 搜索后，Embedding 技术无论在理论方面还是在工程实践方面都日趋成熟。表 4-1 总结了本章涉及的 Embedding 方法和相关技术的基本原理与要点，便于读者回顾。

表 4-1 Embedding 方法和相关技术的总结

Embedding 方法	基本原理	特　点	局限性
Word2vec	利用句子中词的相关性建模，利用单隐层神经网络获得词的 Embedding	经典 Embedding 方法	仅能针对词序列样本进行训练
Item2vec	把 Word2vec 的思想扩展到任何序列数据上	将 Word2vec 应用于推荐领域	仅能针对序列样本进行训练
DeepWalk	在图结构上进行随机游走，生成序列样本后，利用 Word2vec 的思想建模	易用的 Graph Embedding 方法	随机游走的抽样针对性不强
Node2vec	基于 DeepWalk，通过调整随机游走权重的方法，使 Graph Embedding 的结果在网络的同质性和结构性之间权衡	可以有针对性地挖掘不同的网络特征	需要进行较多的人工调参工作
EGES	将不同信息对应的 Embedding 加权融合后生成最终的 Embedding	融合多种补充信息，解决 Embedding 的冷启动问题	没有较多的学术创新，更多的是从工程角度解决多 Embedding 融合问题
GraphSAGE	先在图上采样，然后利用采样出的图样本训练图模型。模型结构分为多层，每层利用 CONVOLVE 操作聚合邻接点，形成中心点 Embedding	直接在图结构数据上训练模型	不容易引入补充信息一同训练
RippleNet	在知识图谱中训练图推荐模型。利用用户交互过的物品作为种子节点，之后在知识图谱上逐级扩展，每一级形成一个 Embedding，最终聚合成用户 Embedding	能够在知识图谱上训练推荐模型，理论上能够引入各类知识和属性信息	没有把用户和物品的交互行为放入图中，无法很好地利用用户历史行为信息
局部敏感哈希	利用局部敏感哈希的原理进行快速的 Embedding 最近邻搜索	解决利用 Embedding 作为推荐系统召回层的快速计算问题	存在小概率的遗漏最近邻的可能，需要进行较多的人工调参工作
FAISS	Facebook 的著名 ANN 搜索开源项目，提供了多种不同的 ANN 搜索索引	索引类型多，可根据实际问题有针对性地选择所需索引。在业界应用广，性能出色	需要对实际问题的规模、特点有较深刻的认识，才能构建出准确性和查询效率俱佳的 ANN 搜索服务

从第 2 章和第 3 章介绍的主流推荐模型的进化过程，以及大模型对推荐模型的影响，到本章重点介绍的深度学习推荐模型相关的 Embedding 技术，至此我们已经介绍完推荐系统中主要模型的相关知识。

但在一个实际的推荐系统中，推荐模型的应用往往带有很强的工程色彩。例如，在候选集数量过多时，如果复杂推荐模型的线上推断速度过慢，就要把整个推荐过程拆分为召回和排序两个阶段，甚至还要在召回和排序之间加入粗排阶段。那么，在召回和粗排阶段是怎么应用推荐模型的呢？召回和粗排层的技术又有什么特点？在第 5 章，我们将一同探索深度学习推荐系统的级联架构。

参 考 文 献

[1] MIKOLOV T, SUTSKEVER I, CHEN K, et al. Distributed Representations of Words and Phrases and their Compositionality[J]. Advances in Neural Information Processing Systems, 2013, 26.

[2] MIKOLOV T, CHEN K, CORRADO G, et al. Efficient Estimation of Word Representations in Vector Space[EB/OL]. arXiv preprint arXiv: 1301. 3781, 2013.

[3] RONG X. Word2vec Parameter Learning Explained[EB/OL]. arXiv preprint arXiv: 1411. 2738, 2014.

[4] GOLDBERG Y, LEVY O. Word2vec Explained: Deriving Mikolov et al. 's Negative-sampling Word-embedding Method[EB/OL]. arXiv preprint arXiv: 1402. 3722, 2014.

[5] BENGIO Y, DUCHARME R, VINCENT P. A Neural Probabilistic Language Model[J]. Advances in Neural Information Processing Systems, 2000, 13.

[6] BARKAN O, KOENIGSTEIN N. Item2vec: Neural Item Embedding for Collaborative Filtering[C]//2016 IEEE 26th International Workshop on Machine Learning for Signal Processing (MLSP). 2016: 1-6.

[7] PEROZZI B, Al-RFOU R, SKIENA S. DeepWalk: Online Learning of Social Representations[C]//Proceedings of the 20th ACM SIGKDD International Conference on Knowledge Discovery and Data Mining. 2014: 701-710.

[8] GROVER A, LESKOVEC J. Node2vec: Scalable Feature Learning for Networks[C]//Proceedings of the 22nd ACM SIGKDD International Conference on Knowledge Discovery and Data Mining. 2016: 855-864.

[9] WANG J, HUANG P, ZHAO H, et al. Billion-scale Commodity Embedding for E-commerce Recommendation in Alibaba[C]//Proceedings of the 24th ACM SIGKDD International Conference on Knowledge Discovery & Data Mining. 2018: 839-848.

[10] TANG J, QU M, WANG M, et al. LINE: Large-scale Information Network Embedding[C]//Proceedings of the 24th International Conference on World Wide Web. 2015: 1067-1077.

[11] WANG DX, CUI P, ZHU WW. Structural Deep Network Embedding[C]//Proceedings of the 22nd ACM SIGKDD International Conference on Knowledge Discovery and Data Mining. 2016: 1225-1234

[12] HAMILTON W, YING R, LESKOVEC J. Inductive Representation Learning on Large Graphs[C]//Proceedings of the 31st International Conference on Neural Information Processing Systems. 2017: 1024-1034.

[13] WANG H, ZHANG F, WANG J, et al. RippleNet: Propagating User Preferences on the Knowledge Graph for Recommender Systems[C]//Proceedings of the 27th ACM International Conference on Information and Knowledge Management, 2018: 417-426.

[14] WANG X, HE X, CAO Y, et al. KGAT: Knowledge Graph Attention Network for Recommendation[C]//Proceedings of the 25th ACM SIGKDD International Conference on Knowledge Discovery & Data Mining. 2019: 950-958.

[15] XIAN Y, FU Z, ZHAO H, et al. CAFE: CoArse-to-FinE Neural Symbolic Reasoning for Explainable Recommendation[C]// Proceedings of the 29th ACM International Conference on Information & Knowledge Management. 2020: 1645-1654.

[16] SLANEY M, CASEY M. Locality-sensitive Hashing for Finding Nearest Neighbors[J]. IEEE Signal Processing Magazine, 2008, 25(2): 128-131.

[17] FU Z, XIAN Y, GAO R, et al. Fairness-aware Explainable Recommendation over Knowledge Graphs[C]//Proceedings of the 43rd International ACM SIGIR Conference on Research and Development in Information Retrieval. 2020: 69-78.

深度学习推荐系统 2.0

第 5 章 推荐架构——深度学习推荐系统的级联架构

本书的第 2～4 章深入介绍了推荐模型和 Embedding 技术的发展与应用，这两项技术是支撑推荐系统获得良好排序效果的关键。推荐系统进入深度学习时代后，复杂模型的运行效率问题逐渐成为拉高系统运营成本的核心问题。举例来说，一些头部的短视频应用，需要对百万量级规模的候选集排序，而排序往往依赖极端复杂、拥有上亿模型参数的深度学习模型。如果不对排序过程进行优化，则所需的计算资源和产生的服务延迟都是在线系统无法承受的。

在这样的背景下，推荐系统往往会把排序过程拆分为“召回”和“排序”两个阶段。其中负责“召回”的层快速地过滤出相对“靠谱”的少量候选物品，而负责“排序”的层则对召回的物品进行精细的排序，以确保推荐效果。可以看出，召回层和排序层的分工侧重点是完全不同的，召回层突出“快”，往往仅利用少量特征和简单模型快速从几百万参数规模的候选集中过滤几百个候选物品；而排序层则突出“准”，偏向于使用复杂结构和海量特征构建模型，尽全力提升推荐效果。

随着推荐系统规模的不断扩大，为了兼顾算力和推荐效果，排序层又进一步被拆分为粗排层和精排层。粗排层负责对召回层选出的几百个物品进行融合和快速排序，选出十几个候选物品送入精排层，精排层则使用最精细的模型，选出最适合推荐给用户的物品。在这一步之后，为了满足日益复杂的推荐需求，比如推荐的多样性、新鲜度、实时性，重排层被加在精排层之后，承担起满足推荐系统多重业务和功能需求的职责。至此，**“召回→粗排→精排→重排”的四阶段级联架构就成为现代推荐系统最主流的算法架构**。

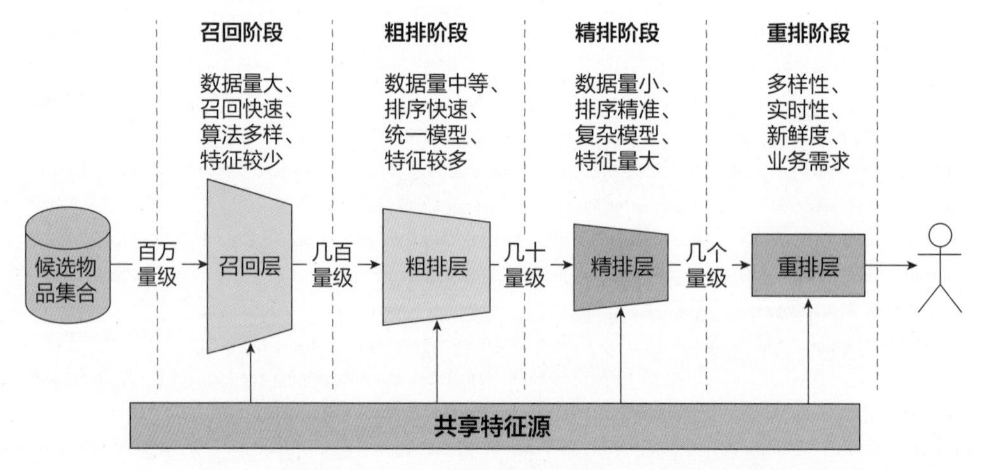

图 5-1　推荐系统的“召回→粗排→精排→重排”四阶段级联架构

图 5-1 用示意图的方式描述了召回层、粗排层、精排层、重排层的关系及它们各自的特点。

在具体实现上，召回、粗排、重排与精排技术一样，都百花齐放，日新月异。由于第 2～3 章已经介绍了推荐模型中精排技术的应用，本章将逐级探索级联结构中的召回层、粗排层和重排层的技术细节。

5.1 以快为主的召回层

5.1.1 召回层技术的主流发展路线

本章开篇多次提到，设计召回层的核心原则就是一个字——“快”。那么，如何才能让召回层“快”起来呢？排序层慢的原因是模型复杂、计算量大，是否能反其道而行之，用一些简单直观的策略实现召回层，来加快其运行呢？当然可以。这就是所谓的单策略召回。

单策略召回指的是，**通过制定一条规则或者利用一个简单模型来快速地召回可能的相关物品**。这里的规则其实就是用户可能感兴趣的物品的特征。以电影推荐为例，用户喜欢的电影很有可能是这三类：口碑好的、近期非常火的，以及跟用户之前喜欢的电影风格类似的。基于其中任何一种类型，我们都可以快速实现一个单策略召回层。比如，我们可以制定这样一条召回规则：如果用户对电影 A 的评分较高，就将与 A 风格相同，并且平均评分排名在前 50 名的电影召回，并放入排序候选集。

单策略召回是非常简单直观的，正因为如此，它的计算速度非常快。然而，它也有很强的局限性。因为大多数用户的兴趣是非常多元的，他们不仅喜欢自己感兴趣的电影，也可能喜欢热门的电影，很多时候还喜欢新上映的电影。这时，单一的策略就难以满足用户的潜在需求了。有没有更全面的召回策略呢？有，比如多路召回策略。

多路召回策略就是指采用不同的策略、特征或简单模型，分别召回一部分候选集，然后把候选集混合在一起供后续排序模型使用的策略。其中，各简单策略保证候选集的快速召回，从不同角度设计的策略又能覆盖不同的用户需求，提升整体的召回率。所以，多路召回策略是在计算速度和召回率之间进行权衡的结果。这里还以电影推荐为例来进一步解释。图 5-2 描绘了电影推荐中常用的多路召回策略，包括热门新闻、兴趣标签、最近流行及朋友喜欢等。除此之外，也可以把一些推断速度较快的简单模型（比如逻辑回归、协同过滤等）生成的推荐结果作为多路召回中的一路，形成覆盖面更广、综合性更强的候选集。

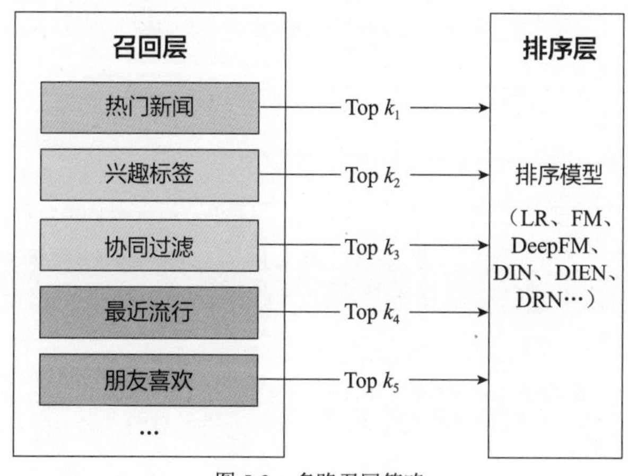

图 5-2 多路召回策略

在实现的过程中，为了进一步优化召回效率，还可以通过多线程并行、建立标签/特征索引、建立常用召回集缓存等方法进一步完善。虽然多路召回策略能比较全面地覆盖不同的召回方法，但因为策略之间的信息是相对独立的，所以单一策略很难综合考虑不同特征和用户行为对一个物品的影响。那么，是否存在一个综合性强且计算速度能满足需求的召回方法呢？

第 4 章已经介绍了多种离线生成物品 Embedding 的方案。事实上，利用物品和用户 Embedding 的相似性来构建召回层，是深度学习推荐系统中非常经典的技术方案。笔者将它的优势总结为以下三方面。

（1）多路召回中使用的兴趣标签、热门度、流行趋势、物品属性等信息都可以作为 Embedding 方法中的补充信息，融合到最终的 Embedding 中。因此，Embedding 召回就相当于考虑了多路召回的多种策略。

（2）Embedding 召回的评分具有连续性。在多路召回中，不同召回策略产生的相似度、热度等分值不具备可比性，所以无法据此决定每个召回策略所生成候选集的大小；但 Embedding 召回可以将 Embedding 间的相似度作为统一的判断标准，因此可以灵活限定召回的候选集大小。

（3）在线上服务的过程中，利用 4.5 节介绍的 ANN 技术，可以基于物品 Embedding 建立高效的 Embedding 索引，实现相似物品的快速召回。

所以，Embedding 召回相当于连接“离线复杂召回模型”到“线上快速召回实现”的桥梁。可以用 Item2vec、Graph Embedding、图神经网络等先进的技术生成 Embedding，再用局部敏感哈希、FAISS 等方法实现线上的快速召回，兼顾召回的灵活性和高效性。这使它成为深度学习推荐系统中的主流召回方法。在召回层的具体实现上，当用户和物品都被 Embedding 化且位于同一向量空间时，召回的方式是非常多样的。比较常用的有以下三种。

（1）U2I（User to Item）召回：利用用户和物品 Embedding 的相似性进行召回，这是最简单直观的方法。

（2）I2I（Item to Item）召回：利用用户和物品的交互记录，先找出用户非常喜欢的物品，然后利用物品和物品之间的 Embedding 相似性进行召回，再合并所有的召回结果。

（3）U2U2I（User to User to Item）召回：利用用户和用户的相似性，先找到目标用户的相似用户，之后通过用户和物品的相似性，召回相似用户喜欢的物品，再合并组成召回物品集合。这种方式是一种利用用户二度关系进行召回的方式。以此为例，利用用户和物品之间、物品与物品之间、用户和用户之间的相似关系，可以组合出更多的召回方式，在此不再赘述。

5.1.2 创新的召回层方案——TDM 与 Deep Retrieval

随着 Embedding 召回逐渐完善，召回层的发展进入“大厂模式”。阿里巴巴、字节跳动等公司开发了各自创新的召回层解决方案，分别是 TDM（Tree-based Deep Model）[1]和 Deep Retrieval[2]。它们都是为了解决 Embedding 召回表达能力比较弱的问题而设计的。由于这两个方案的工程实现成本极高，因此这里仅介绍其基本思路，对于中小型企业来说，不推荐从头尝试这两套方案。

TDM 的核心模型架构如图 5-3 所示。它由两部分组成：左边的部分是一个用户偏好模型，图中的架构接近 DIEN；右边的部分是一个树形的候选物品索引，这也是 TDM 名字的由来和创新点。

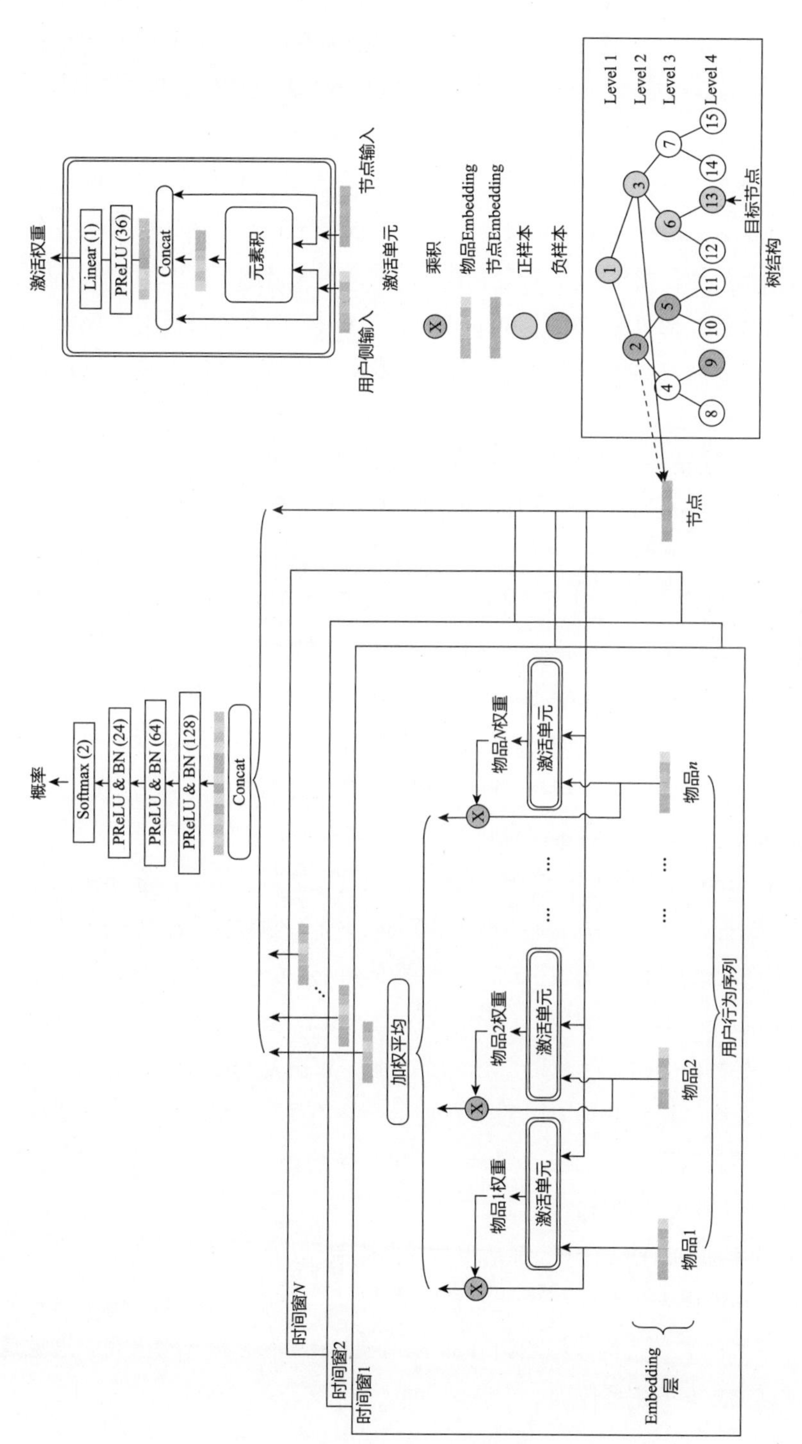

图 5-3 TDM 的核心模型架构

这棵索引树的每个叶子节点代表一个候选物品，每个非叶子节点代表不同层级的用户兴趣或者物品分类。举例来说，图中绿色的节点 13 可能代表某品牌的手机，它的父节点 6 代表“手机”这一兴趣品类，节点 3 代表“电子产品”这一兴趣大类。无论是叶子节点还是非叶子节点，都有对应的 Embedding。

当针对某个用户召回 Top k 物品时，先从根节点出发，选择子节点层级的 Top k 个节点，逐级向下选择，直到叶子节点层级，选出最终 k 个叶子节点对应的 k 个物品构成候选物品集。那么，现在的关键问题就是如何选择 Top k 个子节点。这就需要借助左侧的用户偏好模型。可以看到，在选择节点时，需要把节点对应的 Embedding 和该用户的行为特征输入该模型，生成一个概率值。这个概率代表用户对该节点兴趣的喜好程度，根据这个喜好程度对所有子节点排序选出 Top k 个子节点。

TDM 方案的高效之处是降低了召回阶段的搜索复杂度。一般的召回策略都需要遍历所有候选物品，其复杂度与候选物品的数量成正比；而 TDM 则基于索引树，通过逐层剪枝，快速缩小候选集范围，大幅提升召回效率。

TDM 的难点在于其训练过程，由于不属于标准的深度学习网络，TDM 索引树在训练时需要改动大量训练框架。大致来说，在得到一个用户感兴趣的物品作为正样本后，该正样本的所有父节点全部都被标记成正样本，负样本则通过随机采样获得。索引树和用户偏好模型的训练也并非端到端训练，而是先固定用户偏好模型，训练更新索引树，再固定索引树，训练更新用户偏好模型，迭代进行，直至两部分收敛。TDM 的实现过程难度并不小，阿里巴巴也并没有披露全部训练过程的细节，所以比较容易“踩坑”。

字节跳动的 Deep Retrieval 方案与 TDM 方案有异曲同工之妙。相同点都是建立一个新的索引结构，同时用一个深度学习模型进行辅助训练和判断。不同之处是 Deep Retrieval 使用了一个层数为 D，每层 K 个节点的网络作为索引结构（如图 5-4 所示）。在这个网络索引中，每个节点也对应着一个 Embedding。对于一个用户请求，先通过 MLP（d=1）的处理，选择第一层的某个节点，再把这个节点的 Embedding 和用户 Embedding 一起输入 MLP（d=2），选出第二层的某个节点，依此类推。最终，得到从第 1 层到第 D 层的一条路径。这条路径代表一组候选物品。如果这组物品的数量不足以满足召回层的要求，还可以选出概率第二大的路径对应的候选物品集，直到满足召回层的数量要求。

Deep Retrieval 的本质和 TDM 一样，都是用高效的索引结构+复杂的深度学习模型来兼顾召回效果和召回效率，它们代表了召回层设计的新发展方向。在实现过程中，由于需要彻底推翻现有的 Embedding 召回的索引架构和模型训练框架，因此所需的工程开销极高。这也是笔者不推荐中小企业尝试这类方案的主要原因。

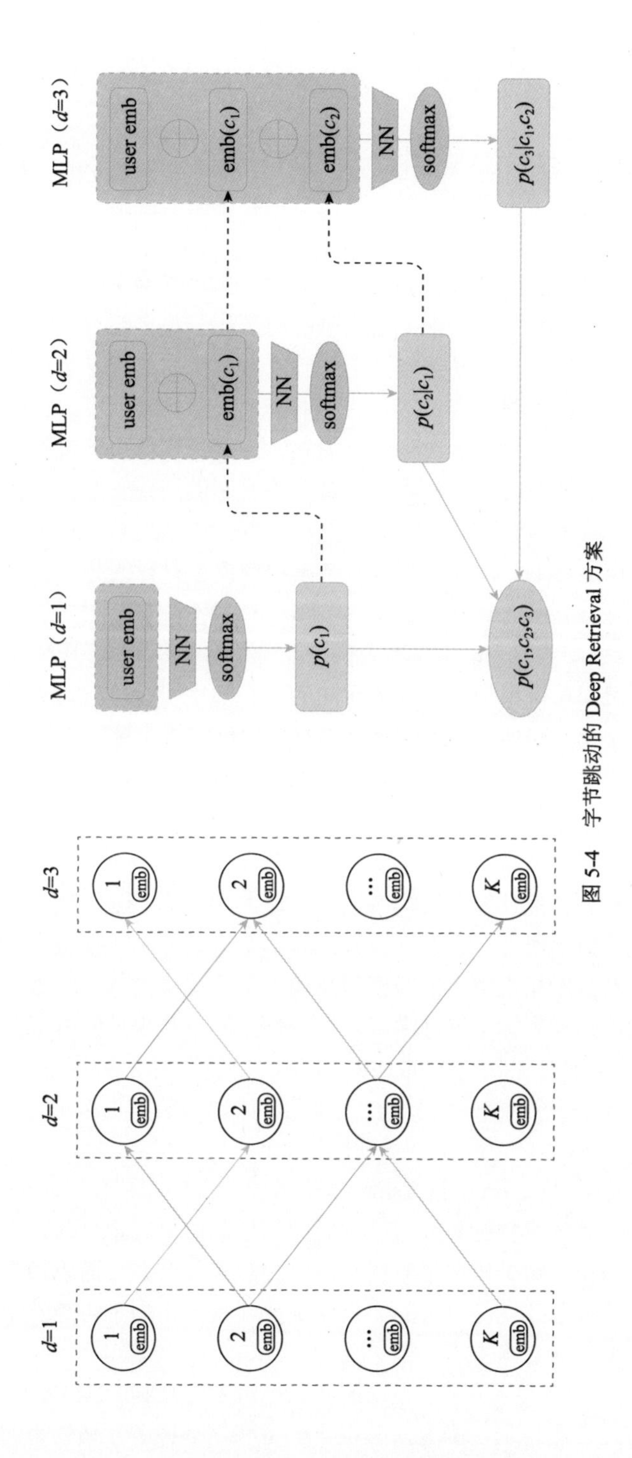

图 5-4 字节跳动的 Deep Retrieval 方案

5.2 承上启下的粗排层

5.1 节讲到了召回层从单策略召回到多路召回再到 Embedding 召回的演化过程。虽然 Embedding 召回具备强大的信息融合能力，但在业界主流的推荐系统中，Embedding 召回并不能完全替代其他召回策略。简单且有效的召回策略往往在实时性、可解释性上更胜一筹。因此，实际的推荐系统往往采用的是 Embedding 召回为主、多种召回策略为辅的多路召回架构。

既然是多路召回，自然面临两个无法回避的问题：一是多路召回的不同召回路径之间缺乏可比性，每一路径到底保留多少候选物品无法确定；二是在大型推荐系统中，多路召回的路径数往往很多，十几路到几十路都很正常，召回的物品总数也比较多，往往达到几百的规模，这会让排序层压力仍然过大。为了解决这两个问题，排序层往往会被拆解成粗排层和精排层。粗排层起着“承上启下”的关键作用，用于整合多路召回的结果，并按照精排层可承受的压力对候选集进行截断。

基于这样的“承上启下”定位，可以总结出粗排模型设计的关键点。

（1）粗排模型是一个排序模型，可以参考第 2～3 章介绍的推荐模型结构。由于对排序的速度有较高的要求，一些结构复杂的深度学习模型（如 Cross&Deep、DIEN 等）不适用于粗排模型。

（2）粗排模型是为精排模型选择候选物品的，它的学习目标应该与精排模型一致。如果二者的目标不同，搭配在一起使用一定会造成推荐效果的显著下降。

在这样的设计要求之下，粗排模型的技术发展分成两大流派，各有拥趸。

5.2.1 粗排模型的流派之争

第一个流派被称为“独立轻量级排序模型”流派（简称“独立派”）。这一派认为**粗排模型本身就是一个独立的排序模型**，它的学习方式和训练方式与精排模型没有任何区别，只不过要考虑模型的性能问题，不能采用复杂的模型结构。基于这样的认知，独立派的粗排模型仍然采用用户的实际反馈作为样本标签进行学习，模型预估的也是用户的喜好概率，这与精排模型完全一致。常用的模型结构包括传统的 LR、FM，以及深度学习模型中较简单的双塔模型、Wide&Deep 等。由于独立派的技术路线较为直观，所用的技术也都是之前讲过的，所以在这里不多做介绍。

第二个流派被称为“Learning to Rank”派（简称“LTR 派”）。这一派认为**粗排模型完全是为精排模型服务的**，其学习目标必须与精排模型的预测结果完全一致，二者配合起来才能发挥最大的作用。也就是说，粗排模型不应该学习用户的实际反馈，而应该学习精排模型的预估结果。这一认知带来的技术改变是巨大的，也就是说，粗排模型不再是一个独立的排序模型，而是一个依附于精排模型的 LTR 模型。

在介绍 LTR 派的主要技术之前，建议读者先思考独立派和 LTR 派谁更合理。从系统整体最优的角度考虑，LTR 派更合理，因为只有粗排模型和精排模型预估结果的顺序保持一致，系统才能最大程度地发挥学习能力最强的精排模型的能力。但在实际系统中，LTR 派会面临其他的现实问题，最典型的问题就是**粗排和精排模型的“共振现象”**。试想，如果精排模型发生了一些故障，排序能力下降，LTR 粗排模型学习的又是精排模型的排序结果，这就会导致粗排模型的排序能力随之下降，输入给精排模型的候选集质量下降，进入一个无法回正的恶性循环。独立派的粗排模型是独立于精排模型学习的，不存在这个问题。在实际的推荐系统中，独立派和 LTR

派的方案都有被采用，但采用后者的推荐系统往往需要一些应急纠错机制，让系统在发生共振现象时，能够被及时干预，摆脱恶性循环。

5.2.2 LTR 派的三种实现方案

顾名思义，“Learning to Rank”是一种通过不断学习排序结果来提升自己排序能力的机器学习算法或者模型。它的输入是一个列表，这个列表可以是搜索引擎的排序结果序列，也可以是推荐系统或者广告系统的推荐结果序列。通过学习这些序列，LTR 模型可以具备相似的排序能力。

为了学习排序列表，LTR 又可以分成三类学习方法。

1. 单点法

单点法（Pointwise Approaches）将排序问题简化为回归或分类问题。它评估单个物品的重要性或相关性得分，然后基于这些得分对候选物品排序。举例来说，如果推荐结果由 5 个物品组成，排第一的物品得分为 5，排第二的得分为 4，依此类推，排第五的得分为 1，其他不在列表中的物品得分为 0。单点法就是让模型直接学习这个得分，而不是整个序列。由于仅学习单个物品，这类方法其实与第 2 章和第 3 章介绍的推荐模型是一致的，因此从广义上讲，之前介绍过的推荐模型都可视为 Pointwise LTR 模型。

2. 配对法

配对法（Pairwise Approaches）侧重于学习正确的排序物品对。它通过比较“物品对”来学习排序，关注的是两个物品之间的相对顺序。举例来说，对于一个推荐列表 *ABCDE*，我们要先把这个列表转换成（$A>B$）、（$A>C$）、（$B>E$）等一系列的物品关系对，然后让模型学习这些关系对。

3. 列表法

列表法（Listwise Approaches）直接对整个物品列表进行建模和优化，即直接把排序列表输入模型进行学习，不需要任何转换。

在这三类方法之中，因为采用单点法的模型能够与精排层的推荐模型共享同样的技术栈和数据流，所以工业界最常用的是单点法。在实际应用中，工程架构上的统一和复用，能够节省非常多的资源开销和维护成本。很多算法团队甚至会对单点法的样本做进一步的简化，使之成为一个二分类问题。例如，对精排模型排名 Top n 的物品打上正样本标签，同时从候选库中随机采样一批物品作为负样本。这样就可以让 LTR 模型变成与精排模型完全一样的二分类模型，用同样的深度学习平台训练和部署粗排模型，最大程度地保证技术选型的一致性。

最不常用的是列表法。因为模型的输入是整个推荐列表，模型损失函数的定义依赖于衡量整个推荐列表的效果指标，例如 NDCG、MAP 等，所以无论是样本的构建还是损失函数的定义，复杂度都是最高的。这导致列表法 LTR 模型的训练复杂度和线上服务复杂度远高于其他两类 LTR 模型，因此较少被工业界采用。

相比单点法，配对法能够考虑推荐序列中的物品相对关系，又比列表法容易实现，因此配对法 LTR 模型也是粗排层的主要选型之一。在所有配对法 LTR 模型中，又以微软提出的 RankNet[3] 及其后续的 LambdaRank、LambdaMART 等方法为主流。这里主要介绍 RankNet 的原理。

5.2.3 RankNet 的原理

RankNet 的模型结构本身是灵活的，既可以采用各种深度学习网络，也可以采用一些传统的机器学习模型。利用配对法训练的 RankNet，其学习方式和排序效果的关键在于损失函数的定义，这也是 RankNet 的精髓所在。

具体来说，RankNet 的损失函数如下：给定一对物品 A 和 B，模型的预测目标是预测 A 排名高于 B 的概率。假设 s_A 和 s_B 分别是模型对 A 和 B 预测的分数，则 A 排名高于 B 的概率可以表示为式（5-1）。

$$P(A>B)=\frac{1}{1+\mathrm{e}^{-(s_A-s_B)}} \tag{5-1}$$

该公式是 sigmoid 函数的形式，旨在利用它良好的数学性质便于之后的求导计算。定义一个目标概率来表示 A 和 B 之间的排名关系，如式（5-2）所示：

$$\bar{P}(A>B)=\begin{cases}1, \text{ 如果 } A>B \\ 0.5, \text{ 如果 } A=B \\ 0, \text{ 如果 } A<B\end{cases} \tag{5-2}$$

其中，$A>B$ 代表 A 的排名高于 B。损失函数 L 可以定义为交叉熵损失：

$$L=-\bar{P}(A>B)\log(P(A>B))-(1-\bar{P}(A>B))\log(1-P(A>B)) \tag{5-3}$$

那么，RankNet 的训练过程就是通过调整模型参数来最小化这个损失函数。当损失函数最小时，意味着模型能够最大程度地准确预测对象间的相对排名。在训练完成后，RankNet 的预估阶段和正常的推荐模型无异，都是对物品逐个单独打分，然后通过排序选出 Top n 物品作为精排模型的候选集。

本节介绍了粗排层的作用和宏观的技术方案。由于学习目标的不同，独立派和 LTR 派提出了不同的解决方案。笔者从学习目标、样本构成和损失函数定义的角度介绍了粗排模型，没有过多涉及其结构。那么，在深度学习时代，粗排模型的结构经历了哪些变化呢？为了在算力和模型效果之间权衡，算法工程师又提出了哪些新方法呢？5.3 节将探讨这个问题。

5.3 算力和模型复杂度的较量

深度学习时代的算法工程师是一群总是在“算力限制”和“模型效果提升”的夹缝中挣扎的人。由于算力限制的存在，算法工程师不得不简化模型结构，而提升模型效果的压力又要求算法工程师“在螺蛳壳里做道场”，把复杂的模型尽量“塞入”资源有限的训练平台。粗排模型结构的演进体现了这一“纠结又妙趣横生”的过程。

5.3.1 阿里巴巴的粗排层方案 COLD

阿里巴巴的工程师在介绍他们的粗排方案时，描述了粗排模型的演进过程（如图 5-5 所示）。最初的粗排模型是基于后验统计信息的，就是用物品本身的历史平均 CTR 进行排序，更精确一点，可以先对用户分组，再根据物品在这一用户组内的平均 CTR 排序。可以说，这一阶段的粗排模型是非常朴素的。当然，从算力的角度看，这样的模型不存在算力和系统延迟的压力。

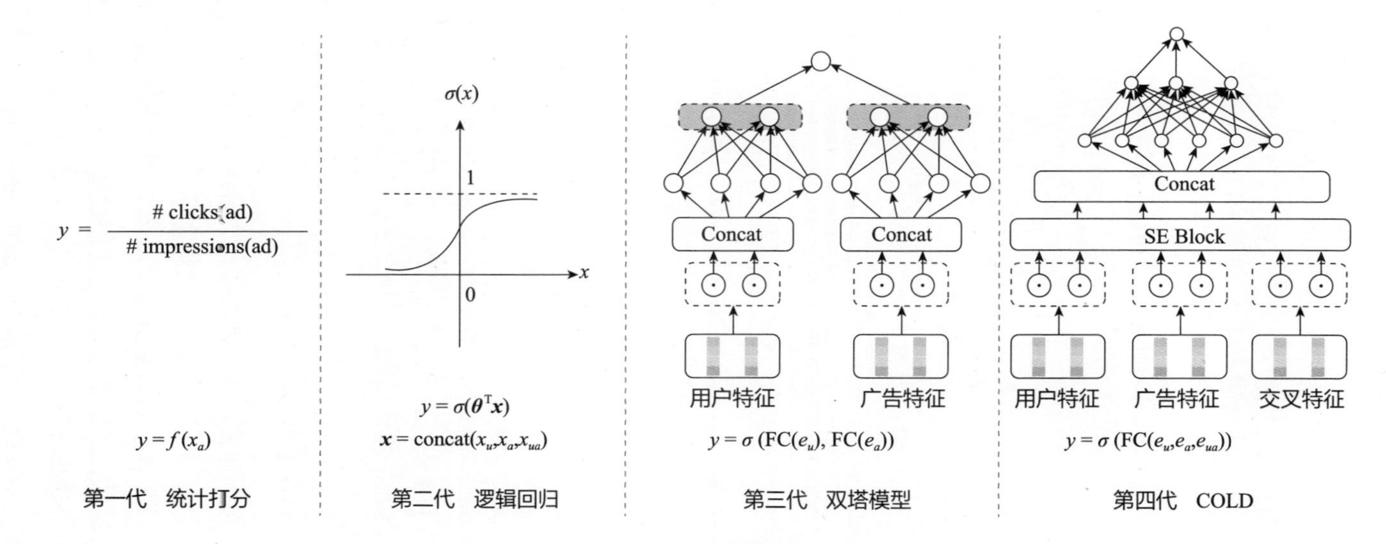

图 5-5　粗排模型的演进过程

随后，粗排模型经历了线性模型（LR）和 Embedding 双塔模型的阶段。由于双塔模型本身极佳的线上性能，粗排模型的算力压力得以缓解。但双塔模型无法引入实时特征和物品—用户交叉特征，这显然阻碍了粗排性能的进一步提升。那么，如何在用户塔和物品塔之上，加入几层神经网络，使之具备融合实时特征和交叉特征的能力，就成了不断勇攀高峰的算法工程师的下一个目标。

在这样的背景下，阿里巴巴的工程师提出了自己的解决方案 COLD[4]（Computing power cost-aware Online and Lightweight Deep pre-ranking system）。它的核心思想是，通过大量工程优化手段来平衡模型复杂度增加导致的算力需求增长，以支持实时特征、交叉特征和更复杂的网络结构。这些工程优化主要包括以下 4 项。

1. 特征筛选

为了精简 COLD 的特征规模，进而缩小网络规模，COLD 主要采用 SE（Squeeze-and-Excitation）block[5]的方法进行特征筛选。在得到特征的重要性得分之后，筛选出重要性高的 Top *K* 个特征作为候选特征，并按照算力的要求确定 *K* 的数值。

2. 降低网络训练精度

由于粗排模型对于训练精度的要求低于精排模型，因此通过降低训练精度，牺牲少量模型性能，达到大幅节省算力的目的是划算的。COLD 把默认的 Float32 的训练精度降低到 Float16。但在一些特殊情况下，例如进行 sum-pooling 操作时，中间数值有可能超出 Float16 的范围。针对这种情况，COLD 引入平滑函数，避免中间数值超出 Float16 的范围。

3. 多层级并行计算

粗排对于不同候选物品的计算是相互独立的，因此可以将计算拆分为多个并行的请求以同时进行计算，并在最后合并结果。在一次请求过程中，COLD 又采用多线程的方式并行完成不同特征的查询和预计算，并在全连接层网络的计算部分使用 GPU 加速，从而在不同粒度上全面完成粗排模型计算的并行化。

4. 特征的行计算改为列计算

在计算物品—用户交叉特征时，传统的方法是固定一个用户，逐个计算每个物品的交叉特征。但由于大部分物品特征是稀疏的，逐个访问每个物品特征时，很多特征值都为零，从而浪费了大量计算资源。因此，把以物品为索引的行计算改为以特征为索引的列计算就是一种可行的优化手段。在进行列计算时，可以将同一特征下特征值非零的物品连续存储，然后利用 GPU 超强的矩阵运算能力进行高密度计算，从而加速特征计算。在特征稀疏的推荐和广告场景下，这一优化操作的加速效果非常显著，如果能够联合 Feature Store（特征仓库）设计进行改进，将发挥更强的效果。

表 5-1 是双塔模型、COLD 和 DIEN 三个方案的效果和工程指标对比。可以看出，作为粗排层模型，COLD 在召回率的表现上已经接近复杂模型 DIEN，且工程指标大幅优于 DIEN，可以处理的请求量更是超过 DIEN 的 10 倍，因此 COLD 特别适合作为 DIEN 这类精排模型的粗排层模型。当然，相比工程化已经非常成熟的双塔模型，COLD 的工程指标仍然相去甚远，这也

从侧面验证了双塔模型作为召回模型的巨大优势。而“双塔召回—COLD 粗排—DIEN 精排”也就构成了一个可行性非常高、搭配非常合理的推荐系统级联模型组合。

表 5-1 双塔模型、COLD 和 DIEN 三个方案的效果和工程指标对比

方　案	召回率	QPS（次）	系统延迟（ms）
双塔模型	88%	60,000 以上	2
COLD	96%	6700	9.3
DIEN	100%	629	16.9

可以说，COLD 方案是通过工程优化提升粗排层性能的代表。算法工程师通过一系列近乎“炫技”式的技巧，硬生生地把复杂神经网络模型应用在粗排层。这对团队的工程能力要求是非常高的。那么，是否存在一种从模型角度出发的解决方案，通过简化精排模型生成一个效果差不多，但复杂度大幅降低的粗排模型呢？其实是有的，这就是下面要介绍的“知识蒸馏”方案。

5.3.2 知识蒸馏——解决召回粗排问题的新思路

顾名思义，知识蒸馏是把知识的精华从原有的复杂知识库中“蒸馏”出来，使知识的“总体积”大幅减少，但有用的知识损失很小，这契合了模型压缩的需求。通常，知识蒸馏采取 Teacher-Student 模式（如图 5-6 所示）：将复杂模型作为 Teacher，结构较为简单的模型作为 Student，用 Teacher 模型辅助 Student 模型的训练。Teacher 模型具备的知识多，但模型大，通过联合学习的方式把“暗知识”传授给简单的 Student 模型。在线上服务时，部署的是体积小、响应快的 Student 模型，Teacher 模型则仅在离线环境中负责指导和训练 Student 模型。

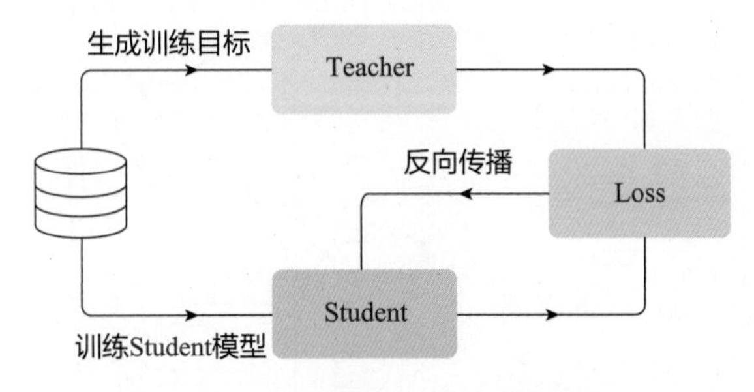

图 5-6 Teacher-Student 知识蒸馏模式

在推荐系统中，知识蒸馏往往用于召回和粗排模型的训练。复杂且精确的精排模型就是天生的 Teacher，而召回和粗排模型就是被训练的 Student。接下来，笔者参考腾讯在 2021 年提出的召回层知识蒸馏方案[6]详细介绍这一过程。

整个系统的架构如图 5-7 所示。乍一看，这是一个非常复杂的模型架构，但从左到右梳理一下，就会发现整个系统的逻辑并不难理解。整个系统是由左边的 Teacher 模型和右边的 Student 模型组成的。两者的连接主要体现在两个部分：下方的用户特征域和物品特征域部分与上方的 KL Loss 部分。这说明 Teacher 模型和 Student 模型共享同样的用户和物品特征，并通过 KL Loss 进行联合训练。换句话说，Student 模型就是通过 KL Loss 从 Teacher 模型中学习知识的。至于 KL Loss 到底是什么，在介绍模型训练时笔者再详细说明。

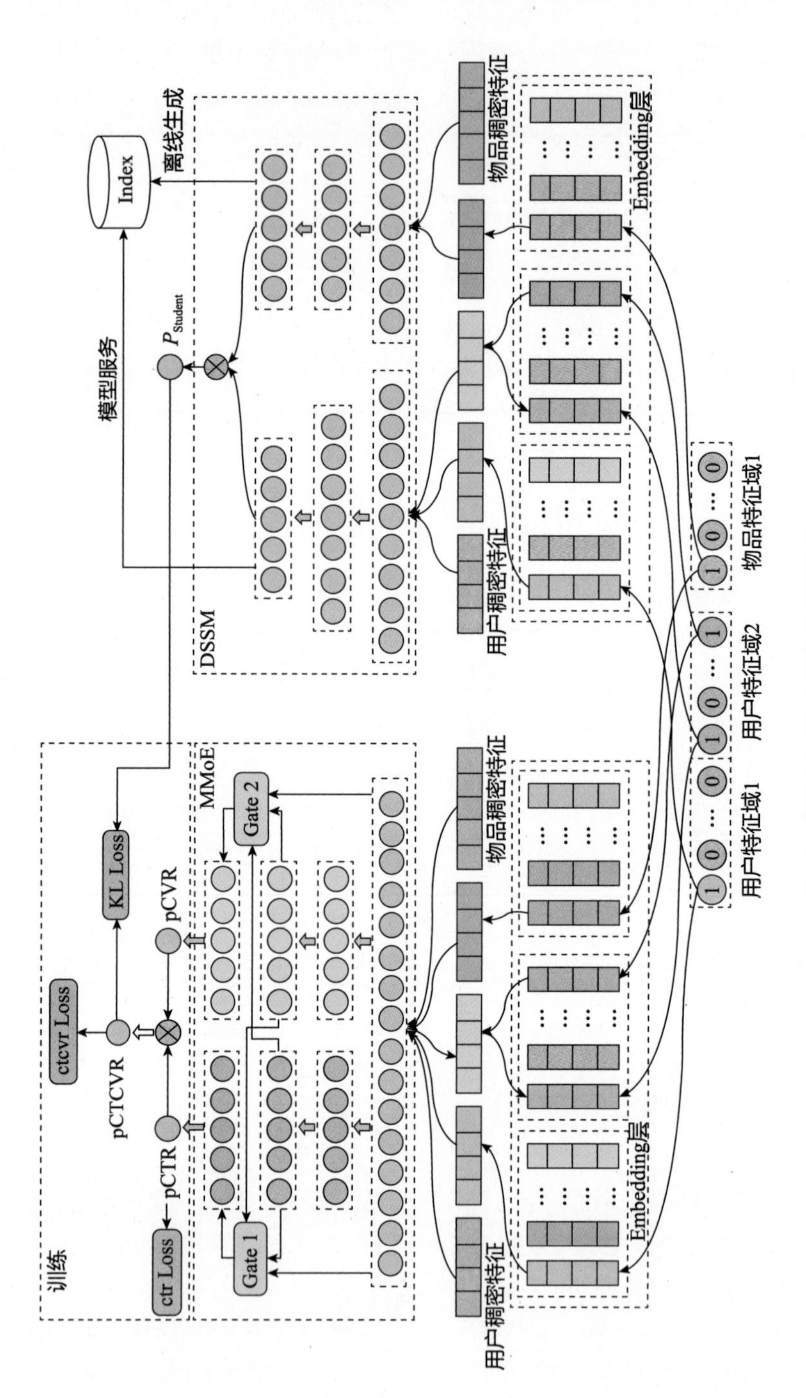

图 5-7 腾讯多目标知识蒸馏体系架构图

从模型结构上看，Teacher 模型是一个复杂的多目标学习模型。它基于底部的用户和物品特征构建，先把用户和物品的原始特征转换成 Embedding，再利用这些 Embedding 搭建一个 MMoE（Multi-gate Mixture-of-Experts）的多目标学习架构。左边部分的目标是学习 pCTR，也就是预估点击率；右边的目标是学习 pCVR，也就是预估转化率。最终，将二者相乘，得到 pCTCVR，也就是曝光转化率。因此，整个 Teacher 模型预估的是曝光转化率。

而右侧的 Student 模型就简单得多。它是一个基础的双塔架构，甚至都不需要知道具体预估的是什么，只需要通过 Teacher 模型回传的 KL Loss 更新参数就可以了。当 Student 模型完成学习后，就可以把用户塔和物品塔的 Embedding 上传给线上的 Embedding 服务器，构建召回或者粗排层。当然，Student 模型的结构也可以灵活调整。如果认为双塔模型的表达能力不够，可以用“双塔+MLP”的架构，甚至用其他更复杂的模型架构来代替，只要召回或者粗排服务能够支持这些模型的计算需求。

简单来说，知识蒸馏是通过让 Student 模型学习 Teacher 模型的 logits 来传递知识的。这里的 logits 可以理解成模型输入给最终的输出层之前生成的一个向量，代表了模型在不同分类上的概率分布。也就是说，如果能让 Student 模型预估的这个概率分布尽量接近 Teacher 模型，就意味着前者的学习能力跟后者很接近。

关键问题来了：这个“传道授业”的 KL Loss 到底是什么？它是怎样神奇地把 Teacher 的知识传授给 Student 的？

而如何衡量两个概率分布是否接近呢？最常用的指标就是 KL 散度（Kullback-Leibler Divergence），也叫相对熵。以 KL 散度为目标函数设计的损失函数，就是 KL Loss。通过学习 KL Loss，Student 模型自然可以让自己生成的 logits 更接近 Teacher 模型，也就是使自己的学习能力更接近 Teacher 模型。KL 散度的定义如式（5-4）所示：

$$\mathrm{KL}(P \| Q) = \sum_i P(i) \log\left(\frac{P(i)}{Q(i)}\right) \tag{5-4}$$

其中，$P(i)$和 $Q(i)$分别表示分布 P 和 Q 在第 i 个事件上的概率，这里就是指 Student 模型和 Teacher 模型的 logits 概率分布。

基础知识　什么是 logits

logits 是机器学习和深度学习领域在涉及分类任务时的一个术语。简单来说，logits 是一个模型在应用最终激活函数（例如 softmax 函数）之前，输出层产生的原始预测值（如图 5-8 所示）。因为这些值通常未缩放到特定范围内，也没有被归一化，所以它不是一个有物理意义的概率分布。但这一原始预测值已经足以代表模型的预估能力。

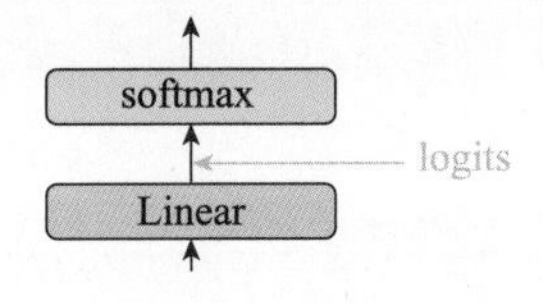

图 5-8　logits 示意图

更详细一点来说，在深度学习中，模型（如神经网络）通常经过多层神经网络进行计算，最终计算结果到达输出层。在分类任务中，输出层的目的是产生一个预测，表示输入样本属于每个可能类别的概率。要得到这一概率分布通常需要应用 softmax 或类似函数，应用 softmax 之前的原始模型输出值就是 logits。

在完成学习之后，左侧的 Teacher 模型可以作为精排模型，右侧的 Student 模型就是一个接近“完美”的粗排或者召回模型，因为它结构简单，学习目标与精排模型的一致性极强（学习的就是精排模型的 logits）。事实上，广义的知识蒸馏除了 logits 学习的方案，还包括直接学习 Teacher 模型的预估结果，读者可能会联想到 5.2 节提到的 LTR 方案。没错，如果 LTR 模型的结构是简单的，那么也可以归为知识蒸馏的一个特例。

5.4 冲破信息茧房的重排层

《淮南子》中有一句话非常有名——“先王之法，不涸泽而渔，不焚林而猎”，否定了做事只顾眼前利益，不做长远打算的做法。在推荐系统中，有没有所谓的眼前利益和长远打算呢？当然是有的。所有的用户和物品历史数据就像是一个鱼塘，如果推荐系统只顾着捞鱼，不往里面补充新的鱼苗，那么总有一天，鱼塘中的鱼资源会枯竭，最终无鱼可捞。

这里的“捞鱼”行为指的就是推荐系统一味依赖历史数据，根据用户历史进行推荐，而不注重发掘用户的新兴趣、新的优质物品。那么，“投放鱼苗”的行为自然就是指推荐系统主动试探用户的新兴趣点，主动推荐新的物品，以发掘有潜力的优质物品。在一个经典的推荐系统中，探索用户新兴趣点的技术往往会被放置在重排层。换个角度来看，重排层的主要作用就是防止用户落入“信息茧房”（如图 5-9 所示），导致兴趣逐渐收窄，系统可推荐的内容越来越少，最终造成用户流失。

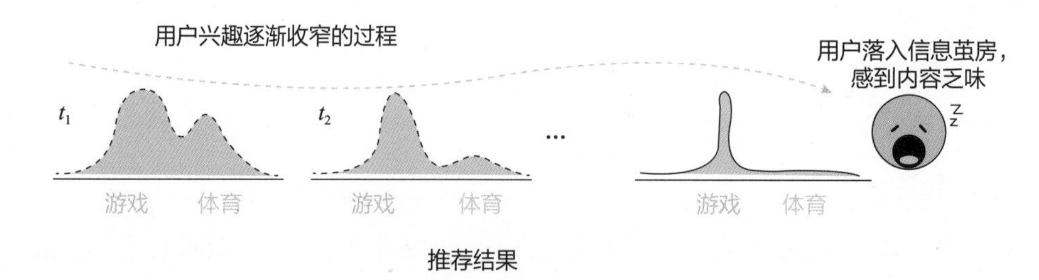

图 5-9 推荐系统的信息茧房现象

更具体地说，重排层肩负的使命主要包括以下几点。

（1）探索用户的新兴趣，提升推荐物品的多样性。

（2）从多个角度融合推荐结果，避免全部依赖推荐算法，导致推荐算法本身缺乏新的信息输入。

（3）满足不同业务需求，使推荐系统能够快速支持产品的新特性。例如，对某个固定物品的促销活动，对某类用户推荐结果的人工干预等。

（4）用更加直接的方法提升推荐系统的实时性、推荐结果的新鲜度，避免模型的复杂迭代。

在重排层的4个使命中，第3点和第4点其实更依赖非技术手段，更多的是配合业务部门的产品决策来实现推荐逻辑，对此本书不做过多介绍。第1点和第2点则是推荐系统需要解决的关键问题：如何提升推荐结果的多样性？但是推荐系统给用户推荐的物品数量是有限的，推荐用户喜欢的物品和探索用户的新兴趣这两件事都会占用宝贵的推荐机会，在推荐系统中应该如何权衡二者呢？这就是“探索与利用”试图解决的问题。本节将主要介绍提升推荐系统多样性的“探索与利用”技术。

目前解决探索与利用问题主要有三大类方法。

（1）**传统的探索与利用方法**：这类方法将问题简化成多臂老虎机问题（Multi-Armed Bandit problem，MAB）。主要的算法有ε-Greedy（ε贪婪）、Thompson Sampling（汤普森采样）和UCB。该类方法着重解决对新物品的探索和利用，并不考虑用户、上下文等因素，因此是非个性化的探索与利用方法。

（2）**个性化的探索与利用方法**：该类方法有效地结合了个性化推荐特点和探索与利用的思想，在考虑用户、上下文等因素的基础上进行探索与利用的权衡，因此被称为个性化探索与利用方法。

（3）**基于模型的多样性提升方法**：该类方法将探索与利用的思想融入推荐模型，利用深度学习模型提升推荐的多样性，是近年来的热点方向。

5.4.1 传统的探索与利用方法

传统的探索与利用方法要解决的是一个多臂老虎机问题。

基础知识　多臂老虎机问题

假设一个人站在一排老虎机（一种有摇臂的机器，投入一定金额的货币，摇动摇臂，随机获得一定收益）前，它们的外表一模一样，但每台老虎机获得回报的期望不同。刚开始这个人不知道这些老虎机获得回报的期望和概率分布，如果有N次机会，按什么顺序选择老虎机可以实现收益最大化呢？这就是多臂老虎机问题。

在推荐系统中，每个候选物品就是一台“老虎机”，系统向用户推荐物品就相当于选择“老虎机”的过程。推荐系统当然希望向用户推荐收益大的“老虎机”，以获得更好的整体收益。例如，对视频网站来说，“老虎机”的收益就是用户的观看时长，推荐系统向用户推荐观看时长期望较大的“老虎机”，以获取更高的整体收益，最大化整个视频网站的观看时长。

值得注意的是，在传统的多臂老虎机问题中，假设每台老虎机的回报期望对所有用户一视同仁。也就是说，这不是一个“个性化”的问题，而是一个脱离用户的、只针对老虎机的优化问题。解决传统多臂老虎机问题的主要算法有ε-Greedy、Thompson Sampling和UCB。

1. ε-Greedy算法

ε-Greedy算法的主要流程是：选一个位于[0,1]的数ε，每次以ε的概率在所有老虎机中随机选择，以 $(1-\varepsilon)$ 的概率选择截至当前平均收益最大的老虎机。摇臂后，根据回报值更新老虎机的回报期望。在推荐系统重排层的场景下，ε-Greedy 算法可以特化为“每次以 ε 的概率在所有候选物品中随机选择，以 $(1-\varepsilon)$ 的概率选择精排层输出的剩余候选集中点击率最高的物品”。

这里 ε 代表对“探索”的偏好程度，每次以概率 ε 去“探索”，以 $(1-\varepsilon)$ 的概率来“利用”，基于被选择物品的回报更新该物品的回报期望。从本质上讲，“探索”的过程其实是一个收集未知信息的过程，而“利用”的过程则是对已知信息的“贪心”利用过程，ε 这一概率值正是“探索”和“利用”的权衡点。

ε-Greedy 算法是非常简单实用的探索与利用算法，但其对探索部分和利用部分的划分还略显粗暴和生硬。例如，在进行一段时间的探索后再继续探索，收益已经没有之前大了。这时，应该逐渐减小 ε 的值，增加利用部分的占比。另外，对每个老虎机进行完全“随机”的探索也不是高效的探索策略。例如，有的老虎机已经积累了丰富的信息，不需要再通过探索来收集信息，这时就应该使探索的机会更倾向于那些不常被选择的老虎机。为了改进 ε-Greedy 算法的这些缺陷，启发式探索与利用算法被提出。

2. Thompson Sampling 算法

Thompson Sampling[7]是一种经典的启发式探索与利用算法。该算法假设每台老虎机能够赢钱（这里假设赢钱的数额一致）的概率是 p，同时概率 p 的分布符合 B(win, lose)分布（中文名贝塔分布），每台老虎机都维护一组 B 分布的参数，即 win 和 lose。每次试验后，选中一台老虎机，摇臂后，如有收益（这里假设收益是二值的，即 0 或 1），则该老虎机的 win 参数增加 1；否则，该老虎机的 lose 参数增加 1。

每次选择老虎机的方式是：利用每台老虎机现有的 B 分布产生一个随机数 b，逐一生成每台老虎机的随机数，选择随机数中最大的那台老虎机进行尝试。

综上，Thompson Sampling 算法流程的伪代码如代码 5-1 所示。

代码 5-1 Thompson Sampling 算法流程的伪代码

```
Initialize S_{j,1} = 0, F_{j,1} = 0 for j = 1,…,k
for t = 1,2,…, totalIterations do
    Draw p_{j,t} from Beta(S_{j,t} +1, F_{j,t}+1) for j = 1,…,k
    Play I_t = j for j with maximum p_{j,t}
    Observe reward X_{It,t}
    Update posterior
    Set S_{It,t+1} = S_{It,t}+X_{It,t}
    Set F_{It,t+1} = F_{It,t}+1-X_{It,t}
end for
```

需要进一步解释的是，为什么可以假设赢钱的概率 p 服从 B 分布。到底什么是 B 分布？B 分布是伯努利分布的共轭先验分布。掷硬币的过程就是标准的伯努利过程，如果为硬币朝上的概率指定一个先验分布，那么这个分布就是 B 分布。CTR 问题和掷硬币都可以看作伯努利过程（可以把 CTR 问题看成一个掷偏心硬币的过程，点击率就是硬币朝上的概率），因此 Thompson Sampling 算法同样适用于 CTR 等推荐场景。

将 Thompson Sampling 应用于重排层，需要对其进行一定程度的改造。例如，可以将精排模型输出的预估值作为 Thompson Sampling 的收益期望，同时利用物品被推荐的次数生成 B 分布，这样就可以通过 Thompson Sampling 过程对物品重排，兼顾精排输出与物品的多样性。

3. UCB 算法

UCB 是另一种经典的启发式探索与利用算法，与 Thompson Sampling 算法一样，也利用了分布的不确定性作为探索强弱程度的依据。但在形式上，UCB 更便于工程实现，其算法流程如下：

（1）假设有 K 台老虎机，对每台老虎机随机摇臂 m 次，获得老虎机 j 收益的初始化经验期望为 $\bar{x}_j$。

（2）用 t 表示至今摇臂的总次数，用 n_j 表示第 j 台老虎机至今被摇臂的次数，计算每台老虎机的 UCB 值，如式（5-5）所示。

$$\mathrm{UCB}(j)=\bar{x}_j+\sqrt{\frac{2\log t}{n_j}} \tag{5-5}$$

（3）选择 UCB 值最大的老虎机 i 摇臂，并观察其收益 $X_{i,t}$。

（4）根据 $X_{i,t}$ 更新老虎机 i 的收益期望值 $\bar{x}_i$。

（5）重复第 2 步。

UCB 算法的重点是 UCB 值的计算方法，式（5-5）中的 $\bar{x}_j$ 指的是老虎机 j 之前的实验收益期望，这部分可以被看作“利用”的分值；而 $\sqrt{\frac{2\log t}{n_{j,}}}$ 就是所谓的置信区间宽度，代表“探索”的分值。二者相加就是老虎机 j 的置信区间上界。与 Thompson Sampling 一样，为了将 UCB 应用于重排层，也需要对其进行一定程度的改造，比如将精排预估值作为 UCB 算法中的收益期望 $\bar{x}_i$，同时保留置信区间宽度的计算方式。

UCB 和 Thompson Sampling 都是工程中常用的探索与利用方法，但这类传统的探索与利用方法无法解决引入个性化特征的问题。这严重限制了探索与利用方法在个性化推荐场景下的使用。因此，个性化的探索与利用方法被提出。

5.4.2 个性化的探索与利用方法

传统探索与利用方法的弊端是无法引入用户的上下文和个性化信息，只能进行全局性的探索。事实上，在冷启动场景下，即使是已经被充分探索的商品，对于新用户而言仍是陌生的，用户对于这个商品的态度是未知的。另外，一个商品在不同上下文中的表现也不尽相同。例如，一个商品在首页的表现和在品类页的表现很可能由于页面上下文环境的变化而截然不同。因此，在传统探索与利用方法的基础上，引入个性化信息是非常重要的，这类方法通常被称为基于上下文的多臂老虎机算法（Contextual-Bandit Algorithm），其中最具代表性的算法是 2010 年由雅虎实验室提出的 LinUCB 算法[8]。

LinUCB 算法的名称就描述了其基本原理，其中 Lin 代表的是 Linear（线性），因为 LinUCB 是建立在线性推荐模型或 CTR 预估模型之上的。线性模型的数学形式如式（5-6）所示。

$$E\left[\boldsymbol{r}_{t,a}\middle|\boldsymbol{x}_{t,a}\right]=\boldsymbol{x}_{t,a}^{\mathrm{T}}\boldsymbol{\theta}_a^* \tag{5-6}$$

其中，$\boldsymbol{x}_{t,a}$ 代表老虎机 a 在第 t 次试验中的特征向量，$\boldsymbol{\theta}^*_a$ 代表模型参数，$\boldsymbol{r}_{t,a}$ 代表摇动老虎机 a 获得的回报。因此，式（5-6）预测的是在特征向量 $\boldsymbol{x}_{t,a}$ 的条件下，摇动老虎机 a 获得的回报期望。

为了训练得到每台老虎机的模型参数 $\boldsymbol{\theta}^*_a$，雅虎实验室根据线性模型的形式采用了经典的岭回归（Ridge Regression）训练方法，如式（5-7）所示。

$$\widehat{\theta_a} = \left(\boldsymbol{D}_a^{\mathrm{T}}\boldsymbol{D}_a + \boldsymbol{I}_d\right)^{-1}\boldsymbol{D}_a^{\mathrm{T}}\boldsymbol{c}_a \tag{5-7}$$

其中，$\boldsymbol{I}_d$ 是 $d \times d$ 维的单位向量；d 指的是老虎机 a 特征向量的维度；矩阵 $\boldsymbol{D}$ 是一个 $m \times d$ 的样本矩阵，m 指的是训练样本中与老虎机 a 相关的 m 个训练样本，所以矩阵 $\boldsymbol{D}$ 的每一行就是一个与老虎机 a 相关样本的特征向量；向量 $\boldsymbol{c}_a$ 是所有样本的标签组成的向量，顺序与矩阵 $\boldsymbol{D}$ 的样本顺序一致。

LinUCB 沿用 UCB 的基本思路计算探索部分的得分，但需要将传统 UCB 方法扩展到线性模型场景。

传统 UCB 利用切诺夫-霍夫丁不等式得到探索部分的得分。LinUCB 的探索部分得分由式（5-8）定义。

$$\alpha\sqrt{\boldsymbol{x}_{t,a}^{\mathrm{T}}\boldsymbol{A}_a^{-1}\boldsymbol{x}_{t,a}} \tag{5-8}$$

其中，$\boldsymbol{x}_{t,a}$ 是老虎机 a 的特征向量，α 被认为是一个控制探索力度强弱的超参数。矩阵 $\boldsymbol{A}$ 的定义如式（5-9）所示。

$$\boldsymbol{A}_a \overset{\text{def}}{=} \boldsymbol{D}_a^{\mathrm{T}}\boldsymbol{D}_a + \boldsymbol{I}_d \tag{5-9}$$

其中，$\boldsymbol{D}_a$、$\boldsymbol{I}_d$ 的定义已由式（5-7）给出。

至此，LinUCB 算法的所有相关定义就完成了。读者可能会有疑问：为什么 LinUCB 探索部分的得分是式（5-8）的形式？探索部分的得分本质上是对预测不确定性的一种估计，预测的不确定性越高，抽样得出高分的可能性就越大。因此，LinUCB 中探索部分的得分也是对线性模型预测不确定性的估计。

根据岭回归的特点，模型的预测方差（variance）是 $\boldsymbol{x}_{t,a}^{\mathrm{T}}\boldsymbol{A}_a^{-1}\boldsymbol{x}_{t,a}$，$\sqrt{\boldsymbol{x}_{t,a}^{\mathrm{T}}\boldsymbol{A}_a^{-1}\boldsymbol{x}_{t,a}}$ 是预测标准差，也就是 LinUCB 中探索部分的分值。所以，本质上无论是 UCB、Thompson Sampling，还是 LinUCB，都是对预测不确定性的一种测量。对于其他任意预估模型，如果能够找到测量预测不确定性的办法，一样能构建出相应的探索与利用方法。

有了利用部分和探索部分的定义，LinUCB 的算法流程就能顺理成章地写出来，如代码 5-2 所示。

代码 5-2 LinUCB 算法的伪代码

```
for t = 1,2,3,…,T do
    Observe features of all arms a  a∈A_t, x_{t,a}∈R^d
    for all a∈A_t do
        if a is new then
            A_a ← I_d (d − dimensional identity matrix)
            b_a ← 0_{d×1} (d − dimensional zero vector)
        end if
        θ̂_a ← A_a^{-1} b_a
        p_{t,a} ← θ̂_a^T x_{t,a} + α sqrt(x_{a,a}^T A_a^{-1} x_{t,a})
    end for
```

```
        Choose arm $a_t = \arg\max_{a \in A_t} p_{t,a}$ with ties broken arbitrarily, and observe a real-valued payoff $r_t$
        $\boldsymbol{A}_{a_t} \leftarrow \boldsymbol{A}_{a_t} + \boldsymbol{x}_{t,a_t}\boldsymbol{x}_{t,a_t}^{\mathrm{T}}$
        $\boldsymbol{b}_{a_t} \leftarrow \boldsymbol{b}_{a_t} + r_t\boldsymbol{x}_{t,a_t}$
    end for
```

可以看出，该算法的流程框架与 Thompson Sampling 和 UCB 的一致，唯一的不同之处在于挑选老虎机时使用了 LinUCB 的探索与利用得分计算方法，并且在更新模型时，需要使用基于岭回归的模型更新方法。

LinUCB 的提出无疑增强了模型预测的准确度和探索的针对性。但是，LinUCB 也存在着一定的局限性。正如上文所说，为了针对线性模型找到合适的探索分数，LinUCB 需要严格的理论支撑以得到预测标准差的具体形式。随着推荐模型进入深度学习时代，深度学习的数学形式难以被准确表达，预测标准差几乎不可能通过严格的理论推导得到。在这样的情况下，如何将探索与利用的思想同深度学习模型结合呢？

5.4.3 基于深度学习模型的多样性重排方法

无论是传统的探索与利用方法，还是以 LinUCB 为代表的个性化探索与利用方法，都存在一个显著的问题——无法与深度学习模型进行有效的整合。例如，对 LinUCB 来说，其应用的前提就是假设推荐模型是一个线性模型，如果把预测模型改为一个深度学习模型，那么 LinUCB 的理论框架就不再自洽。有没有基于深度学习模型提升多样性的方法，能够替代传统的探索与利用方法呢？当然是有的。下面将介绍 Airbnb 在 2020 年发表的论文 *Managing Diversity in Airbnb Search*[9]中提出的深度学习重排模型。

Airbnb 是全球最大的房屋短租网站，其推荐系统的主要任务是根据用户的搜索词推荐短租房。如图 5-10 所示，Airbnb 的推荐过程可以简化为排序阶段和重排阶段。排序阶段利用主排序模型选出 Top 1000 的短租房，再经过重排阶段进行重排，以提升整体的推荐效果。

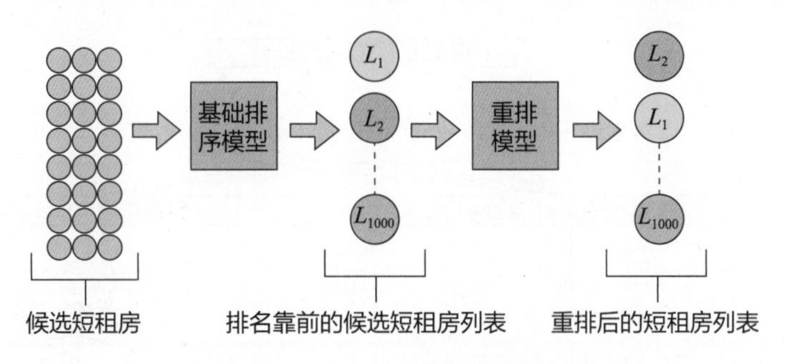

图 5-10　Airbnb 的推荐过程

Airbnb 的重排模型是一个简单的双塔结构，左塔是短租房 Embedding 塔（Listing Tower Embedding），右塔是查询上下文 Embedding 塔（Query Context Embedding）。比较独特的是它的训练方式——采用 LTR 模型的 pairwise 训练方式（如图 5-11 所示）。每个训练样本由一个正样本（被预订的短租房）和一个负样本（未被预订的短租房）配对组成，模型的损失函数采用了 pairwise loss。其目的是让被预订的短租房 Embedding 更加接近查询上下文 Embedding，同时未被预订的短租房 Embedding 远离查询上下文 Embedding。

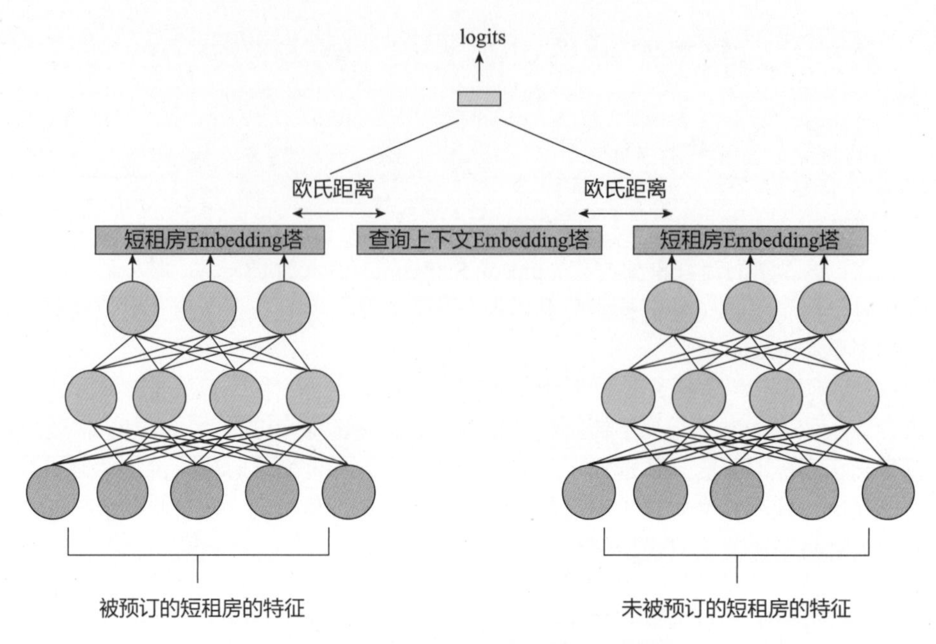

图 5-11 Airbnb 的重排模型训练方式示意图

细心的读者可能会有疑问，这样一个简单的结构与召回和排序层经常用的双塔模型也没什么不一样，它是怎么解决多样性问题的呢？关键就在于查询上下文 Embedding 的生成方式。如图 5-12 所示，查询上下文 Embedding 是由一个预训练网络生成的。它的输入由左边的精排物品序列（输入短租房序列）和右边的查询及用户特征组成。左边的物品序列输入 LSTM 序列模型，将 LSTM 对下一个物品的预测 Embedding 作为下一层的输入。右边的查询及用户特征经过几层全连接网络，生成了查询和用户 Embedding。将两部分 Embedding 连接起来，经过一层全连接层，生成最终的查询上下文 Embedding。可以简单地理解为，查询上下文 Embedding 浓缩了精排序列、用户信息及查询中包含的所有相关信息。

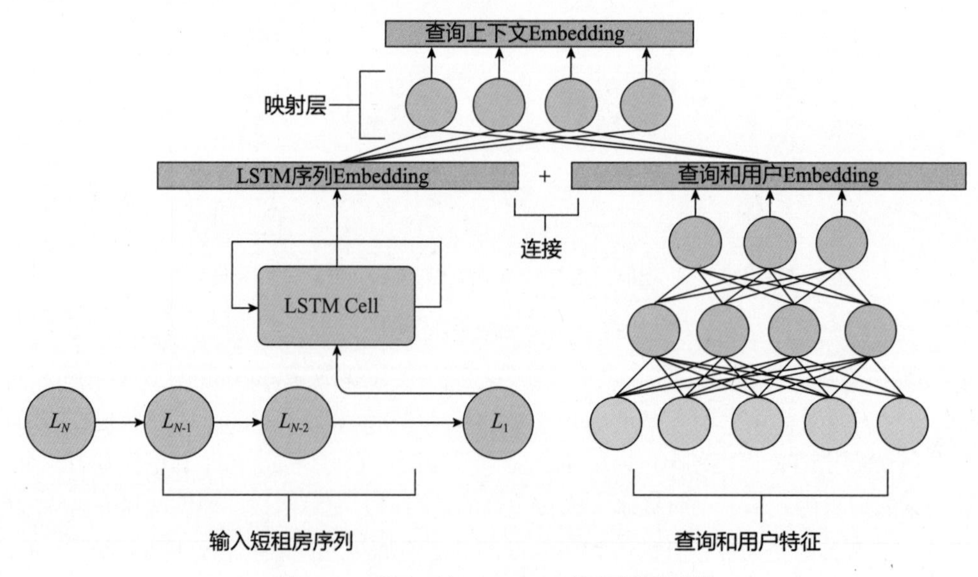

图 5-12 查询上下文 Embedding 的生成模型结构

重排模型中的物品 Embedding 通过双塔模型计算与查询上下文 Embedding 的相似度，得到新的排序得分，再根据该得分进行物品重排，得到最终的推荐序列。从 Airbnb 论文中给出的结果来看，该重排模型将 NDCG（Normalized Discounted Cumulative Gain，归一化折扣累计增益）指标提升了 1.26%，将物品多样性指标提升了 1.97%。可以说，无论是在推荐效果还是在多样性方面都有显著提升。

看似简单的重排结构，为什么能显著提升效果？从原理上看，虽然深度学习模型有一定的黑盒特性，但我们仍能尝试解释该方案的合理性。查询上下文 Embedding 实际上包含了精排序列的信息，而候选物品 Embedding 与查询上下文 Embedding 通过双塔模型的交叉，实际上表征了候选物品之间的关系。例如，候选物品与精排序列的大部分物品都不一样，但实际点击率较高，模型自然会学习到这样的知识，进而倾向于提升该候选物品的排名，从而增加多样性。再比如，候选物品的精排序列排名虽然较高，但与精排序列的其他大部分物品较相似，实际点击率较低，模型也会学到这样的知识，并倾向于降低同质化物品的排名，提升整个序列的多样性。进一步说，这里模型结构的选择并不是唯一的，理论上只要在模型中能够表征推荐序列中候选物品之间关系的结构，就能够起到类似的提升多样性的作用。

由于重排层承担的功能比较繁杂，不同推荐系统对重排层的使用方式也不尽相同，因此重排层的技术方案形式多样。除了本节介绍的几种经典方案，还有行列式点过程（Determinantal Point Processes，DPP）[10]、基于深度学习的个性化重排（Personalized Re-ranking for Recommendation，PRM）[11]、基于强化学习的 Seq2Slate[12]等，感兴趣的读者可以查找相关资料进一步学习。

5.5 总结——天下大势，合久必分，分久必合

本章重点介绍了推荐系统级联结构中召回层、粗排层和重排层的关键技术。其中，召回层的设计从最简单的单路召回向多路召回演进，Embedding 召回凭借其强大的信息融合能力和线上高效的召回效果，成为多路召回中最主要的一路。阿里巴巴、字节跳动等一线大厂希望进一步突破 Embedding 召回表达能力的限制，又提出了 TDM 和 Deep Retrieval 召回方案。它们都使用了更复杂的召回索引结构和与之匹配的深度学习模型，在满足索引效率要求的同时，利用复杂模型保证召回的精确度和召回率。

粗排层的存在是为了融合多路召回结果，并为精排层进一步筛选候选集。根据学习目标的不同，直接学习用户反馈标签的一派被称为“独立派”，而学习精排模型排序结果的一派被称为“LTR 派”。LTR 派又分为单点法、配对法和列表法。针对召回和粗排层的优化，算法工程师始终在“算力约束”和“推荐效果”的夹缝中求发展。他们的解决方案大致可以分为两条路线：一条是从工程角度入手，尽最大努力降低复杂模型线上推断的资源消耗和系统延迟，让有限的算力发挥出更大的作用，COLD 方案是这条路线的代表；另一条是知识蒸馏，它一般使用 Teacher-Student 知识蒸馏模式，让简单的 Student 模型尽可能学习 Teacher 模型的知识，并在召回或者粗排层应用 Student 模型进行线上排序，这条路线的典型案例是腾讯基于 logits 学习的多目标知识蒸馏方案。

重排层的存在是为了进一步融合业务需求，并增强推荐结果的多样性、实时性及新鲜度。其中，多样性的增强是突破推荐系统信息茧房的关键。为此，一系列“探索与利用”的方法被提出，通过 Thompson Sampling、UCB、LinUCB、深度学习重排模型等方法，推荐系统在兼顾推荐效果的同时增强多样性，满足用户的短期兴趣需求和长期兴趣需求。

召回、粗排和重排技术的迭代仍在进行。所谓“天下大势，合久必分，分久必合”，随着算法工程师进一步突破工程限制，在召回和粗排阶段应用更多的复杂模型，我们似乎看到了召回、粗排、精排模型合并的曙光，而重排算法也越来越多地与精排模型结合，寻求一致性更强的解决思路。随着深度学习技术的进一步发展，会不会有一个统一的模型架构取代复杂的级联架构？我们已经看到了这样的趋势。未来模型架构如何进化，让我们拭目以待。

参 考 文 献

[1] ZHU H, LI X, ZHANG P, et al.Learning Tree-based Deep Model for Recommender Systems[C]//Proceedings of the 24th ACM SIGKDD International Conference on Knowledge Discovery & Data Mining, 2018: 1079-1088.

[2] GAO W, FAN X, WANG C, et al.Deep Retrieval: Learning a Retrievable Structure for Large-scale Recommendations [EB/OL].arXiv preprint arXiv: 2007.07203, 2020.

[3] BURGES CJ.From RankNet to LambdaRank to LambdaMART: an Overview[J].Learning, 2010, 11(23-581): 81.

[4] WANG Z, ZHAO L, JIANG B, et al.COLD: Towards the Next Generation of Pre-ranking System[EB/OL].arXiv preprint arXiv: 2007.16122, 2020.

[5] HU J, SHEN L, SUN G.Squeeze-and-Excitation Networks[C]//Proceedings of the IEEE Conference on Computer Vision and Pattern Recognition, 2018: 7132-7141.

[6] ZHAO Z, FU Y, LIANG H, et al.Distillation Based Multi-task Learning: A Candidate Generation Model for Improving Reading Duration.arXiv preprint arXiv: 2102.07142, 2021.

[7] CHAPELLE O, LI LH.An Empirical Evaluation of Thompson Sampling[C]//Advances in Neural Information Processing Systems, 2011.

[8] LI L, CHU W, LANGFORD J, et al.A Contextual-bandit Approach to Personalized News Article Recommendation[C]// Proceedings of the 19th International Conference on World Wide Web, 2010: 661-670.

[9] ABDOOL M, HALDAR M, RAMANATHAN P, et al.Managing Diversity in Airbnb Search[C]//Proceedings of the 26th ACM SIGKDD International Conference on Knowledge Discovery & Data Mining, 2020: 2952-2960.

[10] CHEN L, ZHANG G, ZHOU E.Fast Greedy Map Inference for Determinantal Point Processes to Improve Recommendation Diversity[J].Advances in Neural Information Processing Systems, 2018, 31.

[11] PEI C, ZHANG Y, ZHANG Y, et al.Personalized Re-ranking for Recommendation[C]//Proceedings of the 13th ACM Conference on Recommender Systems, 2019: 3-11.

[12] BELLO I, KULKARNI S, JAIN S, et al.Seq2Slate: Re-ranking and Slate Optimization with RNNs.arXiv preprint arXiv: 1810.02019, 2018.

第 6 章 多个角度——推荐系统中的其他重要问题

在构建推荐系统的过程中，推荐模型虽然至关重要，但这绝不意味着它就是推荐系统的全部。事实上，推荐系统需要解决的问题是综合性的，任何一个技术细节的缺失都会影响最终的推荐效果。因此，推荐工程师必须从不同的角度审视推荐系统，不仅要抓住问题的核心，还要从整体上思考推荐问题。

本章从 5 个不同的角度切入推荐系统，希望能够较为全面地覆盖推荐系统相关的核心知识，具体包括以下内容。

（1）如何合理地设定推荐系统中的优化目标？

（2）如何解决推荐系统的冷启动问题？

（3）如何消除推荐系统中的“偏见”？

（4）解决推荐系统隐私合规问题的利器——联邦学习是什么？

（5）推荐系统中比模型结构优化更重要的是什么？

以上 5 个问题之间没有直接的逻辑关系，但它们都是推荐系统中除推荐模型外不可或缺的组成部分。只有理解它们，才能构建出功能全面、架构成熟的推荐系统。

6.1 如何合理地设定推荐系统中的优化目标

某知名互联网公司 CEO 说过：“不要用战术上的勤奋掩盖战略上的懒惰。”这句话同样适用于技术的创新和应用。如果一项技术本身是新颖的、先进的，但其应用方向与实际需求偏离，那么这项技术的成果不可能是显著的。在推荐系统中，如果推荐模型的优化目标不准确，即使模型的评估指标再好，也可能与实际希望达到的业务目标南辕北辙。因此，避免战略性失误，合理设定推荐系统的优化目标，是每位算法工程师在构建推荐系统之前应该着重思考的问题。

设定“合理”的推荐系统优化目标，首先需要确立“合理”的推荐系统成功标准。对商业公司而言，推荐系统的目标大多是实现某个商业目标，所以根据公司的商业目标制定的推荐系统优化目标就是“合理”的战略性目标。下面通过 YouTube 和阿里巴巴推荐系统的例子进一步说明这一点。

6.1.1 YouTube 以观看时长为优化目标的合理性

在 1.1 节中，笔者以 YouTube 推荐系统[1]为例，强调了推荐系统在实现公司商业目标增长过程中扮演的关键角色。YouTube 的主要商业模式是通过免费视频带来广告收入，它的视频广告会阶段性地出现在视频播放之前和视频播放的过程中。因此，YouTube 的广告收入是与用户观看时长成正比的。为了实现公司的商业目标，YouTube 推荐系统的优化目标并不是点击率、播放率等通常意义上的 CTR 预估类的优化目标，而是用户的播放时长。

点击率等指标与用户播放时长虽然有相关性，但二者在“优化动机”上仍存在一些差异。如果以点击率为优化目标，那么推荐系统会倾向于推荐那些“标题党”或预览图“劲爆”的短视频；而如果以播放时长为优化目标，那么推荐系统就会考虑视频的长短、质量等特征，可能会推荐高质量的电影或连续剧。不同的优化目标会导致推荐系统倾向性的不同，进而影响“增加用户播放时长”这一商业目标的实现。

在 YouTube 推荐系统的排序模型中（如图 6-1 所示），引入播放时长作为优化目标的方式非常巧妙。该排序模型原本是把推荐问题当作分类问题对待的，即预测用户是否会点击某个视频。

既然是分类问题，理论上就很难预测播放时长（预测播放时长应该是回归模型做的事情）。YouTube 团队巧妙地把播放时长转换成正样本的权重，输出层利用加权逻辑回归（Weighted Logistic Regression）进行训练，在预测过程中利用 e^{Wx+b} 算式计算样本的概率（Odds），这一概率就是模型对播放时长的预测。

YouTube 对于播放时长的预测符合其广告营利模式和商业利益，从中也可以看出制定一个合理的优化目标对于实现推荐系统的商业目标是必要且关键的。

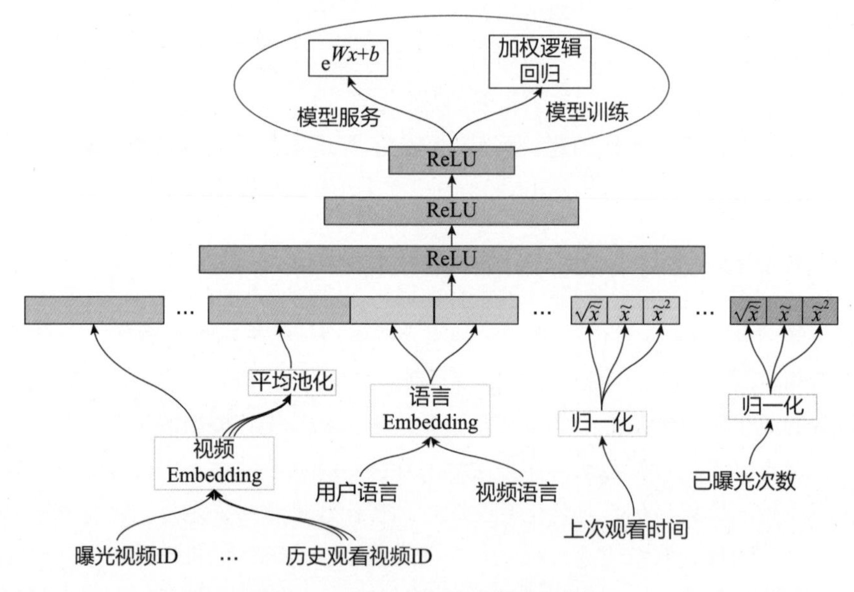

图 6-1 YouTube 推荐系统的排序模型

相比视频类公司，对阿里巴巴等电商类公司来说，自然不存在播放时长这样的指标，那么阿里巴巴在制定其推荐系统优化目标时，考虑的关键因素有哪些呢？

6.1.2 模型优化和应用场景的一致性

制定优化目标时，还应该考虑模型优化场景和应用场景的一致性。在这一点上，阿里巴巴的多目标优化模型做出了很好的示范。

在天猫、淘宝等电商类网站上，用户从登录到购买的过程可以抽象成两步：

（1）产品曝光，用户浏览商品详情页。

（2）用户产生购买行为。

与 YouTube 等视频网站不同，对电商类网站而言，公司的商业目标是通过推荐使用户产生更多的购买行为。按照“优化目标应与公司商业目标一致”的原则，电商类网站的推荐模型应该是一个 CVR 预估模型。

由于购买行为是在第二步产生的，因此在训练 CVR 模型时，直观的做法是采用“点击数据+转化数据”（图 6-2 中粉色和黄色区域数据）的方法训练 CVR 模型。由于用户登录后首先看到的并不是具体的商品详情页，而是首页或者商品列表页，因此 CVR 模型需要在产品曝光的场景（图 6-2 中最外层圈内的数据）下进行预估。这就导致训练空间与预估空间不一致。这种差异会使模型产生有偏的预估结果，进而影响推荐系统的效果。

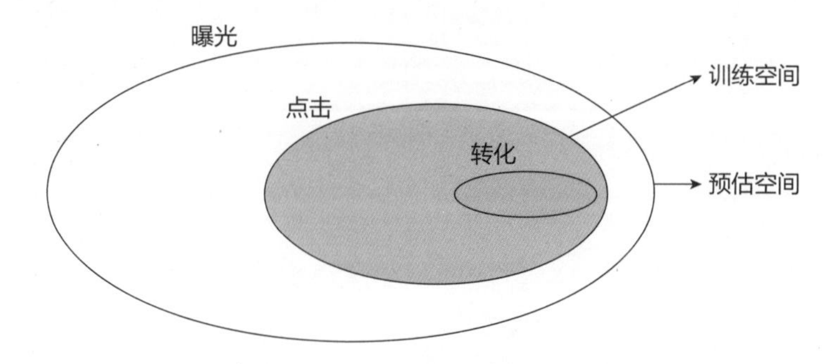

图 6-2 训练空间和预估空间不一致

当然，可以换个思路解决问题，即针对第一步的场景，构建 CTR 预估模型；再针对第二步的场景，构建 CVR 预估模型。针对不同的应用场景应用不同的预估模型，这也是电商或广告类公司经常采用的做法。但这个方案的尴尬之处在于 CTR 模型与最终优化目标的脱节，因为最终的优化目标是“提高购买转化率”，并不是“提高点击率”，在第一步中仅考虑点击数据，显然不是实现全局最优转化率的方案。

为了达到同时优化 CTR 和 CVR 预估模型的目的，阿里巴巴提出了多目标优化模型 ESMM（Entire Space Multi-task Model）[2]。ESMM 可以被当作一个同时模拟“从曝光到点击”和“从点击到转化”两个阶段的模型。

从模型结构（如图 6-3 所示）上看，ESMM 底层的 Embedding 层是 CVR 和 CTR 部分共享的。共享 Embedding 层的目的是解决 CVR 任务中正样本稀疏的问题，利用 CTR 的数据生成更准确的用户和物品的特征表达。

中间层是 CVR 和 CTR 部分各自利用完全隔离的神经网络分别拟合自己的优化目标——pCVR（post-click CVR，点击后转化率）和 pCTR（post-view Click- through Rate，曝光后点击率）。最终，将 pCVR 和 pCTR 相乘，得到 pCTCVR。

pCVR、pCTR 和 pCTCVR 的关系如式（6-1）所示。

$$\underbrace{p\left(y=1,z=1\middle|x\right)}_{\text{pCTCVR}}=\underbrace{p\left(y=1\middle|x\right)}_{\text{pCTR}}\cdot\underbrace{p\left(z=1\middle|y=1,x\right)}_{\text{pCVR}} \tag{6-1}$$

pCTCVR 指曝光后点击转化序列的概率。

ESMM 将 pCVR、pCTR 和 pCTCVR 融合进一个统一的模型，因此可以一次性得出所有三个优化目标的值。在其应用的过程中，也可以根据合适的应用场景选择与之相对应的目标进行预测。正因如此，阿里巴巴通过构建 ESMM 这一多目标优化模型同时解决了“训练空间和预估空间不一致”及“同时利用点击和转化数据进行全局优化”两个关键的问题。

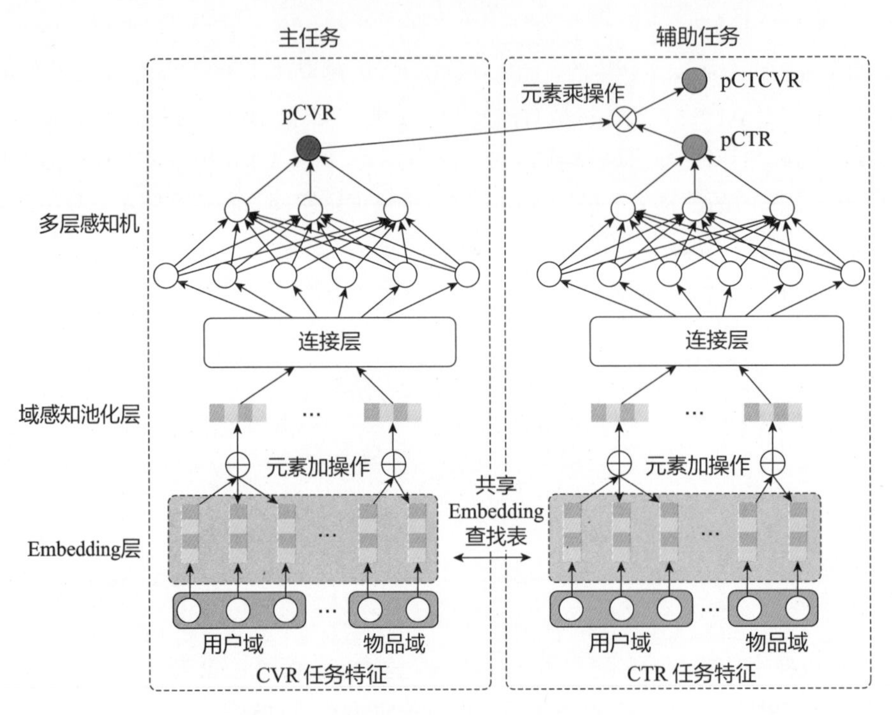

图 6-3 阿里巴巴的多目标优化模型 ESMM

无论是 YouTube 还是阿里巴巴，虽然其推荐系统的模型结构截然不同，但在制定推荐系统优化目标时，都充分考虑了真正的商业目标和应用场景，力图在训练模型的阶段“仿真”预测阶段的场景和目标，这也是读者在设计自己的推荐系统时首先要遵循的原则。

6.1.3 强大的多任务学习模型

阿里巴巴的 ESMM 模型同时优化 CTR 和 CVR，不可谓不巧妙，但在推荐系统中，并不是所有的优化目标都具有 CTR 和 CVR 这样的两阶段关系。举例来说，如果我们希望同时优化一个视频推荐系统的用户观看时长和次日留存率，应该如何设计这个多目标模型呢？显然，我们需要一个通用的、更为强大的多任务学习框架，来解决这类多目标、多任务学习问题。本节将从最基本的共享基座模型（Shared Bottom Model），介绍到谷歌提出的 MMoE（Multi-gate Mixture-of-Experts）[3]模型，再到腾讯提出的 PLE（Progressive Layered Extraction）模型[4]，全面覆盖主流的多任务学习模型架构。

图 6-4（a）所示为一个简单而经典的共享基座多任务学习模型结构。底部是两个任务共享的基座，它可以是多层神经网络，也可以是一个 Embedding 层。上层部分是两个任务塔，每个

任务塔根据不同的任务定义不同的损失函数进行学习。这样的结构既让底部的共享基座同时学习两个任务的样本，也让两个任务塔分别针对不同任务进行学习，可谓一举两得。

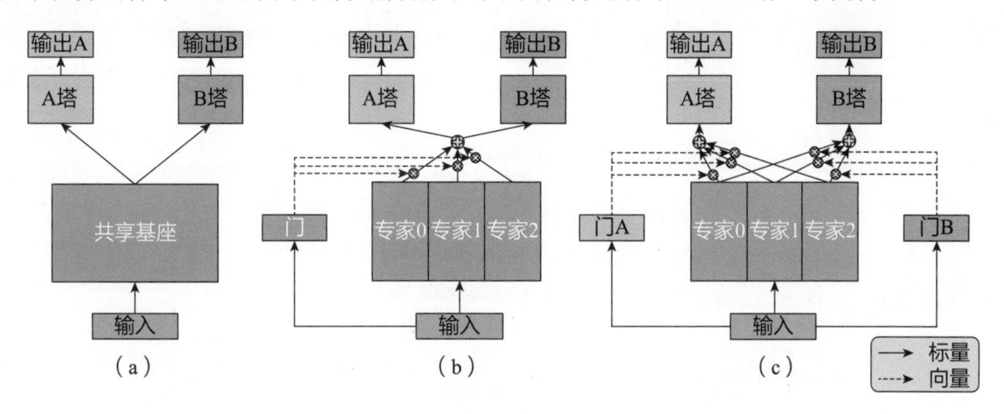

图 6-4　共享基座多任务学习模型

共享基座模型虽然简单直观，却可能让共享基座部分对于特定任务丧失针对性。例如，在进行 CTR 和 CVR 联合训练任务时，由于点击样本往往远多于转化样本，共享基座的学习结果可能更加倾向于 CTR 任务，而忽略转化样本的贡献。为了解决这一问题，多专家模型（MoE，Mixture-of-Experts）被提出。它把共享基座拆分成多个神经网络，每个神经网络相当于一个“专家”，每个专家学习的侧重点有所不同。不同专家分别进行预估，之后再对各专家的预估值进行加权求和得到最终的结果。如图 6-4（b）所示，基座被拆分成了三个专家网络，在专家网络之上增加了一个门控网络，用于调整各专家的权重。

形式化地，多专家模型可以表示为式（6-2）。

$$y=\sum_{i=1}^{n} g(x)_i f_i(x) \tag{6-2}$$

其中，y 代表着多专家网络的输出，$f_i(x)$代表专家 i 的输出，$g(x)_i$代表门控网络为专家 i 分配的权重。

MoE 的模型架构显然比共享基座模型更近一步，具备了更强的表达能力。但是，MoE 的门控网络是多个任务共享的，也就是说，对不同任务，同一个专家的权重是相同的。这与我们的直观经验不符。在现实生活中，不同专家擅长的任务领域肯定是不同的，一个专家在其擅长任务上的权重显然应该大一些，在其不擅长任务上的权重应该小一些。融合了这一思想的 MoE 模型演变为 MMoE 模型，即多门控多专家网络。

如图 6-4（c）所示，在多专家网络的基础上，每个任务都有一个独立的门控网络，在进行不同任务的预估时，不同专家的权重不同。形式化地，MMoE 模型可被表示为式（6-3）。

$$f^k(x)=\sum_{i=1}^{n} g^k(x)_i f_i(x) \tag{6-3}$$

其中，$f_i(x)$ 代表专家 i 的输出，$g^k(x)_i$ 代表门控网络在任务 k 上为专家 i 分配的权重，$f^k(x)$ 代表专家网络在任务 k 上的输出。

MMoE 模型自提出以来就成为最流行的多任务学习模型架构，是多任务学习发展过程中的重要里程碑。在这之后，仍有团队进一步对 MMoE 模型进一步改进，其中影响较大的工作是腾讯提出的 PLE 模型。它的基本思路是在 MMoE 的基础上为每个任务增加“独立”专家，而不是像 MMoE 一样，所有专家都是共享的。独立专家的加入能够进一步增加模型对特定任务的预估能力。

如图 6-5 所示，底部专家层的左侧红色部分和右侧绿色部分分别是任务 A 和任务 B 的独立专家，它们只用任务 A 或者任务 B 的样本单独训练。中间蓝色的专家是共享专家，同时支持任务 A 和任务 B，同时接收任务 A 和任务 B 的样本进行训练。在门控网络部分，独立专家不参与其他任务的预估，也就没有门控网络将专家 A 连接到任务 B。

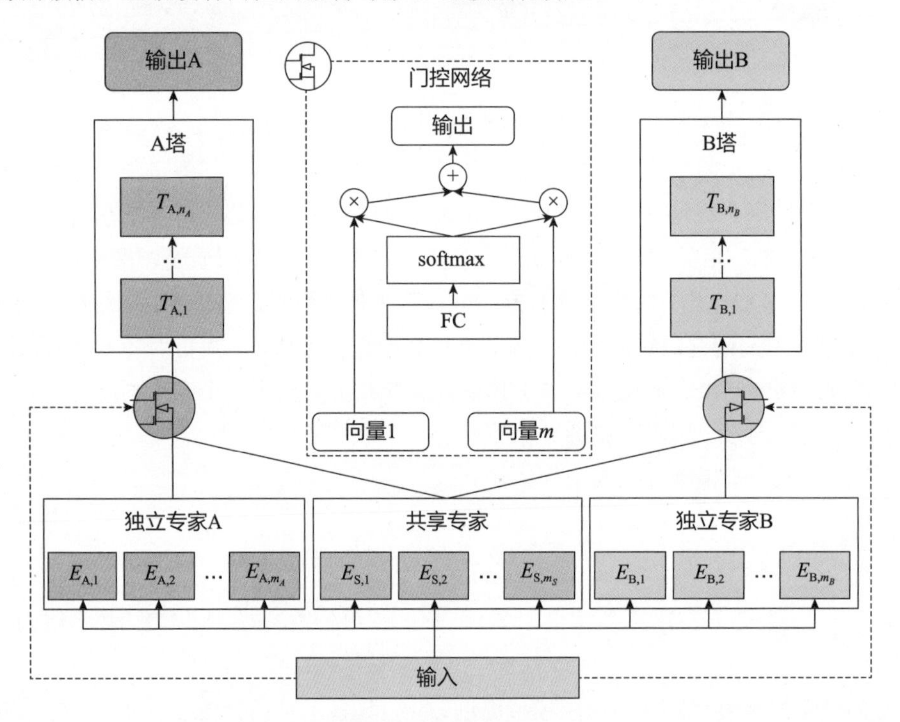

图 6-5　PLE 模型架构

严格来说，PLE 还包括不同专家之间的连接层，用于不同专家间的交互学习，在此不详细展开讲述，感兴趣的读者可以进一步查阅原论文深入了解。我们只要知道 PLE 相比 MMoE 模型，增加了独立专家结构及专家之间的交互结构，就可以把握该模型的精髓。

6.1.4　“优化目标”是连接技术团队和其他团队的接口

针对“优化目标”这个话题，笔者想强调的不是技术问题，而是团队合作的问题。构建成功的推荐系统是一个复杂的系统性问题，不是技术团队能够独立完成的。产品团队、运营团队、内容编辑团队等协调一致，才能够共同达成推荐系统的商业目标。

在协调的过程中，技术团队抱怨产品团队频繁修改需求，产品团队抱怨技术团队没有充分理解他们的设计意图，二者之间往往存在结构性的矛盾。如果要找一个最可能的切入点，最大限度地解耦产品团队和技术团队的工作，那么推荐系统优化目标的设定无疑是最合适的。

只有设定好合适的优化目标，技术团队才能够专注于模型的改进和结构的调整，避免把过于复杂的推荐系统技术细节暴露给外部。而产品团队也只有设定好合理的优化目标，才能确保推荐系统服务于公司的整体商业利益和产品整体的设计目标。诚然，这个过程少不了各团队之间的矛盾、妥协与权衡，只有在动手解决问题之前协商好优化目标，才能在后续的工作中最大限度地避免战略性的错误和推诿返工，从而尽可能最大化公司的商业利益和各团队的工作效率。

6.2 推荐系统的冷启动问题

冷启动问题是推荐系统必须面对的难题。任何推荐系统都要经历数据从无到有、从简单到丰富的过程。那么，在缺乏有价值的数据时，进行有效的推荐就被称为“冷启动问题”。

具体地讲，根据数据匮乏的情况，冷启动问题主要分为以下三类。

（1）**用户冷启动**，指新用户注册后，没有历史行为数据时的个性化推荐。

（2）**物品冷启动**，指系统加入新物品后（如新的影片、新的商品等），在该物品还没有交互记录时，如何将该物品推荐给用户。

（3）**系统冷启动**，指在推荐系统运行之初，缺乏所有相关历史数据时的推荐。

针对不同应用场景，解决冷启动问题需要比较专业的洞察，根据领域专家意见制定合理的冷启动策略。总体上讲，可以把主流的冷启动策略归为以下四类。

（1）基于规则的冷启动过程。

（2）丰富冷启动过程中可获得的用户和物品特征。

（3）利用主动学习、迁移学习和“探索与利用”机制。

（4）深度学习冷启动方案。

6.2.1 基于规则的冷启动过程

在冷启动过程中，由于缺乏数据，推荐系统无法有效工作，这时可以让系统回退到“前推荐系统”时代，采用基于规则的推荐方法。例如，在用户冷启动场景下，可以使用“热门排行榜”“最近流行趋势”“最高评分”等榜单作为默认的推荐列表。事实上，大多数音乐、视频等应用都是采用这类方法作为冷启动的默认规则的。

更进一步，可以参考专家意见建立一些个性化物品列表，根据用户有限的信息，例如注册时填写的年龄、性别、基于IP地址推断出的地理位置等信息进行粗粒度的规则推荐。例如，基于点击率等目标构建一棵基于用户属性的决策树，在决策树的每个叶节点上建立冷启动榜单。当新用户完成注册后，根据其有限的注册信息，寻找决策树上对应的叶节点榜单，完成用户的冷启动过程。

在物品冷启动场景下，可以根据一些规则找到该物品的相似物品，利用相似物品的推荐逻辑完成物品的冷启动过程。寻找相似物品的过程是与业务强相关的，本节以Airbnb为例进一步说明该过程。

Airbnb在上线新短租房时，会根据该房屋的属性为其指定一个“聚类”，位于同一“聚类”中的房屋遵循类似的推荐规则。为冷启动短租房指定“聚类”所依赖的规则有如下3条。

（1）同样的价格范围。

（2）相似的房屋属性（如面积、房间数等）。

（3）距目标房源的距离在 10 千米以内。

找到最符合上述规则的 3 套相似短租房，根据这 3 套已有短租房的聚类，定位冷启动短租房的聚类。

通过 Airbnb 的例子可以看出，基于规则的冷启动方法依赖于领域专家对业务的洞察。在制定冷启动规则时，需要充分了解公司的业务特点，并充分利用已有数据，才能确保冷启动规则合理且高效。

6.2.2 丰富冷启动过程中可获得的用户和物品特征

基于规则的冷启动过程在大多数情况下是有效的，是非常实用的冷启动方法。该过程与推荐系统的“主模型”是割裂的。有没有可能通过改进推荐模型来直接解决冷启动问题呢？当然是有的，改进的主要方法就是在模型中加入更多用户或物品的属性特征。

在历史数据缺失的情况下，推荐系统仍然可以凭借用户和物品的属性特征完成较粗粒度的推荐。这类属性特征主要包括以下几类。

（1）**用户的注册信息**，包括基本的人口属性信息（如年龄、性别、学历、职业等）和通过 IP 地址、GPS 信息等推断出的地理信息。

（2）**第三方 DMP**（Data Management Platform，数据管理平台）**提供的用户信息**。国外的 BlueKai、Nielsen，国内的 TalkingData 等公司都提供匹配率非常高的数据服务，可以极大地丰富用户的属性特征。这些第三方数据管理平台不仅可以提供基本的人口属性特征，通过与大量应用、网站的数据交换，甚至可以提供脱敏的用户兴趣、收入水平、广告倾向等一系列高阶特征。

（3）**物品的内容特征**。在推荐系统中引入物品的内容特征是有效解决物品冷启动的方法。物品的内容特征可以包括物品的分类、标签、描述文字等。具体到不同的业务领域，还可以有更丰富的领域相关内容特征。例如，在视频推荐领域，视频的内容特征可包括该视频的演员、年代、风格，等等。

（4）**用户主动输入的冷启动特征**。有些应用会在用户第一次登录时引导用户输入一些冷启动特征。例如，一些音乐类应用会引导用户选择“音乐风格”；一些视频类应用会引导用户选择几部喜欢的电影。由于这些特征是用户主动选择的，因此在冷启动场景下有很强的针对性。

在整理好可用的冷启动特征后，我们就可以根据主推荐模型的结构将这些特征加到合适的特征输入位置，与推荐模型无缝结合。在用户行为等历史数据缺失情况下，这些特征仍能保证模型输出可靠的冷启动推荐列表。

6.2.3 利用主动学习、迁移学习和“探索与利用”机制

除了规则推荐、特征工程等方法，能够帮助我们完成系统冷启动的机器学习利器还包括主动学习、迁移学习、“探索与利用”机制。它们解决冷启动问题的机制各不相同，以下简述它们解决问题的主要思路。

1. 主动学习

主动学习[5]是相对于“被动学习”而言的（如图6-6所示）。被动学习是在已有的数据集上建模，在学习过程中不更改数据集，也不会加入新的数据，学习的过程是“被动的”。而主动学习不仅利用已有的数据集进行建模，而且可以“主动”发现哪些数据是最急需的，并主动向外界发出询问，获得反馈，从而加快整个学习进程，生成更全面的模型。

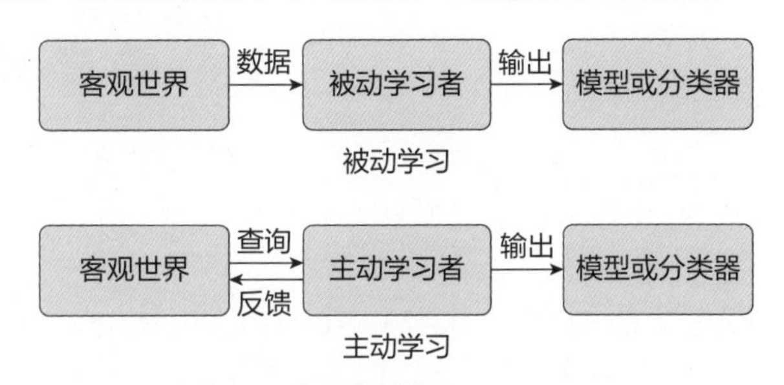

图6-6　被动学习和主动学习的流程图

代码6-1用伪码的方式形式化地定义了最典型的主动学习流程。在每个迭代过程中，系统会对每个潜在“查询”进行评估，看哪个查询在加入后能够使模型的损失最小，并把该查询发送给外界，得到反馈后更新模型 M。

代码6-1　主动学习的伪码流程

```
for j = 1,2,…,totalIterations do
    foreach qj in potentialQueries do
        Evaluate Loss(qj)
    end foreach
    Ask query qj for which Loss(qj) is the lowest
    Update model M with query qj and response (qj,yj)
end for
return model M
```

其中，$\text{Loss}(q_j)$代表$E(\text{Loss}(M'))$，M'是在模型 M 中加入查询 q_j 后生成的新模型，$\text{Loss}(q_j)$的含义是新模型 M'损失的期望。

那么，主动学习模型是如何在推荐系统冷启动过程中发挥作用的呢？这里举一个实例进行说明。图6-7描绘了推荐系统中物品的分布情况。横轴和纵轴分别代表两个特征维度，图中的点代表一个物品（这里以视频推荐中的影片为例），点的颜色深浅代表用户对该影片实际评分的高低。可以看到，所有影片聚成了 a、b、c、d 4类，聚类的大小不一。对于一个冷启动用户，应该如何利用主动学习的思路为他推荐影片呢？

主动学习的目标是尽可能快速地定位所有物品可能的评分。因此，应该选择最大聚类 d 的中心节点作为推荐影片，因为通过主动询问用户对 d 中心节点的评分，可以得到用户对最大聚类 d 的反馈，使推荐系统的收益最大化。严格地讲，应该定义推荐系统的损失函数，以精确地评估推荐不同影片所带来的损失下降收益。这里仅以此例帮助读者理解主动学习的原理。

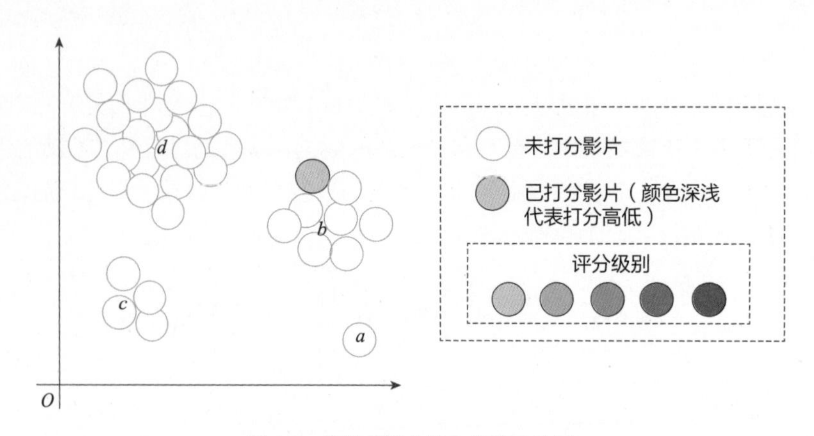

图 6-7　推荐系统中的主动学习示例

主动学习的原理与强化学习一脉相承，回顾 2.10 节的强化学习框架就不难发现，主动学习的过程完全遵循“行动—反馈—状态更新”的强化学习循环。它的学习目的就是在一次又一次的循环迭代中，让推荐系统尽快地度过冷启动阶段，进而为用户提供更个性化的推荐结果。

2. 迁移学习

顾名思义，迁移学习是在某领域知识不足的情况下，迁移其他领域的数据或知识，用于本领域的学习。那么，迁移学习解决冷启动问题的原理就不难理解了。冷启动问题本质上是某领域的数据或知识不足导致的，如果能够将其他领域的知识用于当前领域的推荐，冷启动问题自然迎刃而解。

迁移学习的思路在推荐系统领域非常常见。在 6.1 节介绍的 ESMM 模型中，阿里巴巴利用 CTR 数据生成了用户和物品的 Embedding，然后将其共享给 CVR 模型，这本身就是迁移学习的思路。这就使得 CVR 模型在没有转化数据时能够利用 CTR 模型的“知识”完成冷启动过程。

另一种比较实用的迁移学习的方法是，在领域 A 和领域 B 的模型结构和特征工程相同的前提下，若领域 A 的模型已经得到充分的训练，则可以直接将领域 A 模型的参数作为领域 B 模型参数的初始值。随着领域 B 数据的不断积累，增量更新模型 B。这样做的目的是在领域 B 数据不足的情况下，也能获得个性化的、较合理的初始推荐。该方法的局限性是要求领域 A 和领域 B 所用的特征必须基本一致。

3. “探索与利用”机制

“探索与利用”机制是解决冷启动问题的另一个有效思路。简单地讲，探索与利用是在“探索新数据”和“利用旧数据”之间进行平衡，使系统既能利用旧数据进行推荐，达到推荐系统的商业目标，又能高效地探索冷启动的物品是否是“优质”物品，使冷启动物品获得曝光的机会，快速收集冷启动数据。5.4 节全面介绍过经典的“探索与利用”方法，也可以用来解决冷启动物品曝光不足的问题，让系统快速度过冷启动期。

6.2.4 深度学习冷启动方案

一些“完美主义”的读者可能会对 6.2.3 节介绍的三种方案有所顾虑，因为对于深度学习推荐系统来说，这些方案其实是无法与深度学习模型完美融合的。比如，主动学习的方案需要针对冷启动用户构建一套独立于深度学习推荐模型之外的主动学习机制，而不是与推荐模型融合来解决冷启动问题。那么有没有“完美”的深度学习冷启动方案呢？当然是有的。中国科学院计算所的研究人员提出的 Meta-Embedding[6]就是一套能够与深度学习推荐模型融合，而且在业界也被广泛应用的解决方案。

Meta-Embedding 解决冷启动的基本思路如下：在深度学习推荐模型中，用户或物品是不是处于冷启动状态的典型标志是，它是否有对应的 ID Embedding。例如，对于 ID 为 A 的用户来说，如果用户 A 已经有很多历史行为记录，深度学习推荐模型就一定可以学习到该用户对应的 Embedding〔如图 6-8（a）所示〕，进而进行精准推荐。但对于处于冷启动状态的用户 B 来说，由于没有历史行为记录，其 ID 根本不会出现在用户 Embedding 的查询表中，自然也无法生成用户 Embedding，系统也就无法为其进行精准推荐。

所以，问题的关键就在于，能否为冷启动用户 B 构造一个合理的用户 ID，以便在冷启动阶段为其生成一个可用的 Embedding？Meta-Embedding 方案正是通过构造这样的一个新的用户 ID 来解决冷启动问题的。如图 6-8（b）所示，模型中添加了一个名为 Meta-Embedding 生成器的模块，它通过利用用户或物品的特征来生成一个表示一类用户或物品的新 ID，然后再利用传统的 Embedding 层来学习这个新 ID 对应的 Embedding，这样生成的 Embedding 就被称为 Meta-Embedding。

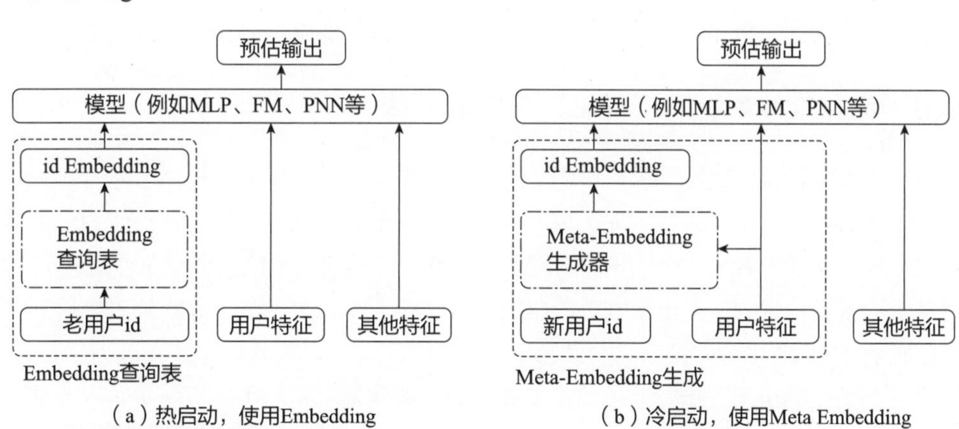

图 6-8 Meta-Embedding 冷启动解决方案

本质上来说，Meta-Embedding 其实是一类具有相同特征的冷启动用户或物品组对应的 Embedding。比如，对于冷启动用户 B，其性别为女，年龄为 27 岁，使用的移动设备是 iPhone 14，所以 Meta-Embedding 生成器就可以为这个用户生成一个新 id——Female-27-iphone14。在进行 Embedding 学习的时候，这一组用户相关的样本都可以用于该 Meta Embedding 的训练，从而为用户 B 生成一个可用且合理的 Embedding。对于冷启动物品，也可利用同样的方案补全物品 Embedding。

除了 Meta-Embedding，利用深度学习解决冷启动的方案还有很多。比如第 4 章介绍过的 EGES、GraphSAGE 等模型，都可以生成冷启动用户和物品的 Embedding。虽然方案不一样，但它们解决问题的思路是一样的：在冷启动问题中，用户和物品缺失的其实是历史行为特征，其他的属性特征并没有缺失，这些方案都是利用这些没有缺失的特征生成恰当的 Embedding，作为冷启动 Embedding 来解决问题的。毫无疑问，在深度学习框架下，这样的解决方案是实用且优雅的。

6.2.5 “巧妇难为无米之炊”的困境

最后，让我们回头看一下冷启动问题。俗语说“巧妇难为无米之炊”，冷启动问题的难点就在于没有“米”，还要求“巧妇”（算法工程师）做一顿饭。通俗来讲，解决这个困局有两种思路。

（1）虽然没有“米”，但不可能什么吃的都没有，先弄点儿粗粮尽可能做出点儿吃的再说。这就要求冷启动算法在没有精确的历史行为数据的情况下，利用一些粗粒度的特征、属性，甚至其他领域的知识进行冷启动推荐。规则推荐、丰富用户和物品特征、深度学习冷启动方案都属于这类方法。

（2）边做吃的边买“米”，快速度过“无米”的阶段。这种解决问题的思路是先做出点儿吃的，卖了吃的换钱买“米”，“饭”越做越好，“米”越换越多。这就是利用主动学习、“探索与利用”机制，甚至强化学习模型解决冷启动问题的思路。

在实际的工作中，这两种方式往往会结合使用。笔者希望各位“巧妇”能够在实际工作中，快速度过“借粮度日”和“卖饭换米”的阶段，早日过上“小康生活”。

6.3 消除推荐系统的“偏见”与消偏方法

我们每个人在思考问题的时候，由于个人经历和知识背景的限制，往往会带有一定偏见。比如作为一个男性，即使再通情达理，也不可能对女性的心理状态全部了解；作为一名员工，也很难完全理解老板在做出一个决策时的逻辑。推荐系统其实也不能完全避免“偏见”的存在，虽然是基于大数据构建的，但由于推荐的机会有限，推荐系统也无法完全获知每个用户在面对所有物品时的真实反应。

如图 6-9 的左图所示，推荐系统的推荐和学习过程实际上是一个完全基于其推荐结果的反馈回路。这也就意味着，推荐系统学习到的都是它想让用户看到的内容的反馈，这种“自己学自己”的过程，其实是危险的，如果不通过某种外部方式进行干预，推荐系统很容易放大自身的缺陷与偏见。这也是本节介绍的消偏方法的重要性。为准确起见，下文中用 Bias 来表示“偏见”，推荐系统消除偏见的过程称为“Debias”。本节对于 Bias 和 Debias 方法的介绍主要参考了中国科技大学研究人员 2021 年的综述性论文 *Bias and Debias in Recommender System: A Survey and Future Directions*[7]。

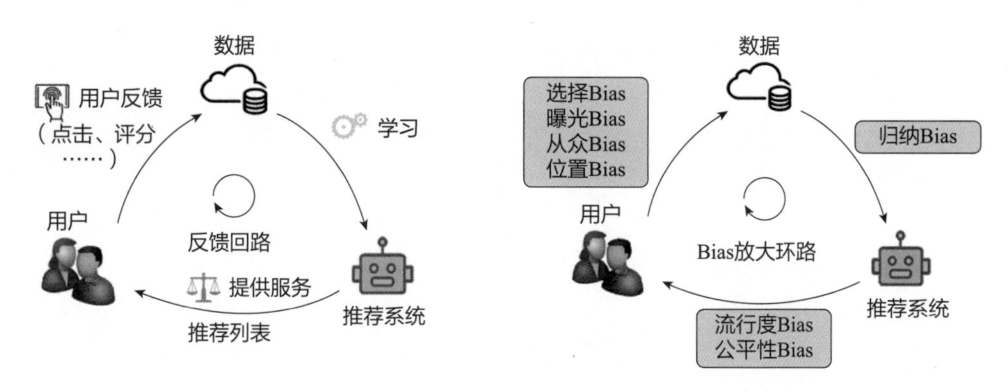

图 6-9　推荐系统的反馈过程和过程中的偏见

6.3.1　推荐系统的典型 Bias 有哪些

推荐系统的 Bias 广泛存在于推荐与学习链路的各个环节。如图 6-9 的右图所示，在推荐系统向用户推荐的过程中，会产生"流行度 Bias"（Popularity Bias）和"公平性 Bias"（Unfairness）。流行度 Bias 指的是由于系统中受欢迎的内容总是集中在头部，因此推荐系统会受到头部流行内容的强烈影响，从而偏向于推荐流行度高的内容。公平性 Bias 指的是推荐系统由于更容易受到主流用户行为的影响，而忽略小众群体的"感受"，这对于小众群体是不公平的。

在用户与推荐内容交互的过程中，可能产生的 Bias 包括以下 4 种。

（1）选择 Bias（Selection Bias）：存在于基于显式反馈建模的场景中（比如商品评分），用户倾向于为喜欢的物品评分，并且倾向于为非常好或非常坏的物品评分。因此，系统所观察到的评分结果的数据分布，并不是真实的全量分布。

（2）曝光 Bias（Exposure Bias）：存在于基于隐式反馈建模的场景中（比如 CTR 预估场景）。对于全量的物品，只有少数部分会被曝光给用户，用户与之产生显式行为。那些没有被显式行为覆盖的物品，可能是用户不感兴趣，也可能是因为它们没有曝光机会。未曝光物品缺乏反馈，会导致系统收集到的数据分布与用户真实的兴趣分布不一致。

（3）从众 Bias（Conformity Bias）：大多数情况下是由于人们的"从众心理"导致的。比如用户在给某个影片评分的时候，看到大多数人给了高分，也倾向于给一个高分。这就导致推荐系统难以收集到用户客观、真实的反馈。

（4）位置 Bias（Position Bias）：用户的精力是有限的，他们通常会优先与展现在页面靠前位置的物品发生交互，产生显式行为，而这与物品是否符合用户偏好无关。推荐系统收集到的用户反馈因此受位置信息影响，而未能完全反映用户的真实意图。

除了推荐过程和用户反馈过程中的 Bias，推荐模型的学习过程中也存在一种典型 Bias，即归纳 Bias（Inductive Bias）。归纳 Bias 是一种比较难以直观理解的 Bias。简单来说，它是对目标函数的必要假设。通俗地说，归纳 Bias 是指从现实生活中观察到的现象中归纳出一定的规则，然后把这些规则应用在建模过程中，对模型做出的约束。比如在协同过滤算法中，我们假设同时喜欢物品 A 的两个用户拥有类似的兴趣，这样的假设是协同过滤算法的根基，是该算法有效的关键。但是这样的假设并非适用于所有用户，它同时也成为协同过滤算法的"局限性"。这就是所谓的“归纳 Bias”。要消除归纳 Bias，就需要替换推荐模型。所以，归纳 Bias 是和某一特定的推荐模型“共生”的。但由于所有的模型都是基于某个假设的，所以归纳 Bias 无法被完全消除，因为我们无法拥有真正的“上帝视角”，无法知道所有用户对所有物品的真实反应。

在推荐系统的诸多 Bias 之中，有两种是最普遍且至关重要的，那就是流行度 Bias 和位置 Bias。如果不处理好这两类 Bias，推荐系统很可能朝着效果越来越差、数据越来越封闭的方向发展。下面将主要介绍针对这两类 Bias 的 Debias 方法。

6.3.2 深度学习模型解决位置 Bias 的方法

位置 Bias 是几乎所有推荐系统都存在的问题，因为凡是推荐系统，其推荐的物品都有先后顺序。在一个深度学习推荐模型中，解决位置 Bias 最常用的方法是加入一个位置特征（如图 6-10 所示），让模型自动捕捉到“位置”与推荐概率的关系。但是在线上推荐过程中，某个特定物品的位置还未确定，如何设定这个位置特征的值呢？这时一般就将这个位置特征取为“0”，或其他默认值。因为推荐模型对物品排序的目的是把用户更感兴趣的物品排到前面，所以位置因素不应该是影响物品排序的因素，自然应该设置成一个默认值。

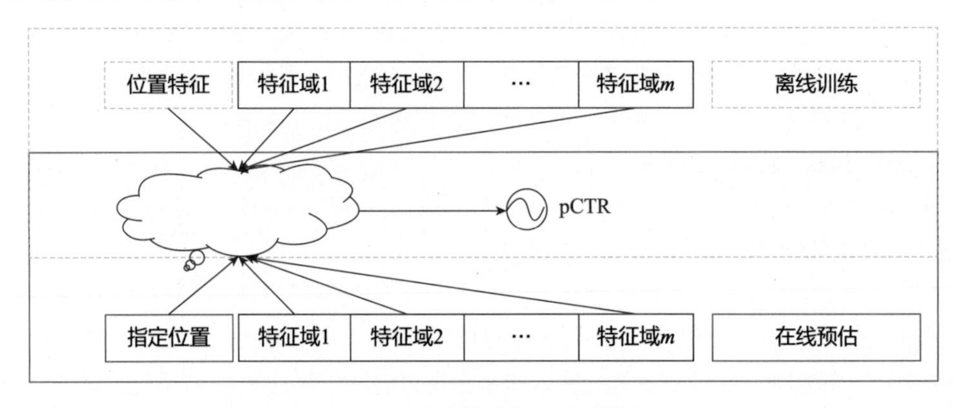

图 6-10　在推荐模型中加入位置特征

举一反三，这种在训练时加入与 Bias 有关的特征，在线上预估时“固定”该特征值的做法也适用于其他 Bias 的消偏问题。例如，YouTube 希望消除用户对于新内容的 Bias，所以他们会在训练时加入“内容发布距今时长”这样一个特征，让模型学习新内容 Bias 和点击率的关系，但在线上预估时则将这一特征置 0，让所有物品不受内容新旧的影响。这一做法与这里消除位置 Bias 的做法异曲同工。

另一种解决位置 Bias 的思路是 2019 年华为的研究人员提出的 PAL（Position-bias Aware Learning，位置 Bias 感知学习）框架[8]。它让位置 Bias 在模型中发挥的作用更大。毕竟，仅仅在模型中加入位置特征，使之成为众多模型特征中普普通通的一个，很难保证位置 Bias 与推荐概率的关系被模型充分捕捉到。

PAL 的主要思路是把用户点击物品的事件拆解成两步：

（1）物品被用户看到。

（2）用户看到物品后点击该物品。

所以，用户点击物品的概率就变成用户看到物品的概率与看到物品后点击物品概率的乘积。进一步假设，物品被看到的概率是由物品的位置决定的，而用户看到物品后点击物品的概率与物品位置无关。这两个假设也是符合直观经验的。基于上述假设，物品点击概率可有如下定义：

$$p(y=1 \mid x, \text{pos}) = p(\text{seen} \mid \text{pos})\,p(y=1 \mid x, \text{seen}) \tag{6-4}$$

式（6-4）反映到模型架构上即如图 6-11 所示。模型的左边部分计算的是 $p(\text{seen}|\text{pos})$，它接受位置特征作为输入，以预测物品被看到的概率。模型的右边部分计算的是 $p(y{=}1|x,\text{seen})$，它接受各类其他特征，计算物品在被看到后进而被点击的概率。

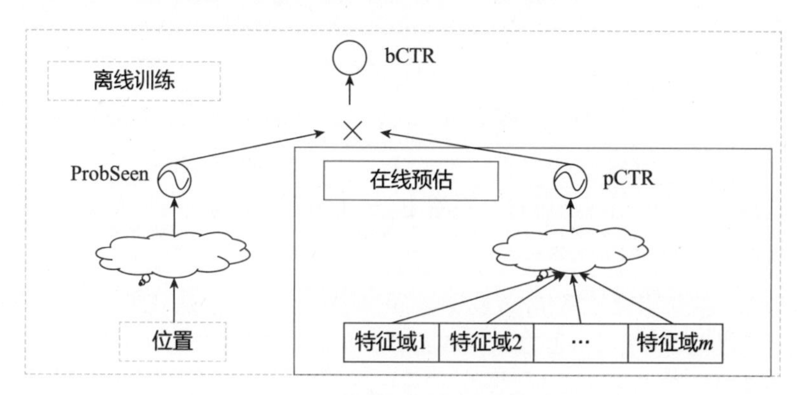

图 6-11　位置 Bias 感知学习框架 PAL

在线上预估过程中，为消除位置 Bias，只使用红框内预测用户看到物品后点击的概率的模型，因为这部分模型直接反映了用户兴趣与点击率的关系，消除了物品位置的影响。

PAL 有一个遗留问题，即预估 $p(\text{seen}|\text{pos})$的模型应采用何种结构。由于这一模型只涉及一个特征输入，即位置特征，因此用一个线性函数来描述位置特征和 $p(\text{seen}|\text{pos})$的关系就足够了。当然，也可以尝试一些高阶函数甚至深度学习结构，最终的选型还是应根据具体问题的测试效果来决定。

6.3.3　流行度 Debias 的方法有哪些

流行度 Bias 是推荐系统中另一类普遍存在的 Bias。解决流行度 Bias，本质上是要增加推荐系统的多样性，更充分地利用长尾物品。所以，5.4 节介绍的一系列“探索与利用”的方法，本身就是消除流行度 Bias 的有效方法。

第二种流行度 Debias 的方法是从样本采样的角度入手。流行度 Bias 产生的根源在于热门物品的曝光过多、训练样本过多，对模型施加了过大的影响。如果能够保证热门物品和长尾物品的训练样本一样多，自然也就消除了流行度 Bias。为了保证不同物品的样本数量一致，要么对热门物品进行降采样，要么对冷门物品进行升采样甚至重采样。例如，利用流行度的倒数作为采样频率，这样热度越高的物品采样频率越低，从而大幅缩小了热门物品与冷门物品的样本数差距。

第三种方法是保留少量流量用于随机探索，比如对系统中 1%的用户不通过推荐模型进行推荐，而是进行随机推荐。这样就保证了这部分随机推荐的结果是无偏的，用这部分无偏数据来训练模型，自然不存在流行度 Bias。

但是，第二种方法存在样本浪费的问题，第三种方法则只能利用少部分推荐数据，都是“有损”的方法，需要我们权衡利弊之后采用。接下来介绍一种由清华大学和中国科技大学等院校的研究人员提出的解决方案 DICE（Disentangling Interest and Conformity with Causal Embedding）[9]，它利用深度学习的方法解决了流行度 Bias 的问题。

DICE 的基本假设是用户对物品的每次交互（click），会同时受到用户兴趣分数（interest）和从众分数（conformity）的影响。而从众分数是与物品的流行度紧密相关的，物品越流行，出于从众心理选择该物品的用户越多。可以将这个假设形式化地表示为

$$S_{ui} = S_{ui}^{\text{int}} + S_{ui}^{\text{con}} \tag{6-5}$$

其中 S_{ui} 是用户 u 对物品 i 的点击率，S_{ui}^{int} 代表用户 u 对物品 i 的兴趣分数，S_{ui}^{con} 代表 u 对物品 i 的从众分数。

DICE 的建模方案是，用两组用户—物品 Embedding 计算得到 S_{ui}^{int} 和 S_{ui}^{con}，并将它们相加得到 S_{ui}。具体方案如图 6-12 所示。

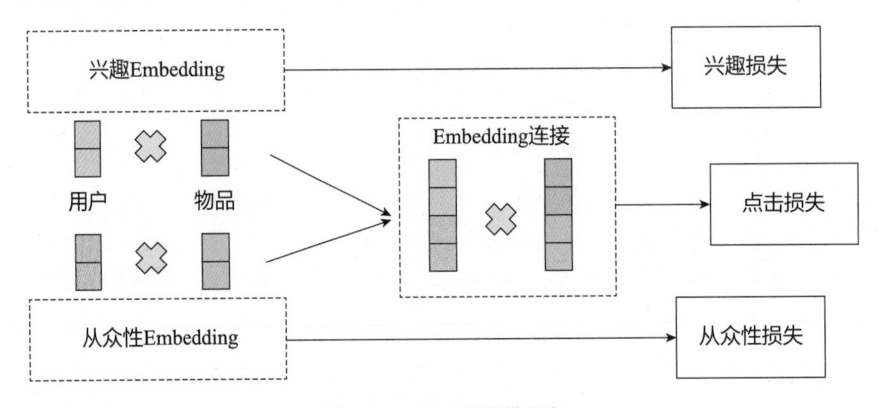

图 6-12 DICE 的建模方案

模型的计算过程可形式化表示为如式（6-6）所示。

$$\begin{aligned} S_{ui}^{\text{int}} &= \left\langle \boldsymbol{u}^{(\text{int})}, \boldsymbol{i}^{(\text{int})} \right\rangle, \quad S_{ui}^{\text{con}} = \left\langle \boldsymbol{u}^{(\text{con})}, \boldsymbol{i}^{(\text{con})} \right\rangle \\ S_{ui}^{\text{click}} &= S_{ui}^{\text{int}} + S_{ui}^{\text{con}} \end{aligned} \tag{6-6}$$

DICE 的建模方案相对简单，模型的假设也符合我们的直观感受，关键问题在于如何训练。为了让训练过程符合模型假设，作者把训练样本构建为一个三元组（u,i,j），即由用户 u 与物品 i、物品 j 的交互记录组成，进而根据 i 和 j 流行度的大小关系把样本分为两类。

- O_1 类样本：用户 u 点击了物品 i，没有点击物品 j，且物品 i 的流行程度大于物品 j。
- O_2 类样本：用户 u 点击了物品 i，没有点击物品 j，且物品 i 的流行程度小于物品 j。

对于 O_1 类样本，可认为用户 u 对物品 i 的点击分数大于物品 j，且用户 u 对物品 i 的从众分数大于物品 j，即 $S_{ui}^{\text{click}} > S_{uj}^{\text{click}}$ 且 $S_{ui}^{\text{con}} > S_{uj}^{\text{con}}$ 。

对于 O_2 类样本，可认为用户 u 对物品 i 的点击分数大于物品 j，且用户 u 对物品 i 的兴趣分数大于物品 j，且用户 u 对物品 i 的从众分数小于物品 j，即 $S_{ui}^{\text{click}} > S_{uj}^{\text{click}}$ 且 $S_{ui}^{\text{int}} > S_{uj}^{\text{int}}$ 且 $S_{ui}^{\text{con}} < S_{uj}^{\text{con}}$ 。

有了基于上述假设的一系列不等式关系，我们可以定义出图6-12右侧显示的三个损失函数。其中兴趣分数损失函数的定义如式（6-7）所示。

$$L_{\text{interest}}^{O_2} = \sum_{(u,i,j)\in O_2} \text{BPR}\left(\left\langle \boldsymbol{u}^{(\text{int})}, \boldsymbol{i}^{(\text{int})} \right\rangle, \left\langle \boldsymbol{u}^{(\text{int})}, \boldsymbol{j}^{(\text{int})} \right\rangle\right) \tag{6-7}$$

式（6-7）中的BPR指的是贝叶斯个性化排序损失函数（Bayesian Personalized Ranking）[10]，利用这一损失函数可以表达两个变量的不等式约束。由于兴趣分数损失函数只与 O_2 类样本有关，所以式（6-7）的损失函数只定义在 O_2 样本上，且 $\text{BPR}\left(\left\langle \boldsymbol{u}^{(\text{int})}, \boldsymbol{i}^{(\text{int})} \right\rangle, \left\langle \boldsymbol{u}^{(\text{int})}, \boldsymbol{j}^{(\text{int})} \right\rangle\right)$ 表达的是 $S_{ui}^{\text{int}} > S_{uj}^{\text{int}}$ 这一约束关系。

同理，可以定义从众分数损失函数，如式（6-8）所示：

$$\begin{gathered}
L_{\text{conformity}}^{O_1} = \sum_{(u,i,j)\in O_1} \text{BPR}\left(\left\langle \boldsymbol{u}^{(\text{con})}, \boldsymbol{i}^{(\text{con})} \right\rangle, \left\langle \boldsymbol{u}^{(\text{con})}, \boldsymbol{j}^{(\text{con})} \right\rangle\right) \\
L_{\text{conformity}}^{O_2} = \sum_{(u,i,j)\in O_2} -\text{BPR}\left(\left\langle \boldsymbol{u}^{(\text{con})}, \boldsymbol{i}^{(\text{con})} \right\rangle, \left\langle \boldsymbol{u}^{(\text{con})}, \boldsymbol{j}^{(\text{con})} \right\rangle\right) \\
L_{\text{conformity}}^{O_1+O_2} = L_{\text{conformity}}^{O_1} + L_{\text{conformity}}^{O_2}
\end{gathered} \tag{6-8}$$

点击分数损失函数的定义如式（6-9）所示。

$$\begin{gathered}
L_{\text{click}}^{O_1+O_2} = \sum_{(u,i,j)\in \text{O}} \text{BPR}\left(\left\langle \boldsymbol{u}^{t}, \boldsymbol{i}^{t} \right\rangle, \left\langle \boldsymbol{u}^{t}, \boldsymbol{j}^{t} \right\rangle\right) \\
\boldsymbol{u}^{t} = \boldsymbol{u}^{(\text{int})} \| \boldsymbol{u}^{(\text{con})},\ \boldsymbol{i}^{t} = \boldsymbol{i}^{(\text{int})} \| \boldsymbol{i}^{(\text{con})},\ \boldsymbol{j}^{t} = \boldsymbol{j}^{(\text{int})} \| \boldsymbol{j}^{(\text{con})}
\end{gathered} \tag{6-9}$$

最终的模型损失函数的定义如式（6-10）所示。

$$L = L_{\text{click}}^{O_1+O_2} + \alpha\left(L_{\text{interest}}^{O_2} + L_{\text{conformity}}^{O_1+O_2}\right) \tag{6-10}$$

可以看出，该损失函数是一个典型的融合了多任务的损失函数，而且在最终的定义中存在一个超参数α，用于控制兴趣分数和从众分数对学习结果影响的权重。

DICE 作为一种从深度学习角度解决流行度 Bias 的方法，其动机是比较直观的。但是损失函数的定义比较复杂，也是工程实现的一个难点。相比样本采样和随机探索等数据损失极大的方法，以 DICE 为代表的深度学习解决方案代表着后续解决流行度 Bias 的方向。

6.4 联邦学习——解决隐私合规问题的利器

推荐系统是利用用户的行为数据进行个性化推荐的，但近年来，随着用户数据隐私越来越受重视，推荐系统获取用户行为数据的难度越来越大。那么，如何在保护用户隐私的前提下进行个性化推荐，以及如何在无法获取用户原始行为记录的情况下保证推荐模型的效果不滑坡，就成为业界面临的一个非常棘手的问题。而联邦学习被视为解决这一问题的利器。

6.4.1 隐私合规的挑战

2021 年 4 月，苹果公司发布了新的 iOS 版本——iOS 14.5。这次更新带来了 iOS 新的用户隐私保护协议 ATT（App Tracking Transparency，App 追踪透明度框架协议）。这个协议中最关键的一点是用户可以通过选择高级隐私模式，让 App 无法获得用户的 iOS 唯一标识 IDFA，从而禁止广告推荐厂商进行跨 App 的用户行为数据串联。对于基于 iOS 的广告推荐系统来说，就只能够获取单一 App 内部的行为数据，这无疑大大降低了推荐模型的准确性。

在苹果的 ATT 协议之前，早在 2016 年，欧盟就推出了《通用数据保护条例》(General Data Protection Regulation，GDPR)，针对欧盟所有用户的个人数据进行管理。这一条例规定，如果要收集用户的个人数据并用于特定目的，就必须知会用户且取得明确同意。它虽然没有完全禁止使用用户个人数据，却大大提高了使用门槛，使得希望默认使用全部用户数据进行模型训练的推荐系统"步履维艰"。

除了 ATT 和 GDPR，各国和地区都有各自的数据隐私管理规范，这大大限制了推荐系统的应用场景和模型效果。在隐私保护越来越严的大趋势下，如何让推荐模型的训练安全可靠、不泄露用户隐私，同时又尽可能不损害模型效果呢？这个看似不可能完成的任务，正是联邦学习要解决的。

6.4.2 联邦学习的基本原理

联邦学习是一种在计算过程中分享中间统计结果或者训练结果，而不泄露原始数据的分布式算法框架。它不允许任何原始用户数据在不同客户端和服务器端之间传输，从而保证用户隐私不被泄露。与此同时，它又能够在不同终端间加密传输模型的部分训练结果，从而实现模型的整体更新。

如图 6-13 所示，服务器端维护着一个模型的全量更新版本，它把模型分发到左边的多个客户端。模型利用客户端的端内数据进行本地训练和更新，然后把本地更新的模型参数发回服务器端，合并到全量模型中，最终实现模型的整体更新。该模型也可以被部署到右侧的客户端，但这部分客户端只进行模型推断，不进行模型更新。

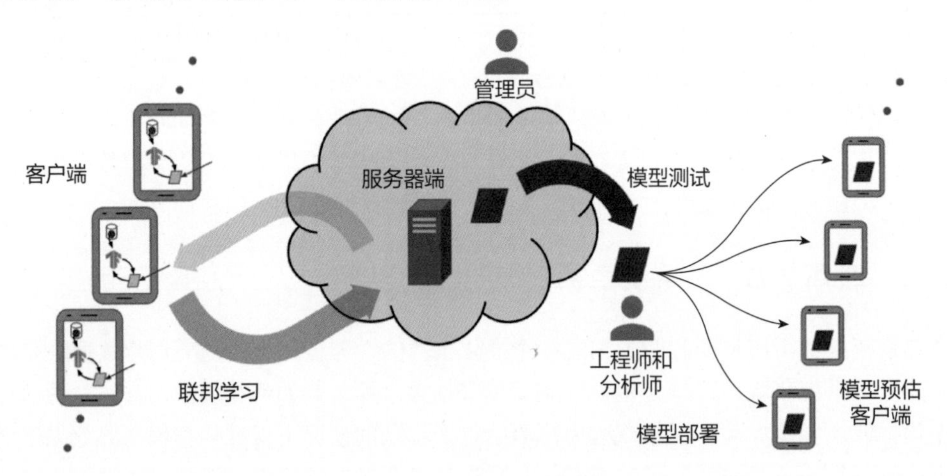

图 6-13 联邦学习示意图

联邦学习的本地训练客户端根据不同应用场景存在多种类型。在推荐场景下，本地客户端可以是用户的手机；在医疗场景下，本地客户端可以是不同医院的数据中心；在广告场景下，本地客户端可以是不同广告主的训练服务器。但它们都遵循联邦学习这种分布式训练架构，通过传输加密模型参数而非原始用户数据，保证敏感数据不被泄露。

6.4.3 联邦学习与推荐系统的结合

虽然了解了联邦学习的基本原理，但读者可能对很多细节问题仍感到困惑，比如：模型是如何进行客户端更新的？模型参数是如何传递的？这里笔者介绍一个联邦学习和推荐系统结合的方案，来帮读者厘清这些技术细节。该方案是由清华大学和微软亚洲研究院提出的联邦学习新闻推荐模型 Fed-NewsRec[11]，它的系统和模型架构如图 6-14 所示。

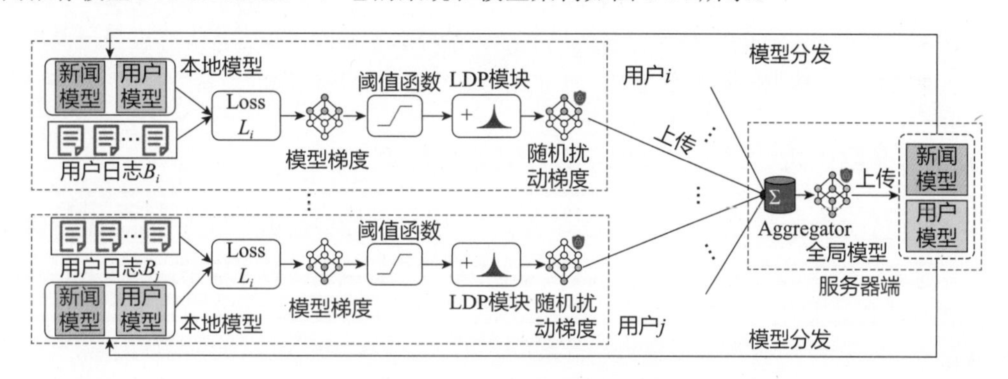

图 6-14 Fed-NewsRec 架构示意图

由架构图可以看出，此推荐模型是由用户模型和新闻模型组成的一个双塔模型。理论上，这里的推荐模型可以是任何深度学习结构。由于本小节重点介绍的是联邦学习的过程，所以不再详述具体的模型结构。整个架构由左边的客户端训练部分和右侧的服务器端训练部分组成。训练过程开始前，服务器端会把推荐模型分发给每个客户端。当然，为了减少客户端模型的“体积”，对于用户和物品 Embedding 的部分，只需要分发该用户和所需的物品 Embedding 就足够了。

在模型分发完毕后，客户端就可以利用本地模型进行新闻推荐了。这时，用户通过交互产生了点击和阅读行为，也就随之生成了训练所用的正样本。在随机选择曝光未点击的新闻作为负样本后，就可以进行模型本地训练了，通过训练生成模型更新所需的“梯度”。接下来，就进入了联邦学习的关键过程，即把梯度回传给服务器端，以完成服务器端模型的整体更新。

细心的读者可能会有疑问，虽然客户端回传的不是用户的原始数据而是模型梯度，但如果这里的梯度是模型最后输出层的梯度，也比较容易破解用户的原始行为。这是一个非常好的问题。为了进一步保护梯度，这里应用了差分隐私（Differential Privacy）技术，它通过在数据分析过程中引入可控的噪声来平衡数据可用性和个体隐私之间的关系。具体来说，如式（6-11）所示，原始梯度 g_u 先后经过了阈值函数（Clipping）和随机扰动模块（LDP），生成受保护的梯度 $\mathcal{M}(g_u)$。其中 La(0, λ)指拉普拉斯随机噪声函数。

$$\mathcal{M}(g_u) = \text{clip}(g_u, \delta) + n,\ \ n \sim \text{La}(0, \lambda) \tag{6-11}$$

服务器端模型每隔一段时间更新一次，在这段时间持续收集受差分隐私保护的模型梯度。在到达更新时刻后，服务器端模型随机抽取 10%用户的模型梯度，进行均值处理后生成模型更新用的梯度。如式（6-12）所示，$\mathcal{B}_u$ 是被选出的用户梯度集合，$\tilde{g}_u$ 是用户 u 的隐私保护梯度，$\bar{g}$ 是经过均值处理生成的模型梯度。

$$\bar{g}=\frac{1}{\sum_{u\in\mathcal{U}}\left|\mathcal{B}_u\right|}\sum_{u\in\mathcal{U}}\left|\mathcal{B}_u\right|\tilde{g}_u \tag{6-12}$$

在利用$\bar{g}$完成这一轮模型更新后，系统进入下一轮的模型分发和联邦学习过程。

可以看到，联邦学习是一个典型的算法—工程协同设计的范例。这一范例也体现了在深度学习推荐系统 2.0 的时代，算法与工程协同创新的重要性。

总结来说，联邦学习的方案通过模型的分布式学习对服务器端和客户端数据进行了物理隔离，从根源上保证了数据的隐私性；又通过差分隐私等加密手段保护了模型梯度等需要传输的数据，确保原始隐私数据不被反解出来，从而成为解决隐私合规问题的完备性很强的解决方案。

6.5 推荐系统中比模型结构更重要的是什么

本书前面的章节主要从技术角度介绍了推荐系统的主要模型结构、不同 Embedding 的生成方法，以及影响推荐系统效果的主要技术点。本节让我们暂且停下技术探索的脚步，重新审视影响推荐系统效果的因素。除了推荐模型结构等技术要点，还有没有其他更重要的因素影响推荐系统的效果？

6.5.1 有解决推荐问题的“银弹”吗

在与业界同行交流的过程中，笔者经常会被问及这样一个问题：“哪种推荐模型的效果更好？”诚然，推荐系统的模型结构对于最终效果来说是重要的，但真的存在一种“银弹”模型结构能解决所有推荐问题吗？

要回答这个问题，可以先分析一个模型——阿里巴巴 2019 年提出的推荐模型 DIEN。2.9 节曾详细介绍 DIEN 模型，这里做简要回顾。DIEN 采用加入了 GRU 的序列模型，并通过序列模型模拟用户兴趣的进化过程。其中兴趣进化部分首先基于行为层的用户行为序列完成从物品 ID 到物品 Embedding 的转化，兴趣抽取层利用 GRU 序列模型模拟用户兴趣进化过程并抽取出兴趣 Embedding，兴趣进化层则利用结合了注意力机制的 AUGRU 序列模型，进一步模拟与目标广告相关的兴趣进化过程。

自 DIEN 模型提出以来，由于阿里巴巴在业界巨大的影响力，很多从业者认为找到了解决推荐问题的“银弹”。但在实际应用的过程中，他们又遇到了很多问题，而在遇到问题后，又习惯于从模型本身找原因，例如，“是不是 Embedding 层的维度不够”“是不是应该再增加兴趣演化层的状态数量”，等等。

笔者想强调的是，所有提出类似问题的同行都默认了一个假设，就是在阿里巴巴的推荐场景下能够提高效果的 DIEN 模型，在其他应用场景下应该同样有效。然而，这个假设真的合理吗？DIEN 模型是推荐系统领域的“银弹”吗？

答案是否定的。

做一个简单的分析，既然 DIEN 模型的要点是模拟并表达用户兴趣进化的过程，那么应用此模型的前提必然是应用场景中存在“兴趣进化”的过程。阿里巴巴的场景非常好理解，用户的购买兴趣在不同时间点有变化。例如，用户在购买笔记本电脑后会有一定概率购买其周边产品，用户在购买某些类型的服装后会有一定概率选择与其搭配的其他服装，这些都是兴趣进化的直观例子。

DIEN 模型在阿里巴巴的应用场景下有效的另一个原因，是用户的兴趣进化路径能够被整个数据流近乎完整地保留。作为中国最大的电商集团，阿里巴巴各条产品线组成的产品矩阵几乎能够完整地捕捉用户购买兴趣迁移的过程。当然，用户可能去京东、拼多多等电商平台购物，而打断在阿里巴巴购物的兴趣进化过程，但从统计角度来讲，大量用户的兴趣进化过程还是可以被阿里巴巴的数据体系捕获的。

所以，DIEN 模型有效的前提是应用场景满足以下两个条件。

（1）应用场景中存在“兴趣的进化”。

（2）用户兴趣的进化过程能够被数据完整捕获。

如果二者中有一个不成立，那么 DIEN 模型就很可能不会带来显著的收益。

以笔者比较熟悉的视频流媒体推荐系统为例，在一个综合的流媒体平台（比如智能电视）上，用户既可以选择自己的频道和内容，也可以选择观看 Netflix、YouTube，或者其他流媒体频道的内容（图 6-15 所示为流媒体平台不同的频道）。一旦用户进入 Netflix 或者其他第三方应用，系统就无法获取应用中的具体数据。在这样的场景下，系统仅能获取用户一部分的观看和点击数据，抽取用户的兴趣点都十分困难，遑论构建用户的整个兴趣进化路径。即使勉强构建出兴趣进化路径，往往也是不完整甚至是错误的路径。

图 6-15　流媒体平台的不同频道

基于这样的数据特点，DIEN 还适合作为推荐模型的主要架构吗？答案是否定的。DIEN 模型并不能反映业务数据的特点和用户动机，如果在此场景下，仍把模型效果不佳的主要原因归咎于参数没调好、数据量不够大，无疑是本末倒置。相比这些技术原因，理解用户场景、熟悉数据特点才是最重要的。

到这里，基本可以给出题目中问题的答案了：在构建推荐模型的过程中，从应用场景出发，基于用户行为和数据的特点，提出合理的改进模型的动机才是最重要的。

换句话说，推荐模型的结构不是构建一个优质推荐系统的“银弹”。真正的“银弹”是对用户行为和应用场景的观察，再基于这些观察，改进出最能表达这些观察的模型结构。下面用几个例子进一步阐释这句话。

6.5.2 Netflix 对用户行为的观察

Netflix 是美国最大的流媒体公司，其推荐系统会根据用户的喜好生成影片的推荐列表。除了影片的排序，最能影响点击率的因素是影片的海报预览图。举例来说，一位喜欢马特·达蒙（美国著名男影星）的用户，当看到影片的海报上有马特·达蒙的头像时，其点击该影片的概率会大幅增加。Netflix 的数据科学家在通过 A/B 测试验证这一点后，着手开始优化影片预览图的生成（如图 6-16 所示）[12]，以提高推荐结果整体的点击率。

图 6-16 Netflix 不同预览图的模板

在具体的优化过程中，模型会根据不同用户的喜好，使用不同的影片预览图模板，填充不同的前景、背景、文字等元素。通过使用简单的线性“探索与利用”模型，可以验证哪种组合才是最适合某类用户的个性化海报。

在这个案例中，Netflix 并没有使用复杂的模型，但 CTR 提升的效果达到 10%的级别，远远超过改进推荐模型结构所带来的收益。这种做法体现了从用户和场景出发解决问题的思路，也符合“木桶理论”的理念：提升推荐系统的效果，最有效的方法不是执着地改进那块已经很长的“木板”，而是发现那块最短的“木板”，从而提高整体的效果。

6.5.3 观察用户行为，在模型中加入有价值的用户信息

再举一个例子，图 6-17 展示的是美国最大的智能电视平台 Roku 的主页，每一行展示一个类型的影片。但对一个新用户来说，系统里缺少关于他点击和播放影片的样本。那么 Roku 的算法工程师能否找到其他有价值的信息来解决数据稀疏问题呢？

这就要求我们回到产品中，从用户的角度理解这个问题，识别有价值的信号。针对该主页来说，如果用户对某个类型的影片感兴趣，必然会向右滑动鼠标或者遥控器（如图 6-17 中红色箭头所指之处），浏览这个类型下的其他影片，这个滑动的动作就很好地反映了用户对某类影片的兴趣。

图 6-17　Roku 的主页

引入这个动作，无疑对构建用户兴趣向量、解决数据稀疏问题，进而提高推荐系统的效果有积极的作用。广义上讲，引入新的有价值信息就相当于为推荐系统增加新的“水源”，而改进模型结构则是对已有“水源”的进一步挖掘。通常，新水源带来的收益更高，而开拓的难度却通常小于对已有“水源”的持续挖掘。

6.5.4　DIN 模型的改进动机

回到阿里巴巴的推荐模型。2.9 节曾详细介绍过 DIEN 模型的前身是 DIN，其基本思想是将注意力机制与深度神经网络结合（如图 3-20 所示）。

回顾 DIN 的原理，DIN 在经典的深度 CTR 模型的基础上，在构建特征向量的过程中，为每一类特征加入一个激活单元。这个激活单元的作用类似一个开关，控制这类特征是否放入特征向量及放入时的权重大小。那么，这个开关由谁控制呢？它是由被预测广告物品与这类特征的关系决定的。也就是说，在预测用户 u 是否喜欢物品 i 这件事上，DIN 只考虑与物品 i 有关的特征，其他特征的门会被关上，完全不予考虑或者权重很小。

那么，阿里巴巴的工程师提出将注意力机制应用于深度神经网络的想法，仅仅是出于技术的考虑吗？

笔者曾与 DIN 论文的作者交流过，发现他们的出发点同样是用户的行为特点。天猫、淘宝作为综合性的电商网站，只有收集与候选物品相关的用户历史行为记录才是有价值的。基于这个出发点，他们引入相关物品的开关和权重结构，最终发现注意力机制恰巧是能够解释这个动机的最合适的技术结构。反过来，如果单纯从技术角度出发，为了验证注意力机制是否有效而应用注意力机制，则有“本末倒置”的嫌疑，因为这不是业界解决问题的常规思路，而是一种“拿着锤子找钉子”的错误行为，是我们应该极力避免的。

6.5.5 算法工程师不能只是一个“炼金术士”

很多算法工程师把自己戏称为“调参师”“炼金术士”，在深度学习的场景下，超参数的选择当然是不可或缺的工作。但如果算法工程师仅专注于是否在网络中加 dropout，要不要更改激活函数（Activation Function），需不需要增加正则化项，以及修改网络深度和宽度，是不可能做出真正符合应用场景的针对性改进的。

很多业内同仁都说，做推荐系统就是“揣摩人心”。对这句话笔者并不完全赞同，但其在一定程度上反映了本节的主题——从用户的角度思考问题，构建模型。

如果你阅读本书时已经有了几年的工作经验，对机器学习的相关技术驾轻就熟，那么不妨从技术中跳出来，站在用户的角度，深度体验他们的想法，识别他们的偏好和习惯，再用机器学习工具去验证和模拟，可能会得到意想不到的效果。

参考文献

[1] COVINGTON P, ADAMS J, SARGIN E. Deep Neural Networks for YouTube Recommenders[C]//Proceedings of the 10th ACM Conference on Recommender Systems, 2016.

[2] MA X, ZHAO L, HUANG G, et al. Entire Space Multi-task Model: An Effective Approach for Estimating Post-click Conversion Rate[C]//Proceedings of the 41st International ACM SIGIR Conference on Research and Development in Information Retrieval, 2018:1137-1140.

[3] MA J, ZHAO Z, YI X, et al. Modeling Task Relationships in Multi-task Learning with Multi-gate Mixture-of-Experts[C]//Proceedings of the 24th ACM SIGKDD International Conference on Knowledge Discovery & Data Mining, 2018:1930-1939.

[4] TANG H, LIU J, ZHAO M, et al. Progressive Layered Extraction (PLE): A Novel Multi-Task Learning (MTL) Model for Personalized Recommendations[C]//Proceedings of the 14th ACM Conference on Recommender Systems, 2020: 269-278.

[5] ELAHI M, RICCI F, RUBENS N. A Survey of Active Learning in Collaborative Filtering Recommender Systems[J]. Computer Science Review, 2016, 20: 29-50.

[6] PAN F, Li S, AO X, et al. Warm Up Cold-start Advertisements: Improving CTR Predictions via Learning to Learn ID Embeddings[C]//Proceedings of the 42nd International ACM SIGIR Conference on Research and Development in Information Retrieval, 2019: 695-704.

[7] CHEN J, DONG H, WANG X, et al. Bias and Debias in Recommender System: A Survey and Future Directions[J]. ACM Transactions on Information Systems, 2023, 41(3):1-39.

[8] GUO H, YU J, LIU Q, et al. PAL: A Position-Bias Aware Learning Framework for CTR Prediction in Live Recommender Systems[C]//Proceedings of the 13th ACM Conference on Recommender Systems, 2019: 452-456.

[9] ZHENG Y, GAO C, LI X, et al. Disentangling User Interest and Conformity for Recommendation with Causal Embedding[C]//Proceedings of the Web Conference, 2021: 2980-2991.

[10] RENDLE S, FREUDENTHALER C, GANTNER Z, et al. BPR: Bayesian Personalized Ranking from Implicit Feedback[EB/OL].arXiv preprint arXiv:1205.2618, 2012.

[11] QI T, WU F, WU C, et al. Privacy-preserving News Recommendation Model Learning[EB/OL].arXiv preprint arXiv:2003.09592, 2020.

[12] AMAT F, CHANDRASHEKAR A, JEBARA T, et al. Artwork Personalization at Netflix[C]//Proceedings of the 12th ACM Conference on Recommender Systems, 2018: 487-488.

第 7 章 数据为王——推荐系统的特征工程与数据流

前面的章节已从不同角度介绍了深度学习推荐系统的技术要点，主要从模型算法和系统架构层面介绍了推荐系统的关键模块。但算法和模型终究只是“好酒”，还需要用合适的“容器”盛载，才能呈现出最好的味道。这里的“容器”指的就是实现推荐系统的工程平台。

从工程的角度来看，推荐系统可以分为两大部分：数据部分和模型部分。**数据部分主要指推荐系统所需数据的相关工程实现，包括特征工程、数据流等；模型部分指的是推荐模型的相关工程实现，**根据模型应用阶段的不同，可进一步分为离线训练部分和线上服务部分。本章主要介绍数据部分的技术细节，第 8 章将覆盖模型部分。

一个推荐系统所需的数据，自然离不开特征和样本两部分。其中，特征的选取与推荐系统的效果紧密相关，从最基本的用户行为特征，到推荐内容相关的特征，再到近年来逐步得到应用的多模态特征，输送给模型的有用信息越多，模型的推荐效果上限就越高。7.1 节将讨论特征工程的相关内容，7.2 节将详细介绍多模态特征的应用方法。

而与训练样本相关的工程架构涉及推荐系统的整个数据流。数据流的稳定性、实时性直接影响推荐系统的稳定性和推荐效果。如何在数据量越来越大、特征越来越多、实时性要求越来越高的环境下，建设一条成熟的数据流，将是 7.3 节和 7.4 节讨论的重点。7.5 节将结合边缘计算技术，介绍如何通过算法和工程的联合设计进一步提升推荐系统的实时性。

自此，让我们告别偏理论的算法和模型部分，进入“真刀真枪”的工程部分，近距离地接触工业级推荐系统中的工程难题。

7.1 推荐系统的特征工程

“Garbage in garbage out”（垃圾进，垃圾出）是算法工程师经常提到的一句话。机器学习模型能力的边界在于对数据的拟合和泛化，模型的能力越强，模型的效果就越接近理论上限，而这个“理论上限”正是由数据及表达数据的特征决定的。因此，特征工程对推荐系统效果提升的作用无法被替代。为了构建一个“好”的特征工程，需要依次解决三个问题。

（1）构建特征工程应该遵循的基本原则是什么？

（2）有哪些常用的特征类别？

（3）如何在原始特征的基础上进行特征处理，生成可供推荐系统训练和推断用的特征向量？

本节将依次回答这三个问题。

7.1.1 构建推荐系统特征工程的原则

在推荐系统中，**特征的本质是对某个行为过程相关信息的抽象表达**。推荐过程中的某个行为必须转换成某种数学形式才能被机器学习模型所学习。为了完成这种转换，必须将这些行为过程中的信息以特征的形式抽取出来，用多个维度上的特征来表达这一行为。

将具体的行为转化成抽象的特征，这一过程必然会出现信息的损失。一是因为具体的推荐行为和场景中包含大量的原始场景、图像和状态信息，保存全部信息的存储需求过大，无法在现实中满足；二是因为具体的推荐场景中包含大量冗余的、无用的信息，把它们都考虑进来反而会损害模型的泛化能力。搞清楚这两点后，就可以顺理成章地提出构建**推荐系统特征工程的原则**：

尽可能地让特征工程抽取出的一组特征能够保留推荐环境及用户行为过程中的所有有用信息，尽量摒弃冗余信息。

举例来说，在一个电影推荐的场景下，应该如何抽取特征才能代表“用户点击某部电影”这一行为呢？

要回答该问题，就要把自己置身于场景中，想象自己选择点击某部电影的过程受什么因素影响。笔者从自己的角度出发，按照重要性的高低列出了 6 个要素。

（1）自己对电影类型的兴趣偏好。

（2）该影片是否是流行的大片。

（3）该影片中是否有自己喜欢的演员和导演。

（4）电影的海报是否有吸引力。

（5）自己是否看过该影片。

（6）自己当时的心情。

秉承“**保留行为过程中的所有有用信息**”这一原则，从电影推荐场景中抽取特征时，应该让特征能够尽量保留上述 6 个要素的信息。因此，要素、有用信息和数据、特征三者的对应关系如表 7-1 所示。

表 7-1　要素、有用信息和数据、特征三者的对应关系

要　　素	有用信息和数据	特　　征
自己对电影类型的兴趣偏好	历史观看影片序列	影片 ID 序列特征，或进一步抽取出兴趣 Embedding 特征
该影片是否是流行的大片	影片的流行分数	流行度特征
该影片中是否有自己喜欢的演员和导演	影片的元数据，即相关信息	元数据标签类特征
电影的海报是否有吸引力	影片海报的图像	图像内容类特征
自己是否看过该影片	用户观看历史	表示是否看过的布尔型特征
自己当时的心情	无法抽取	无

值得注意的是，在抽取特征的过程中，必然存在信息的损失，例如，“自己当时的心情”这个要素被无奈地舍弃了。再比如，以用户观看历史推断用户的兴趣偏好也一定会存在信息损失的情况。因此，在已有的、可获得的数据基础上，“尽量”保留有用信息是一个现实的工程原则。

7.1.2 推荐系统中的常用特征

在推荐系统特征工程原则的基础上，本节列出推荐系统中常用的特征类别，供读者在构建自己的特征工程时参考。

1. 用户行为数据

用户行为数据是推荐系统最常用，也是最关键的数据。用户的潜在兴趣、用户对物品的真实评价均包含在用户的行为数据中。用户行为在推荐系统中一般分为显性反馈（Explicit Feedback）行为和隐性反馈（Implicit Feedback）行为两种，在不同的业务场景中，二者以不同的形式体现。表 7-2 为不同业务场景下用户行为的例子。

表 7-2 不同业务场景下用户行为的例子

业务场景	显性反馈行为	隐性反馈行为
电子商务网站	对商品的评分	点击、加入购物车、购买等
视频网站	对视频的评分、点赞等	点击、播放、播放时长等
新闻类网站	赞、踩等行为	点击、评论等
音乐网站	对歌曲、歌手、专辑的评分	点击、播放、收藏等

对用户行为数据的使用往往涉及对业务的理解，不同的行为在抽取特征时的权重不同，而且一些与业务特点强相关的用户行为需要推荐工程师经过观察和分析后才能发现。

在当前的推荐系统特征工程中，隐性反馈行为数据越来越重要，主要原因是显性反馈行为数据的收集难度过大、数据量小。在深度学习模型对大数据量的需求与日俱增的背景下，仅用显性反馈行为数据不足以支持推荐系统训练过程的最终收敛。因此，能够反映用户行为特点的隐性反馈行为数据是目前特征挖掘的重点。

在具体的用户行为类特征的处理上，往往有两种方式：一种是将代表用户行为的物品 ID 序列转换成 multi-hot 向量，将其作为特征向量；另一种是预先训练好物品的 Embedding（可参考第 4 章介绍的 Embedding 方法），再通过平均或者类似于 DIN 模型注意力机制的方法生成历史行为 Embedding，将其作为特征向量。

2. 用户关系数据

互联网本质上就是人与人、人与信息之间的连接。如果说用户行为数据是人与物之间的“连接”日志，那么用户关系数据就是人与人之间连接的记录。在互联网时代，人们最常说的一句话就是“物以类聚，人以群分”。毫无疑问，用户关系数据是值得推荐系统利用的有价值信息。

用户关系数据也可以分为显性和隐性两种，或者称为强关系和弱关系。如图 7-1 所示，用户与用户之间可以通过“关注”“好友关系”等连接建立强关系，也可以通过“互相点赞”“同处一个社区”，甚至“同看一部电影”等连接建立弱关系。

在推荐系统中，用户关系数据的利用方式不尽相同：可以将用户关系作为召回层的一种物品召回方式；也可以通过用户关系建立关系图，使用 Graph Embedding、GNN 等方法生成用户和物品的 Embedding；还可以直接利用关系数据，通过“好友”的特征为用户添加新的属性特征；甚至可以利用用户关系数据直接建立社会化推荐系统。

图 7-1 社交网络关系的多样性

3. 属性、标签类数据

这里把属性和标签类数据归为一组进行讨论，因为本质上它们都直接描述用户或者物品的特征。属性和标签的主体可以是用户，也可以是物品。它们的来源非常多样，大体上包含表 7-3 中的几类。

表 7-3 属性、标签类数据的分类和来源

主　体	类　别	来　源
用户	人口属性数据（性别、年龄、住址等）	用户注册信息、第三方 DMP（Data Management Platform，数据管理平台）
	用户兴趣标签	用户选择
物品	物品标签	由用户或者系统管理员添加
	物品属性（例如，商品的类别、价格，电影的分类、年代、演员、导演等信息）	后台录入、第三方数据库

用户属性、物品属性、标签类数据是最重要的描述型特征。成熟的公司往往会建立一套用户和物品的标签体系，由专门的团队负责维护，典型的例子就是电商公司的商品分类体系；也可以通过一些社交化的方法由用户添加标签。图 7-2 为豆瓣的“添加收藏”页面，在添加收藏的过程中，用户需要为收藏对象打上对应的标签，这是一种常见的社交化标签添加方法。

添加收藏：我读过这本书　　×

给个评价吧?(可选) ☆☆☆☆☆　　缩起 ▲

标签(多个标签用空格分隔):

我的标签：计算机 人工智能 机器学习 历史 面试 哲学 人类学 地理社会 深度学习

常用标签：机器学习 人工智能 数据挖掘 计算机 数据分析 MachineLearning 计算机科学 AI 数学 算法

简短附注:　　350

仅自己可见

图 7-2 豆瓣的“添加收藏”页面

在推荐系统中使用属性、标签类数据，一般是通过 multi-hot 编码的方式将其转换成特征向量，一些重要的属性和标签类特征还可以先转换成 Embedding，再输入推荐模型。

4. 内容类数据

内容类数据可以看作属性和标签类特征的延伸，它们同样是描述物品或用户的数据，但相比标签类特征，内容类数据往往是大段的描述型文字、图像，甚至是视频。

一般来说，内容类数据无法直接转换成推荐系统可以"消化"的特征，需要通过自然语言处理、计算机视觉等技术手段提取关键内容特征，再输入推荐系统。例如，在图像类、视频类或是带有图像的信息流推荐场景中，往往会利用计算机视觉模型进行目标检测，抽取图像特征（如图 7-3 所示），再把这些特征（要素）转换成标签类数据，供推荐系统使用。

图 7-3　利用计算机视觉模型进行目标检测，抽取图像特征

近年来，随着对多模态推荐系统的研究越来越火热，处理和利用多模态特征的方法日趋成熟，将"多模态特征转化成标签使用"这种信息损失过大的方法将逐渐被淘汰。7.2 节将详细讨论多模态特征方向的研究进展。

5. 上下文信息

上下文信息（context）是描述推荐行为发生场景的信息。最常用的上下文信息是"时间"和通过 GPS 获得的"地点"信息。根据推荐场景的不同，上下文信息的范围极广，包括但不限于时间、地点、季节、月份、节假日、天气、空气质量、社会事件等信息。

引入上下文信息的目的是尽可能地保存推荐行为发生场景的信息。典型的例子是，在视频推荐场景中，用户倾向于在傍晚看轻松浪漫题材的电影，在深夜看悬疑惊悚题材的电影。如果不引入上下文特征，则推荐系统无法捕捉到与这些场景相关的有价值的信息。

6. 统计类特征

统计类特征是指通过统计方法计算出的特征，例如历史 CTR、历史 CVR、物品热门程度、物品流行程度等。统计类特征一般是连续型特征，仅需经过标准化、归一化等处理就可以直接输入推荐系统进行训练。

统计类特征本质上是一些粗粒度的预测指标。例如在 CTR 预估问题中，完全可以将某物品的历史平均 CTR 当作最简易的预测模型，但该模型的预测能力很弱，因此历史平均 CTR 往往仅被当作复杂 CTR 模型的特征之一。统计类特征往往与最后的预测目标有较强的相关性，因此是绝不应被忽视的重要特征类别。

7. 组合类特征

组合类特征是指将不同特征进行组合后生成的新特征。最常见的是“年龄+性别”组成的人口属性分段特征（segment）。在早期的推荐系统中，推荐模型（如逻辑回归）往往不具备组合特征的能力，因此完全依赖手动组合特征的方式。随着深度学习推荐系统的发展，组合类特征不一定需要通过人工组合、人工筛选的方法选出，也可以交给模型自动处理。

7.1.3 常用的特征处理方法

对推荐系统来说，模型的输入往往是由数字组成的特征向量。7.1.2 节提到的诸多特征类别中，有“年龄”“播放时长”“历史 CTR”这些可以由数字表达的特征，它们可以非常自然地成为特征向量中的一个维度。对于更多的特征来说，例如用户的性别、观看历史，它们是如何转变成数值型特征向量的呢？本节将从连续型（continuous）特征和类别型（categorical）特征两个角度介绍常用的特征处理方法。

1. 连续型特征

连续型特征的典型例子是上文提到的用户年龄、统计类特征、物品的发布时间、影片的播放时长等数值型特征。对于这类特征的处理，最常用的手段包括归一化、离散化、加非线性函数等方法。

归一化的主要目的是统一各特征的量纲，将连续特征归一到[0,1]；也可以做 0 均值归一化，即将原始数据集归一化为均值为 0、方差为 1 的数据集。

离散化是通过确定分位数的形式将原来的连续值进行分桶，最终形成离散值的过程。离散化的主要目的是防止出现连续值带来的过拟合现象及特征值分布不均匀的情况。经过离散化处理的连续型特征和经过 one-hot 编码处理的类别型特征一样，都是以特征向量的形式输入推荐模型的。

加非线性函数的处理方法，是直接把原来的特征通过非线性函数做变换，然后把原来的特征及变换后的特征加入模型进行训练的过程。常用的非线性函数包括 $x^a, \log_a(x), \log\left(\frac{x}{L-x}\right)$。

加非线性函数的目的是更好地捕获特征与优化目标之间的非线性关系，增强模型的非线性表达能力。

2. 类别型特征

类别型特征的典型例子是用户的历史行为数据、属性和标签类数据等。它的原始表现形式往往是一个类别或者一个 ID。这类特征最常用的处理方法是使用 one-hot 编码将其转换成一个数值向量。在 one-hot 编码的基础上，面对同一个特征域非唯一的类别选择，还可以采用 multi-hot 编码。

对类别特征进行 one-hot 或 multi-hot 编码的主要问题是特征向量维度过大、特征过于稀疏，容易造成模型欠拟合、模型权重参数的数量过多，导致模型收敛过慢。因此，Embedding 技术在成熟之后，被广泛应用在类别特征的处理上，先将类别型特征编码成稠密 Embedding，再与其他特征组合，生成最终的输入特征向量。

7.1.4 特征工程与业务理解

本节介绍了推荐系统特征工程的特征类别和主要处理方法。在深度学习时代，推荐模型本身承担了很多特征筛选和组合的工作，算法工程师不需要像之前那样在特征工程上花费大量精力。但这并不意味着我们可以摒弃对业务数据的理解，甚至可以说，在推荐模型和特征工程趋于一体化的今天，特征工程本身就是深度学习模型的一部分。

举例来说，在 Wide&Deep 模型中，到底把哪些特征“喂”给 Wide 部分来加强模型记忆能力，取决于算法工程师对业务场景的深刻理解；在 DIEN 模型中，用户行为序列的特征抽取更是与模型结构进行了深度的耦合，利用复杂的序列模型结构对用户行为序列进行 Embedding 化。

从这个意义上讲，传统的人工组合、筛选特征的工作已经不存在了，取而代之的是将特征工程与模型结构统一考虑、整体建模的深度学习模式。唯一不变的是，只有深入了解业务的运行模式，了解用户在业务场景下的思考方式和行为动机，才能精确地抽取出最有价值的特征，构建成功的深度学习模型。

7.2 多模态特征的处理与融合

7.1 节介绍了不同类型的特征及其处理方法，其中内容类特征种类最丰富，根据推荐内容的不同，内容类特征既可以是文本特征、图像特征，也可以是音频或视频特征。毫无疑问，这些多种“模态”的内容特征包含着大量有用的信息，也直接反映了用户的兴趣偏好。如何理解这些内容，抽取出内容特征，进而与推荐系统融合，是近年来非常重要的研究课题。本书的 3.3 节介绍过大模型处理多模态特征并与推荐系统融合的方案，本节将讲解另外两种多模态特征处理方案。

7.2.1 多模态特征的重要性

传统的推荐模型，绝大多数都更看重对用户行为的利用，比如经典的协同过滤就是根据“相似行为的用户喜欢相似的物品”这一基本原理构建的。Wide&Deep 模型特别看重用户已安装 App 和候选 App 的共现行为，DIN 特别关心用户曾经的购买行为和候选商品的相关性。这些模型也使用了一些物品内容特征，但更多是物品的分类、属性这些标签特征，粒度比较粗，传递的内容信息也比较少。但内容型特征的价值真的不如用户行为特征的价值高吗？

举一个新闻推荐的例子，在现在流行的信息流场景下，图像在新闻推荐中占据了越来越重要的位置。如图 7-4 所示，如果用户点击过一个有关达拉斯牛仔队橄榄球比赛的新闻，代表他关注这支球队，那么在候选新闻中，如果有达拉斯牛仔队相关的新闻图像，一定会更吸引他的注意力。如果推荐系统能够理解图像内容，就可以把更能吸引用户注意的图像新闻推荐给用户。

图 7-4 新闻推荐例子

再比如，当一位女士去某购物 App 挑选女士羽绒服时，最先吸引她的一定是商品图像；我们在浏览短视频时，也一定是视频内容传递了最多的兴趣点；听歌时，歌曲的音频是最能反映用户偏好的内容。

可见，内容型特征同样包含了极其丰富的有用信息，多模态特征的重要性就在于补全了推荐系统感知多模态内容的能力，把最能够吸引用户注意力的图像、视频、音频信息引入推荐系统，进一步提升推荐效果。从冷启动的角度来说，由于多模态特征是从物品内容中抽取的，不依赖用户的历史行为，因此多模态特征的加入可以大大提高系统的冷启动能力，让一个冷启动物品能快速被用户发现，也可以让用户的兴趣偏好更快地反映到推荐模型中。此外，多模态特征也有助于丰富推荐系统的召回策略和重排过程中的多样性策略，可以在推荐系统级联架构的各个阶段发挥作用。

7.2.2 多模态特征与推荐模型的结合

针对图 7-4 描述的新闻推荐的例子，微软提出的 MM-Rec[1]多模态推荐模型给出了一个经典的融合多模态特征的方法（如图 7-5 所示）。从整体架构上看，模型分为左侧的多模态编码器部分和右侧的推荐模型部分。多模态编码器负责把图像和文字的原始信息编码为图像 Embedding 和文字 Embedding，用它们来表征一条新闻。右侧的推荐模型本质上是一个双塔结构，物品塔由候选物品的图像 Embedding 和文字 Embedding 表征，用户塔则是一个 DIN 的结构，由候选物品 Embedding 和用户历史点击物品的 Embedding 联合生成。

具体来说，用户塔生成的用户 Embedding 是由不同模态的用户 Embedding（图片模态用户 Embedding 和文本模态用户 Embedding）经过 Sum Pooling 得到的。而不同模态的用户 Embedding 的生成过程则与 DIN 相同，首先通过计算候选物品 Embedding 和历史点击物品 Embedding 的相似性，得到历史点击物品的注意力权重，然后基于该权重对历史点击物品的 Embedding 进行加权求和，得到用户 Embedding。上面描述的多模态用户 Embedding 的生成过程也就是图 7-5 中多模态候选物品感知 Attention 层的作用。

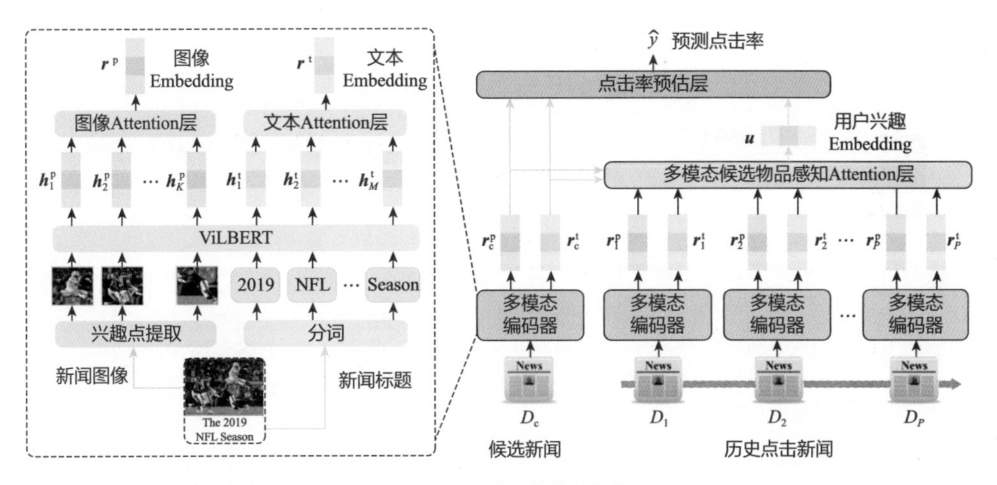

图 7-5　MM-Rec 的模型架构

再说回左边的多模态编码器部分。这部分实际上使用了两个预训练模型。一个是从新闻图像中抽取出兴趣点的预训练模型 Mask R-CNN[2]，可以看到该模型从新闻图像中抽取出更单位化的要素，图 7-5 中的例子是从新闻图像中抽取出比赛中各队的队员。另一个预训练的模型是同时可以把文本和图像转换成 Embedding 表达的 ViLBERT 模型[3]，它是一个使用图像和相关描述文字（比如视频截图和相关的字幕）预训练的模型，可以将图像和文本映射到同样的 Embedding 空间并发现它们之间的关联性。在分别抽取出图像兴趣点的 Embedding 和文本关键字的 Embedding 之后，多模态编码器还使用 Attention 结构将这些局部 Embedding 聚合起来，分别形成表达这则新闻的图像 Embedding 和文本 Embedding，供右边的推荐模型使用。

MM-Rec 可以说是一个非常经典的融合图像和文本多模态特征的模型，模型的结构基本照搬了 DIN 模型，适合工程落地。但如果多模态特征之间的结构越来越复杂怎么办？如果它们之间的结构不再是 MM-Rec 中图像和文字这样可以并列的结构，而是错综复杂的图结构怎么办？显然 MM-Rec 的架构就支持不了了，我们就必须结合第 4 章介绍的图神经网络来融合更复杂的多模态特征。

7.2.3　GNN 与多模态特征的结合

把多模态的特征置于知识图谱中，利用 Graph Embedding 或者 GNN 的方法得到每种模态特征的 Embedding，是一种比较灵活、扩展性也很好的多模态特征建模方法。美团提出的 MKGAT（Multi-modal Knowledge Graph Attention Network）[4]就是该方法的一个典型应用。

以电影推荐为例，对于《玩具总动员》（*Toy Story*）这部电影来说〔如图 7-6（a）所示〕，相关信息包括导演、演员、制片商这些来自于影片元数据的特征，也包括从电影海报中提取出的内容特征（如通过预训练的图像识别模型提取海报中的人物作为特征），以及从电影描述文本中提取的主题信息（通过预训练自然语言处理模型提取出电影描述中的关键话题）。把这些多模态特征之间的关系抽象成知识图谱中的一个个节点，就得到一张典型的知识图谱，如图 7.6（b）

所示。下一步就可以使用第 4 章介绍过的 Node2vec、GraphSage、RippleNet 等方法把这些节点 Embedding 化。

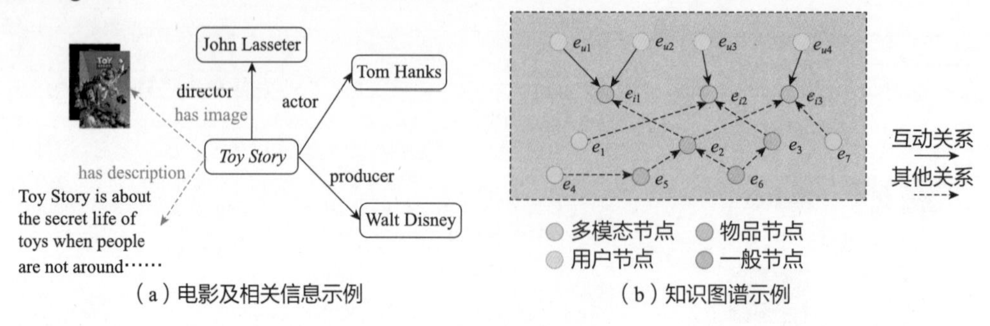

（a）电影及相关信息示例　　（b）知识图谱示例

图 7-6　知识图谱示意图

图 7-7 展示了 MKGAT 的模型架构，可以清楚地看到两阶段结构。左侧的 GNN 将所有不同类型的节点 Embedding 化，再把这些节点结合到右侧的推荐模型中。读者无须过多关心 GNN 的结构细节，4.3 节介绍的 GNN 架构都适用于该场景。GNN 经过预训练后，其模型参数被锁定，再逐个处理影片相关的特征，生成对应 Embedding 后保存，推荐模型在训练时直接取出使用就好。由于推荐模型的更新频率较高，甚至需要实时训练，这样的分离架构避免了 GNN 预训练模型的频繁更新。

可以看到，右侧的推荐模型部分是一个结构简单的双塔结构。用户塔利用用户历史行为相关的知识图谱节点通过 Attention 层生成用户 Embedding，物品塔则利用候选物品的相关知识图谱节点生成物品 Embedding，再通过双塔输出层的计算得到最终预估得分。

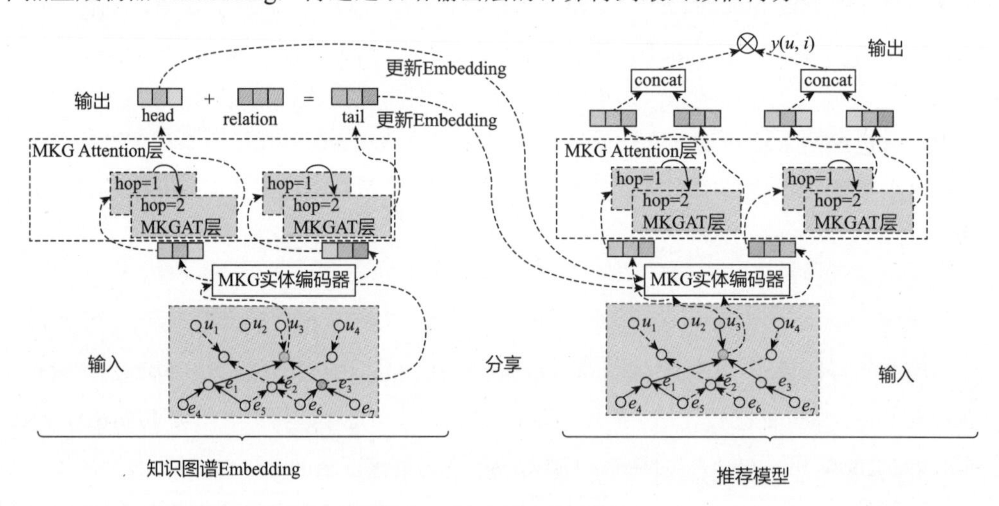

图 7-7　MKGAT 的模型架构

MKGAT 是多模态特征结合 GNN 方法的代表，它充分利用了 GNN 强大的整合异构数据的能力，并通过分离 GNN 训练和推荐主模型训练，降低了工程落地的成本，是一个灵活且强大的模型架构。

7.3 推荐系统的数据流

本节要介绍的“推荐系统的数据流”指的是推荐模型训练、服务所需数据的处理流程。自 2003 年谷歌陆续发表 *Big Table*[5]、*The Google File System*[6]和 *MapReduce*[7]三篇大数据领域奠基性论文以来，推荐系统也全面进入了大数据时代。推荐系统的训练数据动辄 TB 乃至 PB 级别，其数据流必须和大数据处理与存储的基础设施紧密结合，才能完成推荐系统的高效训练和在线预估。

大数据平台的发展经历了从“批处理”到“批流混合计算”再到“批流一体化”的阶段。架构模式的不断发展大幅提升了数据处理实时性和灵活性。按照发展的先后顺序，大数据平台主要有批处理、流计算、Lambda、Kappa 等 4 种架构模式。

7.3.1 批处理大数据架构

在大数据平台诞生之前，传统数据库很难处理海量数据的存储和计算问题。针对这一难题，以 Google GFS 和 Apache HDFS 为代表的分布式存储系统诞生，解决了海量数据的存储问题；为了进一步解决数据的计算问题，MapReduce 框架被提出，采用分布式数据处理并逐步 Reduce 的方法并行处理海量数据。“分布式存储+MapReduce”的架构只能批量处理已经落盘的静态数据，无法在数据采集、传输等数据流动的过程中处理数据，因此被称为批处理大数据架构。

相比之前以数据库为核心的数据处理过程，批处理大数据架构用分布式文件系统和 MapReduce 替换了原来的依托传统文件系统和数据库的数据存储和处理方法，批处理大数据架构示意图如图 7-8 所示。

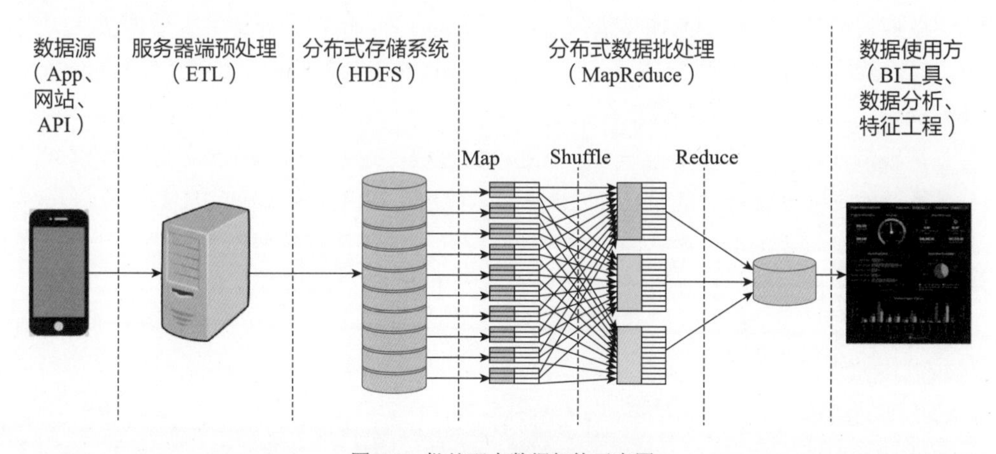

图 7-8 批处理大数据架构示意图

但该架构只能批量处理分布式文件系统中的数据，导致数据处理的延迟较大，严重影响相关应用的实时性。“流计算”的方案因此应运而生。

7.3.2 流计算大数据架构

流计算大数据架构在数据产生及传递的过程中流式地消费并处理数据（如图 7-9 所示）。在流计算大数据架构中，“滑动窗口”的概念非常重要。在每个“窗口”内部，数据被短暂缓存并消费，在完成一个窗口的数据处理后，流计算平台滑动到下一时间窗口进行新一轮的数据处理。因此理论上，流计算平台的延迟仅与滑动窗口的大小有关。在实际应用中，滑动窗口的大小基本以分钟级别居多，这大大降低了批处理架构下动辄几小时的数据延迟。

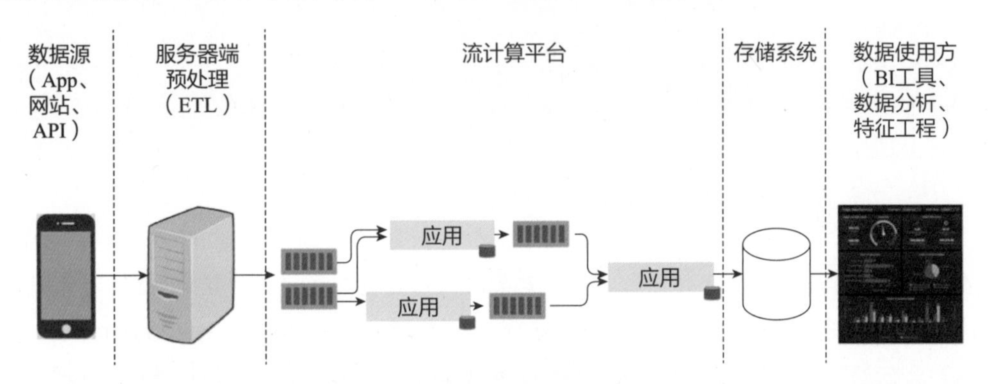

图 7-9 流计算大数据架构示意图

知名开源流计算平台包括 Storm、Spark Streaming、Flink 等，特别是近年来崛起的 Flink，将所有数据均看作“流”，把批处理当作流计算的一种特殊情况，可以说是“原生”的流处理平台。

在流计算的过程中，流计算平台不仅可以对单个数据流进行处理，还可以对多个不同数据流进行 join 操作，并在同一个时间窗口内做整合处理。除此之外，一个流计算环节的输出还可以成为下游应用的输入，整个流计算架构是灵活可重构的。因此，流计算大数据架构的优点非常明显，就是数据处理的延迟小、数据流非常灵活。这对于数据监控、推荐系统特征实时更新，以及推荐模型实时训练有很大的帮助。

但是，纯流计算的大数据架构摒弃了批处理的过程，这使得平台在数据合法性检查、数据回放、全量数据分析等应用场景下显得捉襟见肘，特别是在时间窗口较短的情况下，日志乱序、join 操作造成的数据遗漏会使数据的误差累计。因此，纯流计算的架构并不是完美的。这就要求新的大数据架构能对流计算和批处理架构做一定程度的融合，取长补短。

7.3.3 Lambda 架构

Lambda 架构是大数据领域内举足轻重的架构，大多数一线互联网公司的数据平台基本都是基于 Lambda 架构或其后续变种架构构建的。

Lambda 架构的数据通道从最开始的数据收集阶段就裂变为两条分支：实时流和离线处理。实时流部分保持了流计算架构，保障了数据的实时性；而离线处理部分则以批处理的方式为主，保障了数据的最终一致性，为系统提供了更多数据处理方式的选择。Lambda 架构示意图如图 7-10 所示。

流计算部分为了保障数据实时性，以增量计算为主，而批处理部分则对数据进行全量运算，保障其最终的一致性及最终推荐系统特征的丰富性。在将统计数据存入最终的数据库之前，Lambda 架构往往会对实时流数据和离线层数据进行合并，并会利用离线层数据对实时流数据进行校检和纠错，这是 Lambda 架构的重要步骤。

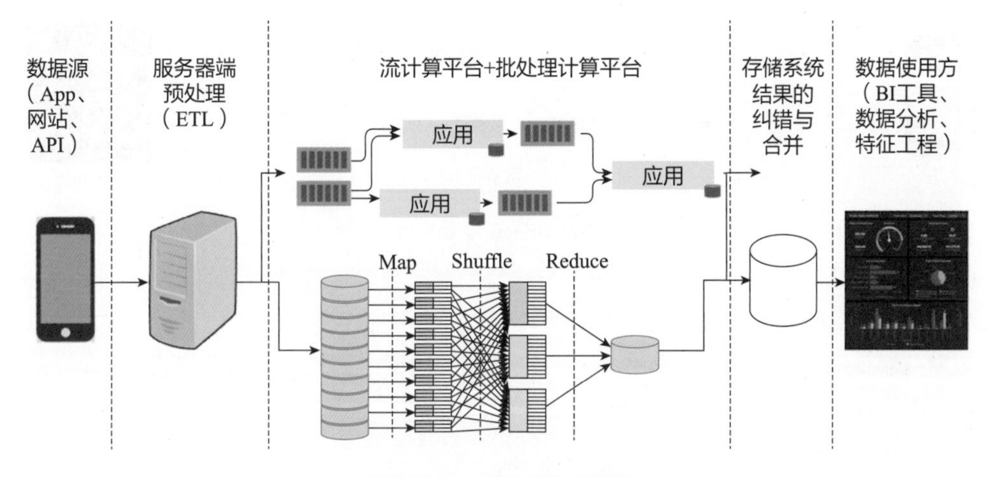

图 7-10 Lambda 架构示意图

Lambda 架构通过保留流处理和批处理两条数据处理流程，使系统兼具实时性和全面性，是目前大部分公司采用的主流架构。但由于实时流和离线处理部分存在大量逻辑冗余，需要重复地进行编码工作，浪费了大量计算资源。那么，有没有可能对实时流和离线处理部分做进一步的融合呢？

7.3.4 Kappa 架构

Kappa 架构是为了解决 Lambda 架构的代码冗余问题而产生的。Kappa 架构秉持“Everything is streaming”（一切皆是流）的原则，无论是真正的实时流，还是离线批处理，都以流计算的形式执行。也就是说，离线批处理仅是“流处理”的一种特殊形式。从某种意义讲，Kappa 架构也可以看作流计算架构的“升级”版本。

那么具体来讲，Kappa 架构是如何通过同样的流计算框架实现批处理的呢？事实上，“批处理”处理的也是一个时间窗口的数据，只不过与流处理相比，这个时间窗口比较大，流处理的时间窗口可能只有 5 分钟，而批处理可能是 1 天。除此之外，批处理完全可以共享流处理的计算逻辑。

由于批处理的时间窗口过大，不可能在在线环境中通过流处理的方式实现，那么问题的关键就在于如何在离线环境下利用同样的流处理框架进行数据批处理。

为了解决这个问题，需要在原有流处理的框架上加上两个新的通路：原始数据存储和数据重播。原始数据存储将未经流处理的数据或者日志原封不动地保存到分布式文件系统中，数据重播将这些原始数据按时间顺序重播，并用同样的流处理框架进行处理，从而完成离线状态下的数据批处理。这就是 Kappa 架构的主要思路（如图 7-11 所示）。

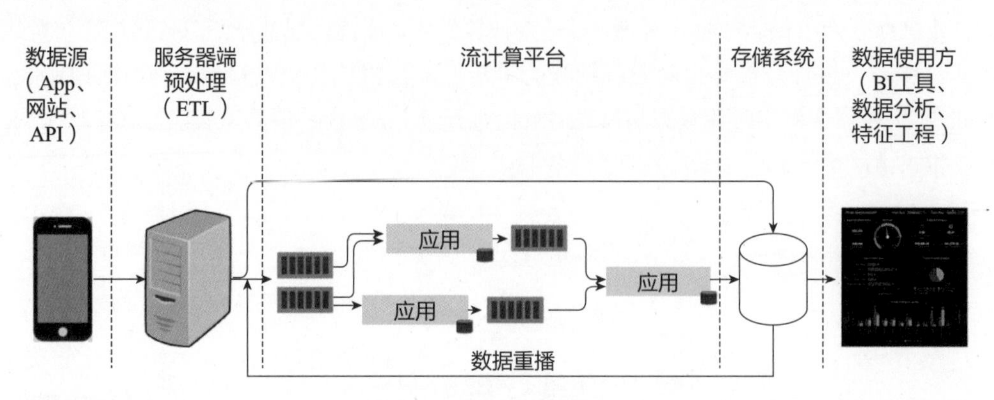

图 7-11 Kappa 架构示意图

Kappa 架构从根本上完成了 Lambda 架构流处理部分和离线批处理部分的融合，是非常优美和简洁的大数据架构。但在工程实现过程中，Kappa 架构仍存在一些难点，例如数据回放过程的效率问题、批处理和流处理操作能否完全共享的问题。因此，当前业界仍以 Lambda 架构为主流，但逐渐在向 Kappa 架构靠拢。

7.3.5 推荐系统数据流的架构和功能

前面介绍了大数据时代几种主要的数据流架构。具体到推荐系统上，数据流的各个环节起到了抽取样本特征、准备训练样本数据、支持样本离线、在线训练等作用。图 7-12 所示的推荐系统数据流架构图详细列出了各环节的主要功能和常用的技术选型。如果读者仔细阅读 7.3.1 节～7.3.4 节的内容，则很容易看出这是一个 Kappa 架构，它也是当前各大一线互联网公司最常用的架构。

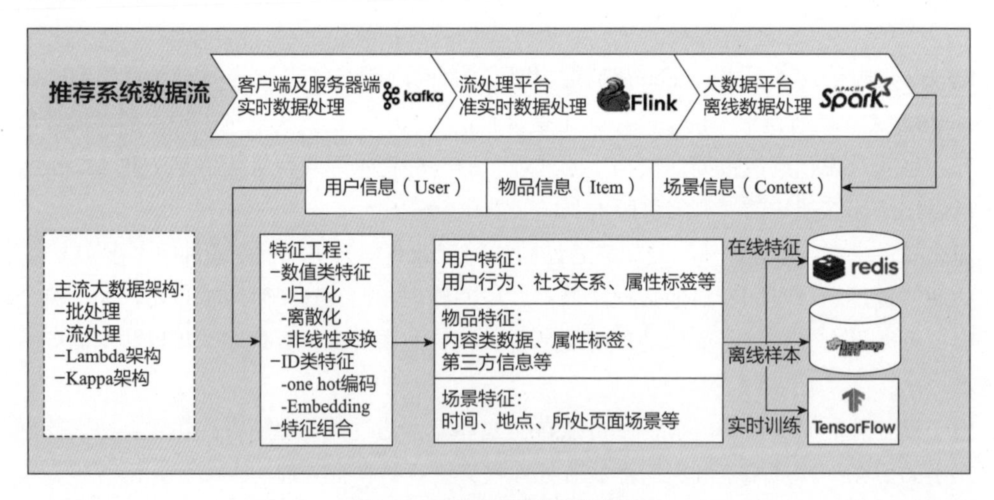

图 7-12 推荐系统的数据流架构

数据流是从客户端开始的。在最接近用户的客户端、App 或者网站内部的数据锚点会实时收集用户的行为数据并回传给服务器端，同时用户的点击、购买、观看等动作都会触发服务器端的响应，服务器端也会把这类原始日志记录下来，利用日志队列系统 Kafka 形成数据流，供下游 App 使用。

Kafka 生成的数据流会在以 Flink 为代表的流处理平台及以 Spark 为代表的批处理平台被集中处理。在这些处理平台中，原始的日志信息会被进一步加工成可供模型训练和预估使用的特征和样本。具体可能进行的操作有如下几项。

（1）将原始日志中直接携带的用户 ID、物品 ID、时间等信息，直接加工成特征。

（2）根据推荐问题的定义，把用户行为转换成样本标签，例如，在 CTR 问题中，如果用户行为是点击，则转换成正样本标签；如果用户行为是曝光，则转换成负样本标签。

（3）从数据库中载入用户和物品的历史信息和 Metadata（元数据），比如用户的历史行为、性别、年龄，物品的分类，历史点击率等，与原日志连接（join）在一起，用以丰富样本特征。

（4）根据特征数据库中的特征定义和当前日志的信息，将特征更新到最新状态，比如用户点击了一个新的物品，则将该物品 ID 添加到该用户的历史点击记录中。

（5）对抽取的各类特征做进一步的处理，如归一化、离散化、特征组合、one-hot 编码等，使之成为可供模型学习的样本特征。

经过上述处理之后，可以认为数据流中已经临时存储了最新的训练样本信息和训练样本携带的特征信息，这些信息的最终出口有三个。

（1）新的特征被存储或更新到以 Redis 为代表的特征数据库中，供线上模型服务查询。

（2）样本被存储到以 HDFS 为代表的离线存储平台中，供之后模型的重训练或批式更新。

（3）如果推荐系统中有模型流式训练系统，最新的样本数据流会对接给 PyTorch 和 TensorFlow 等深度学习平台用于模型的流式更新。

完成特征更新和模型训练之后，推荐系统的数据流即完成了对这一批数据的处理，并转入下一批数据的处理。在周而复始的过程中，数据流处理特征和更新模型的速度直接影响推荐系统的实时性。那么，推荐系统的实时性到底有多重要？又有哪些手段来提升推荐系统的实时性呢？7.4 节将进行详细的介绍。

7.4 推荐系统的实时性

周星驰的电影《功夫》里有一句著名的台词：“天下武功，无坚不摧，唯快不破。”如果说推荐模型的架构是那把“无坚不摧”的“玄铁重剑”，那么推荐系统的实时性就是“唯快不破”的“柳叶飞刀”。本节就从实时性的角度谈一谈提升实时性对于推荐系统为什么这么重要，以及实现实时性的具体途径。

7.4.1 为什么说推荐系统的实时性是重要的

在讨论如何提高推荐系统实时性这个问题之前，我们需要先思考：推荐系统的实时性是不是一个重要的影响推荐效果的因素？为了证明推荐系统实时性和推荐效果之间的关系，Facebook 曾利用“GBDT+LR”模型进行过实时性的实验（如图 7-13 所示），笔者以此实验的数据为例，说明实时性的重要性。

在图 7-13 中，横轴代表从推荐模型训练结束到模型测试的时间间隔（天数），纵轴是损失函数 Normalized Entropy（归一化交叉熵）的相对值。从图中可以看出，无论是“GBDT+LR”模型，还是单一的树模型，损失函数的值都与模型更新延迟呈正相关的关系，也就意味着模型更新的间隔时间越长，推荐系统的效果越差；反过来说，模型更新得越频繁，实时性越好，损失越小，效果也越好。

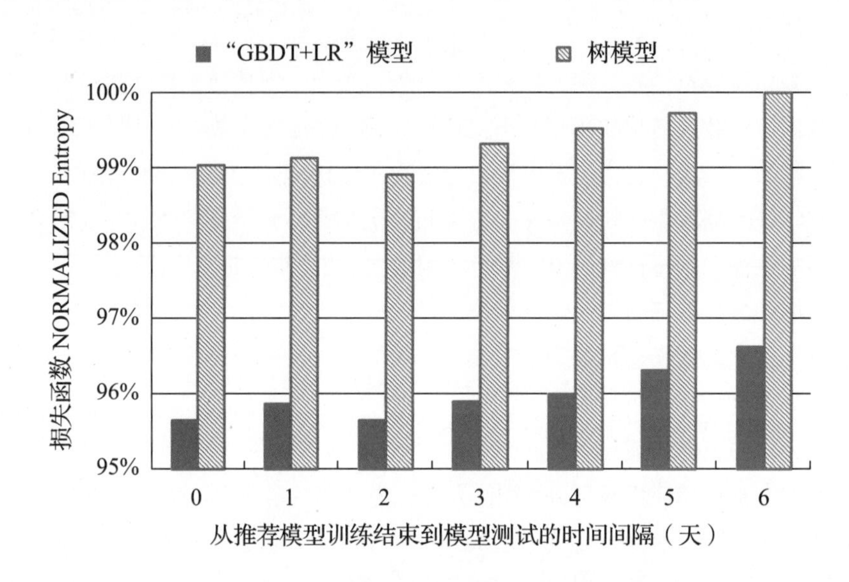

图 7-13 Facebook 的模型实时性实验

从用户体验的角度，每位读者一定都有切身的体会。例如，在使用个性化新闻应用时，用户的期望是更快地找到与自己兴趣相符的文章；在使用短视频服务时，期望更快地“刷”到自己感兴趣的内容；在电商平台购物时，也期望更快地找到自己喜欢的商品。只要推荐系统能感知用户反馈，实时地满足用户的期望，就能提高推荐的效果，这就是推荐系统实时性作用的直观体现。

从机器学习的角度讲，推荐系统实时性的重要之处体现在以下两个方面。

（1）推荐系统的更新速度越快，代表用户最近习惯和爱好的特征更新越快，越能为用户提供更具时效性的推荐。

（2）推荐系统更新得越快，模型越容易发现最新流行的数据模式（Data Pattern），越能让模型快速抓住最新的流行趋势。

这两方面的原因直接对应着推荐系统实时性的两大要素：一是推荐系统**特征**的实时性；二是推荐系统**模型**的实时性。

7.4.2 推荐系统特征的实时性

推荐系统特征的实时性指的是“实时”地收集和更新推荐模型的输入特征，使推荐系统总能使用最新的特征进行预测和推荐。

举例来说，在一个短视频应用中，某用户完整地看完了一个长度为 10 分钟的“羽毛球教学”视频。毫无疑问，该用户对“羽毛球”这个主题是感兴趣的。此时，系统希望立刻为用户继续推荐“羽毛球”相关的视频。但是由于系统特征的实时性不强，用户的观看历史无法实时反馈给推荐系统，导致推荐系统得知该用户看过“羽毛球教学”这个视频已经是半个小时之后了，而此时用户可能已经离开该应用，系统无法继续为他推荐了。这就是一个因推荐系统实时性差导致推荐失败的例子。

诚然，在用户下次打开该应用时，推荐系统可以利用用户观看历史继续推荐“羽毛球”相关的视频，但毫无疑问，该推荐系统丧失了最可能增加用户黏性和留存度的时机。

为了说明增强特征实时性的具体方法，笔者结合推荐系统的数据流架构图（如图7-14所示），进一步说明影响特征实时性的三个主要阶段。

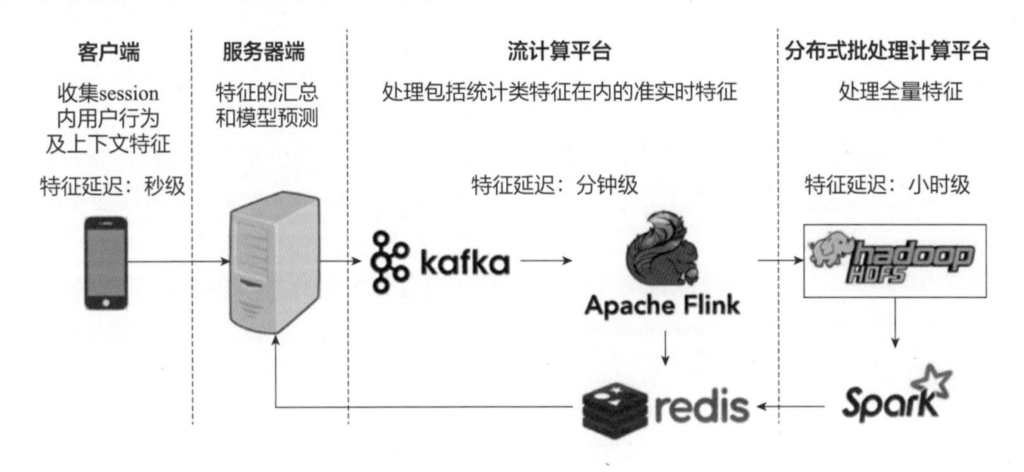

图7-14 推荐系统的数据流架构图

1. 客户端实时特征

客户端位于最接近用户的环节，能够实时收集用户session（会话）内行为及所有上下文特征。经典的推荐系统通常会利用客户端收集时间、地点、推荐场景等上下文特征，然后让这些特征随HTTP请求一起到达服务器端，以请求推荐结果。但容易被忽视的一点是，客户端还能实时收集session内用户行为。

以新闻类应用为例，用户在一次seesion中（假设时长3分钟）分别点击并阅读了三篇文章。这三篇文章对推荐系统来说是至关重要的，因为它们代表了该用户的即时兴趣。如果能根据用户的即时兴趣实时地改变推荐结果，新闻应用将带来很好的用户体验。

如果采用传统的流计算平台（如图7-14中的Flink），甚至批处理计算平台（如图7-14中的Spark），则可能由于延迟问题，系统无法在3分钟之内就把session内部的历史行为存储到特征数据库（如Redis）中，这就导致用户的推荐结果不会马上受到session内部行为的影响，推荐结果无法实时更新。

如果客户端能够缓存session内部的行为，将其作为与上下文特征同样的实时特征传给推荐服务器，那么推荐模型就能够实时地得到session内部的行为特征，实现实时的推荐。这就是利用客户端实时特征进行实时推荐的优势所在。

2. 流计算平台的准实时特征处理

随着 Storm、Spark Streaming、Flink 等一批非常优秀的流计算平台日益成熟，利用流计算平台进行准实时的特征处理几乎成为当前推荐系统的标配。所谓流计算平台，就是将日志以流的形式进行微批处理（mini-batch）。由于每次需要等待并处理一小批日志，所以流计算平台并非完全实时的平台，但它的优势是能够计算一些简单的统计类特征，比如一个物品在该时间窗口内的曝光次数、点击次数，一个用户在该时间窗口内点击的话题分布，等等。

流计算平台计算出的特征可以立刻存入特征数据库供推荐模型使用。虽然无法实时地根据用户行为调整推荐结果，但分钟级别的延迟基本可以保证推荐系统能够准实时地引入用户的近期行为数据。

3. 分布式批处理平台的全量特征处理

当数据最终到达以 HDFS 为主的分布式存储系统时，Spark 等分布式批处理计算平台终于能够进行全量特征的计算和抽取了。这个阶段重点进行的还有多个数据源的数据连接（join）及延迟信号的合并等操作。

用户的曝光、点击、转化数据往往是在不同时间到达 HDFS 的，有些游戏类应用转化数据的延迟甚至长达几个小时，因此只有在全量数据批处理这一阶段才能进行全部特征及相应标签的全面抽取和合并。也只有在全量特征准备好之后，才能够进行更高阶的特征组合工作。这些工作在客户端和流计算平台上往往是无法进行的。

分布式批处理平台计算结果的主要用途是：

（1）模型训练和离线评估。

（2）将特征存入特征数据库，供之后的线上推荐模型使用。

数据从产生到完全进入 HDFS，再加上 Spark 的计算延迟，这一过程的总延迟往往达到小时级别，已经无法进行所谓的“实时”推荐，因此更多的是保证推荐系统特征的全面性，以便在用户下次登录时提供更准确的推荐。

7.4.3 推荐系统模型的实时性

与推荐系统特征的实时性不同，推荐系统模型的实时性往往从全局的角度考虑问题。前者力图用更准确的特征描述用户、物品和相关场景，从而让推荐系统给出更符合当时场景的推荐结果；而后者则是希望更快地抓住全局层面的新数据模式，发现新的趋势和相关性。

以某电商网站“双 11”的促销活动为例，具备特征的实时性的推荐系统会根据用户最近的行为更快地发现用户可能感兴趣的商品，但绝对不会发现一个刚刚流行起来的爆款商品、一个刚刚开始的促销活动，以及与该用户相似人群的最新偏好。要发现这类全局性的数据变化，需要实时地更新推荐模型。

模型的实时性是与模型的训练方式紧密相关的，如图 7-15 所示，**训练方式从全量更新到增量更新，再到在线学习**（Online Learning），**模型的实时性逐渐增强**。

1. 全量更新

全量更新是指模型利用某时间段内的所有训练样本进行训练。全量更新是最常用的模型训练方式，但它需要等待所有训练数据都“落盘”（记录在 HDFS 等大数据存储系统中）才可进行，并且训练全量样本的时间往往较长，因此全量更新也是实时性最差的模型更新方式。与之相比，增量更新的训练方式可以有效提高训练效率。

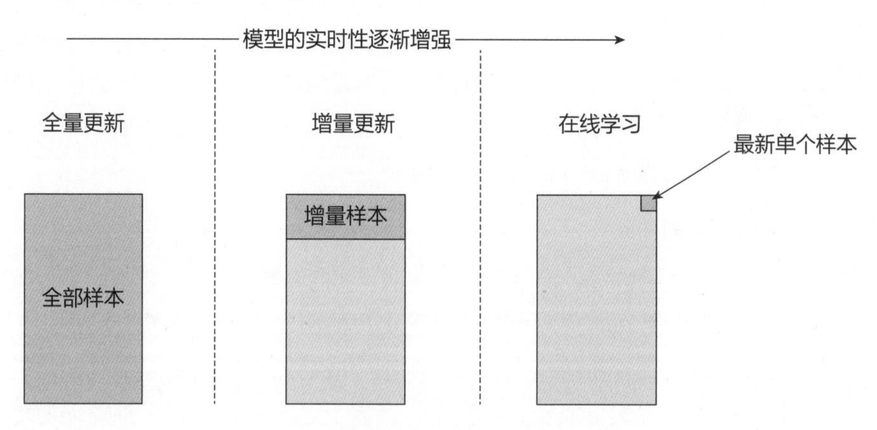

图 7-15 模型的实时性与训练方式的关系

2. 增量更新

增量更新仅将新加入的样本“喂”给模型进行增量训练。从技术上讲，深度学习模型往往采用随机梯度下降法（SGD）及其变种进行学习，模型对增量样本的学习相当于在原有样本的基础上继续输入增量样本进行梯度下降。增量更新的缺点是增量更新的模型往往无法找到全局最优点，因此在实际的推荐系统中，经常采用增量更新与全量更新相结合的方式，在进行了几轮增量更新后，在业务量较小的时间窗口进行全量更新，纠正模型在增量更新过程中积累的误差。

3. 在线学习

在线学习是实现模型实时更新的主要方法，也就是在获得一个新样本的同时更新模型。与增量更新一样，在线学习在技术上也通过 SGD 的训练方式实现，但由于需要在线上环境进行模型的训练，以及更新和存储大量模型相关参数，工程上的要求相对比较高。

在线学习的另一个问题是模型的稀疏性不强。例如，在一个输入特征向量达到几百万维的模型中，如果模型的稀疏性好，就可以在模型效果不受影响的前提下，仅让极少特征对应的权重非零，从而缩小上线的模型体积（因为可以摒弃所有权重为 0 的特征），这有利于加快整个模型服务的过程。但如果使用 SGD 的方式更新模型，相比批处理的方式，容易产生大量小权重的特征，这就增大了模型体积，从而增加部署和更新模型的难度。为了在在线学习过程中兼顾训练效果和模型稀疏性，研究人员做了大量相关的研究，提出了一些方案，著名的方案包括微软的 FOBOS[8]、谷歌的 FTRL[9]等。

在线学习的另一个方向是将强化学习与推荐系统结合，第 2 章介绍的强化学习推荐模型 DRN 就应用了一种竞争梯度下降算法，通过随机探索新的深度学习模型参数，并根据实时效果反馈进行参数调整的方法在线学习，这是在强化学习框架下提高模型实时性的有效尝试。

4. 局部更新

提高模型实时性的另一个方向是进行模型的局部更新，大致的思路是降低训练效率低的部分的更新频率，提高训练效率高的部分的更新频率。

局部更新模型的做法被较多应用在“Embedding 层+神经网络”的深度学习模型中，由于Embedding 层参数占据了深度学习模型参数的大部分，其训练过程会拖慢模型整体的收敛速度，因此业界往往采用 Embedding 层单独预训练和 Embedding 层以上的模型部分高频更新的策略。事实上，7.2.3 节介绍的“GNN+推荐模型”的多模态模型的架构，也是局部更新策略的成功应用。GNN 由于具有复杂的结构且预训练需要庞大的训练量，往往使用低频的更新策略，而推荐主模型则需要高频更新以快速响应最新的数据变化。

5. 客户端模型实时更新

在本节介绍特征实时性的部分，提到了客户端的“实时特征”。既然客户端是最接近用户的部分，实时性最强，那么能否在客户端就根据当前用户的历史行为更新模型呢？

客户端模型实时更新在推荐系统领域已经有了不少成功的案例。对于一些计算机视觉类的模型，可以通过模型压缩的方式生成轻量级模型，部署于客户端，但对于推荐模型这类“重量级”的模型，往往需要依赖服务器端较强大的计算资源和丰富的特征数据提供模型服务。客户端只能保存和更新一部分模型参数和特征，如当前用户的 Embedding。

这里的逻辑和动机是，在深度学习推荐系统中，模型往往要接收用户 Embedding 和物品 Embedding 这两个关键的特征向量。对于物品 Embedding 的更新，一般需要使用全量数据，因此只能在服务器端更新；而对用户 Embedding 来说，则更多依赖用户自身的数据。那么，把用户 Embedding 的更新过程移到客户端，就能把用户最近的行为数据实时地反映到用户的 Embedding 中，从而在客户端实时改变用户 Embedding，完成推荐结果的实时更新。

这里用一个最简单的例子来说明该过程。如果用户 Embedding 是由用户点击过的物品 Embedding 进行平均得到的，那么最先得到用户最新点击物品信息的客户端，就可以根据用户点击物品的 Embedding 实时更新用户 Embedding 并保存。在下次推荐时，将更新后的用户 Embedding 传给服务器端，服务器端可根据最新的用户 Embedding 返回实时推荐内容。7.5 节将要介绍的 EdgeRec 同样属于客户端模型实时更新方案，它把提升推荐系统实时性的方案推向了一个新的高度。

7.4.4 用“木桶理论”看待推荐系统的迭代升级

本节介绍了提高推荐系统实时性的主要方法。由于影响推荐系统实时性的原因是多方面的，在实际的改进过程中，“抓住一点，重点提升”是工程师应该采取的策略。而要准确地找到这个关键点，就要借助“木桶理论”——找到拖慢推荐系统实时性的最短的那块木板，替换或者改进它，让推荐系统这个“木桶”能够盛下更多的“水”。

从更高的层次看待整个推荐系统的迭代升级问题，“木桶理论”也同样适用。推荐系统的模型部分和工程部分总是迭代交替优化的。当通过改进模型来提高推荐效果的尝试受阻或者成本较高时，可以将优化的方向聚焦在工程部分，从而达到花较少的精力，达成更显著效果的目的。与此同时，当算法和工程的单独优化都达到极致时，算法和工程架构的配合问题就成为可能的“短板”，就应该投入更多资源在算法与工程的联合优化上。

7.5 边缘计算——提升实时性的终极武器

无论是从特征实时性还是从模型实时性的角度看，客户端都是最先接触到用户数据及展示推荐结果的地方。对于一个推荐系统来说，如果所有的推荐过程都可以在客户端完成，那么，毫无疑问，这是一个实时性最强的推荐系统。但由于推荐系统模型的复杂性、推荐数据的丰富性，我们不可能把推荐模型和推荐系统相关的所有数据放在客户端。这一思路似乎为我们打开了一扇窗：能否将一部分推荐模型放在客户端更新，将用户的实时反馈用于部分推荐结果的更新呢？答案是肯定的。**这种将计算尽可能地靠近数据产生源，减少系统延迟和网络带宽使用的理念，被称为“边缘计算”。**

将边缘计算与推荐系统相结合，可以说是一次推荐系统去中心化的尝试。在大数据和深度学习时代来临后，在云端用全量数据训练模型，利用复杂特征、复杂模型提升推荐效果是推荐系统发展的主流。但是，随之而来的是计算资源消耗和推荐系统延迟大幅提升。为了寻求工程上的优化，我们甚至不惜把推荐模型拆分成“召回—粗排—精排”这种复杂的级联结构。近年来，“算法和工程协同设计”成为推荐系统发展的新趋势，把边缘计算应用于推荐系统是推荐系统工程架构的又一次创新。它使得部分模型的更新和推荐过程直接发生在客户端，不仅使推荐过程的响应更实时，而且充分利用了分布式客户端的计算能力，分担了云端的计算压力，减轻了客户端和云端的通信负担，减少了占用的带宽资源，可谓一举多得。在业界所有的边缘计算方案中，淘宝团队的EdgeRec[10]影响力很大，是业务效果提升显著的方案。

7.5.1 EdgeRec的边缘计算工程架构

EdgeRec 的应用场景是淘宝商品的端上重排。为什么要在重排层应用边缘计算呢？**主要原因是在商品重排时，候选集已经经过了召回、精排等步骤的筛选，不再依赖全量商品的数据库，这样就可以把规模较小的候选集相关数据直接存储在端内。**在做重排时，因为需要的所有数据都已经提前准备好，所以不需要再与服务器端做任何交互。

淘宝在做商品推荐的时候，往往分页展示。而传统的推荐流程有以下两种：

（1）在第一次请求的时候，提前准备好多页的推荐结果，这样可以减少推荐系统的请求压力，但当用户翻页时，系统无法考虑到用户在之前页面的实时行为。

（2）每次翻页都请求一次云端的推荐系统。如果每次都能把用户的实时行为回传到云端，是能够实现每次翻页结果都实时变化的。但显然这样做会大幅增加推荐系统的请求压力，而且需要回传大量的用户实时行为，也增加了网络带宽压力和云端的处理压力。

上述两种选择各自存在推荐结果实时性差和工程压力大的弊端。因此，EdgeRec 应运而生，它旨在寻求一种两全其美的解决方案。从宏观上来看，EdgeRec 的推荐流程如下：

（1）客户端的一次性请求共 n 页、每页 m 条推荐结果，云端把这 $n\times m$ 个商品的所有相关信息发回客户端，客户端缓存这些商品信息。

（2）用户在浏览商品列表过程中的任何实时行为，如点击、购买、加入购物车、收藏等都会被缓存在客户端，供后续推荐使用。

（3）当用户翻页或加载新物品时，客户端内的重排模型利用缓存的商品信息和用户实时行为，对还未曝光过的商品重排，个性化调整下一页中商品的顺序。

（4）用户在新页面看到实时重排后的推荐结果。

下面详细介绍 EdgeRec 的工程架构（如图 7-16 所示）。

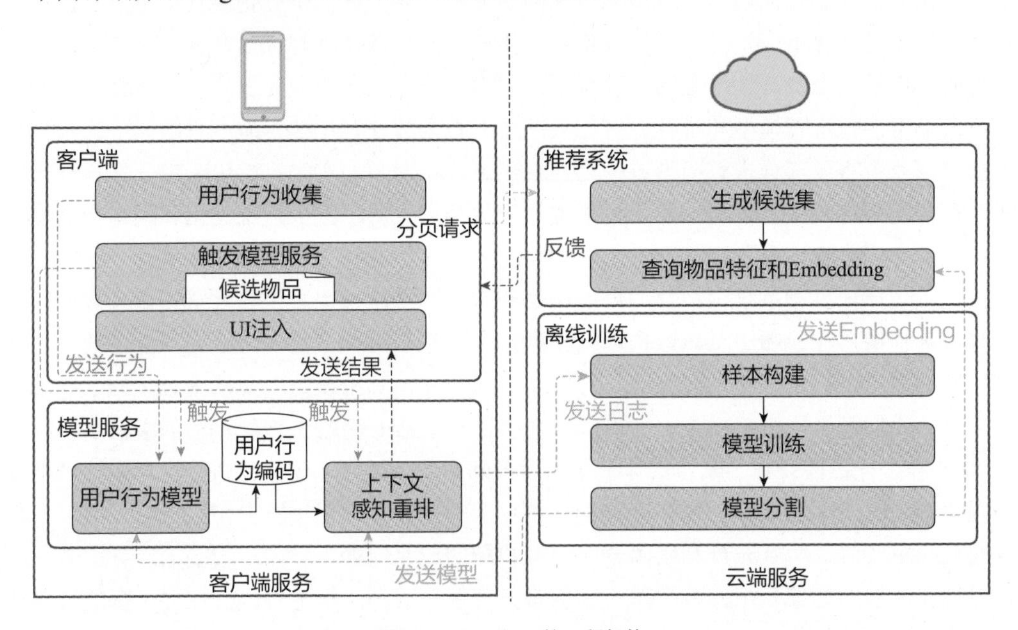

图 7-16 EdgeRec 的工程架构

架构图的左侧是客户端，右侧是云端，要重点关注的是客户端和云端的交互过程。图 7-16 中蓝线和红线标明了一次排序请求的交互过程，橙线和绿线标明了一次模型部署的交互过程。这两个交互过程的具体步骤如下。

（1）具体排序请求的交互过程：客户端向云端发送排序请求，请求返回多次翻页排序所需的所有候选商品集合；云端利用推荐模型筛选足够的候选集，并返回与候选商品对应的 Embedding 以及客户端重排所需的特征。

（2）模型部署的交互过程：客户端将端内重排的结果及用户的交互行为作为日志发送给云端，云端利用这些日志及其他云端数据训练模型，并将训练好的模型拆分成云端部分和客户端部分，将客户端模型部分发送给客户端。

可见，第 1 个交互过程是频繁的，因为对于每个用户请求都需要返回候选商品列表及相关特征；第 2 个交互过程与模型更新频率相关，一般来说，小时级别甚至天级别的更新频率就足够了。

我们再来看两端内各发生了什么。

（1）云端：云端主要包括候选商品选择和重排模型离线训练两部分。候选商品选择主要利用云端已经准备好的推荐系统生成候选集。那么，发送给客户端的特征和 Embedding 是从哪里来的呢？是重排模型离线训练完提前保存好的。重排模型完成训练之后，会把模型划分成离线Embedding部分和线上重排模型部分。离线Embedding部分由于商品多、所需存储空间大，被保留在云端，而线上重排模型部分只是神经网络的参数，体积较小，因此被发送到客户端保存，供后续的端内重排使用。

（2）客户端：客户端主要包括客户端业务逻辑和模型端内服务两部分。客户端从云端获取候选商品、商品Embedding及特征后，会把这些信息和实时积累的用户行为数据一起发送给模型服务，由模型服务实时计算出重排结果，发送给客户端UI以展示最终结果。

可以说，EdgeRec的工程架构设计是非常巧妙的，它充分利用了云端的存储计算优势，以及客户端离用户更近、反馈更实时的优势。工程架构的设计离不开算法模型的协同设计。为什么云端的模型能够被分解成Embedding部分和客户端模型部分，客户端服务中的用户行为编码模块（Behavior Encoding）、用户行为模型（User Behavior Modeling）、上下文感知重排（Context-aware Reranking）又分别是什么呢？7.5.2节将继续探讨。

7.5.2 EdgeRec的模型设计

图7-17展示了EdgeRec的模型设计。读者不要被这种复杂的模型结构“吓”到，也不需要直接研究技术细节（不必思考每一个连接、每一个元素的作用是什么）。我们只要清楚以下两点就能掌握这个模型架构的精髓：

（1）图中所有的Embedding都是从云端传来的，不需要提前存储在客户端；而所有除Embedding以外的网络参数都是存储在客户端的。

（2）网络的整体架构其实就是左右两边的两个Attention网络，加上输出层的MLP结构。只要理解左右两边的两个Attention网络，就弄清楚了整个模型的作用。

下一步的关键是理解商品曝光行为及商品页面浏览行为是什么（参见图7-18）。其中，商品曝光行为指的是用户在商品列表页面上的关键行为，比如用户在一个物品的图像上停留的时间有多长，用户滑动的速度有多快，滑过的商品总数有多少，等等。可以说，这些行为代表了用户的一部分兴趣，比如用户在一个商品的图像上停留的时间长于其他图像，说明该用户对这个商品的兴趣大于其他商品，这时就可以在后续翻页的商品重排时考虑这个兴趣倾向。而商品页面浏览行为指的是用户点击进入商品详情页后的一系列行为，这里用用户交互过的商品的特征来表征这些行为，比如该商品的介绍、评论、标题特征，等等。点击行为代表用户对该商品的兴趣，而详情页特征又表征了该商品的特点，对于后续的翻页重排显然是很重要的。

图7-17中左右两边的网络对商品曝光行为和商品页面浏览行为进行处理后，分别生成Attention机制中的Value Embedding和Key Embedding，再由候选物品生成Query Embedding，而候选物品的Query Embedding已经提前从云端上传到客户端，因此所有的Embedding已经准备好，只要通过上层的MLP，就可以对每个候选物品生成最后的推荐得分。那么，最终的重排结果就可以通过推荐得分的高低排序得出，这就是整个EdgeRec的重排推荐过程。

从EdgeRec与传统云端推荐系统的对比来看（如图7-19所示），EdgeRec对推荐列表各个位置的点击率提升都是非常显著的，这也再次体现了充分利用推荐系统实时用户反馈的威力。

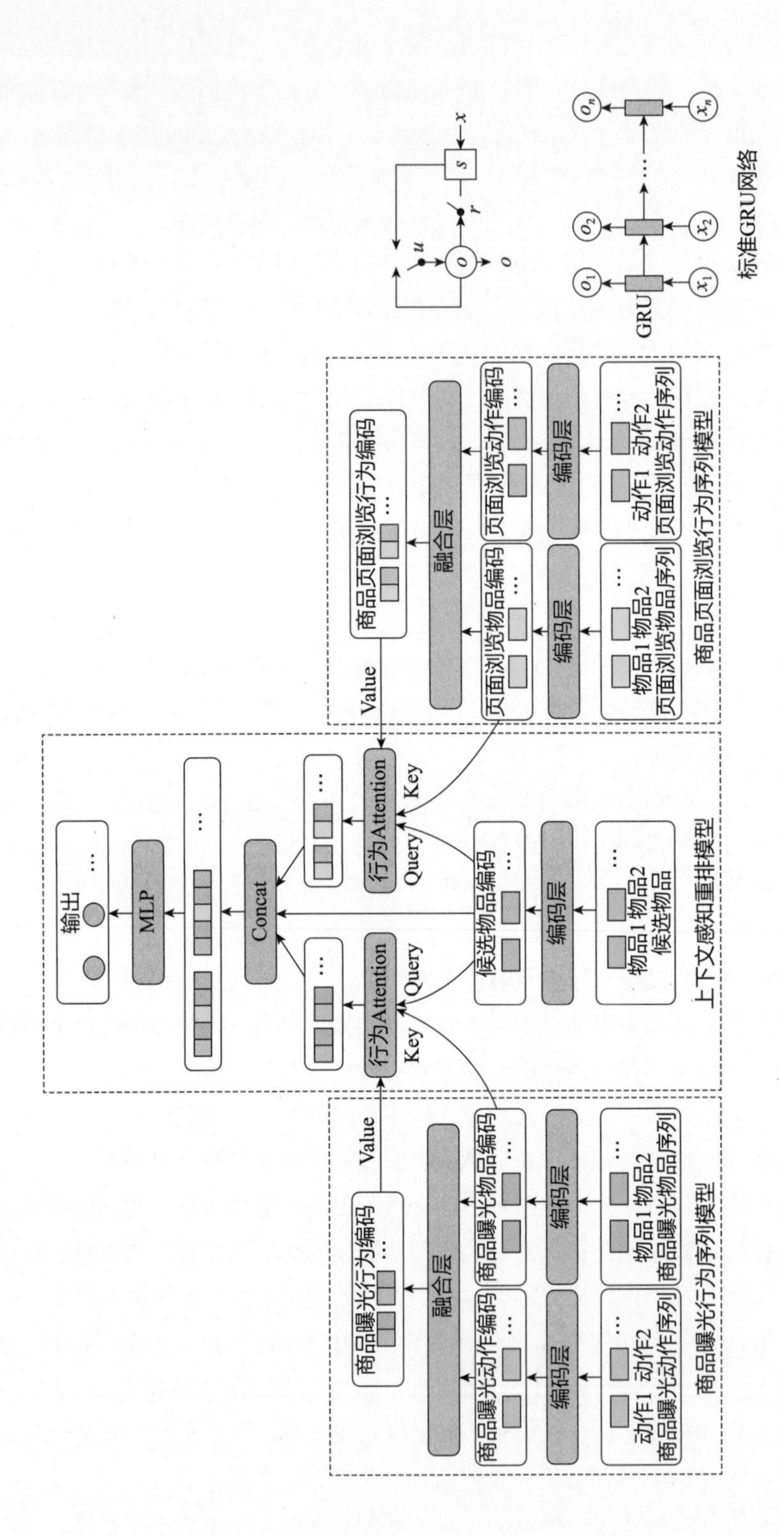

图 7-17 EdgeRec 的模型设计

图 7-18　商品曝光行为和商品页面浏览行为

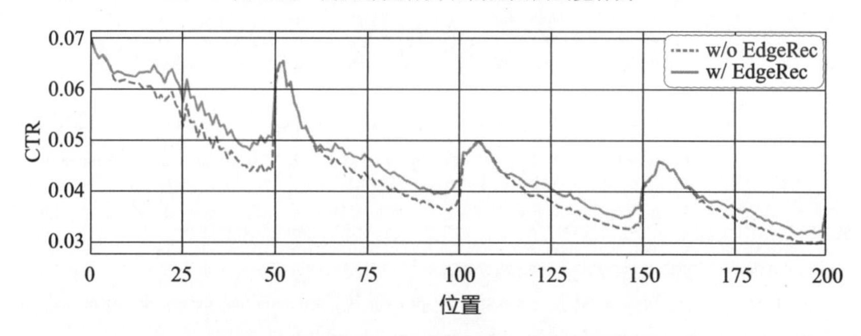

图 7-19　EdgeRec 对于淘宝推荐 CTR 的提升效果

7.5.3　边缘计算在推荐系统中的其他应用

可以说，EdgeRec 的工程设计是极其巧妙的。它的巧妙之处在于充分利用了云端和客户端各自的优势；同时，通过灵活的模型设计，让模型适应这样的工程架构，使整个方案变得可行。方案上线后，系统点击率的大幅提升也说明提升推荐系统的实时性确实对推荐效果有很强的促进所用。

作为边缘计算在推荐系统的典型应用，EdgeRec 的技术框架其实是具有普适性的。即使我们不使用如此复杂的模型结构，仅仅利用简单的用户和物品的双塔 Embedding，也可以进行实时重排。

除了典型的推荐场景，边缘计算还经常和联邦学习结合，应用于那些需要强隐私保护的场景。例如，欧美国家的隐私保护协议往往要求用户的数据只能用于该用户的推荐场景，不可以用于其他用户，甚至不可以传出客户端。这样的隐私保护要求更好地契合了边缘计算的架构，在完成端内推荐的同时，边缘计算避免用户数据的泄露和共享，可谓两全其美。

7.6 总结——推荐系统的血液循环系统

本章介绍了推荐系统工程架构的两大支柱之一——数据工程架构，它负责生成推荐系统离线训练和线上服务所需的特征、样本、标签等数据，就像推荐系统的“血液循环系统”一样，源源不断地把最新的营养输送进来，同时归档并保存老旧的数据。

在这样一个血液循环系统中，特征就是携带各种营养的血液，它为推荐系统输送的营养越丰富，推荐系统获得的信息就越多，推荐效果的上限就越高。为了丰富营养，在构建特征工程的时候，我们不仅希望把用户行为、标签数据、统计特征考虑进来，甚至还会考虑多模态的信息，把视频、图片、文本等内容信息加进来，使推荐系统的营养均衡、健康发展。

数据流架构就像血管一样，血管的健壮程度决定了系统是否稳定，血管输送血液的速度直接决定了系统吸收营养的速度。实时性强的推荐系统就像一个吸收营养很快的人，可以对外界和用户的变化快速反应，推荐效果也更好。为了进一步提高推荐系统的实时性，一些边缘计算的框架被提出并成功落地，典型案例就是 EdgeRec，它很好地利用了客户端和云端的优势，是一个非常成功的算法和工程联合设计、联合优化的案例。

第 8 章将继续介绍推荐系统工程架构的另一大支柱——模型工程架构。

参 考 文 献

[1] WU C, WU F, Qi T, et al. MM-Rec: Multimodal News Recommendation[J]. arXiv preprint arXiv: 2104. 07407. 2021.

[2] HE K, GKIOXARI G, DOLLAR P, et al. Mask R-CNN[C]//Proceedings of the IEEE International Conference on Computer Vision. 2017: 2961-2969.

[3] LU J, BATRA D, PARIKH D, et al. ViLBERT: Pretraining Task-agnostic Visiolinguistic Representations for Vision-and-language Tasks[J]. Advances in Neural Information Processing Systems. 2019(32).

[4] SUN R, CAO X, ZHAO Y, et al. Multi-modal Knowledge Graphs for Recommender Systems[C]//Proceedings of the 29th ACM International Conference on Information & Knowledge Management. 2020: 1405-1414.

[5] CHANG F, DEAN J, GHEMAWAT S, et al. Bigtable: A Distributed Storage System for Structured Data[J]. ACM Transactions on Computer Systems (TOCS), 2008, 26(2): 1-26.

[6] GHEMAWAT S, GOBIOFF H, LEUNG ST. The Google file system[C]. 2003.

[7] DEAN J, SANJAY G. MapReduce: Simplified Data Processing on Large Clusters[J]. Communications of the ACM. 2008(51): 107-113.

[8] LIN XIAO. Dual Averaging Methods for Regularized Stochastic Learning and Online Optimization[J]. Journal of Machine Learning Research, 2010(11): 2543-2596.

[9] MCMAHAN HB, HOLT G, SCULLEY D, et al. Ad Click Prediction: A View from the Trenches[C]//Proceedings of the 19th ACM SIGKDD International Conference on Knowledge Discovery and Data Mining. 2013: 1222-1230.

[10] GONG Y, JIANG Z, FENG Y, et al. EdgeRec: Recommender System on Edge in Mobile Taobao[C]//Proceedings of the 29th ACM International Conference on Information & Knowledge Management. 2020: 2477-2484.

第 8 章 模型工程——深度学习推荐模型的训练和线上服务

本章介绍推荐系统中另一个重要的工程领域——模型工程。如果说推荐系统的数据流是它的“血液循环系统”，那么推荐模型就是它的“大脑”，负责根据用户、物品和当前环境的特点，做出复杂的决策，把合适的物品推荐给用户。本章要介绍的就是支持这个“大脑”运作的模型训练和线上服务的工程架构。具体来说，本章的内容分为以下几个部分。

（1）推荐模型离线训练平台：主要介绍深度学习模型离线训练平台 TensorFlow 和 PyTorch。

（2）深度学习推荐模型的上线部署：主要介绍深度学习推荐模型完成离线训练之后，如何被部署到线上生产环境中。

（3）Parameter Server：主要介绍深度学习推荐模型进行分布式训练和线上服务的必备组件“参数服务器”的原理和实现。

（4）模型流式训练：深度学习模型的流式训练是工程领域的一个难题，也是模型工程的“集大成者”。在完成数据工程部分和模型工程部分的介绍之后，笔者用模型的流式训练作为一个经典例子，串联起所有工程模块。

8.1 TensorFlow 与 PyTorch——推荐模型离线训练平台

随着深度学习在各领域的广泛应用，深度学习平台的发展也突飞猛进。谷歌的 TensorFlow[1,2]、亚马逊的 MXNet[3]、Meta 的 PyTorch[4]、百度的 PaddlePaddle[5]均是各大科技巨头推出的深度学习框架。经过几轮技术迭代，TensorFlow 和 PyTorch 逐渐占据主导地位，成为大多数科技公司的首选平台。作为推荐系统的“大脑”，深度学习推荐模型的离线训练离不开这些训练平台的支持，因此了解 TensorFlow 和 PyTorch 的基本原理和技术特点，是进入模型工程领域的第一步。

8.1.1 什么是计算图

“计算图”是 TensorFlow 和 PyTorch 构建深度学习网络的核心概念，它定义了一个神经网络的结构，并进一步明确了网络结构中不同节点的依赖关系。具体来说，计算图由基本数据结构“张量”（Tensor）和基本运算单元“算子”构成。在计算图中，通常用节点表示算子，用节点间的有向边（Directed Edge）表示张量状态和计算间的依赖关系。换一个角度来说，张量可以看作矩阵的高维扩展，矩阵则是张量在二维空间中的特例。计算图的计算过程就类似于张量沿着有向边流动的过程，这也是 TensorFlow（张量流动）名字的由来。

图 8-1 为一个简单的计算图。可以看出，向量 $\boldsymbol{b}$、矩阵 $\boldsymbol{W}$、向量 $\boldsymbol{x}$ 是模型的输入，紫色的节点 MatMul、Add、ReLU 是算子，分别代表矩阵乘、向量加、ReLU 激活函数等操作。模型的输入张量 $\boldsymbol{W}$、$\boldsymbol{b}$、$\boldsymbol{x}$ 经过操作节点的处理之后，在算子之间流动。

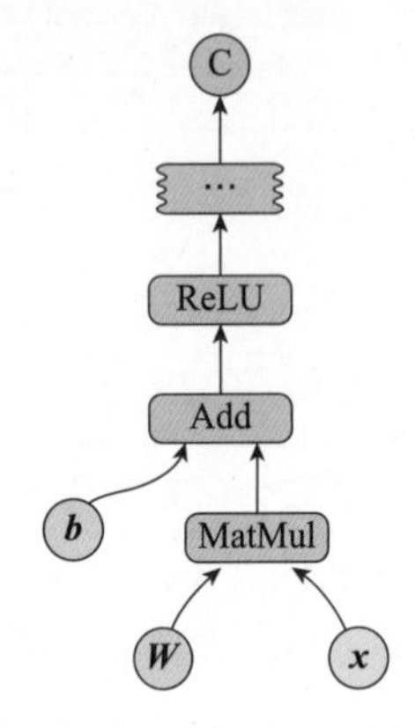

图 8-1 一个简单的计算图

事实上，任何复杂模型都可以转化为计算图的形式。这样做不仅有利于把模型转换为可计算的逻辑流程，而且可以厘清各操作间的依赖关系，有利于判定哪些操作可以并行执行，哪些操作只能串行执行，在分布式训练的场景下进行高效的任务调度。

8.1.2 什么是静态图和动态图

在了解“计算图”这一基本概念之后，接下来的关键问题是深度学习平台是如何把深度学习网络转换成计算图并运行的。这里要引入两个新概念——“静态图”和“动态图”，它们是生成计算图的两种主要方式。

静态图是根据前端语言描述的神经网络拓扑结构及参数变量等信息，构建出的一个**固定的**计算图。从编译的角度看（如图 8-2 所示），静态图会预先把前端定义的神经网络编译为静态图代码，在编译过程中会对不合理的算子进行优化以提高执行效率。正因为是提前编译的，所以静态图在构建过程不会感知到运行时的数据，也就无法根据数据的变化动态调整网络结构。

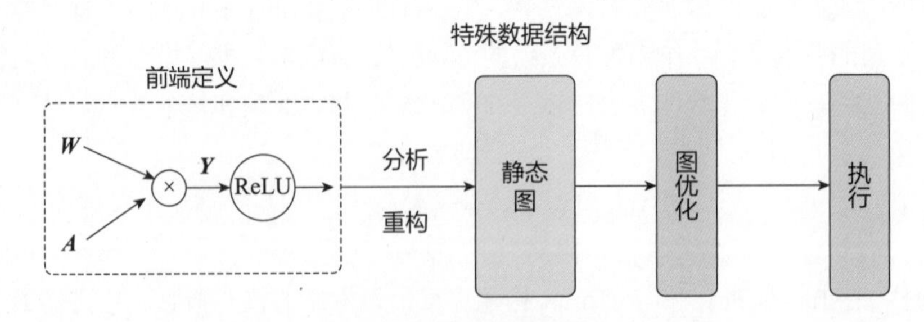

图 8-2 静态图的生成与执行

动态图则是在每一次执行神经网络模型时，依据前端语言描述动态生成的一个**临时的**计算图，这意味着计算图的生成过程灵活可变，因为动态图可以根据运行时的数据随时改变网络结构，所以特别适合在开发阶段调试深度学习模型。从编译的角度看，动态图的核心特点是编译与执行同时进行（如图 8-3 所示）。动态图采用前端语言自身的解释器对代码进行解析，并利用机器学习框架本身的算子分发功能——算子会立即执行并输出结果。由于采用实时解析的方式，所以在动态图上实时流动的数据可以改变网络结构，这也给了动态图更大的灵活性。

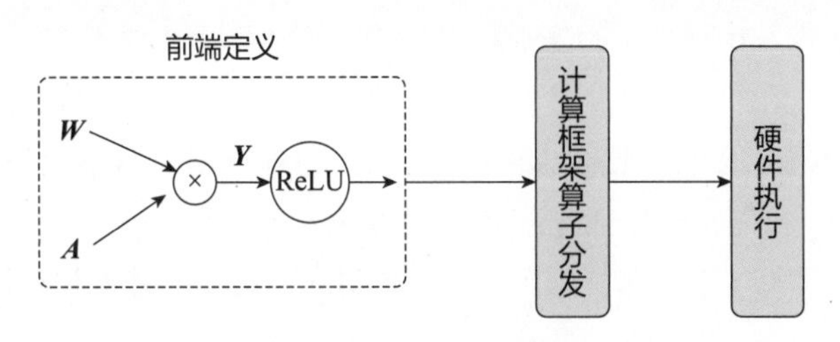

图 8-3　动态图的生成与执行

经过编译优化，静态图往往占用的内存少，运行性能高，可直接部署；而动态图由于是实时解析执行的，能够获取中间结果，可以更灵活地调试代码，但运行性能较差。基于静态图还是动态图创建深度学习网络代表着深度学习平台的两个主要流派，这也是 TensorFlow 1.x 和 PyTorch 在设计理念上的主要区别。下面介绍 TensorFlow 和 PyTorch 的发展过程和主要特点。

8.1.3　TensorFlow 和 PyTorch 的发展过程

TensorFlow 最初由谷歌的 Google Brain 团队开发，主要用于内部研究。2015 年 11 月，TensorFlow 以 Apache 2.0 开源许可证发布，正式公诸于众，随后迅速引发社区关注，大量研究人员和开发者开始使用 TensorFlow 进行深度学习研究。

2016 年，TensorFlow 1.x 系列发布。这个阶段的 TensorFlow 采用典型的静态图模式，先通过代码定义好静态图结构，再构建 Session 来执行静态图，是一种严格的“先编译再执行”的模式。由于有谷歌的鼎力支持，TensorFlow 的功能强大，在业界和学术界都非常受欢迎，迅速成为各大科技公司的首选平台。但它的 API 多而混乱，上手和使用难度大的问题也逐渐暴露出来。

2019 年，为了解决易用性问题，谷歌发布了 TensorFlow 2.0。这一版本集成了另一套对初学者很友好的 Keras API，使构建和训练神经网络变得更容易；同时引入了 Eager Execution 作为默认模式，支持动态图，大大简化了模型的开发和调试过程。但 TensorFlow 2.0 并没有完美兼容 TensorFlow 1.0，很多 TensorFlow 1.0 代码无法在 TensorFlow 2.0 上运行，这也阻碍了诸多公司迁移到 TensorFlow 2.0 平台。

2019 年至今，TensorFlow 继续增加新特性，例如对更多类型的硬件支持、改进的分布式训练能力，以及各种性能优化，具体包括：

（1）推出 TensorFlow Lite，旨在在移动设备和嵌入式设备上运行机器学习模型。

（2）推出 TensorFlow.js，使得在浏览器和 Node.js 环境中运行机器学习模型成为可能。

（3）推出 TensorFlow Extended（TFX），提供了一整套生产级机器学习管道的工具。

TensorFlow 起步早，在业界的市场占有率很高，随着长时间的不断迭代和完善，对硬件平台也有良好的支持，是工业界应用最广的深度学习平台。但是，TensorFlow 频繁地进行大规模升级，面对 PyTorch 等后起之秀的挑战，不断打补丁，这造成了其前后设计思路不统一、不同版本之间的代码无法兼容、API 混乱等诸多问题。很多公司因为无法承受升级之痛，仍在使用 TensorFlow 1.x 版本，这严重影响了 TensorFlow 的进一步发展。

与 TensorFlow 相比，PyTorch 的商业化起步相对较晚，但由于其良好的设计哲学，近年来发展迅猛。它的发展可以分为以下几个阶段。

PyTorch 的前身是 Torch，这是一个基于 Lua 编程语言的科学计算框架，被广泛用于机器学习和其他数值计算领域。由于 Lua 的受众相对较少，所以 Torch 并不流行。2016 年，Facebook 的人工智能研究团队(FAIR)对 Torch 进行了重大改进，最重要的变化是将其接口迁移到 Python，PyTorch 由此诞生。PyTorch 的初版在 2016 年发布，迅速获得机器学习社区的关注。其特点包括动态图和对 Python 友好的接口。随后两年，PyTorch 因其易用性和灵活性迅速赢得了研究社区的青睐，尤其是在学术界和研究领域。但在工业界，PyTorch 的线上部署工具一直是其短板，因此还无法撼动 TensorFlow 的地位。

2018 年，PyTorch 1.0 的发布是一个重要里程碑，它引入了 TorchScript，这是一种用于优化模型以便在生产环境中实现部署的工具。它还提供了对 CUDA 更好的支持，使得 GPU 加速变得更加高效。随着这些改进，PyTorch 被更广泛地应用于工业级生产环境。

2019 年至今，PyTorch 持续更新，引入更多功能和改进性能，比如分布式训练支持、更丰富的 API 和模型库等。随着 TorchServe 等模型部署工具的完善，PyTorch 逐渐补齐了其线上部署的短板，在工业界得到了更广泛的应用。总的来说，PyTorch 的发展受益于其强大的功能、易用性和动态图的设计哲学。它不仅在学术界获得成功，也逐渐成为工业界的重要工具。

8.1.4 TensorFlow 和 PyTorch 的特点和代码示例

时至今日，TensorFlow 和 PyTorch 之间的区别已经没有那么明显。二者的生态系统已经足够庞大，无论是设计理念还是工具都能找到对标的项目。但由于二者最初的设计理念和发展路径不同，它们仍然各自具备明确的优势和劣势。具体来说，TensorFlow 和 PyTorch 的优劣势对比如表 8-1 所示。

表 8-1 TensorFlow 和 PyTorch 的优劣势对比

对比项	TensorFlow	PyTorch
生态与社区	得益于谷歌的支持，组件不断完善，拥有庞大的社区和生态系统	得益于 Meta 支持，社区快速成长，已与 TensorFlow 无显著差别
计算图特点	起源于静态图计算，2.0 版本之后支持动态图计算	原生支持动态图计算
生产部署	发展早，生产部署的组件丰富，工业界多采用 TensorFlow 作为深度学习模型的生产部署平台	2018 年之后，逐渐加强了对生产部署的支持，由于 TensorFlow 的先发优势，PyTorch 在工业界的应用广度仍不及前者
易用性	存在比较严重的 API 混乱、版本不兼容问题，对初学者不友好	以易用性和直观的 API 设计而闻名，非常适合快速实验和研究
学术研究	由于易用性比较差，学习曲线比较陡峭，在学术界被 PyTorch 大幅超越	鉴于易用性极佳，学术界对工程部署和模型性能的要求又相对较低，PyTorch 在学术界占据绝对优势的地位
跨平台	TensorFlow Serving、TensorFlow Lite、Tensor Flow.js 等跨平台工具已经非常成熟，有良好的跨平台特性	PyTorch 有 TorchServe 和 PyTorch Mobile 用于服务器端和移动端的部署，没有官方的部署工具，跨平台特性在逐渐加强，但较 TensorFlow 仍有劣势

简单来说，如果你是一名研究人员或者在读研究生，那么首选 PyTorch，因为它对于初学者和学术研究更友好；如果你是一名算法工程师，那么 TensorFlow 则是更好的选择，因为它是大多数科技公司生产环境下的首选。下面笔者分别用 TensorFlow 1.x、TensorFlow 2.x 及 PyTorch 实现一个简单的 MLP 模型（128 维输入，32 个隐层神经元，2 个输出分类）的代码，让读者更直观地感受它们之间的差别。

代码 8-1 是使用 TensorFlow 1.x 定义和训练模型的代码。读者可以重点关注模型训练的部分。在定义完模型结构之后，需要创建 Session 进行模型训练，这正是 TensorFlow 1.x 的特点。Session 训练的过程就是对静态图执行的过程，使用者无法在 Session 内部改变模型结构。

代码 8-1　TensorFlow 1.x 示例代码

```
import tensorflow as tf
import numpy as np

# 定义模型参数
n_input = 128     # 输入数据的维度
n_hidden = 32     # 隐层节点数
n_classes = 2     # 总类别数

# 输入和输出
x = tf.placeholder("float", [None, n_input])
y = tf.placeholder("float", [None, n_classes])

# 模型权重
weights = {
    'h': tf.Variable(tf.random_normal([n_input, n_hidden])),
    'out': tf.Variable(tf.random_normal([n_hidden, n_classes]))
}
biases = {
    'b': tf.Variable(tf.random_normal([n_hidden])),
    'out': tf.Variable(tf.random_normal([n_classes]))
}

# 创建模型
def multilayer_perceptron(x, weights, biases):
    layer_1 = tf.add(tf.matmul(x, weights['h']), biases['b'])
    layer_1 = tf.nn.relu(layer_1)
    out_layer = tf.matmul(layer_1, weights['out']) + biases['out']
    return out_layer

logits = multilayer_perceptron(x, weights, biases)

# 定义损失和优化器
loss_op                                                              =
tf.reduce_mean(tf.nn.softmax_cross_entropy_with_logits(logits=logits,
labels=y))
optimizer = tf.train.AdamOptimizer(learning_rate=0.001)
```

```
train_op = optimizer.minimize(loss_op)

init = tf.global_variables_initializer()

# 生成虚构数据
x_train = np.random.rand(100, 128)
y_train = np.random.randint(2, size=(100, 2))

# 训练参数
training_epochs = 10
batch_size = 10
# 创建 Session 训练模型
with tf.Session() as sess:
    sess.run(init)
    for epoch in range(training_epochs):
        avg_cost = 0.
        total_batch = int(len(x_train) / batch_size)
        for i in range(total_batch):
            batch_x,    batch_y    =    x_train[i*batch_size:(i+1)*batch_size],
y_train[i*batch_size:(i+1)*batch_size]_,
            c = sess.run([train_op, loss_op], feed_dict={x: batch_x, y: batch_y})
            avg_cost += c / total_batch
        print(f"Epoch: {epoch+1}, cost={avg_cost:.9f}")
    print("Training Complete")
```

代码 8-2 展示的是 TensorFlow 2.x 的代码，可以明显看出，代码变得异常简洁。这是因为 TensorFlow 2.x 采用了 Keras 的 API 定义，更加简单易用。TensorFlow 2.x 舍弃了 TensorFlow 1.x 的 Session 模式，使用即时执行（Eager Execution）模式，也就是将 PyTorch 的动态图模式作为默认的模型训练方式。

代码 8-2 TensorFlow 2.x 示例代码

```
import tensorflow as tf
import numpy as np

# 使用 tf.keras 构建模型
model = tf.keras.models.Sequential([
    tf.keras.layers.Dense(32, input_shape=(128,), activation='relu'),
    tf.keras.layers.Dense(2, activation='softmax')
])

# 编译模型
model.compile(optimizer='adam',
              loss='sparse_categorical_crossentropy',
              metrics=['accuracy'])

# 生成虚构数据
x_train = np.random.rand(100, 128)
y_train = np.random.randint(2, size=(100,))
```

```
# 训练模型
model.fit(x_train, y_train, epochs=10, batch_size=10)
```

代码 8-3 展示的是 PyTorch 的代码，给人的第一感受是简单直观。虽然不如 TensorFlow 2.x 的代码简洁，但它把模型定义和训练的细节直观地暴露给用户，方便用户修改和调试。因为 PyTorch 使用动态图模式，所以在模型训练的过程中没有使用 Session 模式，但每个 Epoch 的中间变量用户都可以输出调试，这也就是 PyTorch 受到初学者和研究人员青睐的主要原因。

代码 8-3 PyTorch 示例代码

```
import torch
import torch.nn as nn
import torch.nn.functional as F
import torch.optim as optim
import numpy as np

class MLP(nn.Module):
    def __init__(self):
        super(MLP, self).__init__()
        self.fc1 = nn.Linear(128, 32)
        self.fc2 = nn.Linear(32, 2)

    def forward(self, x):
        x = F.relu(self.fc1(x))
        x = self.fc2(x)
        return x

model = MLP()
criterion = nn.CrossEntropyLoss()
optimizer = torch.optim.Adam(model.parameters(), lr=0.001)

# 生成虚构数据
x_train = torch.from_numpy(np.random.rand(100, 128).astype(np.float32))
y_train = torch.from_numpy(np.random.randint(2, size=(100,)).astype(np.int64))

# 训练参数
num_epochs = 10
batch_size = 10
num_batches = len(x_train) // batch_size

for epoch in range(num_epochs):
    for i in range(num_batches):
        batch_x = x_train[i*batch_size:(i+1)*batch_size]
        batch_y = y_train[i*batch_size:(i+1)*batch_size]
        outputs = model(batch_x)
        loss = criterion(outputs, batch_y)
        optimizer.zero_grad()
        loss.backward()
```

```
        optimizer.step()
    print(f'Epoch [{epoch+1}/{num_epochs}], Loss: {loss.item():.4f}')
print("Training Complete")
```

8.2 分布式训练与 Parameter Server 的原理

TensorFlow 和 PyTorch 这类深度学习平台之所以逐渐流行，不仅因为它们对模型开发提供了强大的支持，还因为它们在分布式训练方面进行了深度优化，使训练大数据量的复杂模型成为可能。这是传统的单机机器学习工具（比如 scikit-learn、R 语言）所不能比的。为了实现大规模的分布式训练，TensorFlow 和 PyTorch 都基于计算图对模型进行了拆解，分解出可并行计算的子任务，分配给不同的 CPU 或 GPU 执行。此外，如果需要多台物理机联合训练，则需要通过 Parameter Server[6,7]（参数服务器）统筹参数的更新、协调分布式训练过程。下面主要介绍基于计算图的并行训练过程和 Parameter Server 的分布式训练原理。

8.2.1 基于计算图的并行训练过程

TensorFlow 和 PyTorch 的并行训练也是基于计算图进行的，根据计算图定义的算子间的依赖关系，训练平台会灵活地拆解计算任务。利用计算图进行调度的总原则是，**存在依赖关系的任务节点或者子图（Subgraph）之间需串行执行，不存在依赖关系的任务节点或者子图之间则可以并行执行**。具体地讲，计算平台使用了一个任务队列来解决依赖关系调度问题。下面以 TensorFlow 的一个官方任务关系图为例说明具体原理。

如图 8-4 所示，图中将最原始的计算图进一步处理成由操作节点（Operation Node）和任务子图组成的关系图。其中，子图是由一组串行的操作节点组成的，由于是纯串行的关系，所以在并行任务调度中可被视作一个不可再分割的任务节点。

在具体的并行任务调度过程中，TensorFlow 维护了一个任务队列。当一个任务的前序任务全部执行完时，就可以将该任务推送到任务队列队尾。若有空闲计算节点，该计算节点就从任务队列队首拉取一个任务来执行。

仍以图 8-4 为例，在输入节点之后，Operation 1 和 Operation 3 会被同时推送到任务队列中。这时，如果有两个空闲的 GPU 计算节点，则 Operation 1 和 Operation 3 会被拉取出来，之后并行执行。在 Operation 1 执行结束后，Subgraph 1 和 Subgraph 2 会被先后推送到任务队列中串行执行。在 Subgraph 2 执行完毕后，Operation 2 的前序依赖被移除，Operation 2 被推送到任务队列中，Operation 4 的前序依赖是 Subgraph 2 和 Operation 3，只有当这两个前序依赖全部执行完才会被推送到任务队列中。当所有计算节点上的任务都被执行完且任务队列中已经没有待处理的任务时，整个训练过程结束。

深度学习平台的训练方式也分为两种不同的模式：一种是单机训练，另一种是多机分布式训练。如图 8-5 的左图所示，单机训练是在一个 worker（任务）节点上进行的，在该节点内部按照计算图拆解任务在不同 GPU+CPU 节点间进行并行计算。GPU 拥有多核优势，因此在处理矩阵加、向量乘等张量运算时，相比 CPU 具有巨大优势。在处理一个任务节点或任务子图时，

CPU 主要负责数据和任务的调度，而 GPU 则负责计算密集度高的张量运算。举例来说，在处理两个向量的元素乘操作时，CPU 会居中调度，把两个向量对应范围的元素发送给 GPU 处理，再收集处理结果，最终生成所需的结果向量。

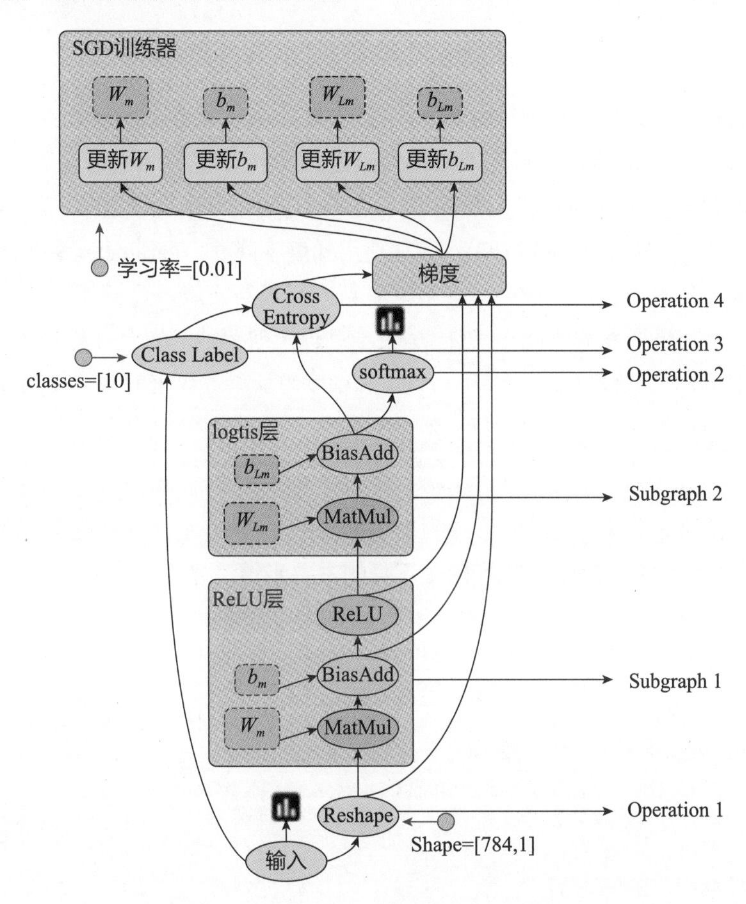

图 8-4　TensorFlow 官方给出的任务关系图示例

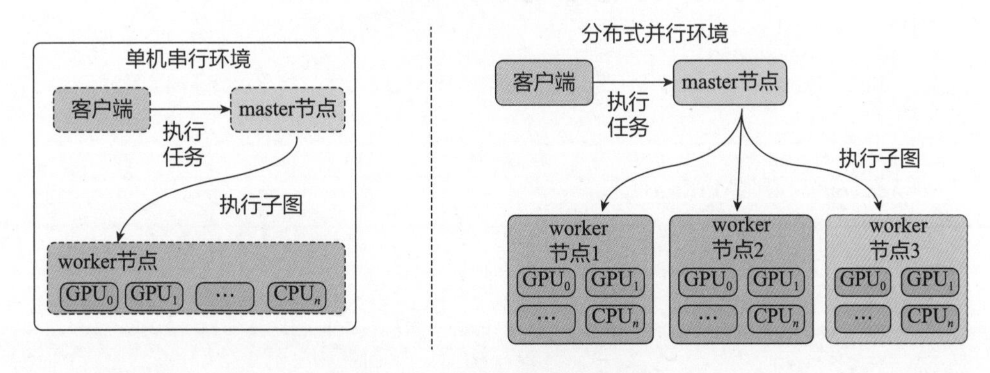

图 8-5　单机和分布式训练环境

多机分布式训练指的是在由多个不共享内存的独立计算节点组成的集群环境中进行训练。如图 8-5 的右图所示，平台存在多个 worker（任务）节点，各节点间依靠网络进行通信，这时就需要一套管理不同计算节点模型参数更新的策略来协调多节点训练的过程。这套策略和相应的服务器及存储资源，就是 Parameter Server（参数服务器）。可以说，正是 Parameter Server 的提出，解决了深度学习模型训练的扩展性问题，是工业界迈向大模型时代的基石。8.2.2 节将详细介绍 Parameter Server 的分布式训练原理。

8.2.2 Parameter Server 的分布式训练原理

先以通用的机器学习问题为例，解释 Parameter Server 的分布式训练原理。

式（8-1）是一个通用的带正则化项的损失函数，其中 n 是样本总数，$\ell(\boldsymbol{x},y,w)$ 是计算单个样本的损失函数，$\boldsymbol{x}$ 是特征向量，y 是样本标签，w 是模型参数。模型的训练目标就是使损失函数 $F(w)$最小。为了求解 arg(min $F(w)$)，往往使用梯度下降法。Parameter Server 的主要作用就是并行执行梯度下降的计算，完成模型参数的更新直至最终收敛。需要注意的是，公式中的正则化项需要汇总所有模型参数才能正确计算，较难进行模型参数的完全并行训练。因此 Parameter Server 采取了数据并行训练产生局部梯度，再汇总梯度更新参数权重的并行化训练方案。

$$F(w)=\sum_{i=1}^{n}\ell(\boldsymbol{x}_i,y_i,w)+\Omega(w) \tag{8-1}$$

具体地讲，代码 8-4 以伪代码的形式列出了 Parameter Server 并行梯度下降的主要步骤。

代码 8-4　Parameter Server 并行梯度下降的主要步骤

```
Task Scheduler:                                //总体并行训练流程
    issue LoadData() to all workers            //分发数据到每一个 worker 节点
    for iteration t = 0,1,⋯,T do               //每一个 worker 节点并行执行
                                               //WORKERITERATE 方法，共 T 轮
        Issue WORKERITERATE(t) to all workers
    end for

Worker r = 1,2,⋯,m:
    function LOADDATA()                        //worker 节点的初始化过程
        load a part of training data {y_{i_k}, x_{i_k}}_{k=1}^{n_r}   //每个 worker 节点载入部分训练
                                               //数据
        pull the working set w_r^{(0)} from servers   //每个 worker 节点从 server 节
                                               //点拉取相关初始模型参数
    end function
    function WORKERITERATE(t)                  //worker 节点的迭代计算过程
        gradient g_r^{(t)} ← Σ_{k=1}^{n_r} ∂l(x_{i_k}, y_{i_k}, w_r^{(t)})   //仅利用本节点数据计算梯度
        push g_r^{(t)} to servers              //将计算好的梯度推送到 server 节点
        pull w_r^{(t+1)} from servers          //从 server 节点拉取新一轮模型参数
    end function

Servers:
    function SERVERITERATE(t)                  //server 节点迭代计算过程
```

```
        aggregate g^(t) ← Σ_{r=1}^{m} g_r^(t)          //在收到 m 个 worker 节点计算的梯度后，
                                                      //汇总形成总梯度
        w^(t+1) ← w^(t) − η(g^(t) + ∂Ω(w^(t)))        //利用汇总梯度，融合正则化项梯度，
                                                      //计算出新梯度
    end function
```

$$\text{aggregate } g^{(t)} \leftarrow \sum_{r=1}^{m} g_r^{(t)}$$

$$w^{(t+1)} \leftarrow w^{(t)} - \eta\left(g^{(t)} + \partial\Omega\left(w^{(t)}\right)\right)$$

从并行梯度下降的过程中可以看出，Parameter Server 由 server 节点和 worker 节点组成：

（1）server 节点的主要功能是保存模型参数，接收 worker 节点计算出的局部梯度，汇总计算全局梯度，并更新模型参数。

（2）worker 节点的主要功能是保存部分训练数据，从 server 节点拉取最新的模型参数，根据训练数据计算局部梯度，上传给 server 节点。

Parameter Server 的物理架构如图 8-6 所示。可以看到，Parameter Server 分为两大部分：server 节点组和多个 worker 节点组。资源管理中心负责总体的资源分配调度。

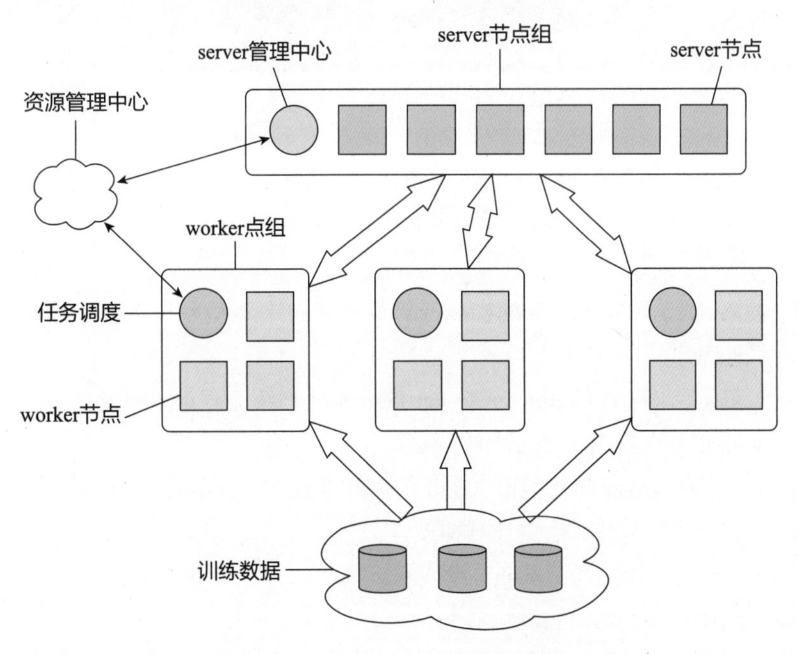

图 8-6　Parameter Server 的物理架构

server 节点组内部包含多个 server 节点，每个 server 节点负责维护一部分参数，server 管理中心负责维护和分配 server 资源。

每个 worker 节点组对应一个 Application（一个模型训练任务），worker 节点组之间以及 worker 节点组内部的 worker 节点之间并不通信，worker 节点只与 server 节点通信。

结合 Parameter Server 的物理架构，Parameter Server 的并行训练流程示意图如图 8-7 所示。

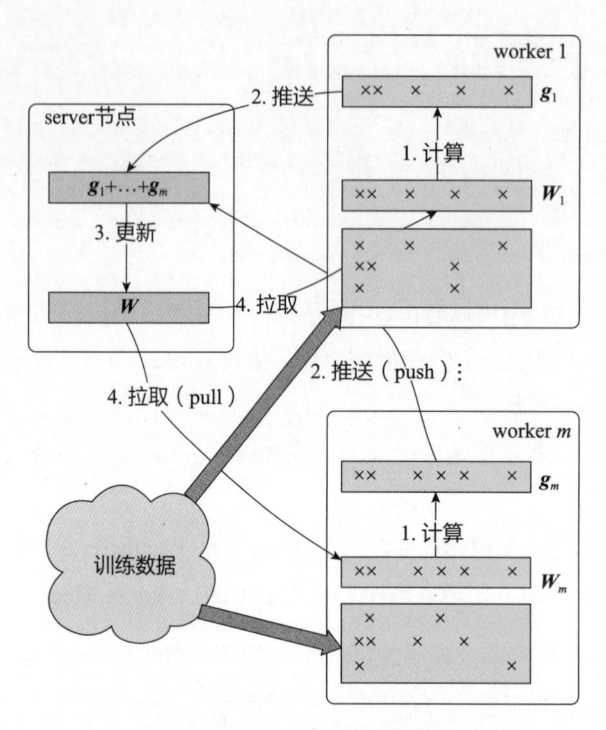

图 8-7　Parameter Server 的并行训练流程示意图

在 Parameter Server 的并行梯度下降流程中，最关键的两个操作是 push 和 pull。

- push 操作：worker 节点利用本节点上的训练数据，计算好局部梯度，上传给 server 节点。
- pull 操作：为了进行下一轮的梯度计算，worker 节点从 server 节点拉取最新的模型参数到本地。

在图 8-7 的基础上，整个 Parameter Server 的分布式训练流程可以概括如下：

（1）每个 worker 节点载入一部分训练数据。

（2）worker 节点从 server 节点拉取（pull）最新的相关模型参数。

（3）worker 节点利用本节点数据计算梯度。

（4）worker 节点将梯度推送（push）到 server 节点。

（5）server 节点汇总梯度并更新模型。

（6）跳转到第 2 步，直到迭代次数达到上限或模型收敛。

8.2.3　一致性与并行效率之间的取舍

并行梯度下降的具体实现分为两种方式：同步阻断式和异步非阻断式。其中，同步阻断式要求所有节点的梯度都计算完成，由 master 节点汇总梯度，计算出新的模型参数后才能开始下一轮的梯度计算。这就意味着最“慢”的节点会阻断其他所有节点的梯度更新过程。但它的优点是很明显的，它是“一致性”最强的梯度下降方法，因为其计算结果与串行梯度下降的计算结果严格一致。

那么，有没有在兼顾一致性的前提下，提高梯度下降并行效率的方法呢？

Parameter Server 用**异步非阻断式**的梯度下降替代了原来的同步阻断式方法。图 8-8 为一个 worker 节点多次迭代计算梯度的过程。可以看到节点在做第 11 次迭代（iter 11）计算时，第 10 次迭代（iter 10）后的 push 和 pull 过程并没有结束，也就是说，最新的模型权重参数还没有被拉取到本地，该节点仍在使用 iter 10 的权重参数计算 iter 11 的梯度。这就是所谓的异步非阻断式梯度下降法，其他节点计算梯度的进度不会影响本节点的计算。所有节点始终都在并行工作，不会因其他节点的状态而被阻断。

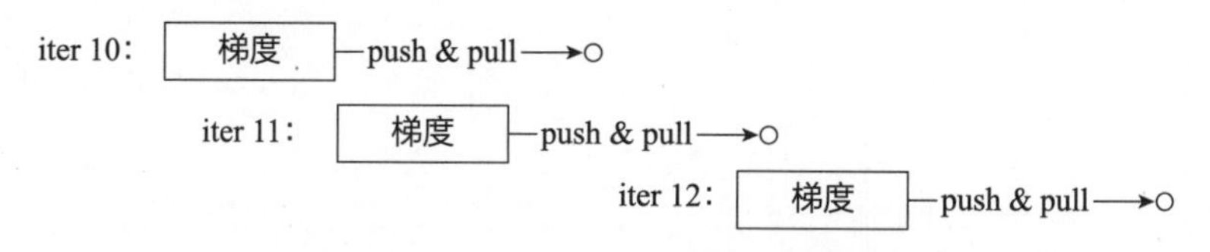

图 8-8　一个 worker 节点多次迭代计算梯度的过程

当然，任何技术方案有“取”也有“舍”。异步梯度更新的方式虽然大幅加快了训练速度，但也导致模型一致性的损失。也就是说，并行训练的结果与原来的单点串行训练的结果是不一致的，这种不一致会对模型收敛的速度造成一定的影响。所以，最终选择同步更新还是异步更新，取决于不同模型对一致性的敏感程度。这类似于模型超参数选择的问题，需要针对具体问题进行验证。

除此之外，在同步和异步之间，还可以通过设置“最大延迟”等参数来限制异步计算的程度。例如，可以限定在三轮迭代之内，模型参数必须更新一次。如果某 worker 节点计算了三轮梯度，还未完成一次从 server 节点拉取最新模型参数的过程，那么该 worker 节点就必须停下来，等待 pull 操作完成。这是同步和异步之间的折中方法。

本节介绍了并行梯度下降方法中同步更新和异步更新之间的区别。在效果上，读者可能会关心下面两个问题：

（1）异步更新到底能够节省多少阻断时间（waiting time）？

（2）异步更新会降低梯度更新的一致性，这是否会让模型的收敛时间变长？

针对上面两个问题，Parameter Server 论文的原文中提供了异步和同步更新的效率对比〔基于 Sparse logistic regression（稀疏逻辑回归）模型训练〕。图 8-9 对比了梯度同步更新策略和 Parameter Server 采取的异步更新策略的计算（computing）时间和阻断（waiting）时间，图 8-10 对比了不同策略的收敛速度。

在图 8-9 中，System-A 和 System-B 都是同步更新梯度的系统，Parameter Server 采用的是异步更新策略，可以看出 Parameter Server 的计算时间占比远高于采用同步更新策略的系统，这证明 Parameter Server 的计算效率有明显提高。

从图 8-10 中可以看出，异步更新的 Parameter Server 的收敛速度比同步更新的 System-A 和 System-B 快，这说明异步更新带来的不一致性问题的影响没有想象中那么大。

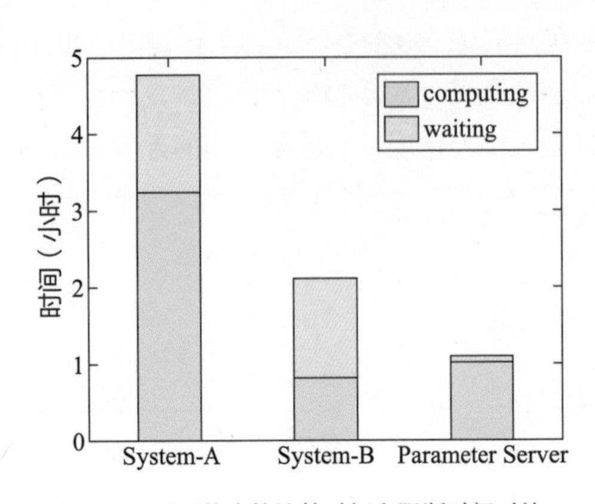

图 8-9　不同策略的计算时间和阻断时间对比

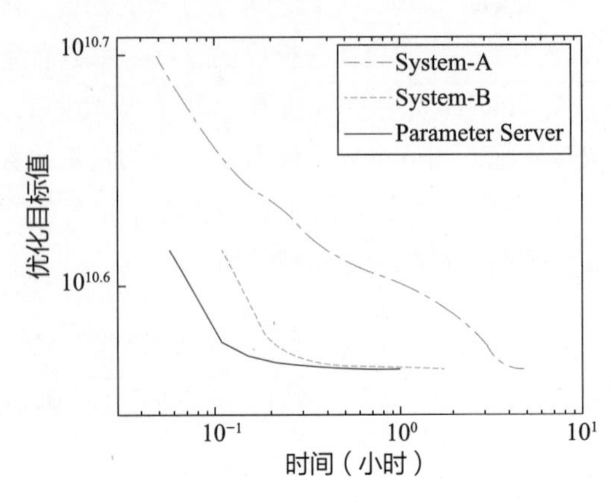

图 8-10　不同策略的收敛速度

8.2.4　多 server 节点的协同和效率问题

“同步阻断法”并行训练效率低下的另一个原因是，每次迭代都需要 master 节点将模型权重参数的广播发送到各 worker 节点。这导致两个问题：

（1）master 节点作为一个瓶颈节点，受带宽条件的制约，发送全部模型参数的效率不高。

（2）同步地广播发送所有权重参数，使系统的整体网络负载非常大。

那么，Parameter Server 如何解决单点 master 效率低下的问题呢？从如图 8-6 所示的架构图中可知，Parameter Server 采用了 server 节点组内多 server 节点的架构，每个 server 节点主要负责部分模型参数。模型参数使用 key-value 的形式，因此每个 server 节点负责一个参数键范围（Key Range）内的参数更新就可以了。

那么另一个问题来了，每个 server 节点是如何决定自己负责哪部分参数范围的呢？如果有新的 server 节点加入，那么如何在保证已有参数范围不发生大的变化的情况下加入新的节点呢？这两个问题的答案涉及一致性哈希（Consistent Hashing）的原理。Parameter Server 的 server 节点组成的一致性哈希环如图 8-11 所示。

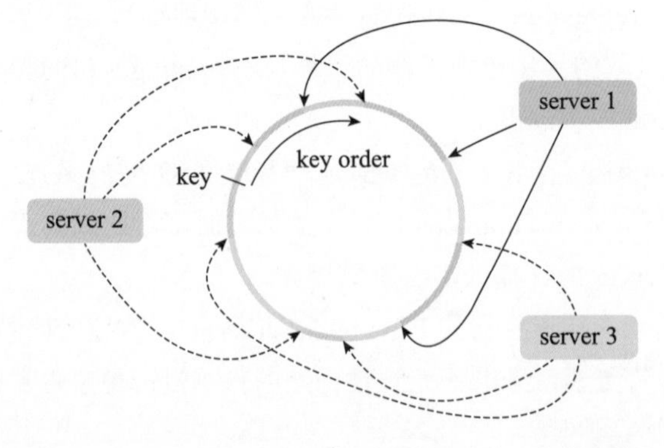

图 8-11　Parameter Server 的 server 节点组成的一致性哈希环

在 Parameter Server 的 server 节点组中，应用一致性哈希原理管理参数的过程大致有如下几步。

（1）将模型参数的 key 映射到一个环形的哈希空间。比如，有一个哈希函数可以将任意 key 映射到 $0\sim2^{32}-1$ 的哈希空间内，只要让 $2^{32}-1$ 这个桶的下一个桶是 0 这个桶，这个空间就变成了一个环形哈希空间。

（2）根据 server 节点的数量 n，将环形哈希空间等分成 nm 个范围，让每个 server 节点间隔地分配 m 个哈希范围。这样做的目的是保证一定的负载均衡性，避免哈希值过于集中带来 server 节点负载不均。

（3）当一个新 server 节点加入时，该节点会找到哈希环上的插入点，负责插入点到下一个插入点之间的哈希范围。这相当于把原来的某段哈希范围分成两部分，新的 server 节点负责后半段，而原来的 server 节点负责前半段。这样不会影响其他哈希范围的哈希分配，自然就不存在大量的重哈希带来的数据大混洗的问题。

（4）删除一个 server 节点时，移除该 server 节点相关的插入点，让临近的 server 节点负责该 server 节点的哈希范围。

在 Parameter Server 的 server 节点组中应用一致性哈希原理，可以非常有效地降低原来单 master 节点带来的瓶颈问题。当某 worker 节点希望拉取新的模型参数时，该节点将发送不同的“范围拉取（range pull）请求”到不同的 server 节点，之后各 server 节点可以并行地发送自己负责的权重参数到该 worker 节点。

此外，由于在处理梯度的过程中 server 节点之间也可以高效协同，某 worker 节点在计算出自己的梯度后，只需要利用范围推送（range push）操作把梯度发送给相关的 server 节点即可。当然，这一过程也与模型结构相关，需要跟模型本身的实现结合。总的来说，Parameter Server 基于一致性哈希原则提供了参数范围拉取和参数范围推送的能力，使模型并行训练的实现更加灵活。

8.2.5 分布式训练要点总结

前面介绍了 TensorFlow 和 PyTorch 进行分布式训练的原理，主要的核心知识点如下。

（1）对于共享内存的 CPU+GPU 架构，主要依赖对计算图进行拆解来分配任务。

（2）任务分配的总原则是，存在依赖关系的 worker 节点或者子图（subgraph）之间需要串行执行任务，不存在依赖关系的任务节点或者子图之间可以并行执行任务。

如果希望通过联合多台物理机进一步扩大分布式训练的规模，则需要 Parameter Server 实现分布式机器学习模型训练，其要点如下。

（1）采用异步非阻断式的分布式梯度下降策略替代同步阻断式的策略，以显著提高训练速度。

（2）实现多 server 节点的架构，避免单 master 节点带来的带宽和内存瓶颈。

（3）使用一致性哈希、参数范围拉取、参数范围推送等工程手段实现信息的最小传递，避免广播操作带来的全局性网络阻塞和带宽浪费。

8.3 深度学习推荐模型的上线部署

前几节介绍了深度学习推荐模型的离线训练平台，无论是 TensorFlow 还是 PyTorch 都提供了非常成熟的离线并行训练环境。但推荐模型终究是要在线上环境中使用的，如何将离线训练好的模型部署在线上生产环境中进行线上实时推断，一直是业界的难点。本节将介绍完成模型的离线训练后，部署模型的主流方法。

8.3.1 预存推荐结果或 Embedding 结果

对于推荐系统的线上服务来说，最简单直接的方法就是在离线环境下生成提供给每个用户的推荐结果，然后将结果预存到 Redis 等线上数据库中，在线上环境中直接取出预存数据推荐给用户。该方法的优缺点都非常明显，其优点如下。

（1）无须实现模型线上推断的过程，线下训练平台与线上服务平台完全解耦，可以灵活地选择任意离线机器学习工具训练模型。

（2）线上服务过程没有复杂计算，推荐系统的线上延迟极低。

该方法的缺点如下。

（1）由于需要存储用户、物品、应用场景的组合推荐结果，当用户数量、物品数量等规模过大时，容易发生组合爆炸的问题，线上数据库根本无力支撑如此大规模结果的存储。

（2）无法引入线上场景类特征，推荐系统的灵活性和效果受限。

由于以上优缺点的存在，直接存储推荐结果的方式往往只适用于用户规模较小或者特殊的应用场景，如一些冷启动、热门榜单等。

直接预计算并存储用户和物品的 Embedding 是另一种线上“以存代算”的方式。相比直接存储推荐结果，存储 Embedding 的方式大大减少了存储量，线上也仅需计算内积或余弦相似度就可以得到最终的推荐结果，这种方式是业界经常采用的模型上线手段。

但这种方式同样无法支持线上场景特征的引入，并且无法进行复杂模型结构的线上推断，表达能力受限，因此对于复杂模型，还需要从模型实时线上推断的角度入手。

8.3.2 自研模型线上服务平台

无论是在深度学习刚兴起的时期，还是在 TensorFlow、PyTorch 已经非常流行的今天，自研机器学习训练与线上服务的平台仍然是很多大中型公司的重要选项。

为什么放着灵活且成熟的通用平台不用，而要从头自研模型和平台呢？

一个重要的原因是，TensorFlow 等通用平台为了灵活性和通用性的要求，需要支持大量冗余的功能，导致平台过“重”，难以修改和定制。而自研平台的好处是可以根据公司业务和需求进行定制化的实现，提高模型服务的效率。

另一个原因是当模型的需求比较特殊时，大部分深度学习框架无法提供支持。例如，某些推荐系统召回模型、“探索与利用”模型、与推荐系统的具体业务结合得非常紧密的冷启动等算法，它们的线上服务方法一般也需要自研。

自研平台的弊端显而易见。由于实现模型的时间成本较高，自研一两种模型是可行的，但实现自研数十种模型且进行比较和调优则很难。在新模型层出不穷的今天，自研模型的迭代周期过长，因此往往只有大公司采用自研平台和模型，或者在已经确定模型结构的前提下，手动实现模型推断过程的时候采用自研平台和模型。

在完全自研和完全依赖开源平台之间，很多团队在开发线上服务平台时采取了"魔改"已有平台的方案。例如，阿里妈妈团队的 XDL（X-DeepLearning）[8]，它并没有从头实现一个全新的深度学习训练和部署平台，而是在 TensorFlow 和 PyTorch 的基础上，实现了针对推荐、广告场景的优化，构建了适合自身需求的深度学习模型部署服务。类似地，字节跳动的 Reckon 平台也基于 TensorFlow 实现了模型的调试、训练、上线一站式服务。可以说，"魔改"平台是平衡投入和产出的折中方案。

8.3.3 预训练 Embedding+轻量级线上模型

完全采用自研模型存在工作量大和灵活性差的问题，尤其在各类复杂模型迅速演化的今天，这些弊端更加明显。那么，有没有能够结合通用平台的灵活性、功能的多样性，以及自研模型线上推断高效性的方法呢？答案是肯定的。

业界的很多公司采用了"复杂网络离线训练，生成 Embedding 存入内存数据库，线上实现逻辑回归或浅层神经网络等轻量级模型拟合优化目标"的上线方式。双塔模型就是非常典型的例子。

双塔模型用复杂网络对用户特征和物品特征分别进行了 Embedding 化，在最后的交叉层之前，用户特征和物品特征之间没有任何交互，这就形成了两个独立的"塔"。可以把这两个塔对应的用户 Embedding 和物品 Embedding 存入内存数据库。而在进行线上推断时，也不用复现复杂网络，只需要实现最后输出层的逻辑即可。这里的输出层大部分情况下就是逻辑回归或 softmax，也可以使用复杂一点儿的浅层神经网络。无论选择哪种神经网络，线上实现的难度都不大。在从内存数据库中取出用户 Embedding 和物品 Embedding 之后，通过输出层的线上计算即可得到最终的预估结果。

在这样的架构下，还可以在输出层之前把用户 Embedding 和物品 Embedding，以及一些场景特征连接起来，使模型能够引入线上场景特征，丰富模型的特征来源。

在 GNN 技术已经非常成熟的今天，Embedding 离线训练的方法可以融入大量用户和物品信息，输出层并不用设计得过于复杂，因此采用 Embedding 预训练+轻量级线上模型的方法进行模型服务，既灵活简单，又不会过多影响模型效果。

8.3.4 ONNX——利用开放模型转换协议部署模型

Embedding+轻量级线上模型的方法是实用且高效的，但无论如何还是割裂了模型，无法实现"端到端训练+端到端部署"这种最理想的方式。有没有在离线训练完模型之后直接部署的方式呢？本节介绍一种脱离平台的通用的模型部署方式——ONNX[9]。

ONNX（Open Neural Network Exchange，开放神经网络转换协议）是一种针对机器学习模型设计的开放文件格式，用于存储训练好的模型，使不同的 AI 框架可以采用相同格式存储模型数据并交互。它由微软于 2017 年提出，并联合谷歌、Meta、Amazon 等科技巨头共同维护，旨在解决神经网络模型在不同训练和推理框架之间的转换问题。ONNX 相当于在不同训练平台之间、训练平台与部署平台之间、不同硬件环境之间搭建了一个桥梁。

如图 8-12 的左图所示，在 TensorFlow、PyTorch 上训练好的模型，可以导出为 ONNX 文件格式，再导入 ONNX Runtime 等平台继续训练或上线部署，其中 ONNX Runtime 就是 ONNX 官方的模型服务平台。ONNX Runtime 可以运行在不同的软硬件环境中，例如 Window、Linux、iOS、JavaScript 等。这也就意味着，ONNX 的模型服务可以搭建在服务器端、移动端甚至浏览器中（如图 8-12 的右图所示），这大大增强了模型服务的灵活性。

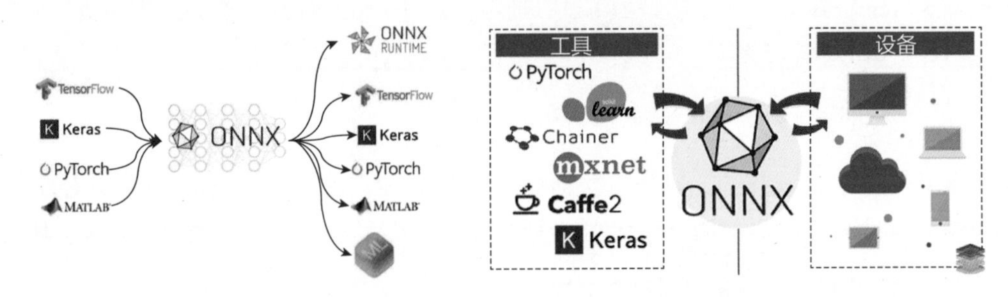

图 8-12 ONNX 打通不同机器学习平台（左）与不同硬件环境（右）

下面是一个简单的从 TensorFlow 导出模型，转换成 ONNX 格式，再导入 ONNX Runtime 平台进行模型服务的例子。

步骤 1：以 TensorFlow 的 SavedModel 格式保存训练好的模型（假设 model 是训练好的模型）。

```
model.save('saved_model/my_model')
```

步骤 2：将保存的模型转换为 ONNX 格式。首先，需要安装 tf2onnx，这是将 TensorFlow 模型转换为 ONNX 格式的工具。然后，使用 tf2onnx 命令行工具来转换模型。

```
pip install -U tf2onnx
!python -m tf2onnx.convert --saved-model saved_model/my_model --output model.onnx
```

步骤 3：在 ONNX Runtime 中加载 ONNX 模型。

```
import onnxruntime as ort
import numpy as np

# 加载 ONNX 模型
session = ort.InferenceSession("model.onnx")

# 创建一些测试数据
x_test = np.random.random((1, 32)).astype(np.float32)

# 运行模型（根据需要修改输入名）
outputs = session.run(None, {'dense_input': x_test})
print(outputs)
```

ONNX 并不是唯一的模型转换协议，类似的还有 PMML 协议，全称是 Predictive Model Markup Language（预测模型标记语言）。它是一种通用的、以 XML 形式表示不同模型结构参数的标记语言。借助 JPMML、MLeap 等开源工具，传统的机器学习模型和神经网络模型同样可以在不同的平台之间转换和使用。但 PMML 协议诞生于 ONNX 之前，最初是用来支持传统的机器学习模型而非深度学习模型的，因此在深度学习时代，PMML 支持的算子比较有限，也无法实现复杂的模型结构转换，后来逐渐被 ONNX 取代。

即使是 ONNX，也无法支持所有平台的模型特性。在不同平台之间进行模型转换时，仍然存在预估值无法精确匹配的问题，这也是通用化的代价之一。如果希望在线上全方位支持离线训练好的模型，那么平台原生的线上服务模块可能是最佳的选择，比如 TensorFlow 的原生线上服务模块 TensorFlow Serving 和 PyTorch 的线上服务器模块 TorchServe。

8.3.5 TensorFlow Serving 和 TorchServe

TensorFlow Serving 是 TensorFlow 推出的原生模型服务框架。本质上，TensorFlow Serving 的工作流程和 ONNX 类工具的流程是一致的。不同之处在于，TensorFlow 定义了自己的模型序列化标准。利用 TensorFlow 自带的模型序列化函数可将训练好的模型参数和结构保存至指定的文件路径。

最普遍也最便捷的 TensorFlow Serving 服务方式是使用 Docker 建立模型服务 API。准备好 Docker 环境后，仅需要通过拉取镜像（pull image）的方式即可完成 TensorFlow Serving 环境的安装和准备：

```
docker pull tensorflow/serving
```

启动该 Docker Container 后，也仅需一行命令即可启动模型服务 API：

```
tensorflow_model_server --port=8500 --rest_api_port=8501 \
  --model_name=${MODEL_NAME}      --model_base_path=${MODEL_BASE_PATH}/
${MODEL_NAME}
```

这里需要注意之前保存模型文件的路径的正确性。

TorchServe 是 PyTorch 于 2020 年 4 月推出的对标 TensorFlow Serving 的模型部署平台。它的模型载入方式和 TensorFlow Serving 的基本一致，下面是将 PyTorch 模型保存和导入 TorchServe 的过程。

步骤 1：保存模型，模型文件为 model.pt。

```
torch.save(model.state_dict(), "model.pt")
```

步骤 2：创建模型存档，使用 torch-model-archiver 来创建一个模型存档文件（.mar 文件）。这个命令包括了模型文件、自定义的处理器（handler）文件和其他依赖项。

```
torch-model-archiver --model-name my_model --version 1.0 --model- file
model.py --serialized-file model.pt --handler my_handler.py
```

步骤 3：启动 TorchServe，载入模型并创建模型服务 API。

```
torchserve --start --ncs --model-store model_store --models my_ model.mar
```

步骤 4：接下来就可以通过 HTTP 请求向 TorchServe API 发送模型预估请求。这是一个图像分类服务的例子，输入是一张图像，比如：

```
curl http://127.0.0.1:××××/predictions/my_model -T sample_input. jpg
```

当然，要搭建一套完整的 TensorFlow Serving 服务并不是一件容易的事情，因为其中涉及模型更新、整个服务集群的维护和按需扩展等一系列工程问题。TensorFlow Serving 和 TorchServe 的性能也经常被业界诟病，二者均需要各公司的工程团队进行一定程度的改造和优化，才能真正支持大数据量、高并发请求（高 QPS）的线上服务。

深度学习推荐模型的线上服务是非常复杂的工程问题，因为其与公司的线上服务器环境、硬件环境、离线训练环境、数据库/存储系统等都有非常紧密的联系。正因为这样，对这个问题，各家公司采取的解决方案也各不相同。即使本节已经列出了 5 种主要的上线方式，也无法囊括业界所有的推荐模型上线方式，甚至在一个公司内部，针对不同的业务场景，模型的上线方式也不尽相同。在实际应用过程中，还应对公司客观的工程环境进行权衡，提出最合适的解决方案。

8.4 模型架构与数据流的深度整合——模型流式训练

前面介绍了特征工程、数据流、模型离线训练及模型上线部署，相信读者已经对深度学习推荐系统相关的主要工程模块有了一定的认识。但是在一个工业级的推荐系统中，这些模块是如何协同工作的，它们之间的关系是怎样的，对于这些问题似乎还缺乏全局的认识。本节将结合一个涉及所有工程模块的例子——模型流式训练，串联起所有的模块，让读者对深度学习推荐系统有更加全面且接近实际应用的理解。

8.4.1 模型流式训练的整体架构

图 8-13 展示的是模型流式训练的整体架构。左边是数据流的部分，右边是模型训练与线上服务的部分。以下是从左到右对架构图中关键模块的介绍。

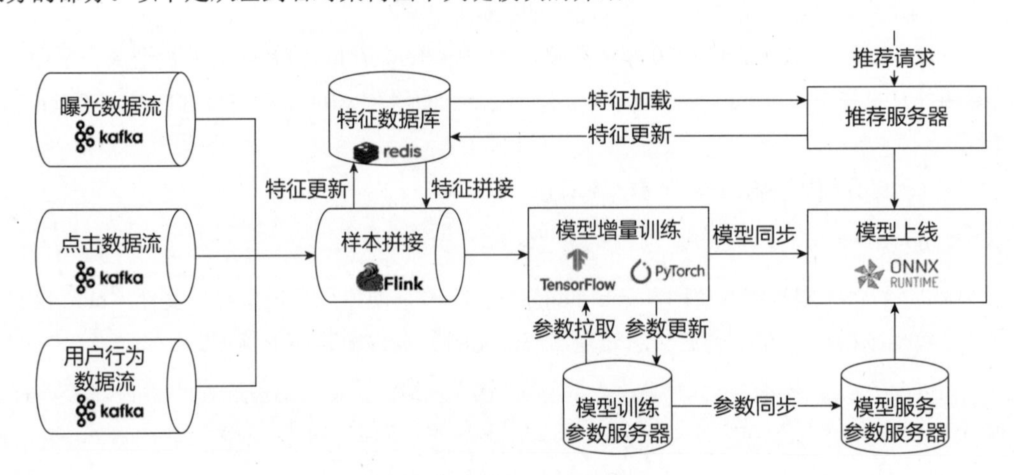

图 8-13　模型流式训练的整体架构

1. 样本拼接

流式的样本拼接任务一般是在Flink中执行的。Flink任务接收曝光数据流、点击数据流（点击作为样本标签）和其他数据流（如用户行为数据流）等Kafka主题（topic），再从特征数据库中获取用户和物品相关的特征，基于用户ID和物品ID进行样本拼接，生成训练样本。

2. 模型增量训练

模型增量训练在TensorFlow或PyTorch等离线训练平台中进行。一般来说，Flink会在积攒几分钟到几十分钟的训练样本后，一次性发给训练平台进行增量训练。

训练开始前，平台会载入最新的模型版本（checkpoint），从Flink读取训练样本，采用mini-batch的方式进行增量训练；在训练样本消耗完之后，将当前的模型版本保存到离线存储，再交由模型线上服务模块进行处理，载入线上服务器，完成这次增量训练过程。

模型训练的实时性取决于Flink一次积攒的样本量和训练的间隔时长。但一般来说，深度学习推荐模型的体积都比较大，模型上线要消耗几十分钟的时间。所以，流式更新的频率并不是越快越好，而是应该综合考虑各模块配合的效率后确定。

3. 模型上线

一般来说，工业级模型规模一般比较大，模型上线也分为两部分。一部分是规模较小的神经网络图部分，可以以ONNX文件的形式上线到ONNX Runtime，或者直接采用TensorFlow Serving或TorchServe的方式上线。另一部分是Embedding部分，这部分规模大、数量多，如果直接跟模型一起打包上线到模型服务中，会导致模型服务被“撑爆”。因此，Embedding部分会使用参数服务器上线，Embedding参数服务器一般是独立于模型服务器的Redis或RocksDB Key-Value存储。需要注意的是，为保证系统的稳定性，一般会将训练时的参数服务器和线上服务的参数服务器独立部署，并在上线过程中进行参数检查，以避免错误的训练影响线上服务。

4. 特征处理

样本拼接和线上服务所用的特征一般存储在以Redis为代表的内存数据库中。特征数据库主要用于样本拼接和线上服务时加载特征。特征的更新由样本拼接任务和推荐服务器的特征更新逻辑共同完成。一般来说，样本拼接任务会更新需要进行复杂计算的统计类特征，而推荐服务器则负责实时更新用户和物品的属性特征及场景特征。Embedding层权重会被更新（请参照随机梯度下降的参数更新公式理解），这进一步降低了Embedding层的收敛速度。

8.4.2 样本拼接过程中的延迟问题

细心的读者一定会发现一个问题：在样本拼接过程中，需要把点击数据流和曝光数据流拼接起来，用户看到推荐结果和点击推荐结果这两个事件往往是有时间差的，短则几秒，长则几分钟。如果样本的标签是购买、游戏付费等，曝光和转化之间的延迟达到几小时都有可能。那么如何解决样本拼接中的延迟问题呢？

第一种解决方案是负样本缓存。在推荐场景下，曝光未点击的样本就是负样本。如果经过统计发现正样本回传的最大延迟是n分钟，就可以设置缓存时长是n分钟。一条曝光记录在被

缓存 n 分钟后仍未收到对应的点击记录，则将其标记为负样本供模型学习。另外，在缓存期间找到对应的点击记录的样本，将其标记为正样本。这显然是最直观的解决方案，但如果 n 过大（比如需要超过一天），那就会导致 Flink 平台的资源消耗过大，而且模型学习样本的延迟也过大，很难称得上是实时更新。这就要求寻找新的解决方案。

第二种解决方案是负样本打散。例如，正样本的回传延迟符合幂律分布（如图 8-14 所示），由于负样本总是即时回传，二者之间分布的差异会导致模型学习过程中正负样本比例不均衡，进而造成模型预估值的抖动。如果能把负样本的回传分布调整为与正样本一致，那么正负样本的比例就能够保持在一个稳定的状态。这就是负样本打散的思路。在具体实现过程中，可以在 Flink 中为不同负样本设置缓存时间，该缓存时间通过从正样本的回传延迟分布中进行采样来获取，这样就人为制造了一个与正样本延迟分布一致的负样本分布。负样本打散这一方法是非常实用的，很多工程团队借此快速解决了样本回传延迟问题。但它的缺点也很明显，就是方法比较粗糙，无法将正负样本精确匹配，导致很多负样本可能是“假”负样本，这显然会影响模型学习的效果。

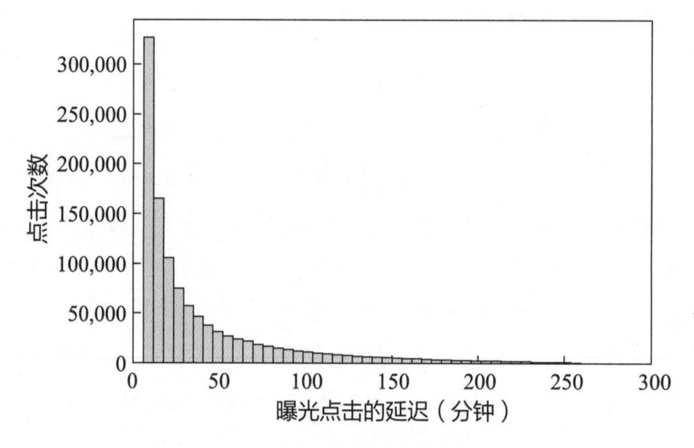

图 8-14　正样本的回传延迟分布

第三种解决方案是在训练推荐模型的同时，联合训练一个延迟预估模型，这样就可以在训练阶段对推荐模型和延迟预估模型联合建模；而在预估阶段舍弃延迟预估模型，只用推荐模型进行预估。这种解决方案包括 Criteo 于 2014 年提出的 DFM（Delayed Feedback Model）[10]、阿里巴巴于 2020 年提出的 ES-DFM（Elapsed-Time Sampling Delayed Feedback Model）[11]等。这种解决方案需要对推荐模型进行较大的改造，要求团队有很强的理论基础，工程落地比较困难。

第四种解决方案是一个很巧妙的方案，笔者非常喜欢，读者也可以感受一下它精妙的设计。它是 2021 年由谷歌提出的叠加式延迟转化模型[12]。它的思路是：既然在推荐模型里考虑转化延迟这么困难，不如换个思路，干脆把模型拆分成多个同构但目标不同的多级模型，每级模型预估不同延迟的转化，在预估时把所有模型的预估值叠加起来作为最终的预估值。

如图 8-15 所示，样本按照转化延迟的长短被划分为多个组，这里被划分为$[0, d_1)$、$[d_1, d_2)$、$[d_2, M)$共 3 组。之后用不同组的样本训练 3 个子推荐模型，分别预估延迟在$[0, d_1)$、$[d_1, d_2)$、$[d_2, M)$的转化率。但在线上推荐场景中，转化率指的是总的转化率，因此在预估阶段需要把 3 个模型的输出叠加起来作为最终转化率的预估值。

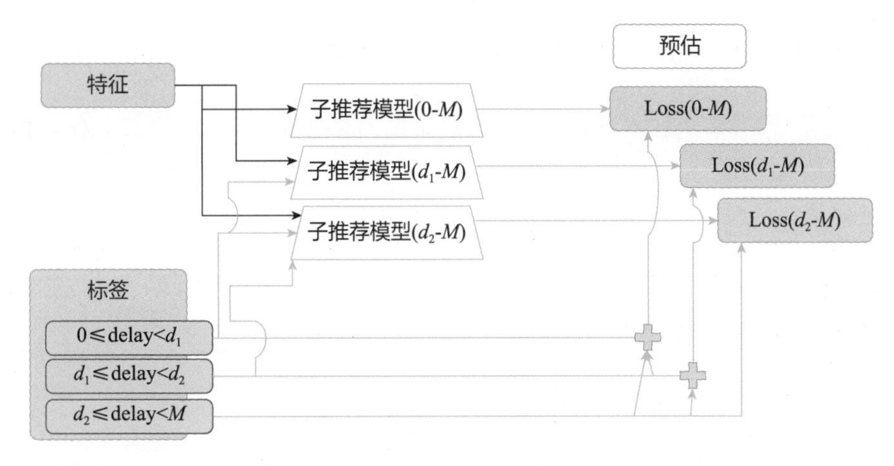

图 8-15　谷歌的叠加式延迟转化模型

在实现过程中，该解决方案还有很多可以优化的地方。例如，不同子模型的更新频率可以不同，低延迟的子模型可以采用样本准实时拼接、流式训练的方式；而高延迟的子模型由于对时间敏感度低，根据延迟长短可以采用小时级别甚至天级别更新的方式。这样实时子模型能够快速感知到用户行为的变化，长延迟子模型还可以保证长延迟转化也被考虑进来，防止预估值偏离。

8.4.3 模型流式训练的容灾措施

在工程领域，任何一项新技术的引入都不会是毫无代价的。流式训练也是如此，模型在享受实时训练红利的同时，也变得相当脆弱。任何数据流的“风吹草动”都会影响模型训练，而且模型参数需要被高频同步给线上模型服务平台，同步过程中的任何失误都将直接影响线上预估推荐结果。因此，流式训练的模型一直都是各大公司的事故重灾区。出于容灾考虑，工程团队必须在几个关键地方加入容灾措施，主要包括以下几点。

（1）数据流的监控。必须监控数据流总样本数量的变化、正负样本比例的变化以及延迟情况。一旦发现异常，就要果断切断数据流，避免脏数据污染线上模型。

（2）模型训练的监控。在模型流式训练的过程中，每隔一段固定的时间就要自动进行一次离线验证，比如利用最近的样本计算 AUC。一旦发现模型被“训飞”，就要果断停止训练并将模型切换到上一个稳定版本。

（3）模型上线的监控。流式训练模型的线上同步是非常频繁的，一般 5～10 分钟一次。每次上线前需要先在训练时的参数服务器上验证预估值，如果发现新训练的模型的预估值与线上预估值偏离得较远，应阻止这次上线并进行人工排查。

总而言之，流式训练模型会显著增加工程团队的值班压力及系统的复杂性，在做技术决策的时候，不要忽视这部分成本。只有当流式模型带来的业务收益大于成本的增加时，流式模型的应用才是物有所值的，否则就只是技术团队“炫技”罢了。

8.5 理想照进现实——工程与理论之间的权衡

工程和理论往往是解决技术问题过程中矛盾又统一的两面。理论依赖工程的实现，脱离了工程的理论就是无法发挥实际作用的空中楼阁；而工程又制约着理论的发展，被装在工程框架下的理论往往需要进行一些权衡和取舍才能落地。本节希望与读者讨论的是，在推荐系统领域如何在工程与理论之间进行权衡。

8.5.1 工程师职责的本质

工程和理论的权衡是工程师不得不考虑的问题。对这个问题的思考决定了一名工程师应具备的是“工程思维”，而不是学者的“研究思维”。推荐系统是一个工程性极强，以技术落地为首要目标的领域，“工程思维”的重要性不言而喻。接下来，笔者会站在工程师的角度阐述如何在工程和理论之间进行权衡。

无论你是算法工程师、研发工程师，还是设计电动汽车、神舟飞船、长征火箭的工程师，职责都是相同的，那就是：**在现有实际条件的制约下，以工程完成和技术落地为目标，寻找并实现最优的解决方案。**

回到推荐系统中，这里的“现有实际条件的制约”可以是来自研发周期的制约、软硬件环境的制约、实际业务逻辑和应用场景的制约，也可以是来自产品经理的优化目标的制约，等等。正因这些制约的存在，工程师不可能像学术研究人员那样任意尝试新的技术，做更多探索性的创新。

也正是因为工程师永远以“技术落地”为目标，而不是炫耀自己的新模型、新技术是否走在业界前沿，所以在前沿理论和工程现实之间做权衡是一名工程师应该具备的基本素质。下面用 3 个实际案例帮助读者体会如何在实际工程中进行技术上的权衡。

8.5.2 Redis 容量和模型上线方式的权衡

对线上推荐系统来说，为了进行在线服务，需要获取的数据包括两部分——模型参数和线上特征。为了保证这两部分数据的实时性，很多公司采用内存数据库，而 Redis 是最主流的选择。但 Redis 需要占用大量内存资源，而内存资源与存储资源和计算资源相比，又是比较稀缺和昂贵的，因此无论是用 AWS（Amazon Web Services，亚马逊网络服务）、阿里云，还是自建数据中心，使用 Redis 的成本都比较高，Redis 的容量就成了影响推荐模型上线方式的关键因素。

在这个制约因素的限制下，工程师要从两个方面考虑问题。

（1）模型的参数规模要尽量小，特别是对深度学习推荐系统而言，模型的参数规模较传统模型提升了几个量级，更应该着重考虑减小模型的参数规模。

（2）线上预估所需的特征数量不能无限制地增加，要根据重要性做一定程度的取舍。

在这样的制约因素下上线推荐系统，必然需要舍弃一些次要因素，关注主要矛盾。一名成熟的工程师的思路应该是这样的。

（1）对于上千万甚至更高量级的特征维度，理论上参数也在千万量级，线上服务是很难支持这种级别的数据量的。这就要求在工程上关注模型的稀疏性，关注主要特征，舍弃大量次要特征，舍弃一定的模型预测准确度，提升线上预估的速度，降低工程资源的消耗。

（2）考虑增强模型的稀疏性的关键技术点，加入 L1 正则化项，采用 FTRL 等稀疏性强的训练方法。

（3）实现目标的技术途径有多种，在无法确定哪种技术效果更佳的情况下，实现所有备选方案，通过离线和在线的指标进行比较和观察。

（4）根据数据确定最终的技术途径，完善工程实现。

以上是模型侧的“瘦身”方法，针对在线特征的“瘦身”计划当然可以采用同样的思路。首先采用主成分分析等方法进行特征筛选，在不显著降低模型效果的前提下减少所用的特征。针对不好取舍的特征，进行离线评估和线上 A/B 测试，最终使特征的数量达到工程上可以接受的水平。

8.5.3 研发周期限制和技术选型的权衡

在实际的工程环境中，研发周期同样是不可忽视的制约因素。这就涉及工程师对项目整体的把控能力和对研发周期的预估能力。在产品迭代日益迅速的互联网领域，没人愿意成为拖累其他团队的最慢一环。

笔者曾经历过多次产品和技术平台的大规模升级。在技术平台升级的过程中，要充分权衡产品新需求和技术平台整体升级的进度。例如，公司希望把深度学习平台从 TensorFlow 整体迁移到 PyTorch，从易用性和业界趋势考虑，这一决策没有问题，但由于 TensorFlow 1.x 平台自身的特性、建模方式、模型训练方式和 PyTorch 有较大差别，整个迁移必然要经历一个较长的研发周期。在迁移的过程中，如果有新的产品需求，就需要工程师做出权衡，在进行技术升级的同时兼顾日常的开发进度。

这里可能的技术途径有两个。

（1）集中团队的力量完成 TensorFlow 1.x 到 PyTorch 的迁移，在新平台上进行新模型和新功能的研发。

（2）团队一部分成员利用成熟稳定的 TensorFlow 1.x 平台快速满足产品需求，为 PyTorch 的迁移、调试、试运行留足时间。与此同时，另一部分成员则全力完成 PyTorch 的相关工作，力保在大规模迁移之前新平台足够成熟。

单纯从技术角度考虑，既然已经决定升级到 PyTorch 平台，理论上没必要再花时间利用 TensorFlow 1.x 平台研发新模型。这里需要搞清楚的问题有两个。

（1）再成熟的平台也需要整个团队磨合调试较长时间，绝不可能刚迁移至 PyTorch 就让它支持重要的业务逻辑。

（2）技术平台的升级换代应作为技术团队的内部项目，最好对其他团队透明，不应成为减缓对业务支持的直接理由。

因此，从工程进度和风险角度考虑，第 2 个技术途径是更符合工程实际和公司实际的选择。

8.5.4 硬件平台环境和模型结构间的权衡

几乎所有算法工程师都有过类似的抱怨:“公司的平台资源太少，训练一个模型要花将近一天的时间。”当然，“大厂”的资源相对充足，“小厂”囿于研发成本的限制更容易受硬件平台环境的制约。但无论什么规模的公司，硬件资源总归是有限的，因此要学会在有限的硬件资源条件下优化模型相关的一切工程实现。

这里的“优化”实际上包含两个方面。一方面是程序本身的优化。笔者在带实习生时，经常遇到一些实习生抱怨 Spark 跑得太慢，究其原因，是他们对 Spark 的 shuffle 机制没有深入了解，写的程序包含了大量触发 shuffle 的操作，进而引发数据倾斜问题。这样的问题本身并不涉及技术上的“权衡”，而是要求工程师夯实自己的技术基础，尽量通过技术上的“优化”提升模型的训练效率和实时性。

另一方面的优化就需要进行一些技术上的取舍了。能否通过优化或者简化模型的结构大幅提升模型训练的速度，减少模型训练消耗的资源，提升推荐模型的实时性呢？7.4 节已经提到典型的案例。在深度学习模型中，模型的整体训练收敛速度和模型的参数数量有很强的相关性，而在模型的参数中，绝大部分是输入层到 Embedding 层的参数。因此，为了大幅加快模型的训练速度，可以将 Embedding 部分单独抽取出来做预训练，这样就可以使上层模型快速收敛。当然，这样的做法舍弃了端到端训练的一致性，但在硬件条件制约的情况下，增强模型实时性的收益可能远大于端到端训练带来的模型一致性收益。

其他类似的例子还包括简化模型结构的问题。如果通过增加模型复杂性（例如，增加神经网络层级或增加每层神经元的数量）带来的收益已经趋于平缓，就没有必要浪费过多硬件资源以获取微乎其微的效果提升，而应该把优化的方向转换到提升系统实时性、挖掘其他有效信息、为模型引入更有效的网络结构等方面。

8.5.5 处理好整体和局部的关系

以上案例无法囊括所有工程上的权衡情况，希望读者能够通过这些案例培养良好的工程直觉，从具体的技术细节中跳出来，从工程师的角度平衡整体和局部的关系。

第 7 章和第 8 章所述的内容仅是深度学习推荐系统工程实现的概览。如果读者能够从此出发，建立对推荐系统工程的整体认识，将各类技术途径的原理和优缺点了然于心，就迈出了成为一名优秀推荐工程师的重要一步。

参 考 文 献

[1] ABADI M, AGARWAL A, BARHAM P, et al. TensorFlow: Large-scale Machine Learning on Heterogeneous Distributed Systems[EB/OL]. arXiv preprint arXiv: 1603. 04467.

[2] ABADI M, BARHAM P, CHEN J, et al. TensorFlow: A System for Large-scale Machine Learning[C]//Proceedings of the 12th USENIX Symposium on Operating Systems Design and Implementation (OSDI). 2016: 265-283.

[3] CHEN T, LI M, LI Y, et al. MXNet: A Flexible and Efficient Machine Learning Library for Heterogeneous Distributed Systems[J/OL]. arXiv preprint arXiv: 1512. 01274. 2015.

[4] PASZKE A, GROSS S, MASSA F, et al. PyTorch: An Imperative Style, High-performance Deep Learning Library[J]. Advances in Neural Information Processing Systems. 2019, 32.

[5] MA Y, YU D, WU T, et al. PaddlePaddle: An Open-source Deep Learning Platform from Industrial Practice[J]. Frontiers of Data and Computing, 2019, 1(1): 105-15.

[6] LI M, ANDERSEN DG, PARK JW, et al. Scaling Distributed Machine Learning with the Parameter Server[C]// Proceedings of the 11th USENIX Symposium on Operating Systems Design and Implementation (OSDI) . 2014: 583-598.

[7] LI M, ZHOU L, YANG Z, et al. Parameter Server for Distributed Machine Learning[C]//Proceedings of the Big Learning NIPS Workshop. 2013, 6(2).

[8] JIANG B, DENG C, YI H, et al. Xdl: An Industrial Deep Learning Framework for High-dimensional Sparse Data[C]//Proceedings of the 1st International Workshop on Deep Learning Practice for High-dimensional Sparse Data. 2019: 1-9.

[9] ONNX. Open Neural Network Exchange (ONNX)[EB/OL]. GitHub, 2018.

[10] CHAPELLE O. Modeling Delayed Feedback in Display Advertising[C]//Proceedings of the 20th ACM SIGKDD International Conference on Knowledge Discovery and Data Mining. 2014: 1097-1105.

[11] YANG JQ, LI X, HAN S, et al. Capturing Delayed Feedback in Conversion Rate Prediction via Elapsed-time Sampling[C]//Proceedings of the AAAI Conference on Artificial Intelligence. 2021, 35(5): 4582-4589.

[12] BADANIDIYURU A, EVDOKIMOV A, KRISHNAN V, et al. Handling Many Conversions Per Click in Modeling Delayed Feedback[EB/OL]. arXiv preprint arXiv: 2101. 02284, 2021.

第 9 章 效果评估——推荐系统的评估体系

与推荐系统评估相关的知识在整个推荐系统的知识框架中占比并不大，但应将其摆在与推荐系统构建同样重要的位置。其重要性主要有以下 3 点。

（1）推荐系统评估所采用的指标直接决定了优化方向是否客观、合理。

（2）推荐系统评估是机器学习团队与其他团队沟通及合作的接口性工作。

（3）推荐系统评估指标的选取直接决定了推荐系统是否符合公司的商业目标和发展愿景。

这 3 点都是方向性的，是决定推荐系统是否成功的关键。

本章聚焦推荐系统的评估问题，从离线评估到线上测试，从多个层级探讨评估推荐系统的方法和指标，具体包括以下内容。

（1）离线评估的方法和指标。

（2）离线仿真评估方法——Replay。

（3）离线评估的终极方法——推荐系统模拟器。

（4）线上 A/B 测试方法和线上评估指标。

（5）线上快速评估方法——Interleaving（间隔插值测试法）。

上述几种评估方法并不是独立的，本章的最后将探讨如何将不同层级的评估方法结合起来，形成科学且高效的多层推荐系统评估体系。

9.1 离线评估方法与评估指标

在推荐系统的评估过程中，离线评估往往被当作最常用和最基本的评估方法。顾名思义，离线评估是指在将模型部署于线上环境之前，在离线环境中进行的评估。由于无须将模型部署到生产环境中，离线评估没有线上部署的工程风险，也无须浪费宝贵的线上流量资源，而且具有测试时间短、同时进行多组并行测试、能够利用丰富的线下计算资源等诸多优点。

因此，在模型上线之前，进行大量的离线评估是验证模型效果最高效的手段。为了充分掌握离线评估的技术要点，需要掌握两方面的知识：一是离线评估的方法，二是离线评估的指标。

9.1.1 离线评估的主要方法

离线评估的基本原理是在离线环境中，将数据集分为训练集和验证集两部分，用训练集训练模型，用验证集评估模型。根据数据集划分方法的不同，离线评估可分为以下 3 种。

1. Holdout 检验

Holdout 检验是基础的离线评估方法，它将原始的样本集随机划分为训练集和验证集两部分。举例来说，对于一个推荐模型，可以把样本按照 70%和 30%的比例随机分成两部分，70% 的样本用于模型的训练；30% 的样本用于模型的评估。

Holdout 检验的缺点很明显，即在验证集上计算出来的评估指标与训练集和验证集的划分有直接关系，如果仅进行一次或几次 Holdout 检验，则得到的结论存在较大的随机性。为了消除这种随机性，交叉检验的方法被提出。

2. 交叉检验

交叉检验指的是把样本分成多份并互相检验的方法。具体来说，先将全部样本划分成 k 个大小相等的子集；依次遍历这 k 个子集，每次都把当前子集作为验证集，其余所有子集作为训练集，对模型进行训练和评估；最后将所有 k 次评估指标的平均值作为最终的评估指标。在实际实验中，k 值经常取 10。

3. 自助法（Bootstrap）

不管是 Holdout 检验还是交叉检验，都是基于划分训练集和验证集的方法进行模型评估的。然而，当样本规模比较小时，对样本集进行划分会使训练集进一步减小，可能会影响模型的训练效果。有没有能维持训练集样本规模的验证方法呢？自助法可以在一定程度上解决这个问题。

自助法是基于自助采样法的检验方法：对于总数为 n 的样本集进行 n 次有放回的随机抽样，得到大小为 n 的训练集。在 n 次采样过程中，有的样本会被重复采样，有的样本没有被抽出过，将这些没有被抽出过的样本作为验证集来验证模型，就是自助法的验证过程。

9.1.2 离线评估的基本指标

在掌握正确的离线评估方法之后，评估推荐模型的优劣需要借助不同指标从多个角度评估，得出综合性的结论。以下是在离线评估中使用较多的评估指标。

1. 准确率

准确率（Accuracy）是指分类正确的样本占总样本的比例，即

$$\text{Accuracy}=\frac{n_{\text{correct}}}{n_{\text{total}}} \tag{9-1}$$

其中，n_{correct} 为被正确分类的样本数，n_{total} 为总样本数。

准确率是分类任务中较直观的评价指标，虽然其具有较强的可解释性，但也存在明显的缺陷：当不同类别的样本比例非常不均衡时，占比大的类别往往成为影响准确率的最主要因素。例如，如果负样本占 99%，那么分类器把所有样本都预测为负样本也可以获得 99%的准确率。

如果将推荐问题看作一个点击率预估式的分类问题，那么可以设定一个阈值划分正负样本，利用准确率来评估推荐模型。然而，在实际的推荐场景中，更多的是利用推荐模型得到一个推荐序列，因此更多的是使用精确率与召回率这一对指标来衡量一个推荐序列的质量。

2. 精确率与召回率

精确率（Precision）是分类正确的正样本占分类器判定为正样本的样本的比例，召回率（Recall）是分类正确的正样本占真正的正样本的比例。

在排序模型中，通常没有一个确定的阈值把预测结果直接判定为正样本或负样本，而是采用 Top N 排序结果的精确率（Precision@N）和召回率（Recall@N）来衡量排序模型的性能，即认为模型排序的 Top N 的结果就是模型判定的正样本，然后计算 Precision@N 和 Recall@N。

精确率和召回率是矛盾统一的两个指标：为了提高精确率，分类器需要尽量在“更有把握时”才把样本预测为正样本，但往往会因过于保守而漏掉很多“没有把握”的正样本，导致召回率降低。

为了综合地反映精确率和召回率的结果，可以使用 F1-score。F1-score 是精确率和召回率的调和平均值，其定义如下：

$$\text{F1-score} = \frac{2 \cdot \text{Precision} \cdot \text{Recall}}{\text{Precision} + \text{Recall}} \tag{9-2}$$

3. 均方根误差

均方根误差（Root Mean Square Error，RMSE）经常被用来衡量回归模型的好坏。使用点击率预估模型构建推荐系统时，推荐系统预测的其实是样本为正样本的概率，可以用 RMSE 来评估，其定义如下：

$$\text{RMSE} = \sqrt{\frac{\sum_{i=1}^{n} \left(y_i - \hat{y}_i\right)^2}{n}} \tag{9-3}$$

其中，y_i 是第 i 个样本点的真实值，$\hat{y}_i$ 是第 i 个样本点的预测值，n 是样本点的个数。

一般情况下，RMSE 能够很好地反映回归模型预测值与真实值的偏离程度。但在实际应用时，若存在个别偏离程度非常大的离群点，即使离群点数量非常少，也会导致 RMSE 指标变得很差。要解决这个问题，可以使用鲁棒性更强的平均绝对百分比误差（Mean Absolute Percent Error，MAPE）进行类似的评估。MAPE 的定义如下：

$$\text{MAPE} = \sum_{i=1}^{n} \left| \frac{y_i - \hat{y}_i}{y_i} \right| \cdot \frac{100}{n} \tag{9-4}$$

相比 RMSE，MAPE 相当于把每个样本点的误差进行了归一化，降低了个别离群点带来的绝对误差的影响。

4. 对数损失函数

对数损失函数（LogLoss），常被称为交叉熵（Cross Entropy）损失函数，是在离线评估中经常使用的指标。在一个二分类问题中，LogLoss 的定义如下：

$$\text{LogLoss} = -\frac{1}{N} \sum_{i=1}^{N} \left(y_i \log P_i + \left(1 - y_i\right) \log\left(1 - P_i\right) \right) \tag{9-5}$$

其中，y_i 为输入实例 x_i 的真实类别，p_i 为预测输入实例 x_i 是正样本的概率，N 为样本总数。

细心的读者会发现，LogLoss 就是逻辑回归的损失函数，而大量深度学习模型的输出层采用的正是逻辑回归或 softmax 函数，因此采用 LogLoss 作为评估指标能够非常直观地反映模型损失函数的变化。如果仅站在模型的角度来说，LogLoss 是非常适合观察模型收敛情况的评估指标。

9.1.3 直接评估模型排序效果的高阶指标

9.1.2 节介绍了推荐系统主要的离线评估方法和常用的评估指标，但无论是准确率、RMSE，还是 LogLoss，都更多地将推荐模型视作类似于预估点击率的预测模型，而不是一个排序模型。事实上，推荐系统的最终结果是一个排序列表。以矩阵分解方法为例，其获得的用户和物品的相似度仅是一个排序依据，并不具有类似点击率这样的物理意义。因此，使用直接评估推荐序列的指标来评估推荐模型会更加合适。本节将依次介绍直接评估模型排序效果的离线指标——P-R 曲线、ROC 曲线和平均精度均值。

1. P-R 曲线

为了综合评价一个排序模型的好坏，不仅要看模型在不同 Top *N* 下的 Precision@N 和 Recall@N，而且最好能够绘制出模型的 Precision-Recall 曲线（精确率-召回率曲线，简称 P-R 曲线）。

P-R 曲线的横轴是召回率，纵轴是精确率。对于一个排序模型来说，其 P-R 曲线上的一个点代表“在某一阈值下，模型将大于该阈值的结果判定为正样本，将小于该阈值的结果判定为负样本时，模型对应的召回率和精确率”。

整条 P-R 曲线是通过从高到低移动正样本阈值生成的。如图 9-1 所示，其中蓝色实线代表模型 A 的 P-R 曲线，绿色虚线代表模型 B 的 P-R 曲线。横轴 0 点附近代表阈值最大时模型的精确率和召回率。

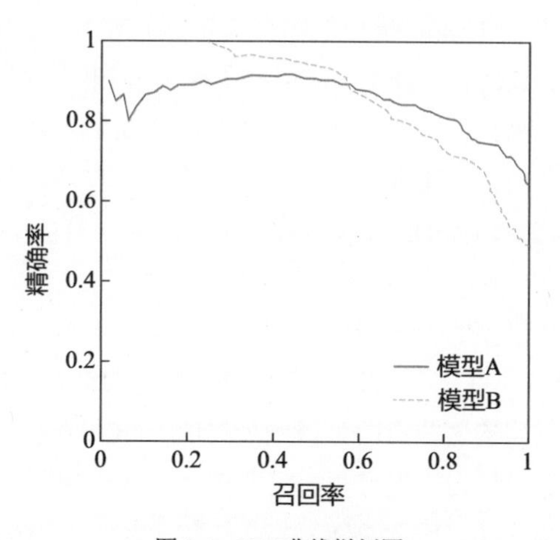

图 9-1 P-R 曲线样例图

由图 9-1 可见，在召回率接近 0 时，模型 A 的精确率为 0.9，模型 B 的精确率为 1，这说明模型 B 中得分最高的几个样本全部是真正的正样本，而在模型 A 中，即便得分最高的几个样本，也存在预测错误的情况。然而，随着召回率的提升，模型的精确率都有所下降。特别是，当召回率在 0.6 附近时，模型 A 的精确率反而超过了模型 B。这充分说明，只用一个点的精确率和召回率是不能全面衡量模型性能的，只有综合考虑 P-R 曲线的整体表现，才能对模型进行更全面的评估。

绘制完 P-R 曲线后，计算曲线下的面积（Area Under Curve，AUC）就能够量化 P-R 曲线的优劣。顾名思义，AUC 指的是 P-R 曲线下的面积大小，因此计算 AUC 值只需要沿着 P-R 曲线横轴进行积分。AUC 值越大，排序模型的性能越好。

2. ROC 曲线

ROC 曲线的全称是 Receiver Operating Characteristic 曲线，中文译为“受试者工作特征曲线”。ROC 曲线最早诞生于军事领域，而后在医学领域应用甚广，“受试者工作特征曲线”这一名称也正是来源于医学领域。

ROC 曲线的横坐标为假阳性率（False Positive Rate，FPR），纵坐标为真阳性率（True Positive Rate，TPR）。FPR 和 TPR 的计算方法如下：

$$\text{FPR} = \frac{\text{FP}}{N} \tag{9-6}$$

$$\text{TPR} = \frac{\text{TP}}{P} \tag{9-7}$$

在式（9-6）和式（9-7）中，P 为真实的正样本数，N 为真实的负样本数；TP 指的是 P 个正样本中被分类器预测为正样本的数量，FP 指的是 N 个负样本中被分类器预测为正样本的数量。

ROC 曲线的定义较复杂，但绘制 ROC 曲线的过程并不困难。通过绘制 ROC 曲线，我们能够了解 ROC 曲线是如何衡量一个推荐序列的效果的。

同 P-R 曲线一样，ROC 曲线也是通过不断移动模型正样本阈值生成的。这里举例解释该过程。

假设测试集中一共有 20 个样本，模型的输出如表 9-1 所示。表中第 1 列为样本序号，第 2 列为样本的真实标签（表中 P 代表正样本，N 代表负样本），第 3 列为模型判断样本为正样本的概率。样本按照预测概率从高到低排序。在输出最终的判断前，需要指定一个阈值：预测概率大于或等于该阈值的样本会被判为正样本，小于该阈值的会被判为负样本。假如指定 0.9 为阈值，那么只有第 1 个样本会被判为正样本，其他全部都是负样本。这里的阈值也被称为“截断点”。

动态地调整截断点，从最高的得分开始（实际上是从正无穷开始，对应着 ROC 曲线的 0 点），逐渐调整到最低的得分。每一个截断点都会对应一个 FPR 和 TPR，在 ROC 图上绘制出每个截断点对应的关键点，再连接这些点即可得到最终的 ROC 曲线。

就本例来说，当截断点选择为正无穷时，模型把全部样本预测为负样本，那么 FP 和 TP 必然都为 0，FPR 和 TPR 也都为 0，因此 ROC 曲线的第一个点就是(0,0)。当把截断点调整为 0.9 时，模型预测 1 号样本为正样本，并且该样本确实是正样本；因此，TP=1。在 20 个样本中，所有正样本数量 P= 10，故 TPR= TP/P= 1/10。本例没有预测错的正样本，即 FP=0，负样本总数 N=10，故 FPR= FP/N= 0/10= 0，对应着 ROC 曲线上的点(0,0.1)。依次调整截断点，直到画出全部关键点，再连接关键点即可得到最终的 ROC 曲线，如图 9-2 所示。

表 9-1　推荐模型的输出结果样例

样本序号	样本的真实标签	模型判断样本为正样本的概率	样本序号	样本的真实标签	模型判断样本为正样本的概率
1	P	0.9	11	P	0.4
2	P	0.8	12	N	0.39
3	N	0.7	13	P	0.38
4	P	0.6	14	N	0.37
5	P	0.55	15	N	0.36
6	P	0.54	16	N	0.35
7	N	0.53	17	P	0.34
8	N	0.52	18	N	0.33
9	P	0.51	19	P	0.30
10	N	0.505	20	N	0.1

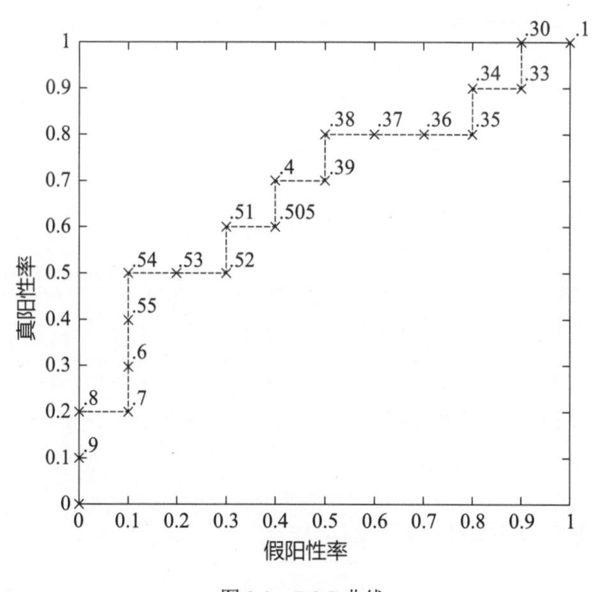

图 9-2　ROC 曲线

在绘制完 ROC 曲线后，同 P-R 曲线一样，也可以计算出 ROC 曲线的 AUC，并用 AUC 评估推荐系统排序模型的优劣。

3. 平均精度均值

平均精度均值（mean Average Precision，mAP）是在推荐系统、信息检索领域常用的另一个评估指标。该指标其实是对平均精度（Average Precision，AP）的再次平均，因此在计算 mAP 之前，需要先了解什么是平均精度。

假设推荐系统对某一用户测试集的排序结果如表 9-2 所示。

表 9-2 假设推荐系统对某一用户测试集的排序结果

标　签	推荐序列					
	N = 1	N = 2	N = 3	N = 4	N = 5	N = 6
真实标签	1	0	0	1	1	1

其中，1 代表正样本，0 代表负样本。

通过之前的介绍，我们已经知道如何计算 Precision@N。表 9-3 为上述序列每个位置上的 Precision@N。

表 9-3 上述序列每个位置上的 Precision@N 示例

标　签	推荐序列					
	N = 1	N = 2	N = 3	N = 4	N = 5	N = 6
真实标签	1	0	0	1	1	1
Precision@N	1/1	1/2	1/3	2/4	3/5	4/6

AP 只取正样本的精确度进行平均，即 $AP = (1/1 + 2/4 + 3/5 + 4/6)/4 \approx 0.6917$。那么，什么是 mAP 呢？

如果推荐系统对测试集中的每个用户都进行样本排序，那么对每个用户都会计算出一个 AP 值，再对所有用户的 AP 值进行平均，就得到了 mAP。也就是说，mAP 是对平均精确度的平均。

在实际操作中需要注意的是，mAP 是一个值，而 P-R 曲线和 ROC 曲线均是基于全量测试样本绘制的曲线，它们的计算方法和表达方式有很大的区别。

9.1.4 合理选择评估指标

除了 P-R 曲线、ROC 曲线、mAP 这 3 个常用指标，推荐系统评估指标还包括归一化折扣累计收益（Normalized Discounted Cumulative Gain，NDCG）、覆盖率（Coverage）、多样性（Diversity）等。离线评估的目的在于快速定位问题，为线上评估找到“靠谱”的候选者。因此，在实际评估过程中，没必要统计所有离线指标，而是应该根据业务场景选择 2～4 个有代表性的离线指标，进行高效率的离线实验才是离线评估的正确“打开方式”。

9.2 更接近线上环境的离线评估方法——Replay

前两节介绍了推荐系统离线评估方法及常用的评估指标。毋庸置疑，传统的离线评估方法已经被大量应用于学术界的各类模型实验创新中，但是在业界的模型应用及优化迭代过程中，Holdout 检验、交叉检验等方法真的能够客观衡量模型对公司商业目标的贡献吗？

9.2.1 模型评估的逻辑闭环

要回答上面的问题，就要回到模型评估的本质——如何评估才能确定“好”的模型？图 9-3 为模型评估各环节的逻辑关系。

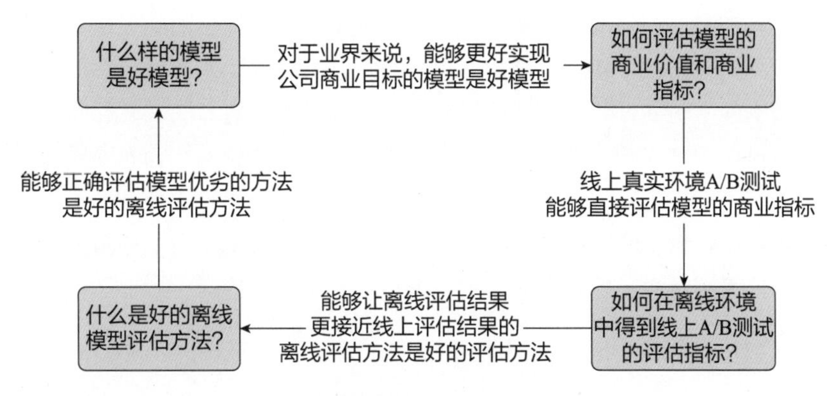

图 9-3 模型评估各环节的逻辑关系

离线评估的重点是让离线评估的结果尽量接近线上结果。要达到这个目标，就应该让离线评估过程尽量还原线上环境，线上环境不仅包括线上的数据环境，还包括模型的更新等应用环境。

9.2.2 动态离线评估方法

传统离线评估方法的弊端在于评估过程是“静态的”，即模型不会随着评估的进行而更新，这显然不符合事实。假设用一个月的测试数据评估一个推荐系统，如果评估过程是“静态的”，就意味着当模型对月末的数据进行预测时，模型已经停止更新近 30 天了，这不仅不符合工程实践（没有哪家一线互联网公司会 30 天才更新一次模型），而且会导致模型评估结果失真。为了解决这个问题，需要让整个评估过程“动”起来，使之更加接近真实的线上环境。

动态离线评估方法先根据样本产生时间对测试样本由早到晚进行排序，再用模型根据样本产生时间依次进行预测。在模型更新的时间点，模型需要增量学习更新时间点之前的测试样本，并在更新后继续进行后续的评估。传统离线评估方法和动态离线评估方法的对比如图 9-4 所示。

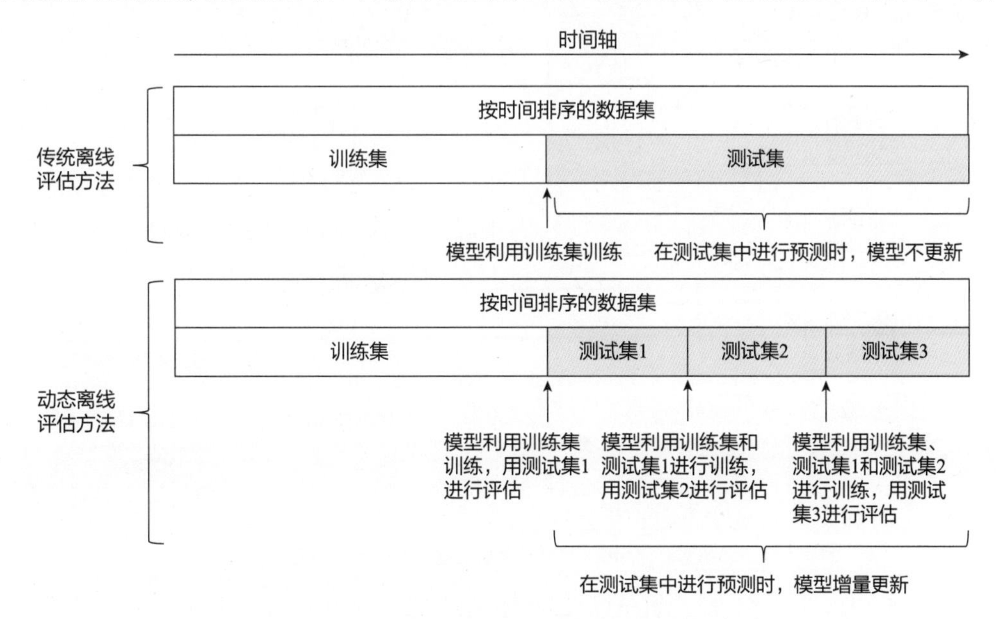

图 9-4 传统离线评估方法和动态离线评估方法的对比

毫无疑问，动态离线评估的过程更接近真实的线上环境，评估的结果也更接近客观情况。若模型更新的频率持续加快，接收到样本后就更新，那么整个动态离线评估的过程也变成逐一样本回放式的精准线上仿真过程，这就是经典的仿真式离线评估方法——Replay。

事实上，Replay 方法不仅适用于几乎所有推荐模型的离线评估，而且是强化学习类模型唯一的离线评估方法[1]。以 2.10 节介绍的 DRN 模型为例，由于模型需要在线上不断接收反馈并在线更新，这就意味着为了模拟线上环境，必须在线下使用 Replay 方法模拟反馈的产生和模型的实时更新过程，只有这样才能对强化学习模型进行合理的评估。

9.2.3 Netflix 的 Replay 评估方法实践

Replay 方法通过重播在线数据流进行离线测试，虽然其原理不难理解，但在实际工程中会遇到一些难题。其中最关键的一点是：由于是模拟在线数据流，每个样本在产生时，**其中不能包含任何“未来信息”**，要避免“数据穿越”的现象发生。

举例来说，Replay 方法使用 8 月 1 日到 8 月 31 日的样本数据进行重放，在样本中包含一个特征——“历史 CTR”，这个特征的计算只能通过历史数据生成。例如，8 月 20 日的样本就只能使用 8 月 1 日到 8 月 19 日的数据生成“历史 CTR”，而绝不能使用 8 月 20 日以后的数据生成这个特征。在评估过程中，如果为了工程上的方便，使用 8 月 1 日到 8 月 31 日所有的样本数据生成特征，供所有样本使用，之后再使用 Replay 方法进行评估，得到的结论必然是错误的。

在工程上，为了便于按照 Replay 方法评估模型，Netflix 构建了一整套数据架构（如图 9-5 所示），并且给它起了一个很好听的名字——时光机（Time Machine）。

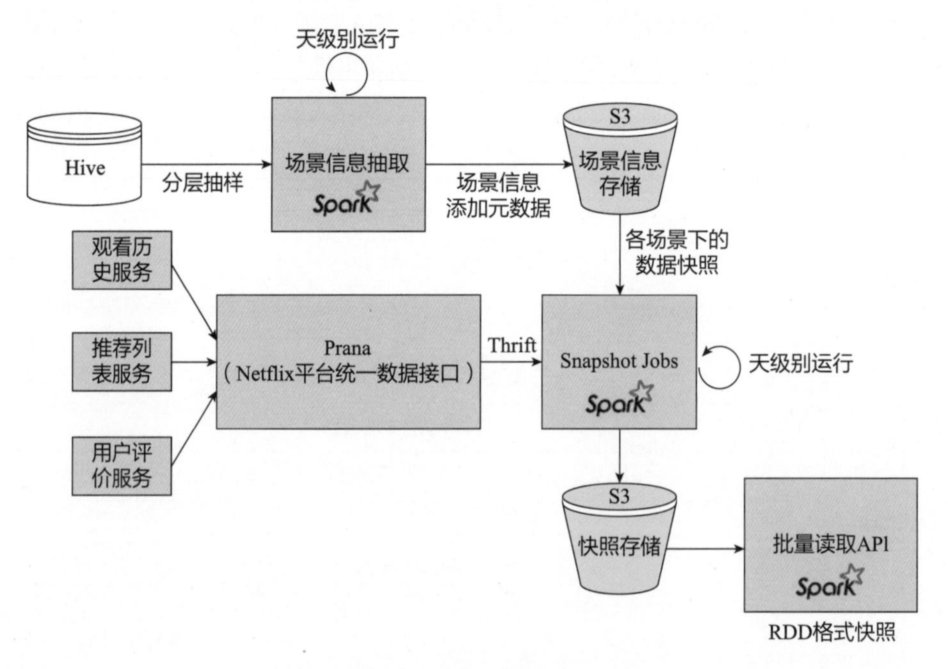

图 9-5 Netflix 的离线评估数据架构——时光机

从图 9-5 中可以看出，时光机是以天为单位运行的（Runs once a day）。它的主任务——

Snapshot Jobs（数据快照任务）的主要功能是整合当天的各类日志、特征和数据，形成当天的供模型训练和评估使用的样本数据。样本数据以日期为目录名称，被保存在分布式文件系统 S3 中，并对外提供统一的 API。用户可以根据需要获取指定日期的数据快照。

从 Snapshot Jobs 的输入来看，时光机整合的信息包括两大部分。

（1）场景信息（Context）：包括存储在 Hive 中的不经常改变的场景信息，如用户的资料、设备信息、物品信息等。

（2）系统日志流：指的是系统实时产生的日志，包括用户的观看历史、用户的推荐列表和用户的评价。这些日志从各自的服务中产生，由 Netflix 的统一数据接口 Prana 对外提供服务。

Snapshot Jobs 通过 S3 获取场景信息，通过 Prana 获取日志信息，对信息整合处理和生成特征之后，它把当天的数据快照保存到 S3 中。

由于无须在重播过程中进行烦琐的特征计算，直接使用当天的数据快照即可，因此在生成每日数据快照后，使用 Replay 方法进行离线评估不再是一件困难的事情。

不失灵活性的是，由于每种模型所需的特征不同，Snapshot Jobs 不可能一次性生成所有模型所需的特征，如果需要某些特殊的特征，时光机可以在通用快照的基础上，为特定模型单独生成数据快照。

在时光机的架构之上，使用某个时间段的样本进行一次 Replay 评估，相当于进行了一次时光旅行（Time Travel）。希望读者能够在这“美妙”的时光旅行中找到理想的模型。

9.3 离线评估的终极方法——推荐系统模拟器

虽然 Replay 方法能够模拟模型的更新过程，但它也仅能在已经产生的样本上进行评估。比如，训练样本中记录了用户 A 看过电影 M1，评估过程就是用模型预估用户 A 看电影 M1 的概率，再计算这一概率和 1 之间的误差。但如果模型为用户 A 推荐了电影 M2，而样本中没有用户 A 和电影 M2 的交互记录，我们就很难评估模型的这个推荐到底是否准确。这是 Replay 方法的局限性，也是当前所有离线评估方法的局限性。

如果我们希望优化的系统指标是推荐结果的多样性，进而评估多样性策略是否有助于优化推荐系统的长期效果，那么传统的离线评估方法就无能为力了。因为这些多样性策略就是要为用户推荐他们之前没有与之交互过的物品，而历史样本中不存在这样的记录，所以也就无法评估。

进一步讲，很多强化学习的模型都需要实时学习用户的反馈以更新模型，进而实时改变提供给用户的推荐结果，再根据用户的新反馈迭代模型，循环往复。在这样的强化学习场景中，模型肯定是要为用户推荐新物品的，传统的评估方法在这种情况下就无能为力了。

为了解决上述问题，需要创造一个近乎真实的离线环境，能够模拟线上用户的反馈和推荐场景的变化，这就是“推荐系统模拟器”。

9.3.1 谷歌的推荐系统模拟器——RecSim

RecSim[2]是谷歌基于 TensorFlow 环境开发的推荐系统模拟器。研发 RecSim 的主要动机是解决强化学习推荐模型的离线评估问题。如图 9-6 所示，RecSim 提供了一整套离线评估环境和推荐模型容器，上半部分（推荐环境）是对线上真实环境的仿真，主要包括候选物品库和一个模拟用户行为的用户模型。下半部分（Agent）是承载推荐模型的容器，负责接收和处理模拟环境返回的候选物品和用户反馈，并更新模型。

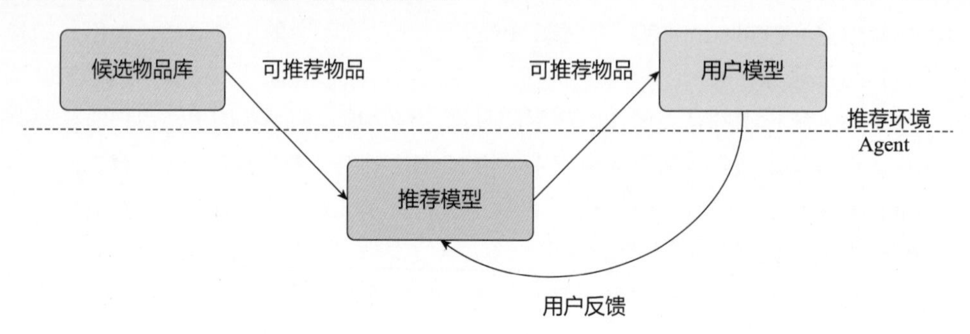

图 9-6　RecSim 的架构示意图

具体来说，RecSim 的架构和模拟流程如图 9-7 所示，下面详细解释图中第 1 步到第 6 步的具体过程。

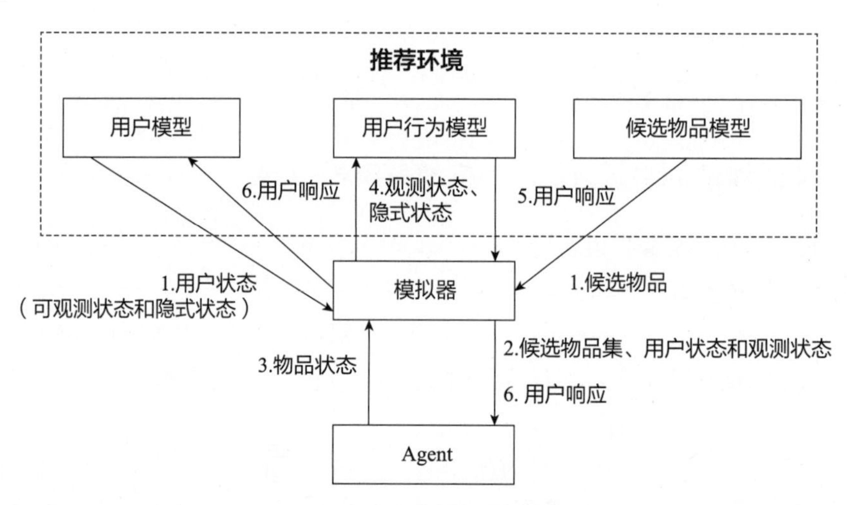

图 9-7　RecSim 的架构和模拟流程

（1）模拟器请求用户模型，以获取当前用户的相关信息及其状态；同时，模拟器请求候选物品模型，以获得一组可用于推荐的候选物品。

（2）模拟器向承载推荐模型的 Agent（推荐模型代理）发送候选物品集、用户状态和观测状态。

（3）Agent 使用推荐模型生成推荐列表并返回给模拟器。

（4）模拟器将推荐列表和用户状态转发给用户行为模型，模拟用户看到推荐列表并进行选择的过程。

（5）用户行为模型根据用户当前的状态生成对推荐列表的响应，然后返回给模拟器。

（6）模拟器将用户响应发送给用户模型和 Agent。用户模型利用这个新的响应更新用户状态，Agent 则根据这个响应更新推荐模型。

这一过程模拟了整个推荐过程，但其中仍有几个名词需要进一步解释。

（1）**用户状态**：分为可观测状态和隐式状态。可观测状态可以是用户看过哪些电影、点击了哪些广告等可被推荐系统直接记录的状态；隐式状态则是用户的兴趣偏好、性格特点等内在属性，它主要用于用户模型和用户选择模型生成用户响应。

（2）**候选物品模型**：根据当前环境状态生成候选物品集的模型。一般而言，候选物品模型并不是复杂的机器学习模型，只需根据模拟环境的当前时刻返回可被该用户看到的候选物品。

（3）**用户模型**：根据用户的实际分布进行采样的模型。对于每次模拟器的请求，用户模型会从实际的用户集合中返回一个用户。由于用户模型要保证整个模拟过程涉及的用户集合在各维度上的分布与真实分布一致，所以该模型实际上是一个无偏的采样模型。

（4）**用户行为模型**：该模型根据用户的隐式状态、可观测状态在推荐列表进行选择。可以说用户行为模型是整个模拟器的核心，该模型模拟用户行为的逼真程度决定了整个模拟过程是否接近真实环境。与 Agent 中的推荐模型相比，用户行为模型掌握用户更多的隐式状态信息，如兴趣偏好、个性等，因此能够模拟更接近真实状态的用户选择。从工程角度来说，用户行为模型往往用全量历史数据进行训练，模型的复杂程度不亚于推荐模型本身，以尽可能逼真地模拟用户行为。

在整个模拟过程中，用户模型、候选物品模型、用户行为模型是不更新的，它们使用全量历史数据训练。Agent 中的推荐模型只能使用模拟过程当前时刻之前的数据进行增量训练，以模拟真实环境下的模型更新过程。

从工程角度来说，RecSim 其实是 TensorFlow 的一个插件，可以通过安装 Python 库的形式使用。感兴趣的读者可以直接阅读它的开源代码（在 GitHub 上的 google-research/recsim 项目中）。

9.3.2 用大模型模拟用户行为：RecAgent

在刚接触“用户行为模型”这一概念时，笔者曾有过这样的疑问：如果我们能很好地建模用户行为模型来模拟用户行为，不就相当于建模了一个推荐模型吗？直接把这个用户行为模型当作推荐模型不就行了，为什么还要评估 Agent 里的那个推荐模型呢？

后来，笔者才逐渐厘清其中的差异。用户行为模型和推荐模型的不同之处主要有以下两点。

（1）模拟器要评估的不仅仅是推荐模型在某一固定状态下的效果，更重要的是模拟并评估推荐模型在整个生命周期中的整体效果。因此，用户行为模型会使用所有历史数据训练一个尽可能强大的模型，而推荐模型则是从零开始学习，逐渐探索用户行为模型的性格和兴趣，逐渐提升效果。这一学习过程的速度和效果直接决定了推荐模型在整个生命周期中的表现。

（2）用户行为模型可以使用一些推荐模型无法感知到的信息。使用其他数据源的信息来训练用户行为模型，能丰富它的知识总量。例如，通过庞大的第三方语料库来预训练一个用户行为模型，这样就可以生成一个更强大、更全面的行为模型，用于推荐模型的评估。

其中的第 2 点其实就是使用 ChatGPT 这类预训练大语言模型来构建用户行为模型的思路。2023 年由中国人民大学的研究人员研发的 RecAgent 是采用这一方法的典型代表[3]。

图 9-8 是 RecAgent 的架构图，左边的用户模拟模块（Profiling Module）是一个模拟用户特征的模块，利用这个模块可以模拟具有不同特点的用户。比如，RecAgent 目前就生成了 1000 个具备不同性别、年龄、爱好的用户用于模拟测试。如果只是基本属性不同，用户之间的区别是非常有限的。一个用户对于推荐列表的选择结果还取决于其长短期记忆。RecAgent 中的记忆模块（Memory Module）正是为模拟不同用户的长短期记忆而设置的。例如，在一个电影推荐任务中，记忆模块可以提供不同用户历史上最喜欢看的几部电影作为 ChatGPT 的输入，使 ChatGPT 可以模拟拥有不同记忆的用户的选择。

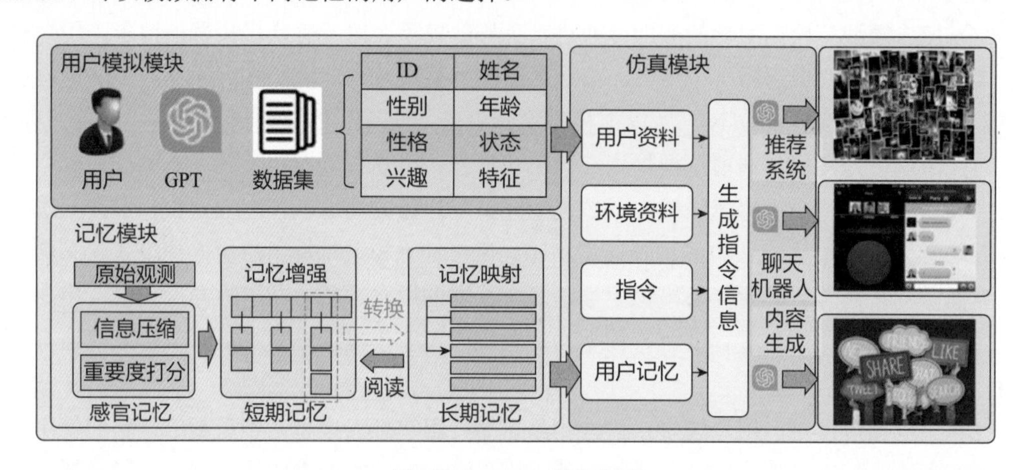

图 9-8 RecAgent 的架构图

在准备好用户属性和用户记忆后，将它们连同当前的场景信息及与任务相关的指令信息一同作为提示词（Prompt）输入 ChatGPT，ChatGPT 就可以成为具有当前用户性格和记忆的用户行为模型。模拟器就可以使用这个强大的用户行为模型完成对推荐模型的评估了。

可以说，RecAgent 是大模型在推荐系统中的一次成功应用。虽然它还有一些问题，例如，受资源限制，能够模拟的用户数仍比较少，以及对评估的公平性仍无法充分论证等，但毫无疑问，它提供了一个扩展性很强的用户行为模型解决方案，让推荐系统模拟器这种终极的离线评估方法更加可行。

9.4 A/B 测试与线上评估指标

从离线评估到离线 Replay，再到推荐系统模拟器，离线评估方法越来越逼近线上的真实环境，但无论如何，离线评估环境无法完全还原线上的所有变量。推荐系统的算法模型终究要通过线上用户的真实测试才能验证其最终的效果。因此，对几乎所有互联网公司来说，线上 A/B 测试都是验证新模块、新功能、新产品是否有效的主要方法。

9.4.1 什么是 A/B 测试

A/B 测试，又被称为“分流测试”或“分桶测试”，是一种随机实验，在利用控制变量法保持单一变量的前提下，将 A、B 两组数据进行对比，得出实验结论。在互联网场景下的算法测试中，可将用户随机分成实验组和对照组，对实验组的用户施以新模型，对对照组的用户施以旧模型，比较实验组和对照组在各类线上评估指标上的差异。

相对离线评估而言，线上 A/B 测试无法被替代的原因主要有以下 3 点。

（1）离线评估无法完全消除数据有偏（Data Bias）现象的影响，因此得出的离线评估结果无法完全替代线上评估结果。

（2）离线评估无法完全还原线上的工程环境。一般来讲，离线评估往往不考虑线上环境的延迟、数据丢失、标签数据缺失等情况。因此，离线评估环境只能说是理想状态下的工程环境，得出的评估结果存在一定的失真现象。

（3）线上系统的某些商业指标在离线评估中无法计算。离线评估一般针对模型本身进行评估，无法直接获得与模型相关的其他指标，特别是商业指标。例如，在评估新的推荐模型时，离线评估关注的往往是 ROC 曲线、P-R 曲线等的改进，而线上评估则可以全面了解该推荐模型带来的用户点击率、留存时长、PV 等访问量的变化。这些都需要通过 A/B 测试进行全面评估。

9.4.2 A/B 测试的“分桶”原则

在 A/B 测试的分桶过程中，需要注意样本的独立性和采样方式的无偏性：同一个用户在测试的全程只能被分到同一个桶中，在分桶过程中所使用的用户 ID 应为随机数，这样才能保证桶中的样本是无偏的。

在实际的 A/B 测试场景中，同一个网站或应用往往要同时进行多组不同类型的 A/B 测试，例如在前端对不同 App 界面进行 A/B 测试，在业务层对不同中间件的效率进行 A/B 测试，在算法层对推荐场景 1 和推荐场景 2 进行 A/B 测试。如果不制定有效的 A/B 测试原则，则不同层的测试之间势必互相干扰，甚至同层测试也可能因分流策略不当而导致指标失真。谷歌关于其实验平台的论文 *Overlapping Experiment Infrastructure: More, Better, Faster Experimentation*[4]详细地介绍了实验流量的分层和分流机制，保证了宝贵的线上测试流量的高可用性。

可以用以下两个原则简述 A/B 测试的分层和分流机制：

（1）层与层之间的流量“正交”。

（2）同层之间的流量“互斥”。

层与层之间的流量“正交”的具体含义为：层与层之间的独立实验的流量是正交的，即实验中每组的流量穿越该层后，都会被再次随机打散，并均匀分布在下层实验的每个实验组中。

以图 9-9 为例，在 X 层的实验中，流量被随机平均分为 X_1（蓝色）和 X_2（白色）两部分。在 Y 层的实验中，X_1 和 X_2 的流量应该被随机且均匀地分配给 Y 层的 Y_1 部分和 Y_2 部分。如果 Y_1 和 Y_2 的 X 层流量分配不均匀，那么 Y 层的样本将是有偏的，Y 层的实验结果将被 X 层的实验结果影响，无法准确地反映 Y 层实验组和对照组变量的影响。因此穿过 X 层的流量都应被随机打散，均匀分布在 Y_1 部分和 Y_2 部分中。

同层之间的流量“互斥”的具体含义如下：

（1）如果同层之间进行多组 A/B 测试，那么不同测试之间的流量是不重叠的，即“互斥”。

（2）在一组 A/B 测试中，实验组和对照组的流量是不重叠的，是“互斥”的。

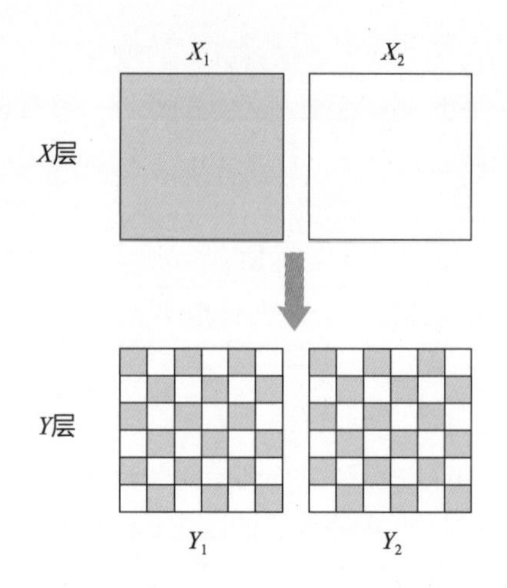

图 9-9　层与层之间的流量“正交”的示例

在基于用户的 A/B 测试中，“互斥”的含义应进一步解读为：在不同实验之间以及 A/B 测试的实验组和对照组之间，用户应是不重叠的。特别是对推荐系统来说，用户体验的一致性很重要，推荐系统也应考虑对用户的教育及引导，因此，在 A/B 测试中，保证同一用户始终被分配到同一个部分中是必要的。

A/B 测试的“正交”与“互斥”原则共同保证了 A/B 测试指标的客观性。那么，与离线评估的指标相比，应该如何选取线上 A/B 测试的评估指标呢？

9.4.3　线上 A/B 测试的评估指标

一般来讲，A/B 测试都是模型上线前的最后一道测试，通过 A/B 测试检验的模型将直接服务于线上用户，实现公司的商业目标。因此，A/B 测试的指标应与线上业务的核心指标保持一致。

表 9-4 列出了电商类推荐模型、新闻类推荐模型和视频类推荐模型的线上 A/B 测试的主要评估指标。

表 9-4　各类推荐模型的线上 A/B 测试的主要评估指标

推荐模型类别	线上 A/B 测试的主要评估指标
电商类	点击率、转化率、客单价（用户平均消费金额）
新闻类	留存率（x 日后仍活跃的用户数/x 日前的用户数）、平均停留时长、平均点击数
视频类	播放完成率（播放时长/视频时长）、平均播放时长、播放总时长

读者应该已经注意到，线上 A/B 测试的指标与离线评估的指标（如 AUC、F1-score 等）有较大差异。离线评估不具备直接计算业务核心指标的条件，因此退而求其次，选择了偏向于技术评估的模型相关指标。但在公司层面，更关心的是能够驱动业务发展的核心指标。因此，在具备线上测试环境时，利用 A/B 测试验证模型对业务核心指标的提升效果是必要的。从这个意义上讲，线上 A/B 测试的作用是离线评估永远无法替代的。

9.5 快速线上评估方法——Interleaving

对于诸多强算法驱动的互联网应用来说，为了不断迭代、优化推荐模型，需要进行大量的A/B测试来验证新算法的效果。然而，线上A/B 测试必然要占用宝贵的线上流量资源，还有可能对用户体验造成损害，这就带来了一个矛盾——算法工程师日益增长的A/B测试需求和线上A/B测试资源严重不足之间的矛盾。

针对上述问题，一种快速线上评估方法——Interleaving[5]于2013年由微软正式提出，并被Netflix等公司成功应用在工程领域。具体地讲，Interleaving方法被当作线上A/B测试的预选阶段（如图9-10所示），用于快速筛选候选算法，从大量初始算法中筛选出少量“优秀”的推荐算法后，再对缩小的算法集合进行传统的A/B 测试，以测量它们对用户行为的长期影响。

在图9-10中，灯泡代表候选算法。其中，最优的获胜算法用红色灯泡表示。Interleaving能够快速地缩减最初的候选算法集合，比传统的A/B测试更快地确定最优算法。下面将以Netflix的应用场景为例，介绍Interleaving方法的原理和特点。

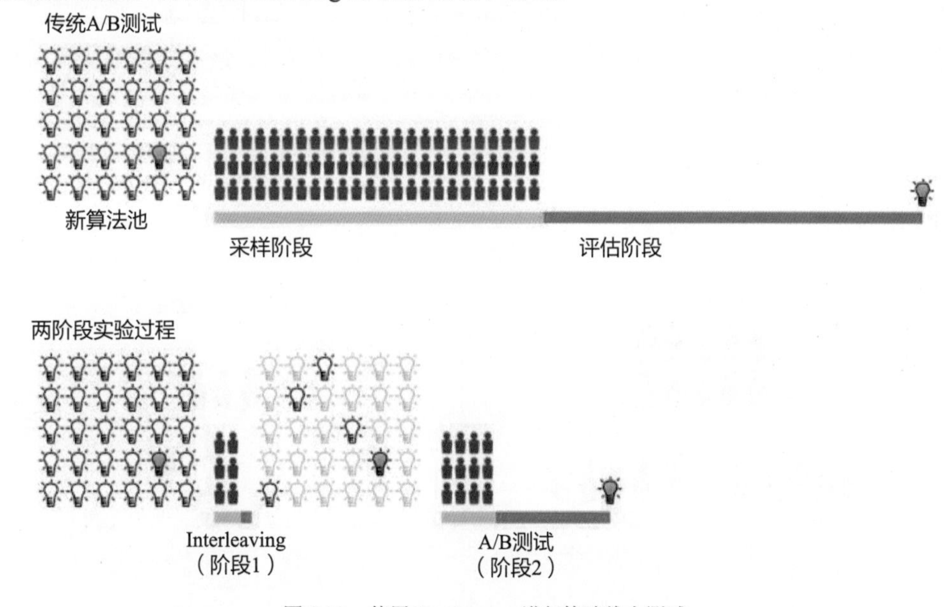

图9-10 使用Interleaving进行快速线上测试

9.5.1 传统A/B测试存在的统计学问题

传统A/B测试除了存在效率问题，还存在一些统计学上的显著性差异问题。下面用一个很典型的A/B 测试例子进行说明。

假设要设计一个A/B测试来验证用户群体是否对“可口可乐”和“百事可乐”存在口味倾向。按照传统的做法，就是将测试人群随机分成两组，然后进行“盲测”，即在不告知用户可乐品牌的情况下进行测试。对第一组用户只提供可口可乐，对第二组只提供百事可乐，然后根据一定时间内的可乐消耗量观察人们是更喜欢“可口可乐”还是“百事可乐”。

这个实验在一般意义上确实是有效的，但也存在一些潜在的问题。在总的测试人群中，不同受试者对于可乐的消费习惯各不相同，从几乎不喝可乐到每天喝大量可乐的人都有。可乐的重度消费人群肯定只占总测试人群的一小部分，但他们的可乐消费量可能占整体可乐消费量的较大比例。这个问题导致 A/B 测试两组之间重度可乐消费者的微小不平衡，可能对结论产生不成比例的影响。

在互联网应用中，类似的问题同样存在。例如，在 Netflix 的场景下，非常活跃的用户是少数，但其贡献的观看时长却占较大的比例。因此，在 Netflix 的 A/B 测试中，活跃用户被分在 A 组的多还是被分在 B 组的多，将对测试结果产生较大影响，从而掩盖了模型的真实效果。

如何解决这个问题呢？一个可行的方法是不对测试人群分组，而是让所有测试者都可以自由选择百事可乐和可口可乐（测试过程中仍没有品牌标签，但能区分两种不同的可乐）。在实验结束时，统计每个人消费可口可乐和百事可乐的比例，然后对每个人的消费比例进行平均，得到整体的消费比例。

这个测试方案的优点在于：

（1）消除了 A/B 组测试者自身属性分布不均的问题。

（2）通过给予每个人相同的权重，降低了重度消费者对结果的过大影响。

这种不区分 A/B 组，而是把不同的被测对象同时提供给受试者，最后根据受试者喜好得出评估结果的方法就是 Interleaving。

9.5.2 Interleaving 方法的实现

图 9-11 描绘了传统 A/B 测试和 Interleaving 方法之间的差异。

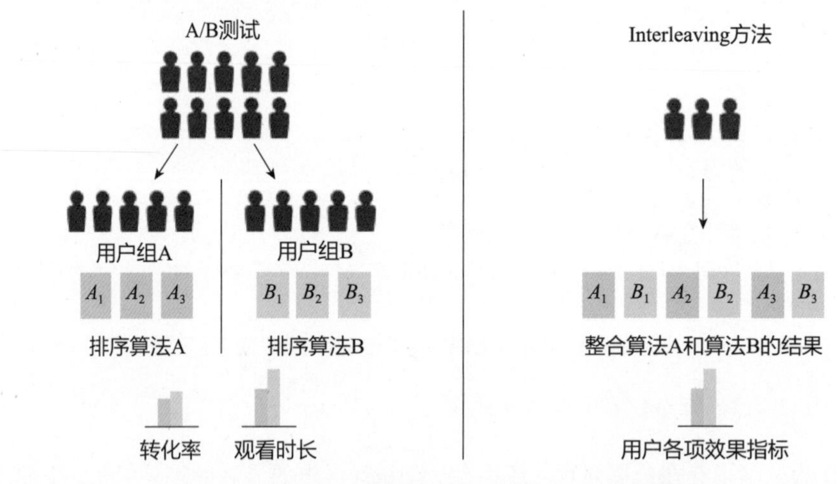

图 9-11 传统 A/B 测试和 Interleaving 方法之间的差异

在传统的 A/B 测试中，Netflix 会选择两组订阅用户：一组接受排序算法 A 的推荐结果，另一组接受排序算法 B 的推荐结果。

而在 Interleaving 方法中，只有一组订阅用户，这些订阅用户会收到通过混合算法 A 和算法 B 的推荐结果而生成的列表。这就使得用户可以在一行里同时看到算法 A 和算法 B 的推荐结果（用户无法区分一个物品是由算法 A 还是由算法 B 推荐的）。通过计算观看时长等指标可以衡量到底是算法 A 的效果好，还是算法 B 的效果好。

当然，在使用 Interleaving 方法进行测试的时候，必须考虑位置 Bias 的存在，避免算法 A 推荐的视频总排在第一位。因此，需要以相等的概率让算法 A 和算法 B 的推荐结果交替领先。这类似于在球类比赛中，两个队长先通过扔硬币的方式决定谁先选人，再交替选队员的过程，如图 9-12 所示。

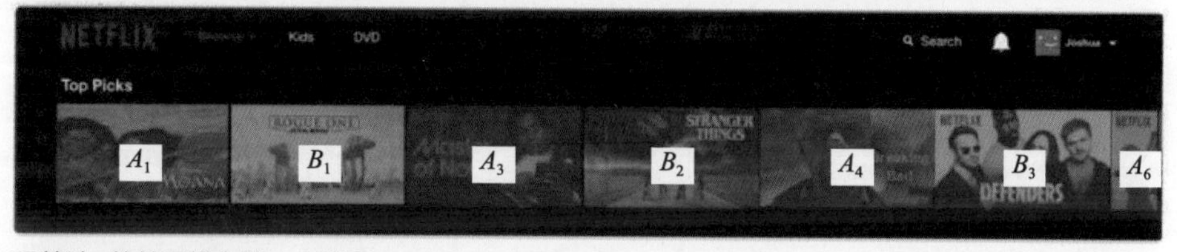

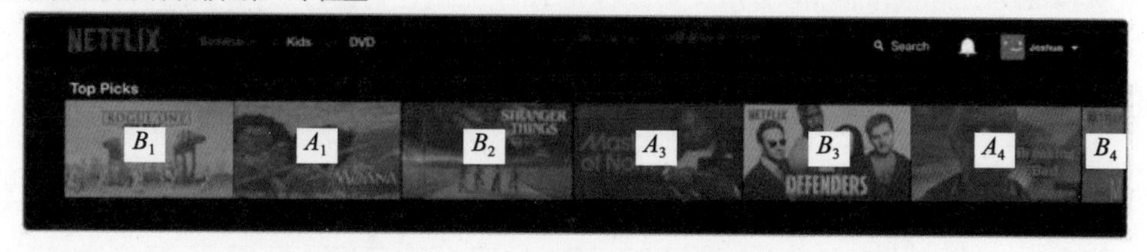

图 9-12　通过“队长选人”的方式混合两个排序算法生成的视频推荐序列

厘清了 Interleaving 方法的具体评估过程后，还需要验证这个评估方法到底能不能替代传统的 A/B 测试，会不会得出错误的结果。Netflix 从两个方面进行了验证：一是 Interleaving 方法的“灵敏度”，二是 Interleaving 方法的“正确性”。

9.5.3 Interleaving 方法与传统 A/B 测试的灵敏度比较

Netflix 进行的“灵敏度”实验旨在比较 Interleaving 方法与传统 A/B 测试在验证算法 A 和算法 B 优劣时所需的样本量。由于线上测试的资源往往是受限的，自然希望 Interleaving 方法能在使用较少的线上资源和测试用户的情况下完成评估，这就是所谓的灵敏度比较。

图 9-13 为灵敏度比较的实验结果，横轴是参与实验的样本数量，纵轴是 P 值（P-value，最常用的实验显著性指标，P 值越小，则表明结果越显著）。可以看出，Interleaving 方法利用 10^3 个样本就能判定算法 A 是否优于算法 B，而 A/B 测试则需要 10^5 个样本才能将 P 值降到 5%以下。即使与最灵敏的 A/B 测试指标相比，Interleaving 方法也只需要 1%的订阅用户样本就能确定用户更偏爱哪个算法的推荐结果。这就意味着利用一组 A/B 测试的资源，可以做 100 组

Interleaving 方法的实验，无疑 Interleaving 方法极大地提升了线上测试的能力。

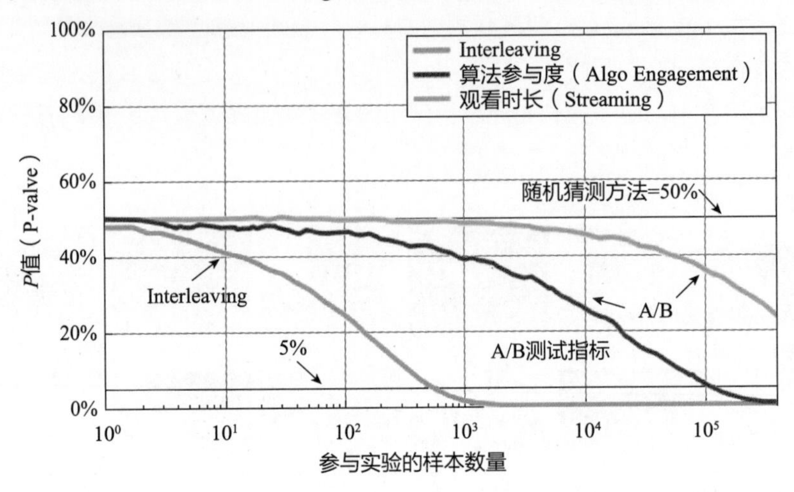

图 9-13　灵敏度比较的实验结果

9.5.4 Interleaving 方法评估指标与传统 A/B 测试评估指标的相关性

除了能够利用小样本快速进行算法评估，Interleaving 方法的结果是否与 A/B 测试一致，也是验证 Interleaving 方法能否在线上评估阶段取代 A/B 测试的关键。

图 9-14 展示了 Interleaving 方法评估指标与 A/B 测试评估指标之间的相关性，其中每个数据点代表一个推荐模型。结果表明，二者的评估指标之间存在非常强的相关性，这就验证了在 Interleaving 方法的实验中胜出的算法也极有可能在之后的 A/B 测试中胜出。

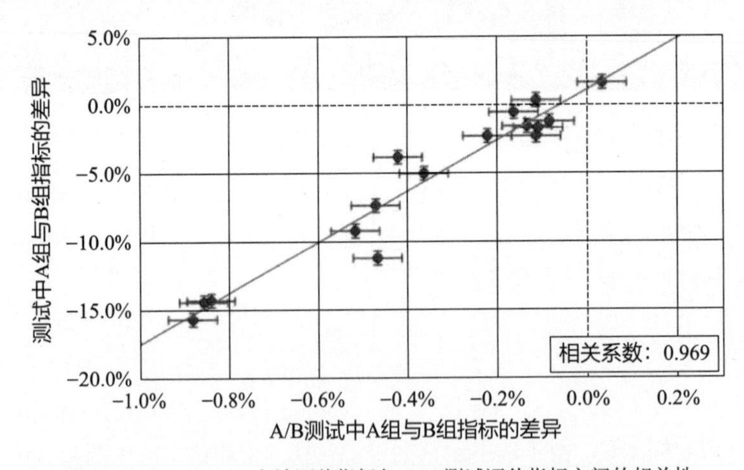

图 9-14　Interleaving 方法评估指标与 A/B 测试评估指标之间的相关性

然而需要注意的是，虽然二者的评估指标的相关性极强，但在 Interleaving 方法的实验中所展示的产品页面并不是单独由算法 A 或者算法 B 生成的，而仅仅是实验用的混合页面，因此如果要测试某个算法的真实效果，Interleaving 方法是无法完全替代 A/B 测试的。如果希望得到更全面和真实的线上评估指标，A/B 测试仍然是最权威的测试方法。

9.5.5 Interleaving 方法的优点与缺点

Interleaving 方法的优点是所需样本少，测试速度快，结果与传统 A/B 测试无明显差异。然而，Interleaving 方法也存在一定的局限性，主要表现在以下两个方面。

（1）工程实现的框架较传统 A/B 测试复杂。Interleaving 方法的实验逻辑和业务逻辑纠缠在一起，因此业务逻辑可能会被干扰。为了实现 Interleaving 方法，需要将大量辅助性的数据标识添加到整个数据流中，这增加了工程实现的难度。

（2）Interleaving 方法只能对“用户对算法推荐结果的偏好程度”进行相对测量，无法提供算法的真实表现。如果希望了解算法 A 能够将用户整体的观看时长增加了多少，将用户的留存率提高了多少，那么使用 Interleaving 方法是无法得出结论的。为此，Netflix 设计了“Interleaving+A/B 测试”的两阶段实验结构，完善了整个线上测试的框架。

9.6 推荐系统的评估体系

本章依次介绍了推荐系统的主要评估方法及评估指标。这些评估方法并不是孤立的，而是形成了体系。一个成熟的推荐系统评估体系应综合考虑评估的效率和正确性，利用较少的资源，快速筛选出效果更好的模型。本节在前述推荐系统评估方法的基础上，系统性地讨论了如何搭建一套全面的推荐系统测试与评估体系。

在 9.4 节中讨论过，对一个公司来说，最公正、最合理的评估方法是进行线上评估，验证模型能否更好地达成公司或者团队的商业目标。既然这样，为什么不能对所有的模型改进都进行线上评估，以确定改进的合理性呢？原因在 9.5 节介绍 Interleaving 方法时已经给出——线上 A/B 测试要占用宝贵且有限的线上流量资源，还可能对用户体验造成影响，因此有限的线上评估机会远不能满足算法工程师改进算法的需求。另外，线上评估往往需要持续几天甚至几周，这将大大延长算法迭代的时间。

正因为线上评估有种种限制，离线评估才成为算法工程师退而求其次的选择。离线评估可以利用近乎无限的离线计算资源，快速得出评估结果，从而快速实现模型的迭代优化。

在线上 A/B 测试和传统离线评估之间，还有 Replay、推荐系统模拟器、Interleaving 等评估方法。Replay 方法能够模拟线上的模型更新过程，推荐系统模拟器能够最大限度地在离线状态下模拟线上环境，Interleaving 方法则可以快速建立线上评估环境。这种多层级的评估方法共同构成了完整的推荐系统评测体系（如图 9-15 所示），在评测效率和正确性之间达到平衡。

在如图 9-15 所示的推荐系统评测体系中，左侧展示了不同的评估方法，而右侧则展示了“金字塔”形的模型筛选过程。可以看出，底层包含了大量待筛选的模型和待验证的改进想法。由于它们数量巨大，“评估效率”成为考虑的关键因素，对评估“正确性”的要求则没有那么苛刻，这时应该使用效率更高的离线评估方法。

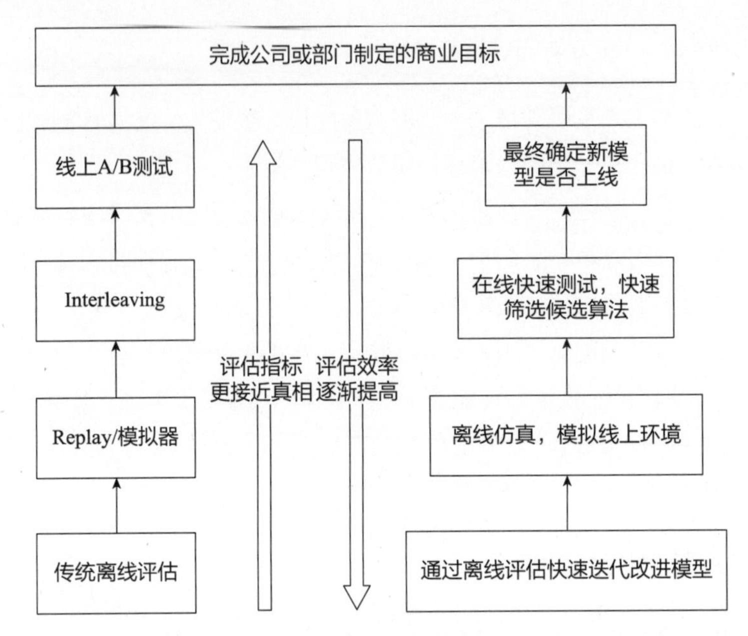

图 9-15 推荐系统评测体系

随着候选模型被一层层筛选出来，在越接近正式上线的阶段，评估方法对评估“正确性”的要求就越严格。在模型正式上线前，应该以最接近真实产品体验的 A/B 测试进行最后的模型评估，等产生最具说服力的在线指标之后，才能将模型上线，完成模型改进的迭代过程。

参考文献

[1] LI L, CHU W, LANGFORD J, et al. Unbiased Offline Evaluation of Contextual-bandit-based News Article Recommendation Algorithms[C]//Proceedings of the fourth ACM International Conference on Web Search and Data Mining, 2011:297-306.

[2] IE E, HSU CW, MLADENOV M, et al. RecSim: A Configurable Simulation Platform for Recommender Systems[J]. arXiv preprint arXiv:1909.04847. 2019.

[3] WANG L, ZHANG JS, YANG H, et al. When Large Language Model Based Agent Meets User Behavior Analysis: A Novel User Simulation Paradigm[J/OL]. arXiv preprint arXiv:2306.02552, 2023.

[4] TANG D, AGARWAL A, O'BRIEN D, et al. Overlapping Experiment Infrastructure: More, Better, Faster Experimentation[C]//Proceedings of the 16th ACM SIGKDD International Conference on Knowledge Discovery and Data Mining, 2010:17-26.

[5] RADLINSKI F, CRASWELL N. Optimized Interleaving for Online Retrieval Evaluation[C]//Proceedings of the sixth ACM International Conference on Web Search and Data Mining. 2013.

第 10 章 无限可能——拥抱多模态大模型和 AIGC 的未来

在之前的章节中，笔者已经介绍了大模型在推荐系统不同模块中的应用。但无论大模型如何改进现有的推荐系统，似乎都是锦上添花的过程。如果大模型的诞生对于推荐系统的影响仅限于提升 10%或 20%的推荐效果，又如何能称之为一场“革命”呢。

推荐系统的诞生来源于人类对于海量信息检索能力的追求，但这些信息并不是推荐系统生产的。它们要么是浩如烟海的历史材料，要么是各式各样的日志数据，要么是人类自己创作的各种模态的内容，推荐系统只是这些信息的搬运工。多模态大模型带来的 AIGC 技术的发展给了推荐系统一个无限可能的未来。

当 OpenAI 已经把视频生成大模型 Sora 称为“世界的模拟器”时，作为推荐系统的从业者，我们不禁要问自己:“推荐系统真的只甘心作为一个信息的搬运者吗？它不能成为内容的生产者吗？”毫无疑问，相比大模型对于推荐效果的改进，让大模型直接参与个性化内容的创作才应该是更有潜力的方向。

本章中，笔者将首先初探多模态大模型 Stable Diffusion 和 Sora 的基本原理，并在此基础上，与读者一同探索利用 AIGC 技术参与推荐系统内容创作的可能性。

10.1 Stable Diffusion——多模态大模型的基本原理

AIGC 的全称是 Artificial Intelligence Generated Content，即人工智能生成内容。ChatGPT 在刚发布之时仅具备接收和生成文本的能力，并不能分析和生成图像和视频。但仅仅在 ChatGPT 诞生一年之后，就有 OpenAI 的 DALL-E、Stability AI 的 Stable Diffusion 等多模态大模型（Multimodal Large Model）陆续问世，ChatGPT 也通过不断迭代具备了多模态能力。图 10-1 是 DALL-E 根据 Prompt“读者在火星看《深度学习推荐系统 2.0》”生成的图像，可见大模型“文生图”的能力已经日趋成熟。2024 年，多模态大模型逐渐进入视频生成领域，OpenAI 的 Sora、快手的“可灵”都是其中的代表。本节，笔者将着重介绍多模态大模型的基本原理。

图 10-1 DALL-E 根据 Prompt“读者在火星看《深度学习推荐系统 2.0》”生成的图像

10.1.1 多模态大模型的基本原理

多模态大模型的基本原理在于能够同时处理和生成多种类型的数据（如文本、图像、音频、视频等），并通过融合这些不同模态的数据来理解和生成跨模态的复杂内容。它的整体架构与纯文本的大模型没有本质区别，都需要经过原始数据的 Embedding、信息融合与目标任务学习及微调等过程。但多模态大模型在以下三个方面更复杂：

（1）数据表示与嵌入。数据的 Embedding 需要利用不同模态的编码器，比如文本使用 GPT，图像使用 ResNet 或 Vision Transformer，音频使用 RNN 等。单一的模型结构不足以把不同模态的数据映射成 Embedding。

（2）模态对齐。在多模态任务中，不同模态的数据需要互相理解才能够互相识别和生成。所以，多模态大模型必须有能力将不同模态的 Embedding 嵌入一个共同的空间，让它们可以互相对齐和理解。

（3）多任务学习。多模态模型需要同时处理多个不同类型的任务，例如文本生成图像、图像生成文本、文本生成视频、语音识别等。因此，相比文本大模型的单一任务，多模态大模型需要进行多任务学习。这意味着多模态大模型往往具备多个任务输出头，而且在微调阶段需要准备不同类型的微调样本和奖励模型来强化不同任务的完成效果。

综合来说，多模态大模型一般需要经过以下五个阶段才能完成模型的训练：

（1）理解数据并将其 Embedding 化。

（2）多模态 Embedding 对齐。

（3）多模态信息交互与融合。

（4）多任务学习。

（5）多模态微调。

下面用著名的多模态大模型 Stable Diffusion 来进一步说明多模态模型的技术细节。

10.1.2 Stable Diffusion 是如何炼成的

Stable Diffusion（稳定扩散模型）是 Stability AI 于 2022 年年底开源的文字—图像多模态大模型，2023 年之后其效果持续提升。它的整体模型框架可由图 10-2[1]来概括。可以看到，模型的输入是文本 Prompt（在图 10-2 中为 paradise cosmic beach，其意分别为天堂、宇宙、海滩），经过 Stable Diffusion 模型，生成了对应的图像。Stable Diffusion 模型主要有以下三个组成部分。

（1）文本编码器：负责把输入的 Prompt 映射到 Embedding 空间。

（2）图像信息生成器：负责在 Embedding 空间把文本 Embedding 转换成包含这些文本信息的图像 Embedding。

（3）图像解码器：利用生成的图像 Embedding 绘制出最终的图像。

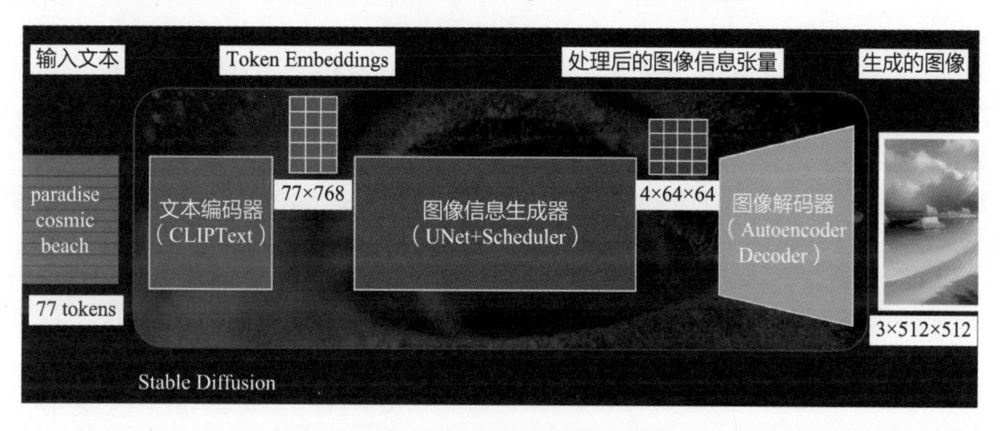

图 10-2 Stable Diffusion 的模型框架

负责文本编码的模型被称为 CLIP。为了把原始文本 Prompt 编码成适用于图像生成的 Embedding，研究人员使用了 4 亿张图像及其对应的 Prompt（如图 10-3 所示）来预训练 CLIP。为了表达图像和解释文字之间的相似性，CLIP 使用了一个类似双塔的结构，如图 10-4 所示。图像塔是一个图像编码器，负责生成图像 Embedding；文本塔是一个文本编码器，负责生成文本 Embedding。当对应的图像和解释文字的 Embedding 越相近时，模型的 Loss 就越小；反之，模型的 Loss 就越大。在训练完毕之后，文本编码器部分被取出并应用于 Stable Diffusion。可以预见，这样训练出来的文本编码器擅长的就是由文本生成图像 Embedding 的任务。

图 10-3 训练 CLIP 使用的图像和对应的解释文字

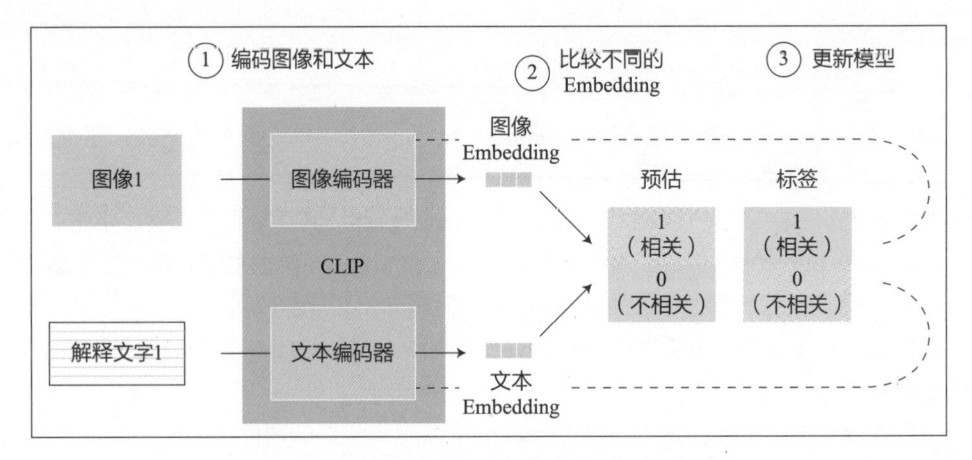

图 10-4　CLIP 模型的结构示意图

CLIP 生成的 Embedding 相当于输入的 Prompt 在隐向量空间的表达。如何由这个表达生成最终的图像呢？简单回答就是，由一张随机噪声图像扩散（diffusion）而来，这也是 Stable Diffusion 名字的由来。图 10-5 展示了图像信息生成器中图像的“扩散”过程，可以看到，最开始的图像完全是一张随机噪声图像，但从步骤 4 开始，图像上突然有了海滩，但这时很多的细节还不完全合理，树和石头的形状都比较奇怪。在随后的步骤 5～50 中，图像逐渐被调整、精修，变得更加合理且更符合 Prompt 的意图。所以说，最终的图像是由 UNet 网络经过 50 步扩散而生成的。但这里还有一个问题，那就是 UNet 网络是如何按照 Prompt Embedding 的意图来生成图像的呢？

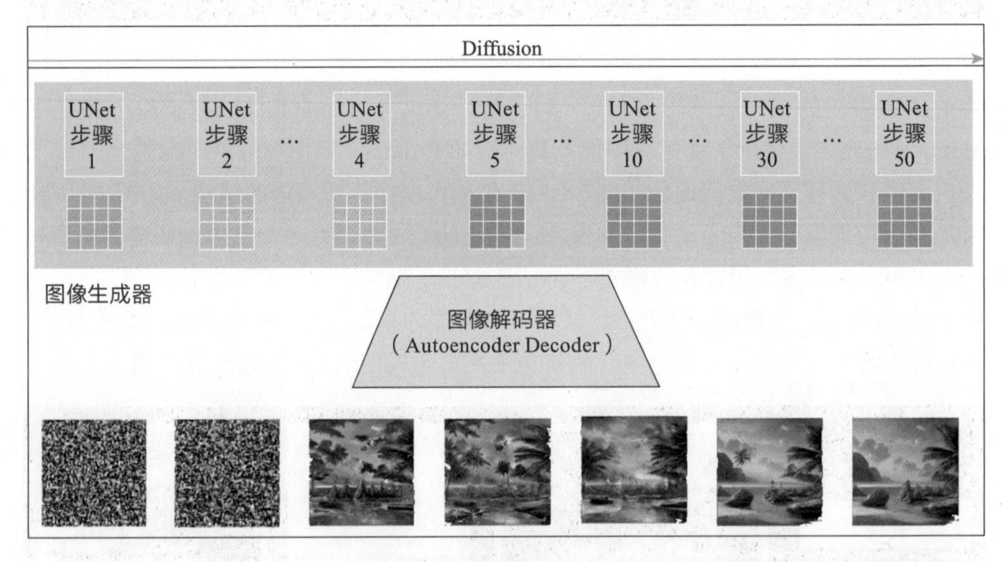

图 10-5　由随机噪声到最终图像的“扩散”过程

图 10-6 解释了 UNet 网络与 Prompt Embedding 的关系。可以看到，在每个 ResNet 层之后，Prompt Embedding 都会通过 Attention 机制接入网络，参与图像 Embedding 的生成，从而一步步地“监督”图像按照 Prompt 的意图细化。UNet 的训练过程也值得一提。为了得到足够的训练样本，在 Prompt 和图像的配对样本的基础上，将随机噪声逐步加入配对样本中的图像中，比如

噪声分为等级 0～10，0 表示原始图像，10 则表示完全是随机噪声，逐步加入噪声后得到了 11 张不同噪声级别的图像。在实际训练中，随机选取一组图像用于 UNet 训练，这样就可以得到大量训练样本序列。

Stable Diffusion 的最后一个模块是图像解码器，它负责把图像信息生成器生成的包含了图像语义和细节信息的 Embedding“翻译”为人类可视的图像。这里采用的是 Autoencoder 的解码器部分，通常由多个反卷积层（Deconvolutional Layer）或上采样层（Upsampling Layer）结合卷积层（Convolutional Layer）组成，逐步把语义 Embedding 转换成“真实的”图像。

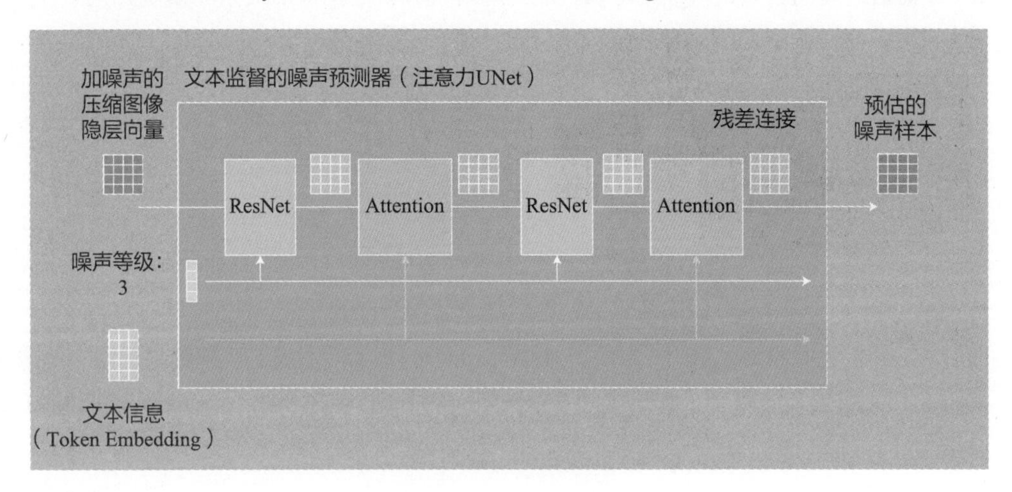

图 10-6 UNet 的模型结构

在训练过程中，图像解码器需要与图像信息生成器（UNet）网络一同训练。因为训练样本是添加了噪声的图像，并不是添加了噪声的 Embedding，所以仍需要图像解码器的参与才能完成整个训练过程。但文本编码器（CLIP）是可以预训练的，因为 CLIP 使用的训练样本与 UNet 使用的完全不同，所以 CLIP 会经过预训练再接入 UNet，参与 UNet 和图像解码器的训练。

以上是 Stable Diffusion 模型结构和训练过程的简要介绍，希望能够帮助读者大致了解它的基本原理。在实际实现过程中还有诸多细节，读者可以参考 Stable Diffusion 的相关论文进一步学习。对于本书来说，了解多模态大模型的基本原理已经足够进行接下来的学习。

10.2 世界的模拟器——Sora 的基本原理

在“文生图”的问题被基本解决后，大模型的研究人员进入了下一个更加有挑战性的领域——文本生成视频。2024 年 2 月，OpenAI 发布了全新的视频生成模型 Sora，能够生成 30s 内的视频片段，成为视频大模型的重要里程碑。OpenAI 并没有披露 Sora 的细节，但给出了 Sora 大致的技术框架，本节，笔者将结合一些 Sora 的逆向工程分析，讲解其基本原理。

10.2.1 Sora 生成视频的基本原理

相比文本到图像的多模态大模型，视频大模型又多了一个维度，那就是时间。虽然本质上视频大模型也生成一系列图像，但这些图像之间必须满足物理定律的约束，具备连贯性和一致性，这也是其难点所在。图 10-7 是 Sora 处理视频的示意图，在模型训练和生成视频的过程中，

Sora 会把视频的每一帧处理成小的视频块（Patch），不同帧之间的对应视频块在时间轴上会形成一个时间序列。

每个视频块在时间轴上的连贯性和一致性是由视频在隐向量空间中的表征一致性决定的。也就是说，每一帧的 Embedding 在隐空间中完成了演进并生成一系列具有连贯性的 Embedding 表达。这一过程其实像极了文本生成过程中基于当前 token 序列预测下一个 token 的过程，只不过在视频生成过程中，token 变成了视频块。那么，既然 Transformer 这样的模型结构善于捕捉文本 token 前后之间的关系，自然也可以扩展为理解视频块之间前后关系的模型。

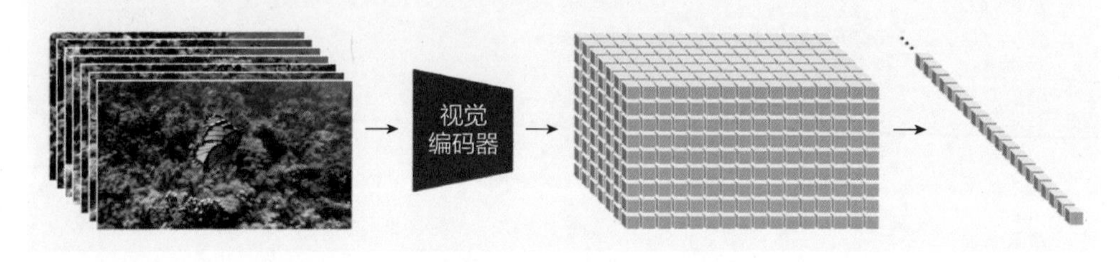

图 10-7　Sora 的技术示意图

因此，Sora 生成视频的过程，首先是通过 Transformer 模型[2]生成连续视频帧的隐空间表征，然后利用 Stable Diffusion 模型，将连续的 Embedding 逐帧转换成图像，从而生成预期视频（如图 10-8 所示）。

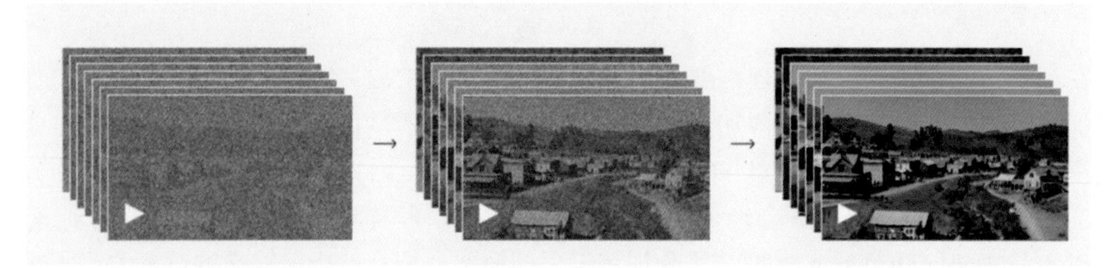

图 10-8　Sora 基于 Transformer Diffusion 模型逐帧生成视频的示意图

10.2.2　Sora 的模型架构

Sora 推出之后，Lehigh 大学和微软的研究人员曾对其技术架构进行了逆向解析[3]，新浪微博首席科学家张俊林博士也对 Sora 使用的技术进行了详尽的分析，在这里，笔者结合二者的分析给出 Sora 可信度比较高的模型架构。

图 10-9 展示了 Sora 的技术轮廓。用户给出相对较短且描述粗略的 Prompt 后，Sora 先用 GPT 对用户 Prompt 进行扩写，扩充包含细节描述的长 Prompt，这步 Prompt 扩写很重要，Prompt 对细节描述得越明确，视频生成质量越好，让 GPT 加入细节描述，这体现了“在尽可能多的生产环节让大模型辅助或取代人”的思路。

Sora 内部有文本编码器（Text Encoder），它把长 Prompt 对应的文字描述转化成每个 token 对应的 Embedding，这意味着将文字描述从文本空间转换为隐空间参数，而这个文本编码器大概率是 10.1 节描述的 CLIP 模型对应的“文本编码器”，因为 OpenAI 的 DALL-E 系列模型里的文本编码器使用的就是它。

根据 Stable Diffusion 的原理，最终生成的图像是由随机噪声扩散出的。因此，Sora 的另一个关键输入是确定了分辨率和帧数的随机噪声图片序列。在该序列的基础上，视频生成模型逐帧生成图像，最终连续起来成为 Sora 生成的视频。

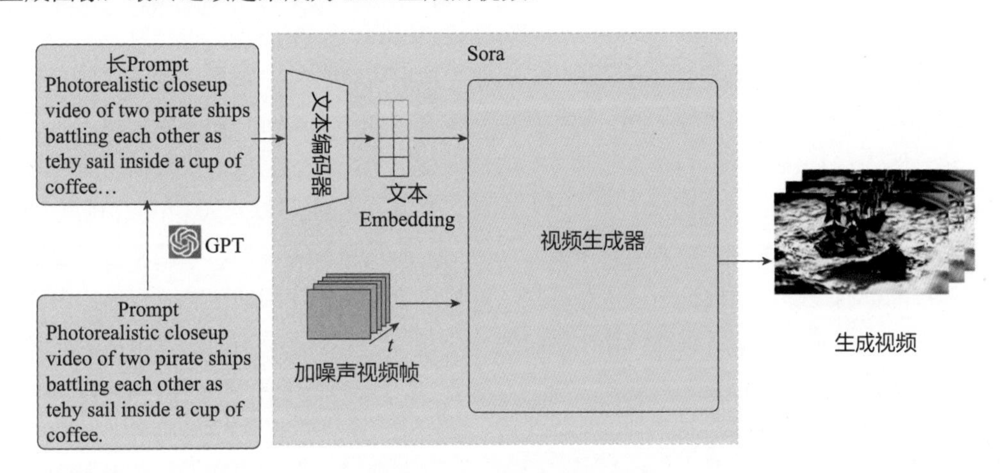

图 10-9 Sora 的模型架构示意图

10.2.3 Sora 的视频生成器

Sora 的模型架构中，最重要也是最不容易理解的部分就是“视频生成器”，这里我们重点探索一下。图 10-10 主要展示了视频生成模块的架构。它与 Stable Diffusion 的架构高度相似，都由视觉编码器、Transformer 扩散模型、视频解码器组成。不同的是，由于 Sora 要处理的是视频，它加入了一个“空间时间隐向量切块（Spacetime Latent Patch）模块”（简称“切块模块”）来处理多帧视频，以及一个“长时间一致性模块”（简称“一致性模块”）来保证视频中各帧的一致性，这里主要讲解这两个模块。

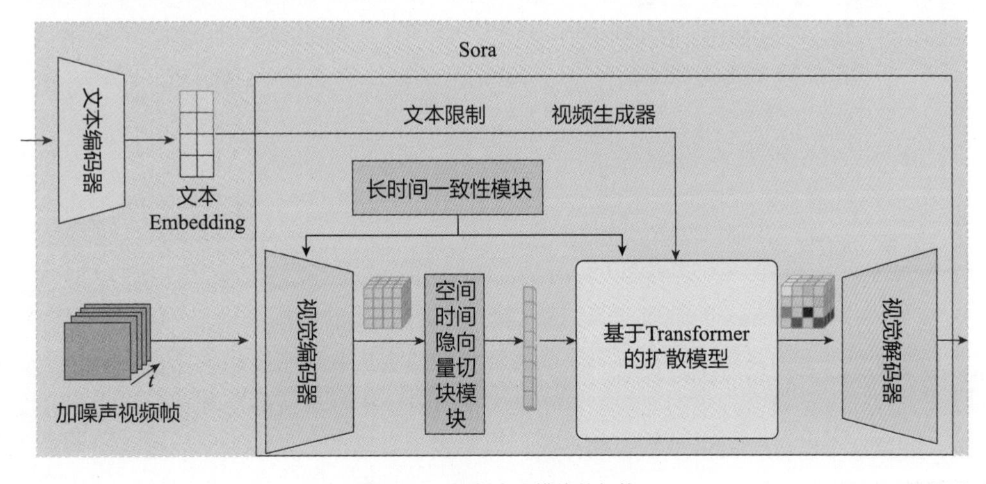

图 10-10 视频生成模块的架构

切块模块的主要作用是降低视频的维度，进而减少后续模型处理的数据量，同时适配

Transformer 所需的数据格式。按照 Sora 官方的介绍，该模块会先把原始视频帧按照 n 像素×n 像素切块，每一块进行 sum pooling 或者 average pooling，生成一个维度小得多的二维 Embedding。由于 Transformer 只接受一维 Embedding 数据，所以还需要把这个二维 Embedding 线性化，比如直接展平成一维 Embedding，或者通过 MLP 映射成一维 Embedding。直观来说，可以把切块模块当作原始视频帧数据到 Transformer 所需数据的转换器。

一致性模块是视频生成模型特有的模块，否则生成的视频各帧之间不具备连贯性和逻辑联系。如图 10-11 所示，保证各帧之间一致性的方法是在生成下一帧时，建立该帧和之前已生成帧的联系。图 10-11（a）所示为全范围注意力方法，建立从当前帧到之前所有帧的交互关系，这种方法比较"暴力"，计算量过大。另一种比较轻巧的是分层注意力方法，如图 10-11（b）所示，首先生成前几帧，在生成后面帧时不要顺序生成，而是生成关键帧。关键帧与之前帧也不是逐帧连接的，而是隔几帧挑选一帧进行连接。这样保证了整个视频的全局一致性，而且计算过程比较高效。生成关键帧后再逐渐补充剩余帧。

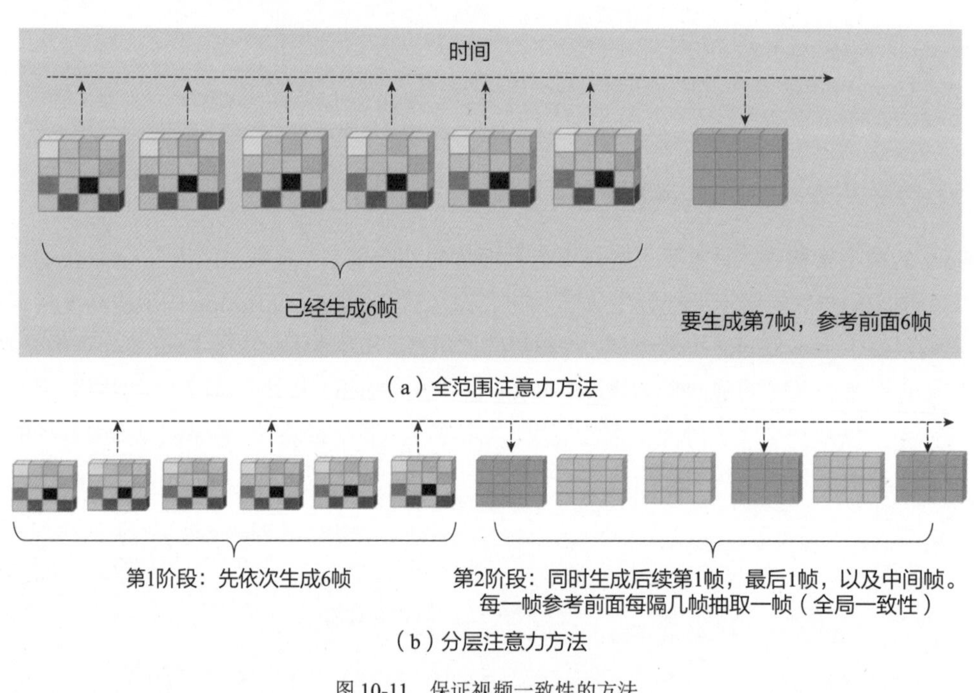

图 10-11　保证视频一致性的方法

10.2.4　AIGC 对推荐系统的影响

AIGC 技术发展到 Sora 的阶段，已经逐渐触及了 AI 技术的终极目标——创造一个全新的模拟世界。在这个宏大的目标下，推荐系统的发展显然也会进入一个全新的阶段。结合之前大模型在特征工程，推荐模型方向的应用，笔者把大模型对于推荐系统的影响划分为三个阶段。

（1）**理解这个世界**。大模型融合的开放世界知识将带给推荐系统丰富的增量信息，这对于推荐系统特征工程、冷启动过程、多模态信息的引入将起到极大的推进作用。

（2）**成为这个世界**。大模型本身具备整体替代传统推荐系统的潜力，特别是在交互方式上，有可能为推荐系统带来新的革命性变化。

（3）**创造一个新世界**。推荐系统一直以来的使命是帮助用户发现感兴趣的信息和内容。但大模型强大的内容生成能力使个性化内容生成成为可能。也就是说，大模型有可能越过“推荐”这个环节，直接为用户创造一个新世界，这才是大模型可能为推荐系统带来的最大革命。

第 3 章介绍的 MoRec、GENRE 等方案让推荐系统通过大模型学习到更多“世界知识”，更好地理解这个世界；PALR、UniLLMRec 则通过大模型构造了一个全新的推荐系统，让大模型成为这个推荐系统的世界本身。接下来，探讨大模型如何帮助推荐系统创造内容，进而创造一个新世界。

10.3 AI 辅助内容生成

在 AI 能够完全自主地生成推荐内容之前，让 AI 辅助人工增强内容创作过程中的某些步骤显然是一个更容易达成的目标，也是当前 AIGC 产品发力的重点。事实上，已经有越来越多的公司在这个方向上推出了诸多 AI 应用。AI 辅助内容生成对于推荐系统的积极意义主要有三点：

（1）大幅提升创作者的创作效率，增加内容更新频率。

（2）高效地转换、生成大量内容，丰富推荐系统的候选集。

（3）生成前所未见的新内容，提升内容的多样性和新鲜度。

下面笔者会更多站在产品的视角，介绍 AI 在辅助内容生成方向上的应用。

10.3.1 视频创作工具的 AI 化大幅提升创作效率

2024 年，以 Capcut 为代表的视频创作工具大量引入 AI 技术，让创作者的视频创作效率大幅提高，这里笔者以 Capcut 的 AI 应用为例，介绍当前 AI 在内容创作领域的进展。

（1）图像与视频上色。图 10-12（a）所示的是 AI 为黑白图像或视频上色的应用。图像上色模型一般将彩色与黑白的图像对作为训练集，训练一个上色模型将黑白空间映射到彩色空间，进行初步上色，再利用预训练的 Stable Diffusion 模型继续对彩色图像精修，生成最终的彩色图像。

（2）AI 加字幕。如图 10-12（b）所示，AI 加字幕可以将视频中的音频转换成字幕，这一功能利用了大模型从音频到文本的多模态转换能力，显著提升了视频创作者的创作效率。

（3）基于文字脚本生成视频内容。如图 10-12（c）所示，AI 可以基于一段描述性文字生成对应的视频内容，这利用了大模型从文本到视频的多模态转换能力。虽然目前 AI 生成视频的质量还有待进一步提高，但初步生成的视频已经能够成为内容创作者的高质量素材，经过进一步的人工编辑，就能形成最终的视频内容。

（a）利用 AI 给图像和视频上色

（b）利用 AI 将语音转换成文字字幕

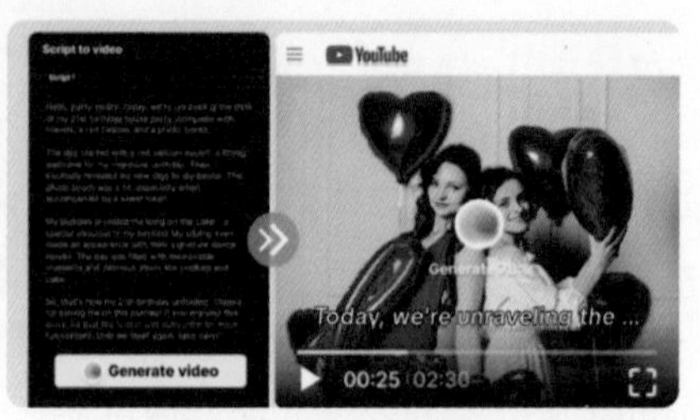

（c）基于文字脚本生成视频内容

图 10-12 AI 在视频编辑软件 Capcut 中的应用

10.3.2 利用 AI 数字人把文本素材高效转换成视频素材

另一个典型的 AI 辅助创作的例子是数字人 AI。如图 10-13 所示，数字人 AI 可以利用文本内容自动生成口播视频、带货视频、知识分享类视频等。过去，短视频生成的瓶颈在于创作者的生产效率，而知乎、维基百科等文字素材的丰富程度远高于视频素材。有了数字人 AI 技术的助力，推荐系统可以基于文字素材库生成视频内容，大幅丰富了候选视频库。

图 10-13 数字人 AI 视频生成

10.3.3 AI 生成广告创意

AIGC 在广告推荐领域的应用是另一个潜力巨大的方向，其中最有代表性的就是广告创意的自动生成。AI 可以在非常有限的人类输入下生成丰富的广告创意素材。截至笔者写作时（2025 年 2 月），图像广告创意的生成方案已经非常成熟，而且已经有许多公司推出了商业化产品。图 10-14 展示了某公司（AdCreative.ai）AI 生成图像广告创意的过程。客户只需要输入产品图像，AI 就会自动为其生成背景，在添加产品的关键描述后，AI 也可以对图像自动美化，最终生成完成度很高的产品海报。可以看到，AI 基于强大的知识储备生成了海量样式的海报，这些海报都可以直接用于广告投放，并由算法基于“探索与利用”的思路对创意进行筛选与更新，提升产品广告的点击率，并通过更新广告创意维持广告点击率在相当长的时间内不衰减。

（a）AI 生成图像广告创意的过程

（b）AI 生成不同样式的图像广告创意

图 10-14　AI 生成图像广告创意

AI 生成视频广告的产品目前也已经逐步实现商业化。如图 10-15 所示，AI 可以借助数字人技术讲解和展示产品特性，并基于 AI 模板，在相应的位置添加产品视频、图片等要素，形成一个基本可用的视频广告素材。

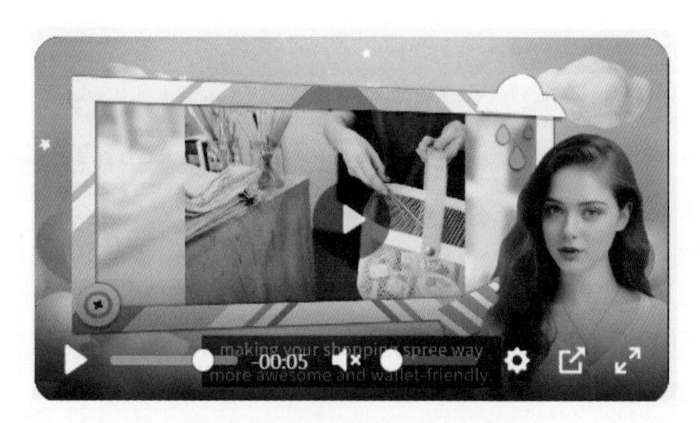

图 10-15　AI 生成视频广告创意的例子

AI 辅助内容生成的主要作用是丰富内容库，加快创作效率，用户的点击行为和观看兴趣并不会直接影响内容生成的过程。所以，从某种意义上说，这个由 AI 生成的新世界是创作者定义的“新世界”，并不是用户自己的个性化的“新世界”。下面我们一起探索用户意图直接参与推荐内容生成的新框架。

10.4　AI 个性化内容生成

10.4.1　生成式推荐系统框架——GeneRec

要让 AI 直接领会用户意图并生成推荐内容，就必须建立一个从用户行为到 AI 再到内容生成的闭环。为此，新加坡国立大学的研究人员提出了下一代生成式推荐系统的框架 GeneRec[4]。在 GeneRec 中，用户和推荐系统交互的新闭环如图 10-16 所示。

传统的推荐系统内容生成方式大致是这样的：人类创作者创作内容并上传到推荐系统的候选物品集中，推荐系统根据推荐模型的选择，从候选物品集中挑选合适的内容展现给用户。用户产生反馈后，反馈信息被返回给推荐系统，促使推荐模型持续优化。

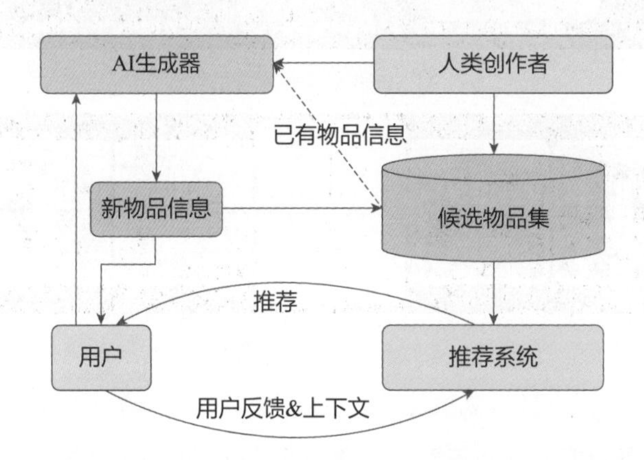

图 10-16　GeneRec 框架中用户与推荐系统交互的新闭环

GeneRec 比传统的推荐系统多了一个角色，就是 AI 创作者（AI Generator），它负责根据用户的需求生成新的内容，创作的内容可以直接进入候选物品集，供推荐系统选择，也可以直接返回给用户，给用户最直接快速的响应。

举例来说，在短视频应用中，有一类短视频是截取并整合长视频的片段来满足用户“快餐式”的观看需求的。对于这类需求，根据用户的行为历史来推断用户的兴趣，再根据用户的兴趣来截取和整合视频，就是 GeneRec 的一个很好的应用场景。

如图 10-17 所示，5 号用户的历史行为是观看了一些风景、宠物的视频，那么把这些信息输入给 AI 创作者后，AI 创作者通过大模型理解用户意图和长视频中每一帧的内容，从中截取出自然风景相关的短视频推送给用户。100 号用户则喜欢看汽车和美女的视频，AI 创作者就截取了汽车相关的片段推送给他。

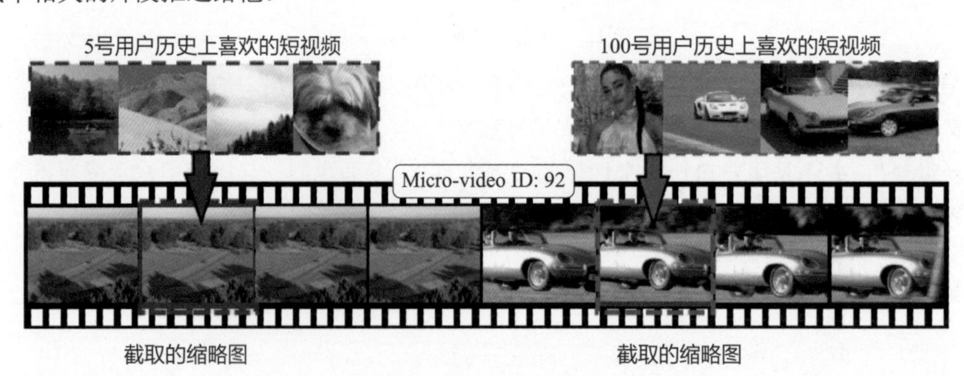

图 10-17　根据不同用户兴趣截取不同视频片段

再比如，在服装商品推荐场景中，商品展示图中服装的搭配、颜色、模特的姿势和风格都可以直接影响用户的购买决策。因此利用 GeneRec 框架，可以把用户历史行为描述以 Prompt 的方式输入给 AI 创作者大模型，从而有针对性地生成更能够吸引用户的商品缩略图。如图 10-18 所示，针对同一款商品，AI 生成了不同颜色、不同模特姿势的备选商品图。利用 GeneRec 框架，推荐系统可以感知用户对于商品颜色和模特展示方式的偏好，然后选择最合适的商品缩略图展示给用户，提升商品的点击率。

图 10-18 针对同一件大衣，AI 生成的不同展示图

10.4.2 多模态大模型的个性化内容生成

关于个性化 AIGC 的研究和应用目前并不多，这里笔者以 2024 年清华大学的研究人员发表的个性化多模态大模型[5]为例，探索如何把用户偏好引入多模态内容的生成过程中。

该模型被命名为 PMG（Personalized Multimodal Generation），如图 10-19 所示，PMG 的输入主要有两部分，一部分是要被优化的目标内容——一张电影《泰坦尼克号》的海报，另一部分是用户的历史行为，比如用户曾经点击过的电影，或者用户和大模型的对话记录。

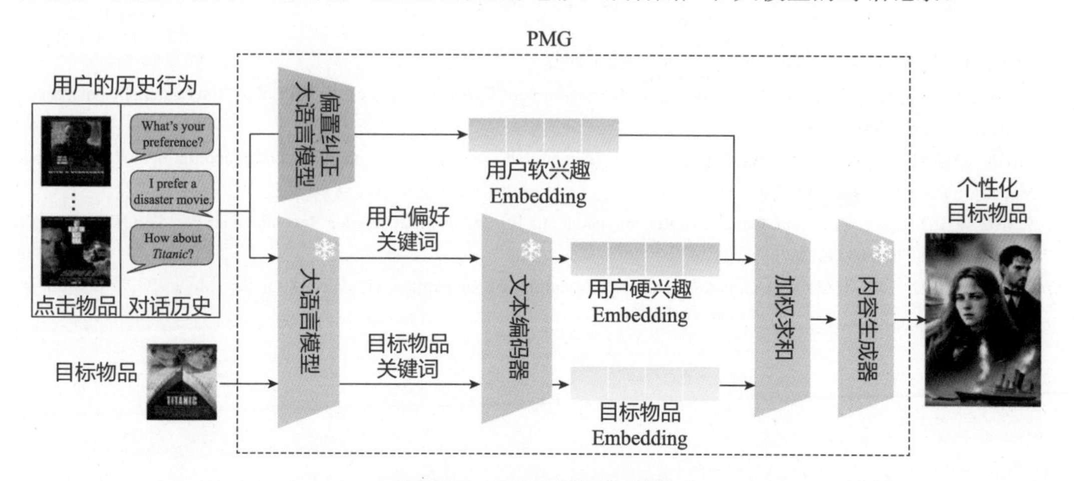

图 10-19 PMG 的模型示意图

这两部分输入分别被大语言模型转换成了用户偏好关键词和目标物品关键词，再通过预训练的文本编码器转换成了用户兴趣 Embedding 和目标物品 Embedding。同时，PMG 的上半部分是一个叫作偏置纠正大语言模型（Bias Correction LLM）的模块。用户的历史行为通过该模块也生成了一个用户软兴趣 Embedding（Soft Preference Embedding）。该 Embedding 主要是为 PMG

能够更好地完成多模态任务而生成的。用户偏好 Embedding 和目标物品 Embedding 完全是通过文本关键词生成的，会丢掉一些原始多模态内容的信息，用户的软兴趣 Embedding 恰好在训练过程中纠正并补充了这部分信息。

最终三个 Embedding 通过加权生成最终的个性化目标物品 Embedding，并由图片或者视频生成器生成个性化目标物品。这里的生成器使用的就是本章介绍过的 Stable Diffusion 模型。

PMG 提供了一个个性化 AIGC 的框架，即在生成内容时，把用户的历史行为转换成 Embedding 融合进目标物品 Embedding，这样就可以在生成的图片、视频中体现用户的个人偏好。除了个性化电影海报的生成，PMG 还给出了个性化商品图片、个性化服装设计的例子。在把 PMG 的内容生成器替换成其他模态的生成器之后，文本、音频、视频内容的生成也可以融合个性化的偏好。

10.4.3 总结——AIGC 在推荐系统中提供的无限可能性

本章介绍了多模态大模型 Stable Diffusion 和 Sora 的基本原理，并在此基础上探索了 AIGC 在推荐系统中的应用。可以说，AIGC 为推荐系统的发展提供了无限的可能性，使推荐系统不再局限于搬运现有的信息，而是从一个内容推荐者向内容生产者转变，从理解这个世界向创造这个世界转变。

诚然，即使现在最前沿的 AI 生成的视频仍然有不合理之处，但我们有理由相信在这个快速发展的世界，AI 的能力会迅速进化，并通过融合用户的兴趣偏好，在个性化生成广告创意、电商展示素材、短视频内容等领域大放异彩。

参 考 文 献

[1] ALAMMAR, J. The Illustrated Stable Diffusion[EB/OL]. 2022.

[2] PEEBLES W, XIE S. Scalable Diffusion Models with Transformers[C]//Proceedings of the IEEE/CVF International Conference on Computer Vision, 2023: 4195-4205.

[3] LIU Y, ZHANG K, LI Y, et al. Sora: A Review on Background, Technology, Limitations, and Opportunities of Large Vision Models[J]. arXiv Preprint arXiv:2402.17177. 2024.

[4] WANG W, LIN X, FENG F, et al. Generative Recommendation: Towards Next-generation Recommender Paradigm[EB/OL]. arXiv Preprint arXiv: 2304. 03516. 2023.

[5] SHEN X, ZHANG R, ZHAO X, et al. PMG: Personalized Multimodal Generation with Large Language Models[C]//Proceedings of the ACM on Web Conference, 2024: 3833-3843.

第 11 章 前沿实践——深度学习推荐系统的业界经典案例

推荐系统是深度学习落地最充分、产生商业价值最大的应用领域之一。一些最前沿的研究成果大多来自业界巨头的实践。从 2016 年微软提出 Deep Crossing 模型，到谷歌发布 Wide&Deep 模型，以及 YouTube 公开其深度学习推荐系统，业界掀起了深度学习推荐系统应用的浪潮。时至今日，无论是阿里巴巴团队在电商推荐系统领域的持续创新，还是 Airbnb 在搜索推荐过程中对深度学习的前沿应用，抑或是由深度学习延伸而来的大语言模型和推荐系统的结合，深度学习已然成为推荐系统领域当之无愧的主流。

对从业者或有志成为算法工程师的读者来说，处在这个代码开源、知识共享的时代无疑是幸运的。我们几乎可以“零距离”地通过业界先锋的论文、博客及技术演讲学习最前沿的推荐系统应用。本章将由简入深、从框架到细节，依次讲解 YouTube、Airbnb、阿里巴巴的深度学习推荐系统。然后，介绍由笔者领导开发的开源推荐系统 SparrowRecsys，希望能够帮助读者通过实践进一步积累推荐系统的工程知识。最后，通过学习 Meta 的生成式推荐模型 GR 的工程实现细节，探索大模型在推荐系统落地的前沿经验。希望读者能够在之前章节的基础上，将推荐系统的知识融会贯通，学以致用。

11.1 YouTube 深度学习视频推荐系统

本节介绍的是 YouTube 的深度学习视频推荐系统。2016 年，YouTube 发表了论文 *Deep Neural Networks for YouTube Recommenders*[1]。按照如今的标准，这篇论文的内容已经不算新颖，但这丝毫不影响它提出的方案成为推荐系统业界经典的深度学习架构。毫不夸张地说，这篇文章滋养了一代深度学习推荐系统的开发者和研究人员。读者不仅能够从中学习深度学习推荐系统的经典架构，还能从技术细节中积累诸多工程实践经验，这对工程师来说无疑是非常宝贵的。

11.1.1 推荐系统应用场景

作为全球最大的视频分享平台，YouTube 中几乎所有的视频都来自 UGC（用户生成内容），这样的内容产生模式有两个特点：

（1）商业模式不同。Netflix 和国内的爱奇艺等流媒体平台，它们的大部分内容都是采购或自制的电影、剧集等头部内容，YouTube 内容的头部效应没有那么明显。

（2）由于 YouTube 的视频基数巨大，用户较难发现喜欢的内容。

这两个特点使推荐系统在 YouTube 中的作用相比其他流媒体平台重要得多。除此之外，

YouTube 的利润主要来自视频广告，而广告的曝光机会与用户观看时长成正比，因此 YouTube 的推荐系统正是其商业模式的基础。

基于 YouTube 的商业模式和内容特点，其推荐团队构建了两个深度学习网络，分别优化召回率和准确率，并构建了以用户观看时长为优化目标的排序模型，以最大化用户观看时长，进而产生更多的广告曝光机会，下面详细介绍 YouTube 推荐系统的模型架构和技术细节。

11.1.2 YouTube 推荐系统架构

前面已经提到 YouTube 视频基数巨大，这就要求其推荐系统能在百万量级的视频规模下实现个性化推荐。考虑到在线系统的延迟问题，不宜用复杂网络直接对所有海量候选集进行排序，所以 YouTube 成为采用级联深度学习系统的先驱（如图 11-1 所示）。

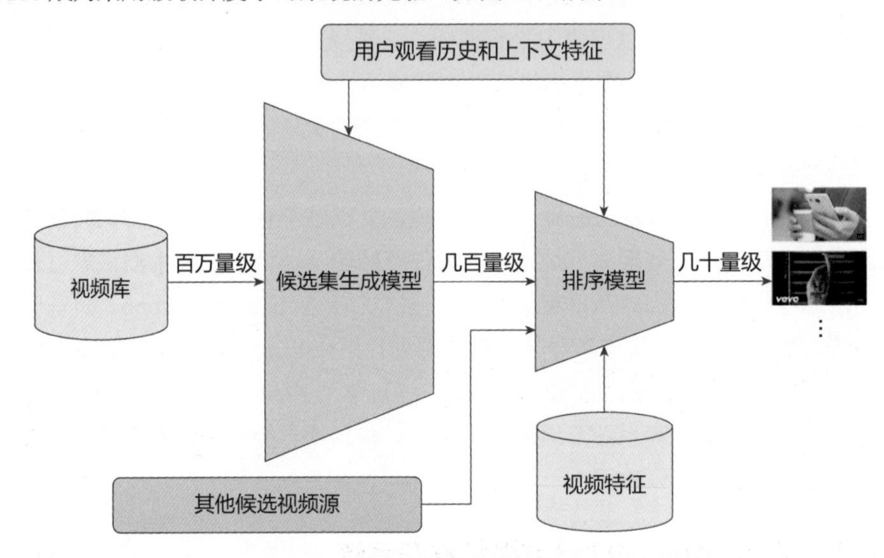

图 11-1　YouTube 推荐系统整体架构

第一级用候选集生成模型（Candidate Generation Model）完成候选视频的快速筛选。在这一阶段，候选视频数量由百万量级降至几百量级。这相当于经典推荐系统架构中的召回层。

第二级用排序模型（Ranking Model）完成几百个候选视频的精排。这相当于经典推荐系统架构中的排序层。

11.1.3 候选集生成模型

首先，介绍候选集生成模型的架构（如图 11-2 所示）。自底而上地看这个网络，底层的输入是用户历史观看视频 Embedding 和搜索词 Embedding。

为了生成视频 Embedding 和搜索词 Embedding，YouTube 采用了类似 Item2vec 的预训练方法，利用用户的观看序列和搜索序列，采用 Word2vec 方法对视频和搜索词做 Embedding，再将结果作为候选集生成模型的输入。除了视频和搜索词 Embedding，特征向量中还包括用户的地理属性特征 Embedding、年龄、性别等，这些向量是通过与主模型一起进行端到端训练生成的。得到所有特征 Embedding 之后，把它们连接起来，输入上层的 ReLU 神经网络进行训练。

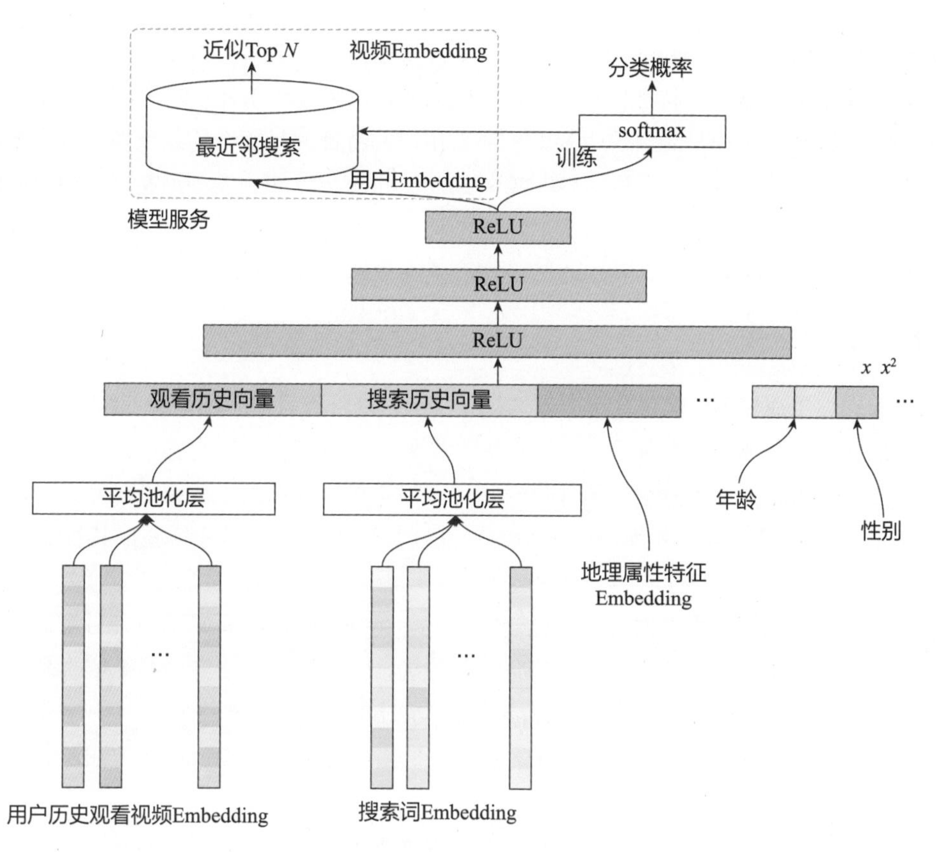

图 11-2 YouTube 候选集生成模型的架构

三层 ReLU 神经网络后是 softmax 函数构成的输出层。看到 softmax 函数，读者就应知道该模型是一个多分类模型。YouTube 是把选择候选视频集这个问题看作向用户推荐 next watch（下一次观看视频）的问题，模型的最终输出是在所有候选视频上的概率分布。这显然是一个多分类问题，所以这里用 softmax 函数作为最终的输出层。

总的来讲，YouTube 推荐系统的候选集生成模型是一个标准的利用 Embedding 预训练特征的深度神经网络模型。

11.1.4 候选集生成模型独特的线上服务方法

细心的读者可能已经发现，架构图 11-2 左上角的模型服务方法与模型训练方法完全不同。在候选集生成模型的线上服务过程中，YouTube 并没有直接采用训练时的模型进行预测，而是采用了 4.5 节介绍的最近邻搜索的方法，这是经典的工程和理论权衡后的结果。

架构图 11-2 中从 softmax 函数到模型服务模块有一个箭头，代表视频 Embedding 的生成。这里的视频 Embedding 就是用于召回层最近邻搜索使用的 Embedding。它是如何生成的呢？由于最后的输出层是 softmax 函数，该 softmax 函数的参数本质上是一个 $m \times n$ 的矩阵，其中 m 指的是最后一层（ReLU 层）的维度，n 指的是分类的总数，也就是 YouTube 所有视频的总数为 n。那么，视频 Embedding 就是这个 $m \times n$ 矩阵的各列向量。这样的 Embedding 生成方法其实和 Word2vec 中词向量的生成方法相同。

除此之外，用户 Embedding 的生成就非常好理解了，因为输入的特征向量全部都与用户相关，所以在使用某用户 u 的特征向量作为模型输入时，最后一层 ReLU 的输出向量可以当作该用户的 Embedding。在模型训练完以后，把所有用户的特征向量逐个输入到模型中，就可以得到所有用户的 Embedding，然后将其导入线上 Embedding 数据库。在预测某用户的视频候选集时，先得到该用户的 Embedding，再在视频 Embedding 空间中利用局部敏感哈希等方法搜索该用户 Embedding 的 Top K 近邻，就可以快速得到 k 个候选视频集合。

11.1.5 排序模型

通过候选集生成模型，得到几百个候选视频集合，然后利用排序模型进行精排序，YouTube 推荐系统的排序模型如图 6-1 所示。

第一眼看上去，读者可能会认为排序模型的网络结构与候选集生成模型没有太大区别，确实是这样的。这里需要重点关注的是模型的输入层和输出层，即排序模型的特征工程和优化目标。

相比候选集生成模型需要对几百万候选视频进行粗筛，排序模型只需对几百个候选视频进行排序，因此可以引入更多特征进行精排。具体地讲，输入层从左至右的特征依次是：

（1）当前候选视频的 Embedding（Impression Video ID Embedding）。

（2）用户观看过的最后 N 个视频的 Embedding 的平均值（Watched Video ID Average Embedding）。

（3）用户语言的 Embedding 和当前候选视频语言的 Embedding（Language Embedding）。

（4）该用户自上次观看同频道视频以来的时间（Time since Last Watch）。

（5）该视频已经被曝光给该用户的次数（#Previous Impressions）。

上述 5 个特征中，前 3 个的含义是直观的，这里重点介绍第 4 个和第 5 个特征。因为这两个特征很好地反映了 YouTube 对用户行为的观察。

第 4 个特征“该用户自上次观看同频道视频以来的时间”表达的是用户观看同类视频的间隔时间。从用户的角度出发，假如某用户刚看过“DOTA 比赛经典回顾”这个频道的视频，那么他大概率会继续看这个频道的视频，该特征很好地捕捉到了这一用户行为。

第 5 个特征“该视频已经被曝光给该用户的次数”则在一定程度上引入了“探索与利用”机制，避免同一个视频对同一用户的持续无效曝光，尽量增加用户看到新视频的可能性。

需要注意的是，排序模型不仅针对第 4 个和第 5 个特征引入了原特征值，还进行了平方和开方的处理。作为新的特征输入模型，这一操作引入了特征的非线性，提升了模型对特征的表达能力。

经过三层 ReLU 网络之后，排序模型的输出层与候选集生成模型又有所不同。候选集生成模型选择 softmax 函数作为其输出层，而排序模型选择加权逻辑回归作为输出层。与此同时，模型服务阶段的输出层选择的是 e^{Wx+b} 函数。YouTube 为什么分别在训练和服务阶段选择不同的输出层函数呢？

从 YouTube 的商业模式来看，增加用户观看时长才是其推荐系统最主要的优化目标，所以在训练排序模型时，“每次曝光的期望观看时长”（Expected Watch Time per Impression）应该作为更合理的优化目标。因此，为了能直接预估观看时长，YouTube 将正样本的观看时长作为其样本权重，用加权逻辑回归进行训练，就可以让模型学到用户观看时长的信息。

假设一件事情发生的概率是 p，这里引入一个新的概念——Odds（几率），它是一件事情发生和不发生的概率的比值。

对逻辑回归来说，一件事情发生的概率 p 由 sigmoid 函数得到，如式（11-1）所示：

$$p = \text{sigmoid}\left(\boldsymbol{\theta}^{\text{T}} x\right) = \frac{1}{1+\text{e}^{-(Wx+b)}} \tag{11-1}$$

这里根据变量 Odds 的定义代入式（11-1）可得

$$\text{Odds} = \frac{p}{1-p} = \text{e}^{Wx+b} \tag{11-2}$$

显而易见，YouTube 正是把变量 Odds 作为模型服务过程的输出。为什么 YouTube 要预测变量 Odds 呢？Odds 又有什么物理意义呢？

这里需要结合加权逻辑回归的原理进一步说明。由于加权逻辑回归引入了正样本权重的信息，在 YouTube 的视频推荐场景下，正样本 i 的观看时长 T_i 就是其样本权重，因此正样本发生的概率变成原来的 T_i 倍，那么正样本 i 的 Odds 如式（11-3）所示：

$$\text{Odds}(i) = \frac{T_i p}{1-T_i p} \tag{11-3}$$

在视频推荐场景中，用户打开一个视频的概率 p 往往是一个很小的值（通常在 1%左右），因此式（11-3）可以继续简化：

$$\text{Odds}(i) = \frac{T_i p}{1-T_i p} \approx T_i p = E(T_i) = \text{期望观看时长} \tag{11-4}$$

可以看出，本质上变量 Odds 的物理意义就是**每次曝光的期望观看时长**，这正是排序模型希望优化的目标。因此，利用加权逻辑回归训练模型，利用 e^{Wx+b} 进行模型服务是最符合优化目标的技术实现方案。

11.1.6 训练和测试样本的处理

事实上，为了提高模型的训练效率和预测准确率，YouTube 采取了诸多处理训练样本的工程措施，主要有以下 3 点经验供读者借鉴。

（1）候选集生成模型把推荐问题转换成多分类问题，在预测下一次观看的场景中，每一个备选视频都会对应一个分类，因此总分类有数百万之巨，使用 softmax 函数对其进行训练无疑是低效的。这个问题 YouTube 是如何解决的呢？

YouTube 采用了 Word2vec 中常用的负采样训练方法来减少每次预测的分类数量，从而加快整个模型的收敛速度，具体的方法在 4.1 节已经有所介绍。此外，YouTube 也尝试了 Word2vec 的另一种常用训练方法 hierarchical softmax（分层 softmax），但并没有取得很好的效果，因此在实践中选择了更为简便的负采样方法。

（2）在对训练集的预处理过程中，YouTube 没有采用原始的用户日志，而是为每个用户提取等量的训练样本，这是为什么呢？

YouTube 这样做的目的是减少高度活跃用户对模型损失的过度影响，避免模型过于偏向活跃用户的行为模式，忽略数量更广大的长尾用户的体验。

（3）在处理测试集的时候，YouTube 为什么不采用经典的随机留一法（Random Holdout），而是一定要以用户最近一次观看的行为作为测试集呢？

只留最近一次观看行为作为测试集，主要是为了避免引入未来信息（future information），产生与事实不符的数据穿越问题。

可以看出，YouTube 对于训练集和测试集的处理过程是基于对业务数据的观察和理解的，这是非常好的工程经验。

11.1.7 如何处理用户对新视频的偏好

对 UGC 平台来说，用户对新内容的偏好很明显。对绝大多数内容来说，刚上线的那段时间是其流量高峰，然后流量快速衰减，之后趋于平稳（如图 11-3 中绿色曲线所示）。YouTube 的内容当然也不例外，因此，能否处理好用户对新视频的偏好直接影响了预测的准确率。事实上，这是一个经典的 Debias 问题，用到了 6.3 节介绍的 Debias 方法，我们来看看 YouTube 具体是怎么做的。

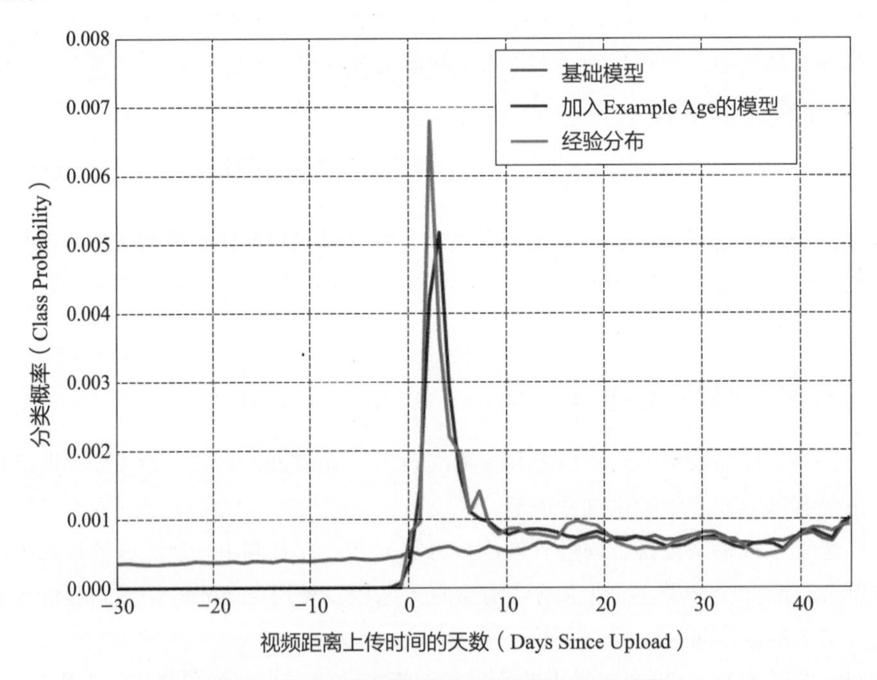

图 11-3　不同模型的正样本预估概率随时间的变化

为了拟合用户对新内容的偏好，YouTube 推荐系统引入了 Example Age 这个特征，该特征的定义是**训练样本产生的时刻距离当前时刻的时间**。例如，24 小时前产生的训练样本，其 Example Age 特征的值就是 24。在模型服务阶段，不管候选视频是哪个，都可以直接将这个特征值设为 0，甚至是一个很小的负值，因为这次的训练样本将在不久的未来产生这次推荐结果的时候再实际生成。

YouTube 选择这样一个时间特征来反映内容新鲜程度，其逻辑并不容易理解。读者可以仔细思考这个做法的细节和动机。笔者对这个特征的理解是：该特征本身并不包含任何信息，但当它在深度神经网络中与其他特征做交叉时，就起到了时间戳的作用，通过这个时间戳和其他特征的交叉，保存了其他特征随时间变化的权重，也就使得最终的预测结果包含了时间趋势的信息。

YouTube 通过实验证了 Example Age 特征的重要性。图 11-3 中蓝色曲线是引入 Example Age 前的模型预估值，可以看出与时间没有显著关系，而引入 Example Age 后的模型预估值十分接近经验分布。

通常，“新鲜度”这一特征会被定义为“视频距离上传时间的天数”（Days since Upload）。例如，虽然是 24 小时前产生的样本，但样本的视频已经上传了 90 小时，该特征值就应为 90。那么在做线上预估时，这个特征的值就不会是 0，而是当前时间与每个视频上传时间的间隔。这无疑是一种保存时间信息的方法，YouTube 显然没有采用这种方法。笔者推测该方法效果不好的原因是其会导致 Example Age 的分布过于分散。因为在训练过程中会包含刚上传的视频，也会包含上传已经 1 年，甚至 5 年的视频，这会导致 Example Age 无法集中描述近期的变化趋势。建议读者同时实现这两种做法，并通过效果评估得出最终的结论。

11.1.8 YouTube 深度学习视频推荐系统总结

至此，本节介绍了 YouTube 深度学习视频推荐系统的模型结构及技术细节。YouTube 分享的关于其深度学习推荐系统的论文，是笔者迄今为止看到的包含实践内容最丰富的工程导向的推荐系统论文。每位读者都应该向 YouTube 的工程师学习其开放的分享态度和实践精神。即便你已经阅读了本节的内容，笔者仍强烈建议你进一步研读论文原文，搞清楚每一个技术细节，这将对开阔我们的工程思维非常有帮助。

11.2 Airbnb 基于 Embedding 的实时搜索推荐系统

2018 年，Airbnb 在 KDD 上发表了论文 *Real-time Personalization using Embeddings for Search Ranking at Airbnb*[2]，并荣获当届会议最佳论文奖。随后几年，Aribnb 发表了一系列关于深度学习搜索推荐系统的论文 *Applying Deep Learning to Airbnb Search*[3]、*Optimizing Airbnb Search Journey with Multi-task Learning*[4]等。这些论文使我们能持续跟踪这一短租房领域科技巨头的技术前沿进展。

在这一系列深度学习应用中，Airbnb 对 Embedding 技术的应用尤其值得学习。作为深度学习的“核心操作”之一，Embedding 技术不仅能够将大量稀疏特征转换成稠密特征，便于输入深度学习网络，而且能够通过 Embedding 将物品的语义特征编码，从而直接通过相似度的计算搜索相似的物品。Airbnb 正是充分挖掘了 Embedding 的这两点优势，基于 Embedding 构建了其实时搜索推荐系统。

11.2.1 推荐系统应用场景

Airbnb 作为全世界最大的短租网站，提供了一个连接房主（host）和租客（guest/user）的中介平台。在这种短租房中介平台上的交互就是一个典型的搜索推荐场景：租客输入地点、价位、关键词等信息后，Airbnb 会给出房源的搜索推荐列表，如图 11-4 所示。

Airbnb搜索

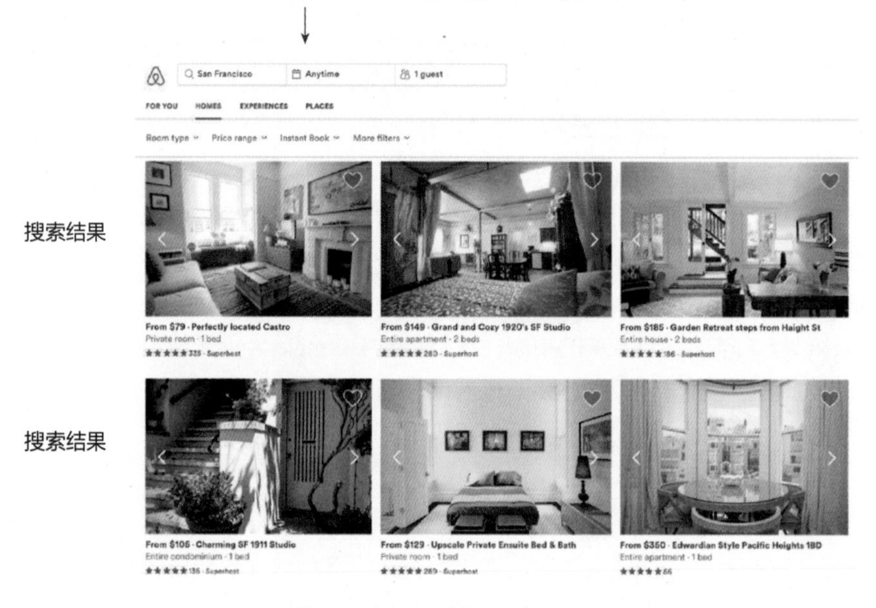

图 11-4　Airbnb 的搜索业务场景

在展示了房源推荐列表后，租客（为统一表述，下文使用“用户”一词）和房主之间的交互方式包括以下几种（如图 11-5 所示）。

（1）用户点击（Click）房源。

（2）用户立即预订（Instant Book）房源。

（3）用户发出预订请求（Booking Request），房主有可能拒绝（Reject）、同意（Accept）或者不响应（No Response）预订请求。

Airbnb 的搜索团队正是基于这样的业务场景，利用用户与平台的交互产生的历史数据，构建了一个实时搜索排序模型。为了捕捉用户的短期和长期兴趣，Airbnb 并没有将用户历史数据中的“点击房源 ID”（clicked listing ID）序列或者“预订房源 ID”（booked listing ID）序列直接输入排序模型，而是先对用户和房源分别 Embedding，进而利用结果构建出诸多特征，作为排序模型的输入。

具体到 Embedding 方法上，Airbnb 生成了两种不同的 Embedding，分别对用户（租客）的短期和长期兴趣编码。其中，短期兴趣 Embedding 用于推荐相似房源，以及实现 session（会话）内的实时个性化推荐；长期兴趣 Embedding 用于捕捉用户的预订偏好，使得最终的推荐结果更符合用户的长期需求，推荐更容易被用户预订的个性化房源。

典型的用户订房流程
直接预订
用户动作
每晚114美元
预订
搜索
点击
预订
房主动作
请求预订
预订请求
拒绝
联系房主
联系
接受
One listing can accept only one guest for a certain set of dates
无响应

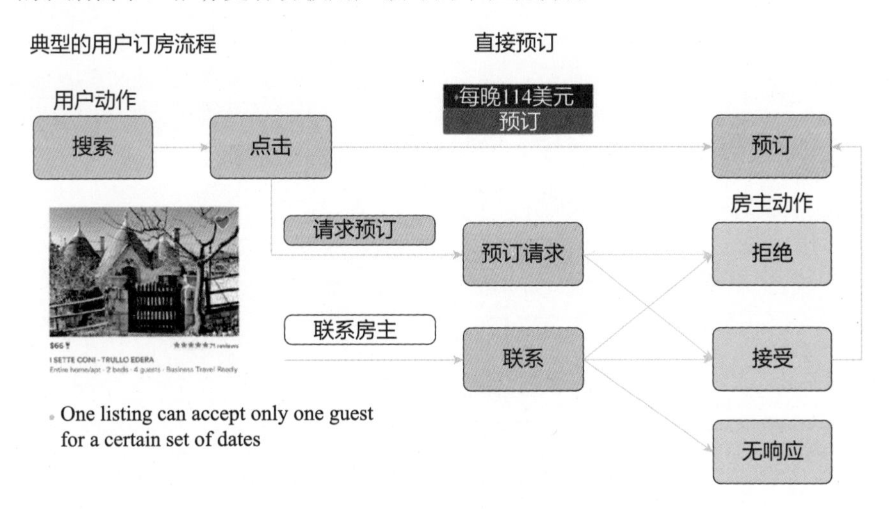

图 11-5 Airbnb 中用户和房主的不同交互方式

11.2.2 基于短期兴趣的房源 Embedding 方法

Airbnb 利用 session 内点击数据对房源进行 Embedding 操作，以捕捉用户在一次搜索过程中的短期兴趣。其中，“session 内点击数据”指的是一个用户在一次搜索过程中点击的房源序列。这个序列需要满足两个条件：一是用户在房源详情页停留超过 30 秒，该数据点才算序列中的一个数据点；二是如果用户超过 30 分钟没有动作，那么这个序列会被截断，不再视为一个序列。这么做的目的有二：一是清洗噪声点和负反馈信号，二是避免非相关序列的产生。session 内点击序列的定义和条件示意图如图 11-6 所示。

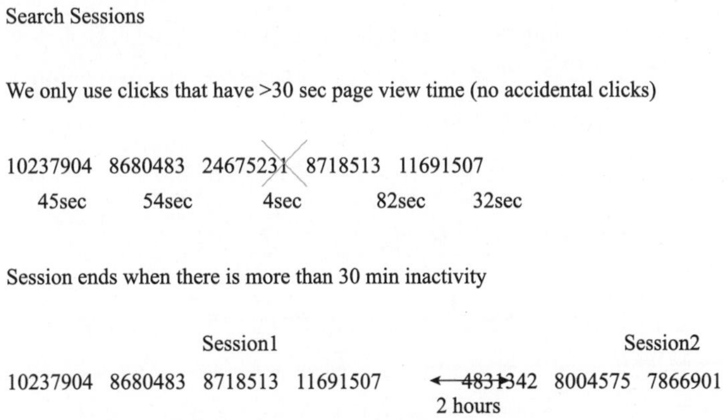

Search Sessions
We only use clicks that have >30 sec page view time (no accidental clicks)
10237904 8680483 24675231 8718513 11691507
45sec 54sec 4sec 82sec 32sec
Session ends when there is more than 30 min inactivity
Session1
Session2
10237904 8680483 8718513 11691507
4831342 8004575 7866901
2 hours

图 11-6 session 内点击序列的定义和条件

有了由被点击房源组成的序列（sequence），就可以像 4.1 节介绍的 Item2vec 方法那样，把这个序列当作一个“句子”样本进行 Embedding 处理。Airbnb 选择了 4.1 节介绍的 Word2vec 的 skip-gram 模型作为 Embedding 方法的框架，通过修改 Word2vec 的目标函数，使其逼近 Airbnb 的业务目标。图 11-7 所示为 Airbnb 基于 Word2vec 的 Embedding 方法。可以看到，房源序列是由用户点击过的房源和被预定的房源组成的，其中 Embedding 滑动窗口内部的房源被称为上下文房源。

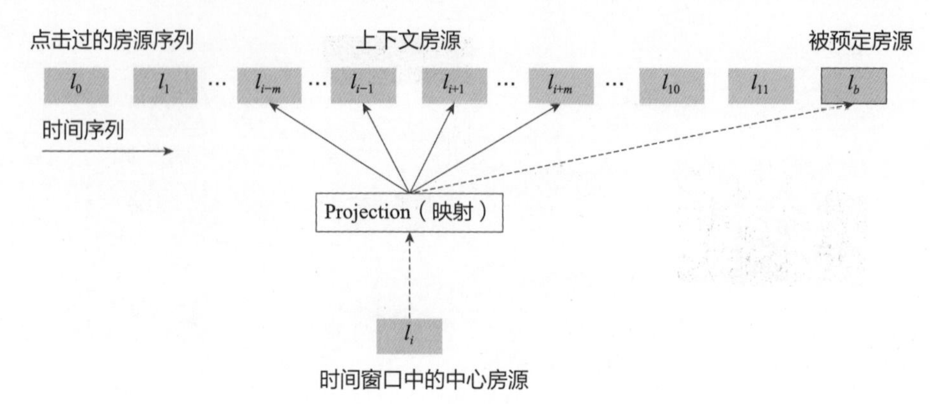

图 11-7　Airbnb 的基于 skip-gram 模型的 Embedding 方法

4.1 节已经详细介绍了 Word2vec 的方法，这里直接列出 Word2vec 的 skip-gram 模型的目标函数：

$$\arg\max_{\theta} \sum_{(w,c)\in D} \log p(c|w) = \sum_{(w,c)\in D} \left(\log \mathrm{e}^{\boldsymbol{v}_c \boldsymbol{v}_w} - \log \sum_{c'} \mathrm{e}^{\boldsymbol{v}_{c'} \boldsymbol{v}_w} \right) \tag{11-5}$$

在采用负样本的训练方式后，目标函数转换成了如下形式：

$$\arg\max_{\theta} \sum_{(w,c)\in D} \log\sigma(\boldsymbol{v}_c \cdot \boldsymbol{v}_w) + \sum_{(w,c)\in D'} \log\sigma(-\boldsymbol{v}_c \cdot \boldsymbol{v}_w) \tag{11-6}$$

式中，σ 函数代表常见的 sigmoid 函数，D 是正样本集合，D'是负样本集合。式（11-6）的前半部分是正样本的形式，后半部分是负样本的形式。

回到 Airbnb 房源 Embedding 这个问题上。Embedding 过程的正样本很自然地取自 session 内点击序列中滑动窗口内的房源，负样本则是在确定中心房源（central listing）后，从语料库（这里指所有房源的集合）中随机选取的一个房源。

因此，Airbnb 初始的目标函数几乎与 Word2vec 的目标函数一模一样，形式如下：

$$\arg\max_{\theta} \sum_{(l,c)\in \mathcal{D}_p} \log \frac{1}{1+\mathrm{e}^{-\boldsymbol{v}'_c \boldsymbol{v}_l}} + \sum_{(l,c)\in \mathcal{D}_n} \log \frac{1}{1+\mathrm{e}^{\boldsymbol{v}'_c \boldsymbol{v}_l}} \tag{11-7}$$

在原始 Word2vec Embedding 的基础上，Airbnb 的工程师根据业务特点，希望将预订信息引入 Embedding，这样可以使搜索列表和相似房源列表更倾向于展示推荐之前在预订成功的 session 中出现的房源。从这个动机出发，Airbnb 把会话点击序列分成两类，最终产生预订行为的称为预订会话，没有产生的称为探索性会话（exploratory session）。

每个预订会话中只有最后一个房源是被预订房源（booked listing）。为了将这个预订行为引入目标函数，不管这个被预订房源是否在 Word2vec 的滑动窗口中，都假设其与滑动窗口的中心房源相关，相当于在目标函数中引入一个全局上下文（global context）。因此，目标函数就变成了式（11-8）的样子。

$$\arg\max_{\theta} \sum_{(l,c)\in\mathcal{D}_p} \log\frac{1}{1+e^{-v_c'v_l}} + \sum_{(l,c)\in\mathcal{D}_n} \log\frac{1}{1+e^{v_c'v_l}} + \log\frac{1}{1+e^{-v_{l_b}'v_l}} \tag{11-8}$$

其中，最后一项 l_b 代表被预订房源，因为预订是一个正样本行为，所以这一项前也是有负号的。

需要注意的是，最后一项前是没有 $\sum$ 符号的，前面的项有 $\sum$ 符号是因为滑动窗口中的中心房源与所有滑动窗口中的其他房源都相关，最后一项因为被预订房源只有一个，所以中心房源只与这一个被预订房源有关。

为了更好地发现同一市场（market place）内部房源的差异性，Airbnb 加入了另一组负样本，就是在与中心房源同一市场的房源集合中随机抽样，获得的一组新的负样本。同理，可以用与之前负样本同样的形式将这组新的负样本加入目标函数：

$$\arg\max_{\theta} \sum_{(l,c)\in\mathcal{D}_p} \log\frac{1}{1+e^{-v_c'v_l}} + \sum_{(l,c)\in\mathcal{D}_n} \log\frac{1}{1+e^{v_c'v_l}} + \log\frac{1}{1+e^{-v_{l_b}'v_l}} + \sum_{(l,m_n)\in\mathcal{D}_{mn}} \log\frac{1}{1+e^{v_{m_n}'v_l}} \tag{11-9}$$

其中，$\mathcal{D}_{mn}$ 指新的同一地区的负样本集合。

至此，房源 Embedding 的目标函数就定义好了。Embedding 的训练过程就是 Word2vec 使用负采样方法进行训练的标准过程，这里不再详述。

除此之外，论文中还介绍了解决冷启动问题的方法。简而言之，对于缺少 Embedding 的新房源，可以找附近的 3 个同样类型、价格相近的房源的 Embedding 进行平均得到，这不失为实用的工程经验。

为了验证房源 Embedding 的相似效果，Airbnb 实现了一个通过 Embedding 搜索相似房源的内部工具网站。图 11-8 所示为一组相似 Embedding 房源的搜索结果。

从图 11-8 中可以看出，Embedding 不仅编码了房源的价格、类型等信息，甚至连房源的建筑风格信息都能捕捉到，说明即使不直接利用图像信息，Embedding 也能从用户点击过的房源序列中挖掘出具有相似建筑风格的房源。

11.2.3 基于长期兴趣的用户 Embedding 和房源 Embedding

短期兴趣 Embedding 是根据用户点击数据训练的。Airbnb 又利用短期兴趣 Embedding 生成了房源 Embedding，基于房源 Embedding，可以有效地找出相似房源，但不足的是，该 Embedding 并没有包含用户的长期兴趣信息。比如用户 6 个月前预订过一个房源，其中包含了该用户对房屋价格、类型等属性的长期兴趣，而由于之前的 Embedding 只使用了 session 级别的点击数据，因而丢失了用户的长期兴趣信息。

为了捕捉用户的长期兴趣，Airbnb 使用了预订会话序列。例如，用户 j 在过去 1 年中依次预订过 5 个房源，那么其预订会话就是 $s_j=\left(l_{j1},l_{j2},l_{j3},l_{j4},l_{j5}\right)$。既然有了预订会话的集合，是否可以像之前对待点击会话（click session）那样，将 Word2vec 的方法用到 Embedding 上呢？答案是否定的，因为会遇到非常棘手的数据稀疏问题。

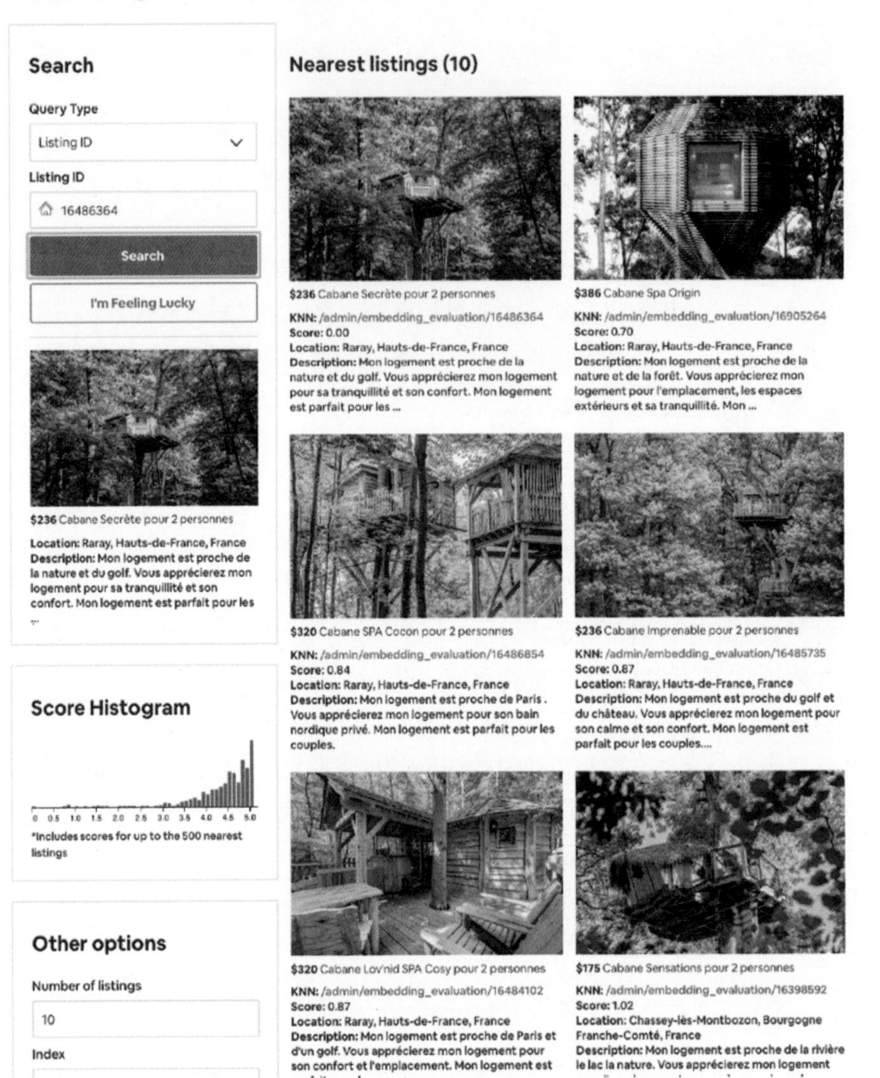

图 11-8　一组相似 Embedding 房源的搜索结果

具体地讲，预订会话的数据稀疏问题表现为以下 3 点。

（1）预订行为的总体数量远远小于点击行为的总体数量，所以预订会话集合的大小是远远小于点击会话集合的。

（2）单一用户的预订行为很少，大量用户在过去 1 年甚至只预订过 1 个房源，这导致很多预订会话序列的长度仅仅为 1。

（3）大部分房源被预订的次数也少得可怜，要使 Word2vec 训练出较稳定且有意义的 Embedding，物品最少需要出现 5～10 次，但大量房源被预订的次数少于 5 次，根本无法得到有效的 Embedding。

如何解决如此严重的数据稀疏问题，训练出有意义的用户 Embedding 和房源 Embedding 呢？Airbnb 给出的答案是基于某些属性规则做相似用户和相似房源的聚合。举例来说，房源属性如表 11-1 所示。

表 11-1 房源属性

分桶 ID（Buckets）	国家（Country）	房源属性（Listing Type）	每晚价格（$per Night）	床数量（Num Beds）	5 星好评百分比（Listing 5 Star %）
1	US	Ent	<40	1	0～40
2	CA	Priv	40～55	2	41～60
3	GB	Share	56～69	3	61～90
4	FR		70～83	>4	>90
5	MX		84～100		
6	AU		101～129		
7	ES		130～189		
8	…		>190		

可以用属性名称和分桶 ID（这里指属性值对应的序号）组成一个属性标识，例如，某个房源的国家是 US（美国），房源属性是 Ent（bucket 1），每晚的价格是 56 美元～59 美元（bucket 3），就可以用 US_lt1_pn3 表示该房源的属性标识。

用户属性的定义同理，从表 11-2 中可以看出，用户属性包括设备类型、是否填写简介、是否有头像照片、历史预订次数，等等。用户属性是一些非常基础的属性，通过与房源属性标识相同的方式，可以生成用户属性标识（user_type）。

表 11-2 用户属性

分桶 ID（Buckets）	市场（Market）	语言（Language）	设备类型（Device Type）	是否填写简介（Full Profile）	是否有头像照片（Profile Photo）	历史预订次数（Num Booking）	每晚平均价格（$per Night）
1	SF	En	Mac	Yes	Yes	0	<40
2	NYC	Es	Msft	No	No	1	40～55
3	LA	Fr	Andr			2～7	56～69
4	PHL	Jp	iPad			8+	70～83
5	AUS	Ru	Tablet				84～100
6	LV	Ko	iPhone				101～129
7	…	De	…				130～189

有了用户属性和房源属性，就可以用聚合数据的方式生成新的预订会话序列（booking session sequence）。直接用用户属性替代原来的 user ID，生成一个由该用户属性预订历史组成的预订会话序列。这种方法解决了用户预订数据稀疏的问题。

在得到用户属性的预订会话序列之后，如何得到用户属性和房源属性的 Embedding 呢？为了让用户属性 Embedding 和房源属性 Embedding 在同一个向量空间中生成，Airbnb 采用了一种比较“反直觉”的方式。

针对某一 uscr ID 按时间排序的预订会话序列 $(l_1, l_2, \cdots, l_m)$，用(user_type, listing_type)组成的元组替换原来的房源表示，原序列就变成 $((u_{\text{type1}}, l_{\text{type1}}), (u_{\text{type2}}, l_{\text{type2}}), \cdots, (u_{\text{typeM}}, l_{\text{typeM}}))$，这里 l_{type1} 指的就是房源 l_1 对应的房源属性，u_{type1} 指的是该用户在预订房源 l_1 时的用户属性，由于（user_type）会随着时间变化，所以 u_{type1} 与 u_{type2} 不一定相同。

有了该序列的定义，下一个问题是如何训练 Embedding，使得用户属性 Embedding 和房源属性 Embedding 在一个空间内。训练所用的目标函数完全沿用上一节定义的形式，但由于这里使用(user_type, listing_type)元组替换了原来的序列，如何确定“中心词”（central item）就成为核心问题。事实上，Airbnb 在相关论文中并没有披露这一部分的技术细节，但结合其大致的介绍，本节将给出一种接近论文原文的训练方法。

Airbnb 在训练用户属性 Embedding 和房源属性 Embedding 时，定义了当滑动窗口内“中心词”是 user_type(u_t)和 listing_type(l_t)时的目标函数：

$$\underset{\theta}{\arg\max} \sum_{(u_t,c)\in\mathcal{D}_{\text{book}}} \log \frac{1}{1+\mathrm{e}^{-v_c' v_{u_t}}} + \sum_{(u_t,c)\in\mathcal{D}_{\text{neg}}} \log \frac{1}{1+\mathrm{e}^{v_c' v_{u_t}}} \tag{11-9}$$

$$\underset{\theta}{\arg\max} \sum_{(l_t,c)\in\mathcal{D}_{\text{book}}} \log \frac{1}{1+\mathrm{e}^{-v_c' v_{l_t}}} + \sum_{(l_t,c)\in\mathcal{D}_{\text{neg}}} \log \frac{1}{1+\mathrm{e}^{v_c' v_{l_t}}} \tag{11-10}$$

其中，$\mathcal{D}_{\text{book}}$ 是中心词附近的用户属性和房源属性的集合。所以在训练过程中，用户属性和房源属性完全是被同等对待的，这两个目标函数也是完全一样的。

可以认为，Airbnb 在训练用户属性 Embedding 和房源属性 Embedding 时把所有元组扁平化，将用户属性和房源属性当作完全相同的词训练 Embedding，这样的方式保证了二者自然而然地在一个向量空间中生成。虽然整个过程浪费了一些信息，但不失为一个好的工程解决办法。

定义了 Embedding 的目标函数，用户和房源又被定义在同一向量空间中，利用 Word2vec 负采样的训练方法，可以同时得到用户和房源的 Embedding，二者之间的余弦相似度就代表了用户对某房源的长期兴趣偏好。

11.2.4 Airbnb 搜索词的 Embedding

除了计算用户和房源的 Embedding，Airbnb 还在其搜索推荐系统中对搜索词（query）进行了 Embedding：与用户 Embedding 的方法类似，把搜索词和房源置于同一向量空间进行 Embedding，再通过二者之间的余弦相似度进行排序。从图 11-9 和图 11-10 中可以看出采用 Embedding 方法生成的搜索排序和采用传统文本相似度方法的差别。

可以看出，在引入 Embedding 之前，搜索结果只能是输入的关键词，而引入 Embedding 之后，搜索结果甚至能够捕捉到搜索词的语义信息。例如，输入 France Skiing（法国滑雪），虽然搜索结果中没有一个地点名带有 Skiing 这个关键词，但联想结果都是法国的滑雪胜地，无疑更接近用户的搜索动机。

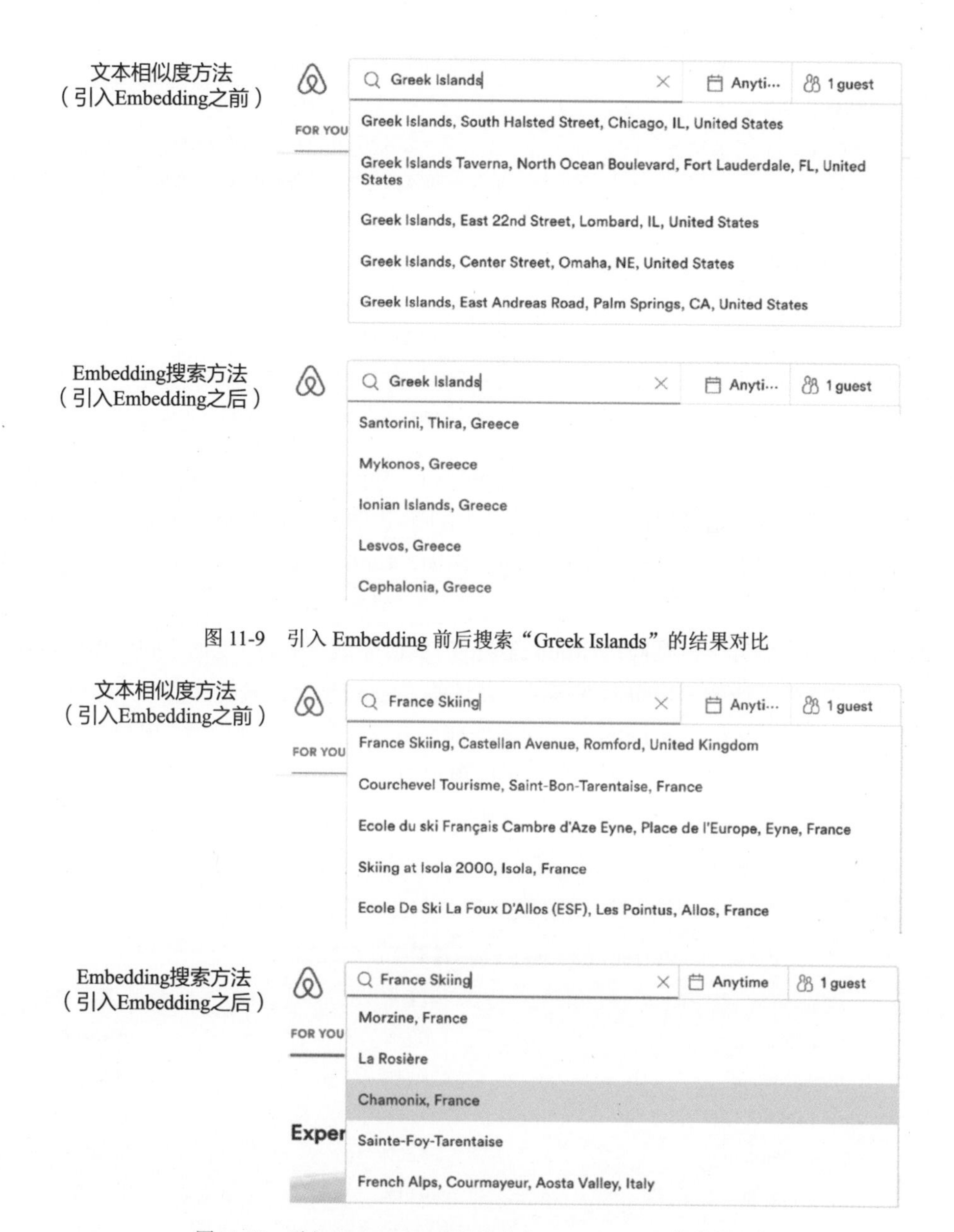

图 11-9　引入 Embedding 前后搜索“Greek Islands”的结果对比

图 11-10　引入 Embedding 前后搜索“France Skiing”的结果对比

11.2.5 Airbnb 的实时搜索排序模型及其特征工程

前面介绍了 Airbnb 对用户短期和长期兴趣进行用户和房源 Embedding 的方法。需要强调的是，Airbnb 并没有直接把 Embedding 相似度排名当作搜索结果，而是基于 Embedding 得到了不同的用户—房源相关特征（user-listing pair feature），然后将其输入搜索排序模型，得到最终的排序结果。

那么，Airbnb 基于 Embedding 生成了哪些特征呢？这些特征又是如何驱动搜索结果的“实时”个性化的呢？表 11-3 列出了基于用户和房源 Embedding 生成的特征。

表 11-3　Airbnb 基于用户和房源 Embedding 生成的特征

特征名称	特征描述
EmbClickSim	候选房源与用户点击房源的相似度
EmbSkipSim	候选房源与用户忽略房源的相似度
EmbLongClickSim	候选房源与用户长点击房源的相似度
EmbWishlistSim	候选房源与用户收藏房源的相似度
EmbInqSim	候选房源与用户联系房源的相似度
EmbBookSim	候选房源与用户预订房源的相似度
EmbLastLongClickSim	候选房源与用户最后长点击房源的相似度
UserTypeListingTypeSim	候选房源属性与用户属性的相似度

可以很清楚地看出，最后一个特征 UserTypeListingTypeSim 指的是用户属性和房源属性的相似度。该特征相似度就是使用用户属性和房源属性的长期兴趣 Embedding 计算得到的。除此之外，其他特征都适用于短期兴趣 Embedding。例如，EmbClickSim 指的是候选房源与用户点击房源的相似度。

细心的读者可能会有一个疑问：Airbnb 强调的“实时系统”中的“实时”到底体现在哪儿？其实通过上面的特征设计就可以得出答案了。在这些 Embedding 相关的特征中，Airbnb 加入了“EmbClickSim”“EmbLastLongClickSim”这类特征。由于这类特征的存在，用户在点击浏览的过程中就可以得到实时的反馈，搜索结果也可以根据用户的点击行为而实时改变。

在得到这些 Embedding 特征之后，将其与其他特征一起输入搜索排序模型进行训练。这里，Airbnb 采用的搜索排序模型是一个支持 Pairwise Lambda Rank 的 GBDT 模型[4]（已开源）。最后，表 11-4 所示为 Airbnb 对各特征重要度的评估结果，供读者参考。

表 11-4　Airbnb 对各特征重要度的评估结果

特征名称	覆盖率	特征重要性排名
EmbClickSim	76.16%	5/104
EmbSkipSim	78.64%	8/104
EmbLongClickSim	51.05%	20/104
EmbWishlistSim	36.50%	47/104
EmbInqSim	20.61%	12/104
EmbBookSim	8.06%	46/104
EmbLastLongClickSim	48.28%	11/104
UserTypeListingTypeSim	86.11%	22/104

11.2.6 Airbnb 实时搜索推荐系统总结

本节介绍了与 Airbnb 实时搜索推荐系统相关的内容。总的来说，Airbnb 的实时搜索推荐系统有如下值得我们思考借鉴的地方。

1. 工程与理论的紧密结合

通过对经典的 Word2vec 方法进行改造，实现用户和房源的 Embedding；针对数据稀疏的问题，利用用户属性和房源属性聚合稀疏数据，这些极具实践价值的方法为算法工程师提供了学习的思路。

2. 业务与知识的深度融合

在改造 Embedding 目标函数的过程中，不止一次引入了与业务强相关的目标项，使算法的改造与公司业务和商业模型紧密结合，这往往是很多学术导向的算法工程师缺乏的能力，因此值得关注和学习。

11.3 阿里巴巴深度学习推荐系统的进化

自 2017 年发表 LS-PLM 模型[5]的论文以来，阿里巴巴的广告推荐团队（这里主要指阿里妈妈的团队）以惊人的速度和执行力推动其电商广告推荐系统的演化。有影响力的工作不仅包括 3.8 节和 3.9 节介绍的 DIN[6]和其进化版本 DIEN[7]，还包括 2019 年发布的推荐模型 MIMN（Multi-channel user Interest Memory Network）[8]、2020 年发布的 SIM （Search-based Interest Model）[9]、2021 年发布的 STAR（Star Topology Adaptive Recommender）[10]等。除了在推荐系统主模型上的持续创新，阿里巴巴团队在深度学习工程架构和独立问题方面的工作同样出色，比如 2018 年发布的多目标建模模型 ESMM、2020 年发布的召回粗排框架 COLD、2023 年发布的专门针对“双 11”这种大促场景的数据利用方案 HDR（Historical Data Reuse）[11]等。可以说，阿里巴巴团队是这次深度学习浪潮中，中国乃至全球最有影响力的团队之一。

由于阿里巴巴的优秀工作成果众多，笔者不会在本节深入介绍所有模型细节，而是希望从更大的时间跨度，总结阿里巴巴深度学习推荐系统的技术迭代历程，期望读者能够从时间和空间的维度体会头部互联网公司是如何思考问题并进行技术升级的。

11.3.1 阿里巴巴的推荐系统应用场景和模型体系

阿里巴巴的应用场景读者可能比较熟悉，无论是天猫还是淘宝，阿里巴巴推荐系统的主要功能都是根据用户的历史行为、输入的搜索词及其他商品和用户信息，在网站或 App 的不同推荐位置为用户推荐感兴趣的商品。

在解决推荐问题时，熟悉场景中的细节要素和用户操作中的主要步骤是重要的。例如，某用户希望在淘宝购买一个“无线鼠标”，从登录淘宝到购买成功，一般需要经历以下几个阶段（图 11-11 展示了用户搜索“无线鼠标”时系统的推荐结果）。

①登录→②搜索→③浏览→④点击→⑤加入购物车→⑥支付→⑦购买成功，每一步都存在用户的流失，推荐系统要提高购买的转化率，就必须尽可能多地考虑每一步的有用信息，阿里巴巴推荐团队对推荐系统的优化可以说存在于用户行为的全链路。

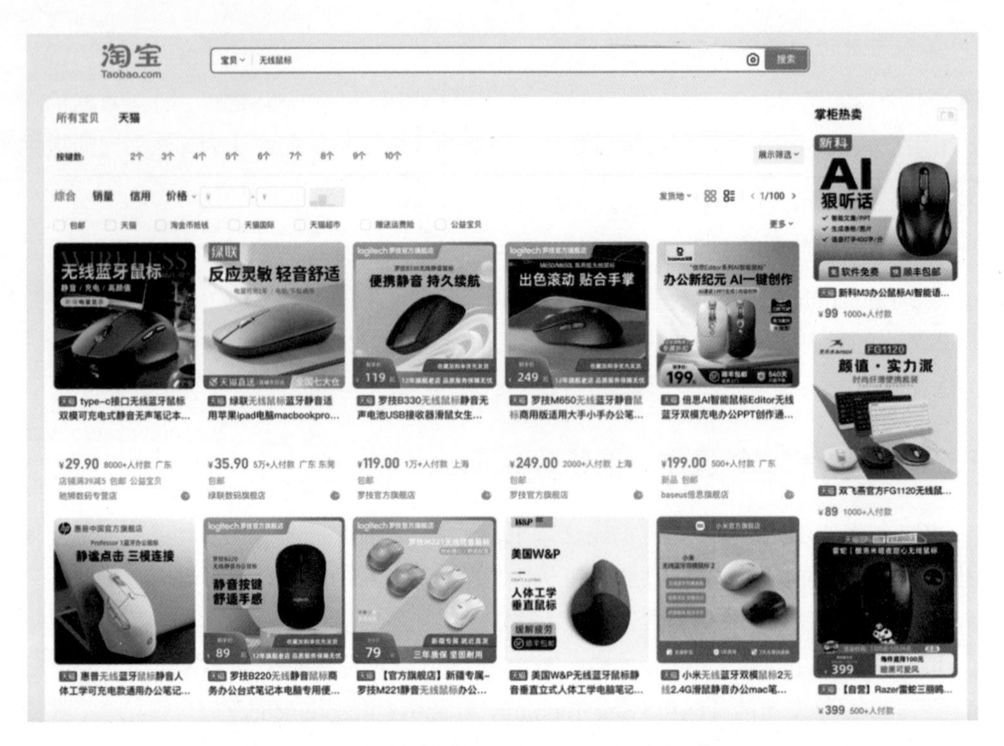

图 11-11 在淘宝中搜索“无线鼠标”时系统的推荐结果

比如在浏览商品阶段，用户可关注的商品信息是多样的，既有文本类的描述信息，又有数字类的价格、购买量等信息，还有不可忽视的商品图片信息。这么多“模态”的信息汇聚在一起，如何更好地驱动推荐引擎呢？阿里巴巴技术团队在一篇关于多模态 CTR 模型的文章中（*Image Matters: Visually Modeling User Behaviors Using Advanced Model Server*）[12]给出了解决方案。

在推荐系统主模型的迭代过程中，阿里巴巴技术团队从最开始的 LS-PLM 到基础深度学习模型，再到引入了注意力机制的 DIN 及其后续进化版本 DIEN、MIMN、SIM 等，算法工程师把用户行为序列应用到极致，最大程度地捕捉用户兴趣。

在从登录到购买成功的 7 个步骤中，以“浏览→点击”，“点击→加入购物车”这两个阶段最为关键。那么，到底应该为这两个阶段的行为单独建立 CTR 模型和 CVR 模型，还是统一建模呢？6.1 节介绍的多目标优化模型 ESMM 给出了阿里巴巴技术人员对这个问题的思考。除此之外，阿里巴巴的推荐场景是多样的，上述例子是在淘宝推荐无线鼠标，如果是在天猫 App 里推荐女装，还能用同样的模型吗？有没有一个通用模型能够支持各种场景呢？STAR 模型架构给出了解决方案。

可以说，阿里巴巴的模型体系贯穿了整个用户生命周期。图 11-12 大致描绘了阿里巴巴推荐模型的体系，横轴展示了推荐系统主模型的进化过程，纵轴则是推荐系统框架的迭代，右上方绿色部分是一些独立问题的解决方法。模型体系中的很多工作已经在本书前面的章节中介绍过。下面笔者将查漏补缺，把阿里巴巴推荐模型的发展过程串联起来。

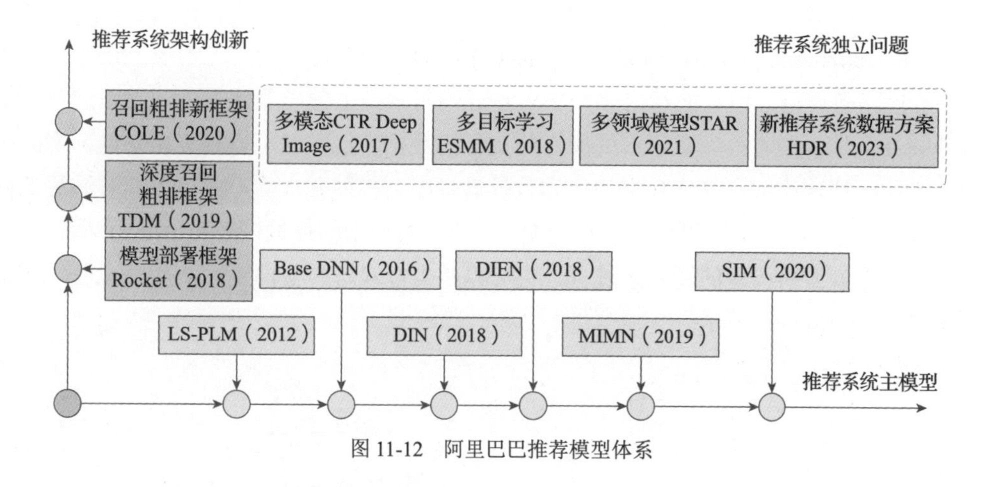

图 11-12　阿里巴巴推荐模型体系

11.3.2　阿里巴巴推荐主模型的演化过程

前深度学习时代的推荐模型 LS-PLM 揭开了阿里巴巴深度学习推荐模型的序章。自此开始，其深度学习推荐模型演化主要经历了三个阶段。

1. 基础深度学习模型阶段

2016 年阿里巴巴团队基于经典的 Embedding+MLP 深度学习模型架构，将用户历史行为的 Embedding 简单地通过加和池化操作叠加，再与其他用户特征、广告特征、场景特征连接后输入上层神经网络进行训练，模型结构如图 11-13（a）所示。这一模型和微软的 Deep Crossing、YouTube 的经典深度学习模型结构是基本一致的。

2. DIN 模型阶段

DIN 模型是业界改良推荐模型的重大突破，它用注意力机制替换了基础模型的加和池化操作，根据候选广告和用户历史行为之间的关系确定每个历史行为的权重，模型结构如图 11-13（b）所示。注意力机制的引入是一个里程碑式的事件，它意味着推荐系统能够更加精确地捕捉用户单个历史行为和目标物品之间的关系。

3. 序列模型阶段

在 DIN 的基础上，阿里巴巴团队进一步改进对用户历史行为的建模，用序列模型从用户历史行为之中抽取用户兴趣并模拟其演化过程。阿里巴巴团队在这一阶段的重要工作成果有三个：DIEN、MIMN 和 SIM。DIEN 的模型结构如图 11-13（c）所示。它利用 ARGRU 序列模型结构从用户行为序列中抽取了用户兴趣的变化，从而更加精确地模拟用户全生命周期的行为。

在 DIEN 的基础上，MIMN 则更进一步将用户的兴趣细分为不同兴趣通道，模拟用户在不同兴趣通道上的演化过程，生成不同兴趣通道的记忆向量，再利用注意力机制作用于多层神经网络，模型结构如图 11-13（d）所示。

走到 MIMN 这一步，推荐模型的结构已经极为复杂了。对于序列模型来说，序列越长意味着模型学习和预估的速度越慢。在阿里巴巴的场景下，很多用户是 10 年以上的老用户，其行为序列的长度甚至能够达到几千上万的规模，这样的规模对于 DIEN、MIMN 这样的序列模型是不可接受的。但用户的长期兴趣对推荐效果来说又至关重要，怎样解决这样的困局呢？

SIM（Search based Interest Model）就是在这样的困局下提出的。它本质上还是一个类似DIEN 的深度学习模型，但它的行为序列输入是通过搜索产生的。具体来说，搜索词就是要推荐的候选物品，搜索的索引库是用户的所有历史行为数据。这样就可以搜索出与候选物品相关的用户行为用于构建序列，在序列中的行为数量满足序列模型要求后，就可以同时满足工程限制和保留长期兴趣的需要，可以说是一举两得。用户相关行为的搜索过程类似于一个召回过程，既可以是基于搜索索引构建的硬搜索过程，也可以是类似双塔模型构建的软搜索过程。SIM 的模型结构如图 11-13（e）所示。

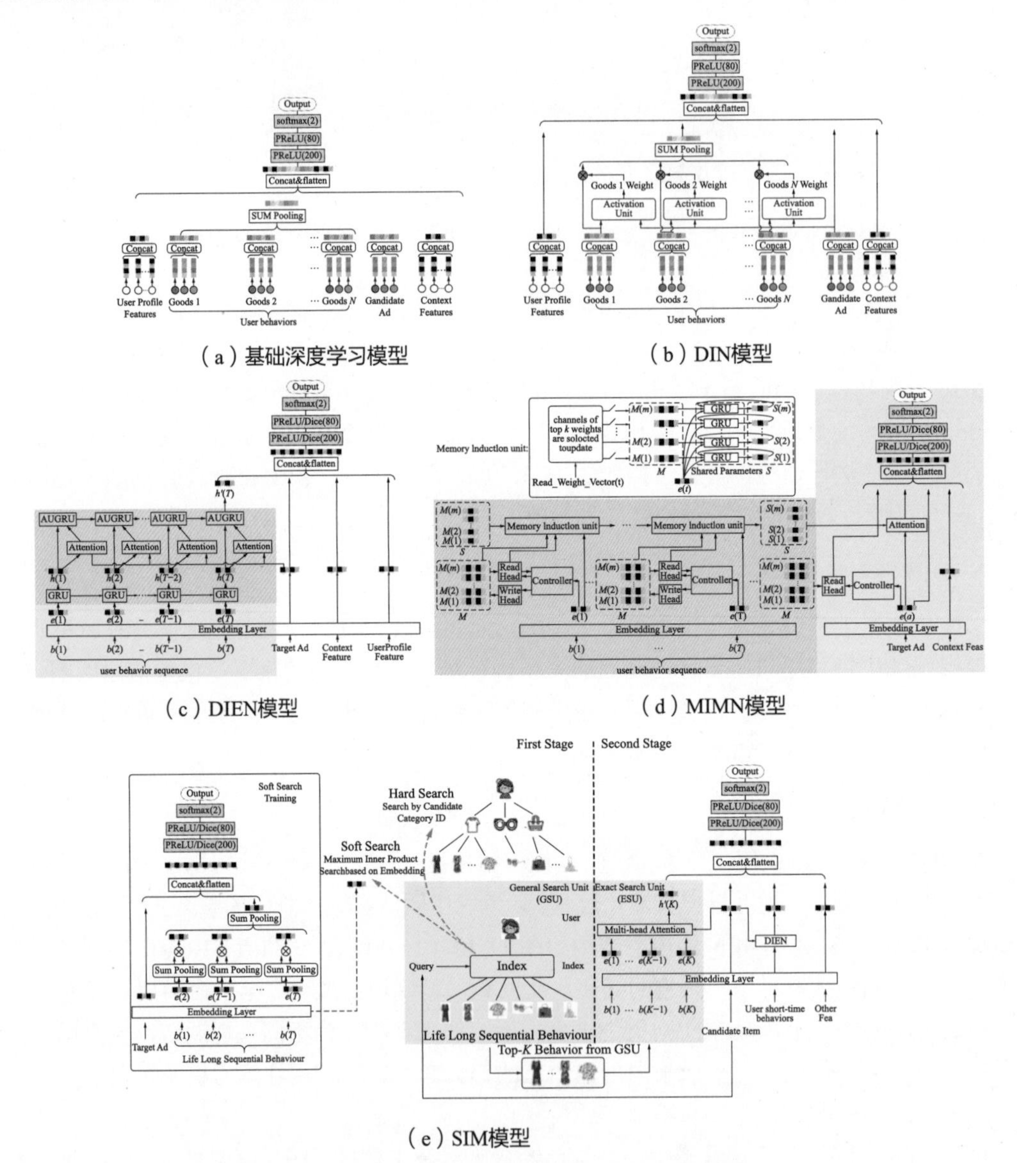

（a）基础深度学习模型

（b）DIN模型

（c）DIEN模型

（d）MIMN模型

（e）SIM模型

图 11-13 阿里巴巴推荐模型演化过程中的主要模型的架构

可以看出，阿里巴巴推荐模型演化过程主要聚焦于对用户历史行为的深入利用。一方面，用户历史行为确实在推荐中起到至关重要的作用；另一方面，阿里巴巴在电商领域的领先地位及其积累的高质量数据，决定了它的数据能够保存大部分用户的购买兴趣特征，从而有效地建模。图 11-14 所示为某女性用户的购买历史（其中每张图片代表该用户购买过的一个商品）。这个例子很好地解释了阿里巴巴不同推荐模型对用户行为的建模原理。

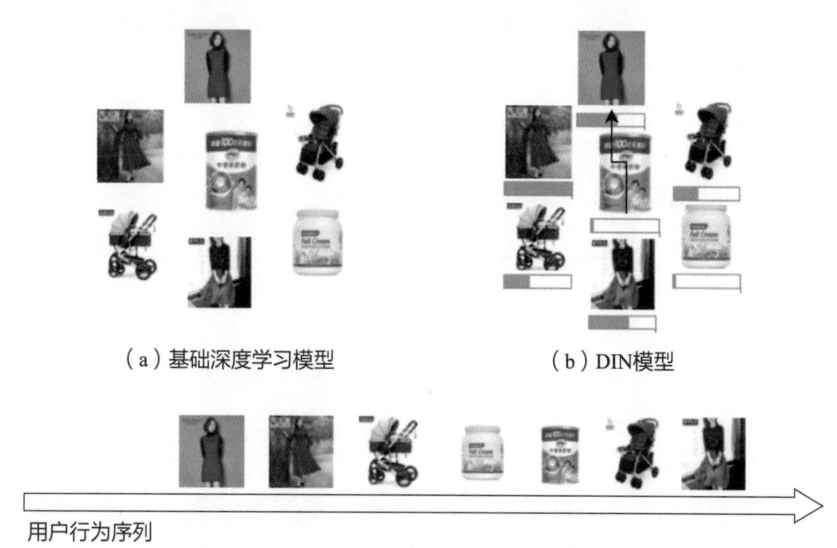

（a）基础深度学习模型

（b）DIN模型

（c）DIEN模型

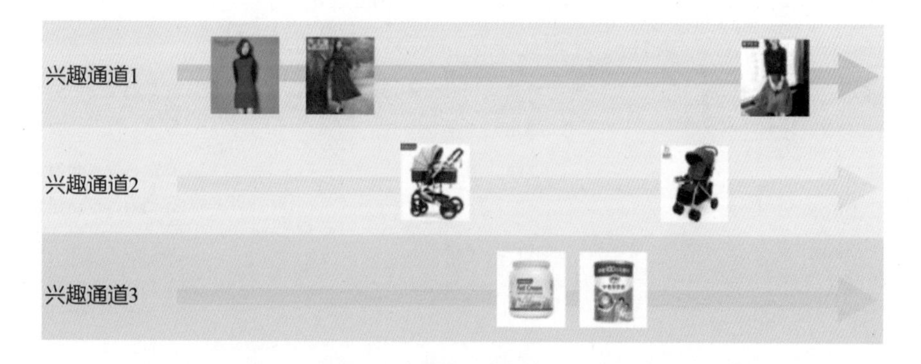

（d）MIMN模型

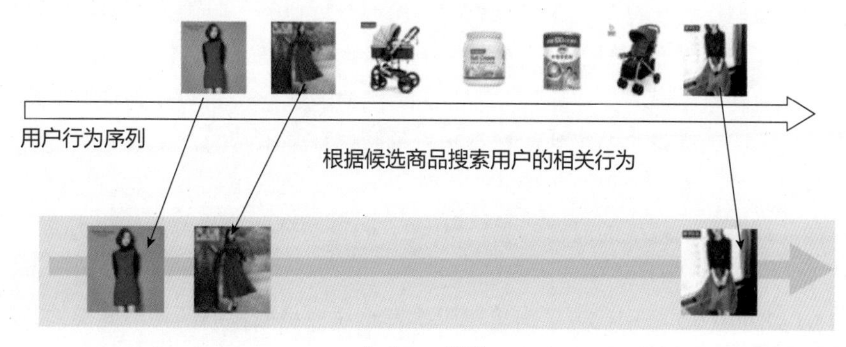

（e）SIM模型

图 11-14　阿里巴巴各模型对用户行为的建模方法

（1）图 11-14（a）展示的是基础深度学习模型对用户行为的处理方式，即一视同仁，不分重点。

（2）从图 11-14（b）中可以看出，每个商品开始有了权重（图中用进度条表示），这个权重是基于该商品与候选商品的关系通过注意力机制学习得到的。这就让模型具备了有重点地看待不同用户行为的能力。

（3）图 11-14（c）中的用户行为有了时间维度，用户历史行为按照时间轴被排列成一个序列。DIEN 模型开始考虑用户行为和用户兴趣随时间变化的趋势，使模型真正具备了预测用户下次购买的物品的能力。

（4）图 11-14（d）中的用户行为不仅被排成序列，而且根据商品的不同种类被排列成多个序列，这使得 MIMN 模型开始对用户多个“兴趣通道”建模，更精准地把握用户的兴趣变迁过程，避免不同兴趣之间相互干扰。

（5）图 11-14（e）中的用户行为是被筛选过的，基于候选商品搜索出相关的用户行为，再形成用户行为序列输入主推荐模型，这样既保证了用户的长期兴趣不被忽视，又使行为序列不至于过长，避免拖慢模型训练和预估速度。

阿里巴巴推荐模型抓住了“用户兴趣”这个关键点进行了数次改进，使模型对用户兴趣的理解越来越精准，模型的效果越来越好。从各模型在淘宝数据集和亚马逊数据集的 AUC 表现（如表 11-5 所示）来看，阿里巴巴针对用户兴趣对模型的改进是成功的。

表 11-5　阿里巴巴各模型的效果（AUC 表现）

模　　型	淘宝数据集(mean±std)	亚马逊数据集(mean±std)
基础深度学习模型	0.8709 ± 0.00184	0.7367 ± 0.00043
DIN	0.8833 ± 0.00220	0.7419 ± 0.00049
DIEN	0.9081 ± 0.00221	0.7481 ± 0.00102
MIMN	0.9179 ± 0.00325	0.7593 ± 0.00150
SIM	0.9416 ± 0.00049	0.7510 ± 0.00052

11.3.3　模型服务模块的技术架构

复杂模型的模型服务一直是业界的难点。使用一些近似的手段简化模型，会让模型效果受损；端到端地将复杂模型搬到线上，又会使服务的延迟率居高不下，影响用户体验。这一两难的问题同样困扰着阿里巴巴的工程师。对于 DIEN 和 MIMN 这类带有序列结构的模型来说，这个问题尤为突出，因为模型中的序列结构意味着推断过程是串行的，模型无法被并行加速，这使得模型服务成为整个推荐过程的瓶颈。

那么，如何解决这个棘手的问题的呢？MIMN 的论文公开了相关的解决方案（如图 11-15 所示）。

图 11-15（a）和（b）分别代表了阿里巴巴推荐系统模型服务的两种不同架构，两图中部横向的虚线代表了在线环境和离线环境的分隔。两种架构的区别主要体现在左边部分处理用户行为事件的方法上，有以下两点：

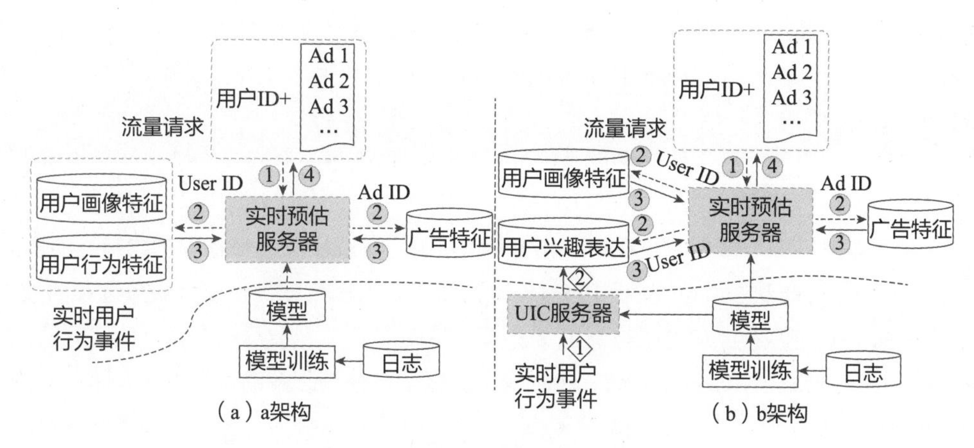

图 11-15 阿里巴巴的实时模型服务架构

1. 用户兴趣表达模块

b 架构将 a 架构的“用户行为特征”（User Behavior Features）在线数据库替换成了“用户兴趣表达”（User Interest Representation）在线数据库。这一变化对模型推断过程非常重要。无论是 DIEN 还是 MIMN，它们表达用户兴趣的最终形式都是兴趣 Embedding。如果在线获取的是用户行为特征序列，那么对实时预估服务器（Real-time Prediction Server）来说，还需要运行复杂的序列模型推断过程生成用户兴趣 Embedding。如果在线获取的是用户兴趣 Embedding，那么实时预估服务器就可以跳过序列模型阶段，直接开始 MLP 阶段的运算。MLP 的层数相较序列模型的层数大大减少，而且便于并行计算，因此实时预估的整体延迟可以大幅减少。

2. 用户兴趣中心模块

b 架构增加了一个服务模块——用户兴趣中心（User Interest Center，UIC），用于根据用户行为序列生成用户兴趣Embedding。对DIEN和MIMN来说，UIC运行着生成用户兴趣Embedding的部分模型。与此同时，实时用户行为事件（Realtime User Behavior Event）的更新方式也发生着变化，对 a 架构来说，一个新的用户行为事件产生时，该事件会被插入用户行为特征数据库中，而对 b 架构来说，新的用户行为事件会触发 UIC 的更新逻辑，UIC 会利用该事件更新对应用户的兴趣 Embedding。

在理解了用户兴趣表达模块和 UIC 的作用之后，其他模块的作用在 a 和 b 架构中是基本一致的，其离线部分和在线部分的运行流程如下所述。

离线部分：学习模块（Learner）定期利用系统日志（Logs）训练并更新模型，新模型在 a 架构中被直接部署在实时预估服务器中，而 b 架构则对模型进行拆分，生成用户兴趣 Embedding 的部分〔图 11-15（b）左侧部分〕部署在 UIC 服务器上，其余部分〔图 11-15（b）右侧灰色部分〕部署在实时预估服务器上。

在线部分：在线部分的运行流程如下。

（1）流量请求（traffic request）到来，其中携带了用户 ID（User ID）和待排序的候选商品 ID（Ad ID）。

（2）实时预估服务器根据用户 ID 和候选商品 ID 获取用户和商品特征（Ad Features），用户特征具体包括用户画像特征（User Demography Features）和用户行为特征（a 架构）或用户兴趣 Embedding（b 架构）。

（3）实时预估服务器利用用户和商品特征进行预估和排序，返回最终排序结果给请求方。

b 架构对最耗时的序列模型部分进行了拆解，因此大幅降低了模型服务的总延迟。根据阿里巴巴公开的数据，每个服务节点在 500 QPS（Queries Per Second，每秒查询次数）的压力下，DIEN 模型的预估时间从 200 ms 降至 19 ms。这无疑是从工程角度优化模型服务过程的效果。

熟悉前面章节的读者肯定也联想到了 8.3 节介绍的深度学习推荐模型线上部署方法。事实上，a 架构本质上采用了 TensorFlow Serving 或自研模型这种端到端的部署方案，而 b 架构则采用了 Embedding+轻量级线上模型的部署方案。阿里巴巴的实践给这几种线上部署方案提供了最好的案例。

阿里巴巴对于推荐系统工程架构的探索也是持续的，本书已经介绍过的深度树召回框架 TDM 和一致性粗排召回框架 COLD，同样是其杰出的工程创新。

11.3.4 多领域推荐模型 STAR

6.1 节介绍的 ESMM 模型是阿里巴巴在多目标优化上的杰出工作，它解决了同一个业务场景下具有不同优化目标的问题。那么反过来，如果优化目标是相同的，但是业务场景不一样，可以用同一个模型来解决吗？比如在淘宝首页进行 CTR 预估，和在天猫的“猜你喜欢”页面进行 CTR 预估，虽然都是 CTR 预估，但是业务场景明显不同，应该如何建模呢？如果用独立的两个模型进行预估，就无法共享数据，而且独立的两个模型训练和部署起来也费时费力。能用一个“大一统”模型解决多个场景的联合训练问题吗？阿里巴巴的 STAR 模型给出了多领域联合训练问题的解决思路。

图 11-16（a）展示了 STAR 模型的主要结构。如果忽略图中彩色的部分，其实 STAR 模型的结构和经典的 Embedding+MLP 推荐模型是没有区别的。能够解决多领域学习问题的恰恰是图中彩色的部分，不同的颜色表示只有特定场景的样本才能够更新相应部分结构的参数。那么如何区分样本来自哪个业务呢？就是利用模型输入的业务标识特征（Domain Indicator）来区分。

我们自底向上梳理 STAR 模型的训练过程。例如，Domain-1 对应的一批样本进入了训练过程，首先经过共享的 Embedding 层和池化连接层，接着进入分区归一化层（PN 层）。PN 层就不再是共享层了，而是每个 Domain 独享一个 PN 层，因此 Domain-1 的样本学习只会更新图中紫色部分的 PN 层。再往上是紫色的全连接层（FCN），它会跟共享的中心化的 FCN 一同更新参数。而绿色和蓝色的全连接层参数则保持不变。

更进一步来说，这个星形的全连接层的结构如图 11-16（b）所示。可以看出，每一个 Domain 的全连接层和中心化的全连接层的结构是一模一样的。它们之间的关系是逐元素（element-wise）乘积的关系，也就是矩阵对应位置的元素相乘。这样就保证了每一个 Domain 的全连接层可以学习到业务独有的数据特性，中心化的全连接层则可以实现知识共享。

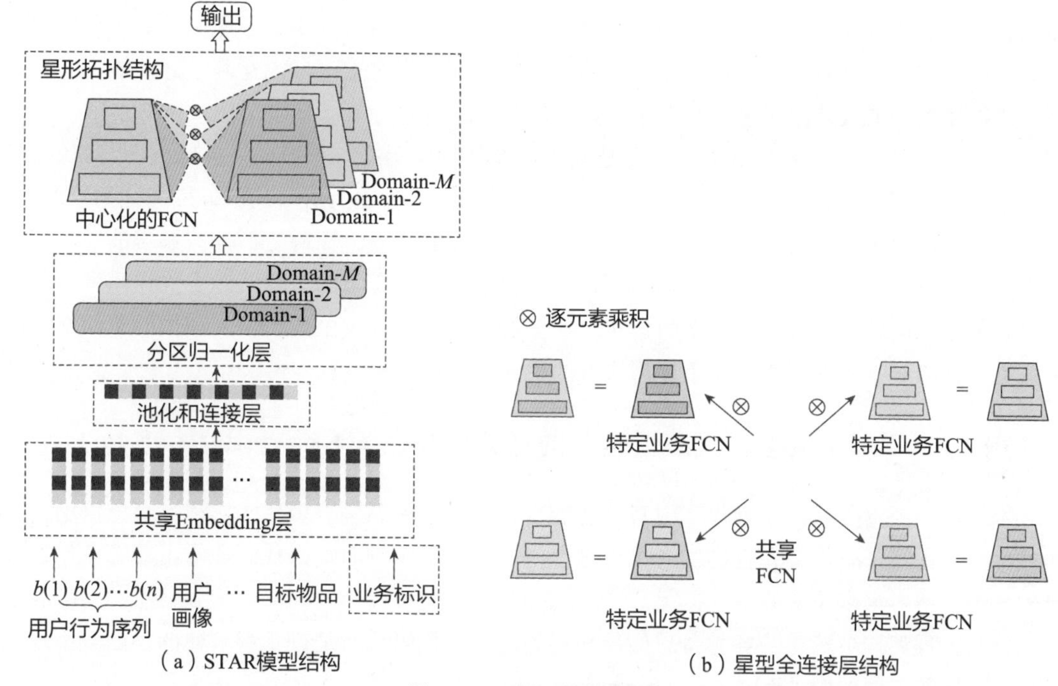

（a）STAR模型结构　　（b）星型全连接层结构

图 11-16　STAR 的模型结构

STAR 的模型结构无疑是巧妙的，它利用模型的星形拓扑结构兼顾了领域内知识学习和领域间知识共享的能力。阿里巴巴的这项工作在业界的影响力也比较大，特别是在电商和广告领域，由于业务场景众多，用 STAR 这样的大一统模型代替过去零散的业务模型，不仅容易提升业务整体效果，而且是比较优雅的技术选择。

11.3.5 阿里巴巴推荐技术架构总结

从 2016 年至今（2025 年），阿里巴巴广告推荐团队发表的一系列论文构建了一整套推荐技术架构，无论是从深度学习理论方面还是从工程方面而言，这一系列的文章和技术分享内容都非常值得阅读和持续关注，具体原因有如下 3 点。

1. 工程实践性很强

工程实践性强的文章有两个特点，一是应用场景来源于实际，二是解决问题的方案更容易落地。这得益于阿里巴巴得天独厚的业务和数据环境，再加上优秀工程师的持续创新，让我们看到很多“实践出真知”的解决方案。

2. 对用户行为的观察非常精准

在改进推荐系统的过程中，只有将用户的行为和习惯揣摩到位，才能以此出发，从技术上映射用户的兴趣偏好。DIN、DIEN、MIMN 等一系列针对用户兴趣的推荐模型，精准地“抓住”了用户的行为和习惯，这样的工作是细致且有效的。

3. 模型微创新

从低维到高维是创新，从离散到连续是创新，从单一到融合也是创新，阿里巴巴的一系列模型将在自然语言处理领域大行其道的注意力机制、序列模型引入推荐领域，是另一种典型且有效的创新手段。除此之外，每次模型的迭代更新都不是推倒重建，而是基于之前模型的微创新，这往往是一个成熟团队进行高效技术迭代的成果。

从阿里巴巴近 10 年的技术迭代我们也可以窥探深度学习推荐系统的发展脉络。最开始深度学习推荐主模型带来的收益是巨大的，因此在模型上的投入物超所值。但在 2020 年之后，MIMN 几乎已经到达了模型复杂度的巅峰，也触及了工程能力的极限。在此之后推荐系统的发展朝着两个方向进行：一个是工程和模型的协同创新，就是如何在有限的工程资源下优化模型；另一个是各种独立问题的解决，比如多目标优化、多场景优化等。时至今日，大模型的革命滚滚而来，这一方向必将成为推荐系统下一步发展的主流方向。

11.4 “麻雀虽小，五脏俱全”的开源推荐系统 SparrowRecSys

本书第一版出版后，笔者收到很多读者的反馈，他们说书里缺少代码实现，希望给出更多实践案例。在写作时，笔者也确实考虑过这个问题，但是一方面觉得代码非常占篇幅，粘贴大量的代码会挤占太多正文的空间；另一方面觉得推荐系统最精彩的其实是模型背后的动机和思路，以及工程架构中蕴含的各种奇思妙想和利弊权衡，代码反而是过于细节化的东西。不过笔者也完全理解工程师们“Talk is cheap. Show me the code.”的需求，所以在写完第一版之后，笔者领导开发了一个开源的推荐系统 SparrowRecSys（在 GitHub 上搜索 SparrowRecSys 即可找到项目地址），希望给本书的读者们提供更多实践经验，也弥补本书缺乏代码示例的不足。下面笔者就简要介绍 SparrowRecSys 的功能、数据、模型及工程架构。篇幅所限，具体的代码还是请读者直接关注 GitHub 上的开源项目。

11.4.1 SparrowRecsys 简介

SparrowRecSys，全称 Sparrow Recommender System，中文名“麻雀推荐系统”，取“麻雀虽小，五脏俱全”之意。你第一眼见到它，可能会认为它像个 Demo 或者玩具。虽然它并不真正具备一个工业级深度学习推荐系统的全部功能，但我希望它是一颗能够长成参天大树的种子、一只未来能展翅高飞的雏鸟。在投入一定的精力改造、拓展之后，它甚至有可能支撑起具有一定规模的互联网公司的推荐系统框架。这就是笔者设计 SparrowRecSys 的初衷，也希望读者能够在参与实现 SparrowRecSys 的过程中，快速掌握深度学习推荐系统的主要模块和主流技术，并且从中找到乐趣，获得成就感。

从功能上讲，SparrowRecSys 是一个电影推荐系统，视频推荐是笔者最熟悉的领域，因此以电影推荐作为切入点。像所有经典的推荐系统一样，它具备“相似推荐”“猜你喜欢”等推荐功能，其页面设置主要由“首页”、“电影详情页”和“为你推荐页”组成。

SparrowRecSys 的首页如图 11-17 上部所示，它由不同类型的电影列表组成。当用户首次访问首页时，系统默认以历史用户的平均打分从高到低对电影排序，随着当前用户不断为电影打分，系统会对首页的推荐结果进行个性化的调整，比如对电影类型的排名进行个性化调整，对每个类型内部的影片也进行个性化推荐。

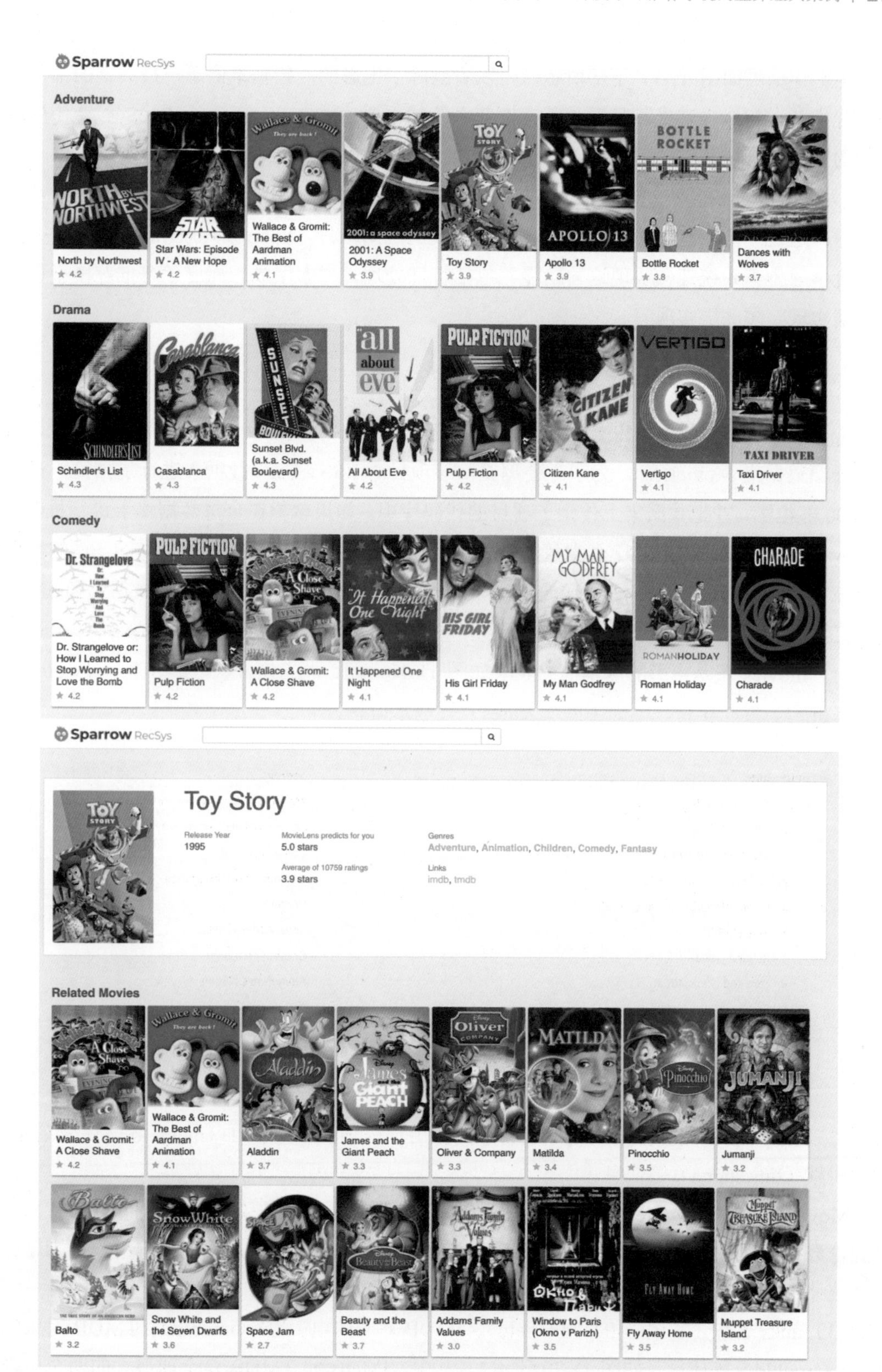

图 11-17　SparrowRecSys 的首页（上）和电影详情页（下）

电影详情页如图 11-17 下部所示，可以看到除了电影的一些基本信息，最关键的部分是相似影片推荐。相似内容推荐几乎是所有推荐系统的重要功能之一，SparrowRecSys 会使用本书介绍的 Embedding 相似内容推荐方法来实现该功能。

“为你推荐页”是用户的个性化推荐页面。这个页面会根据用户的点击、评价历史进行个性化推荐。这几乎是所有推荐系统最经典和最主要的应用场景。SparrowRecSys 将基于本书介绍的深度学习推荐系统架构实现这一功能，包括特征处理、样本生成、深度学习推荐模型训练、召回层实现、排序层实现等。

11.4.2 SparrowRecSys 的数据从哪儿来

SparrowRecSys 是一个完全开源的推荐系统项目，数据源也是开源和免费的，来自著名的电影开源数据集 MovieLens。为了方便调试，该项目对 MovieLens 数据集进行了精简，只留下了 1000 部电影，并把数据集上传到了项目的代码库中。如果希望在全量数据集上进行推荐，可以去 MovieLens 的官方网站下载全量数据，它一共包含了 27,000 部电影。MovieLens 的数据集包括三部分，分别是 movies.csv（电影基本信息数据）、ratings.csv（用户评分数据）和 links.csv（外部链接数据）。

（1）movies 表是电影的基本信息表（如图 11-18 所示），它包含了电影 ID（movieId）、电影名（title）、发布年份、电影类型（genres）等基本信息。

movieId	title	genres
1	Toy Story (1995)	Adventure|Animation|Children|Comedy|Fantasy
2	Jumanji (1995)	Adventure|Children|Fantasy
3	Grumpier Old Men (1995)	Comedy|Romance
4	Waiting to Exhale (1995)	Comedy|Drama|Romance
5	Father of the Bride Part II (1995)	Comedy
6	Heat (1995)	Action|Crime|Thriller
7	Sabrina (1995)	Comedy|Romance
8	Tom and Huck (1995)	Adventure|Children
9	Sudden Death (1995)	Action
10	GoldenEye (1995)	Action|Adventure|Thriller

图 11-18 MovieLens 中的电影基本信息数据

（2）ratings 表（如图 11-19 所示）包含了用户 ID（userId）、电影 ID（movieId）、评分（rating）和时间戳（timestamp）等信息。

MovieLens 20M Dataset 包含了 2000 万条评分数据，项目从实验数据集中抽取了约 104 万条评论数据。评论数据集是推荐模型训练所需的训练样本来源，也是我们分析用户行为序列、电影统计型特征的原始数据。

（3）links 表包含了电影 ID（movieId）、IMDB 对应的电影 ID（imdbId）、TMDB 对应的电影 ID（tmdbId）等信息（如图 11-20 所示）。其中，IMDB 和 TMDB 是全球最大的两个电影数据库。因为 links 表包含了 MovieLens 电影和这两个数据库 ID 之间的对应关系，所以，我们可以根据这个对应关系来获取电影的其他相关信息，这也为大量拓展推荐系统特征提供了可能。

userId	movieId	rating	timestamp
1	2	3.5	1112486027
1	29	3.5	1112484676
1	32	3.5	1112484819
1	47	3.5	1112484727
1	50	3.5	1112484580
1	112	3.5	1094785740
1	151	4.0	1094785734
1	223	4.0	1112485573
1	253	4.0	1112484940
1	260	4.0	1112484826

图 11-19 MovieLens 的用户评分数据

movieId	imdbId	tmdbId
1	114709	862
2	113497	8844
3	113228	15602
4	114885	31357
5	113041	11862
6	113277	949
7	114319	11860

图 11-20 MovieLens 的外部链接数据

此外，MovieLens 的数据集中还包含 tags.csv，它用于记录用户为电影打的标签，不过 SparrowRecSys 中暂时没有使用标签数据，这里就不展开介绍了。

11.4.3 SparrowRecSys 的技术架构

图 11-21 是 SparrowRecSys 的技术架构图，可以说，它就是本书介绍的深度学习推荐系统的经典架构。只不过对于每个模块，SparrowRecSys 填上了具体的技术选型。比如大数据处理使用了 Spark，流式处理使用了 Flink，模型训练使用了 TensorFlow，前端使用了 AJAX 和基于 Java 的 Jetty 服务器。表 11-6 列出了每个模块的技术选型。

在深度学习推荐模型部分，SparrowRecSys 实现了经典的 Embedding+MLP、NeuralCF、Wide&Deep、DeepFM 等模型，并基于 TensorFlow Serving 实现了模型线上部署。这里以 Wide&Deep 为例，列出开源项目中的相关代码，其他模型的代码则可以在开源项目中自行探索。

代码 11-1 Wide&Deep 模型代码

```
# Wide and Deep 模型
# 以所有特征为输入的 Deep 部分
deep = tf.keras.layers.DenseFeatures(numerical_columns + categorical_columns)(inputs)
deep = tf.keras.layers.Dense(128, activation='relu')(deep)
deep = tf.keras.layers.Dense(128, activation='relu')(deep)
# 以交叉特征为输入的 Wide 部分
wide = tf.keras.layers.DenseFeatures(crossed_feature)(inputs)
# Deep 部分与 Wide 部分的连接
both = tf.keras.layers.concatenate([deep, wide])
# 输出层
output_layer = tf.keras.layers.Dense(1, activation='sigmoid')(both)
model = tf.keras.Model(inputs, output_layer)
```

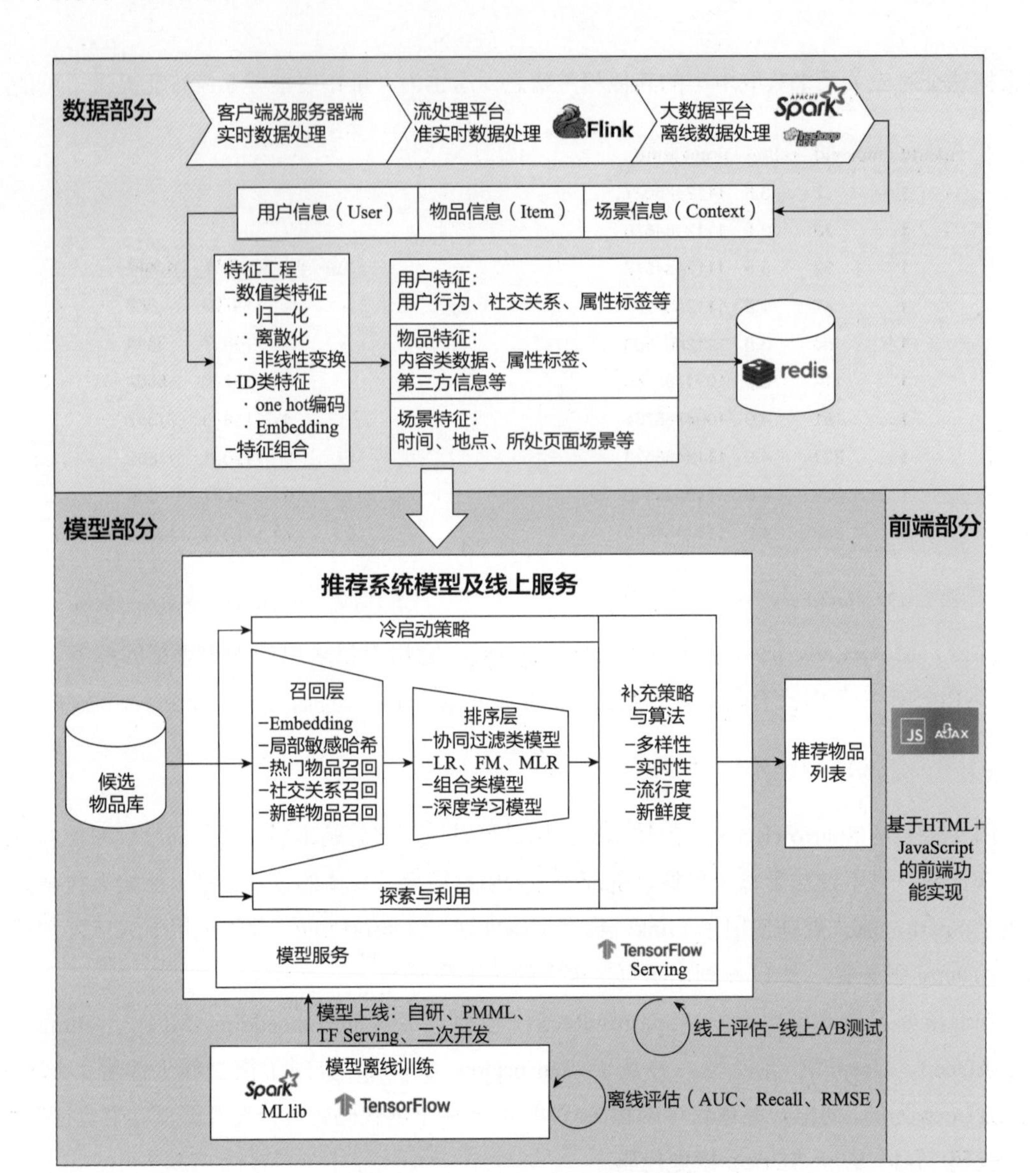

图 11-21 SparrowRecSys 的技术架构

表 11-6 SparrowRecSys 的主要技术选型

模　　型	技术点	涉及工具
数据部分	Spark 进行批量特征处理	Spark
	Flink 进行流式数据处理	Flink
	Redis 保存线上推荐服务器所需特征	Resis
	HDFS 保存离线训练所需训练样本和特征	HDFS
模型部分	使用 Spark MLlib 训练 Embedding 和传统推荐模型	Spark MLlib
	使用 TensorFlow 训练深度学习推荐模型	TensorFlow
	使用 MLeap、TensorFlow Serving 进行模型上线和在线推断	MLeap、TensorFlow Serving
	使用 Jetty 搭建推荐服务器	Jetty
前端部分	使用简单的 HTML 和 JavaScript 实现前端用户体验部分	HTML、JavaScript

除了模型部分，SparrowRecSys 中还包括基于 Spark 实现的特征处理和样本生成模块、利用 Flink 实现的特征流式更新模块、利用 Jetty 开发的推荐服务器、利用 Redis 实现的线上特征存储模块、利用 AJAX 实现的前端页面等。SparrowRecSys 端到端地实现了一个深度学习推荐系统几乎所有的主要功能，希望读者，特别是刚入行的从业者能够全面地积累工程经验，在代码中把本书的知识融会贯通。

11.5 Meta 生成式推荐模型 GR 的工程实现

3.5 节介绍了 Meta 最新的生成式推荐模型 GR，探讨了 GR 的特征工程和新的模型结构 HSTU。相比传统的深度学习推荐模型，GR 的参数量大幅增加，在提升推荐效果的同时，也将推高模型的训练成本和推理成本，这对强调线上响应速度和并发度的推荐系统来说不是好消息。为了让 GR 落地，Meta 的工程师使用了诸多工程技巧。本节，笔者将着重介绍 Meta GR 的工程实现方案。

11.5.1 GR 的高效训练方式——从曝光级别样本到生成式样本

传统的推荐模型训练方式一般是基于曝光级别样本训练的。最常见的做法是把曝光未点击数据当作一个负样本，把点击数据当作一个正样本。假如一个用户在一次会话中看到了 20 个曝光物品，产生了 1 次点击行为，那么，曝光级别的样本数量就是 20 个（19 个负样本和 1 个正样本）。

GR 是生成式模型，预测的是用户的下一次行为，并以用户的历史行为序列作为输入特征。因此，GR 是在一次会话完全结束后再生成样本的，会话内部的所有行为都将作为行为序列的一部分，并没有正负样本的区别。而用户的一次会话到底产生几个训练样本是由样本的采样策略决定的。根据 GR 的论文描述，对于一个用户 i，如果该用户的行为序列长度是 n_i，则采样率是 $1/n_i$。也就是说，每个用户其实只会生成一个训练样本。另外，论文中提到的样本都是在用户一次会话结束后生成的，因此可以推测，用户的一次会话正好生成了一个样本。假设会话中有 20 个点击和曝光行为，那么 GR 的样本量就由原来的 20 个减少到 1 个，这无疑降低了模型训练量，很好地体现了生成式模型的优势。

结合笔者的经验，我们有理由相信 Meta 在训练 GR 模型时，只把高价值的点击、购买等用户行为放入行为序列，不把低价值的曝光行为放入行为序列，进一步减小单条样本的“体积”，从而进一步提高训练效率。

11.5.2 GR 的高并发模型推理方法——M-FALCON

高效的训练方式解决训练效率问题，而要想在模型线上服务过程中降低延时和系统消耗，就必须使用新的模型推理方法。GR 给出的解决方法是 M-FALCON——一种并发模型推理方法。

传统推荐模型进行线上推理需要对候选集中的每一个候选物品逐个推理。在候选物品集很大时，容易造成较长的推理延迟和系统负担。模型复杂度的提升，使 GR 在进行单次线上推理时的延迟和系统开销比传统模型高。如果可以通过一次推理生成一批候选物品的预估得分，就可以把总的延迟降下来。将串行的推理方法改成并行的推理方法，这就是 M-FALCON 的基本思路。

图 11-22 描述了 M-FALCON 方法的具体过程。假设候选物品集的规模是 m，先将 m 个候选物品分成 b_m 个批次，每个批次进行一次推理，得到这一批次内所有候选物品的预估得分。这样，原来的 m 次推理就可以降低到 b_m 次。假设一个批次包含 100 个候选物品，推理的次数就可以降低到原来的 1/100。

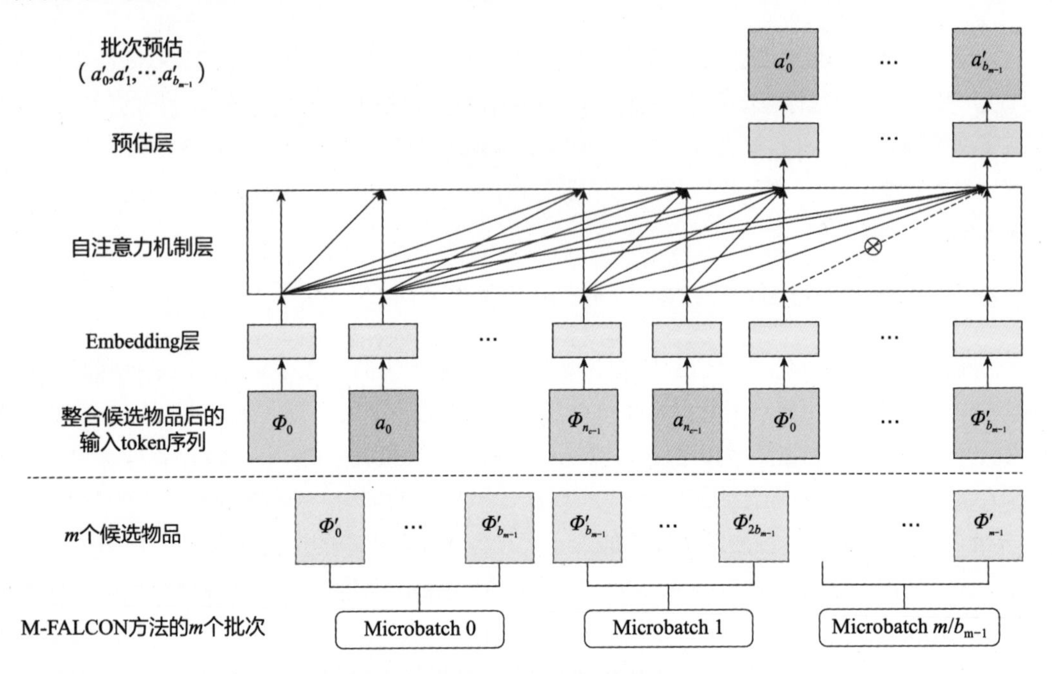

图 11-22 M-FALCON 方法的具体过程

在一次推理过程中，先把这一批次的候选物品逐个添加到用户的行为 token 序列，也就是图中深蓝色的 Φ'_0 到 Φ'_{bm-1}。然后，利用生成式模型的特点，让模型对新组成的用户序列进行一次推理，就可以直接生成新添加的所有候选物品的预估得分。

读者肯定会有疑问："序列模型对行为序列的处理过程是由自注意力机制起作用的，前面的行为会对后面的行为产生影响，如何保证新加入的候选物品之间不产生影响呢？"为了保证候选物品的先后顺序不对候选物品的得分产生影响，M-FALCON 方法特意抹去了候选物品之间的自注意力连接，如图 11-22 中自注意力机制层中的虚线所示，候选物品之间的连接是被删除的，留下的只有用户历史行为 token 到每个候选物品的连接，这就保证了每个候选物品的预估得分是"位置无关"的。

Meta 的工程师提到，通过 M-FALCON 加速，能够将 GR 的推理速度提升 700 倍。线上效果提升 12.4%，GR 的模型复杂度相比传统深度学习模型提升了 285 倍，采用 M-FALCON 的模型线上能够扛住的 QPS（Queries Per Seconds，每秒请求数）提升了近 3 倍，这是生成式模型的模型特点和 M-FALCON 方法结合的神奇之处。

11.5.3 GR 的其他工程优化方法

除了新的训练方式和推理方式，GR 还采用了很多工程优化方法来提升模型效率，例如用户行为 token 序列的稀疏性优化，HSTU 的结构和工程优化等手段，这些优化手段共同促成了 GR 在生成环境的成功。

用户行为 token 序列的稀疏性优化主要指对长序列进行采样，确保用户行为序列长度不超过 L。这样做既可以提高模型训练和推理时的速度，也可以降低模型训练的内存开销，保存训练样本的存储开销。

从另一个角度看，Meta 敢于对用户行为序列进行采样主要是基于对用户行为的洞察。对于拥有较长历史行为的用户，他们的行为往往具有重复性。例如，Facebook 的活跃用户每周观看的帖子、新闻、视频类型和兴趣点都比较近似，没有必要引入所有行为来训练模型。而对于不活跃的用户，他们的每一个行为都很宝贵，由于序列长度较短，所有行为都可以保存下来。

具体的采样方式有以下几种。

（1）贪心采样：选择用户最近的 L 个交互行为。

（2）随机采样：在用户的全行为序列上随机采样 L 个行为。

（3）特征权重采样：用户最近的交互行为权重最高；越久远的交互行为权重越低。把权重进行归一化后作为采样概率，采样 L 个行为。

最终，Meta 根据模型效果选择了特征权重采样。

HSTU 结构和工程优化的主要目的是降低模型的复杂度和模型对内存的使用。相比经典的基于 Transformer 的大模型，HSTU 的优化主要有以下几点。

（1）HSTU 将注意力机制之外的线性层数量从 6 个减少到 2 个。

（2）HSTU 进行了算子融合优化。

（3）将训练模型使用的 Adam 优化器改为 rowwise AdamW 优化器，降低存储词表和 Embedding 的内存占用。

（4）通过将优化器状态存储在 DRAM 上，减少内存使用带宽，将每个浮点数的内存使用带宽从 12 字节减少到 2 字节。

通过上述一系列优化，GR 的训练速度提升了将近 15.2 倍，线上推理延迟降低到了原来的 1/5。

11.5.4 大模型工程优化的重要性

3.5 节介绍了 GR 的模型创新，本节介绍了 GR 的工程创新。这两节合起来完整地覆盖了 GR 的技术方案。整体上，GR 的关键指标是非常引人注目的。这背后的功劳来自模型与工程联合创新和优化。没有模型的创新，就没有线上效果的提升；没有工程上的联合优化，就不可能让模型在生成环境落地。这不禁让笔者联想到 2025 年初 DeepSeek 的成功。理论上，DeepSeek 并没有提出颠覆性的模型结构，但对 GPU 的使用方式从 CUDA 迁移到 PTX，使工程师们可以通过大量细粒度优化提升模型的训练效率，让大模型的算力消耗降低到原来的 1/10。这一成就的内核逻辑其实和 GR 是一致的——用极致的工程创新“托起”大模型落地的希望。在 GR 开启推荐模型新范式之时，无论怎样强调大模型工程优化的重要性都不为过。

参考文献

[1] COVINGTON P, ADAMS J, SARGIN E. Deep Neural Networks for YouTube Recommenders[C]//Proceedings of the 10th ACM Conference on Recommender Systems. 2016.

[2] GRBOVIC M, CHENG H. Real-time Personalization using Embeddings for Search Ranking at Airbnb[C]//Proceedings of the 24th ACM SIGKDD International Conference on Knowledge Discovery & Data Mining. 2018: 311-320.

[3] HALDAR M, ABDOOL M, RAMANATHAN P, et al. Applying Deep Learning to Airbnb Search[C]//Proceedings of the 25th ACM SIGKDD International Conference on Knowledge Discovery & Data Mining. 2019: 1927-1935.

[4] TAN CH, CHAN A, HALDAR M, et al. Optimizing Airbnb Search Journey with Multi-task Learning[C]//Proceedings of the 29th ACM SIGKDD Conference on Knowledge Discovery and Data Mining. 2023: 4872-4881.

[5] GAI K, ZHU X, LI H, et al. Learning Piece-wise Linear Models from Large Scale Data for AD Click Prediction[EB/OL]. arXiv preprint arXiv: 1704. 05194 , 2017.

[6] ZHOU G, ZHU X, SONG C, et al. Deep Interest Network for Click-through Rate Prediction[C]//Proceedings of the 24th ACM SIGKDD International Conference on Knowledge Discovery & Data Mining. 2018.

[7] ZHOU G, MOU N, FAN Y, et al. Deep Interest Evolution Network for Click-through Rate Prediction[C]// Proceedings of the AAAI Conference on Artificial Intelligence. 2019, 33.

[8] PI Q, BIAN W, ZHOU G, et al. Practice on Long Sequential User Behavior Modeling for Click-through Rate Prediction[C]//Proceedings of the 25th ACM SIGKDD International Conference on Knowledge Discovery & Data Mining. 2019.

[9] PI Q, ZHOU G, ZHANG Y, et al. Search-based User Interest Modeling with Lifelong Sequential Behavior Data for Click-through Rate Prediction[C]//Proceedings of the 29th ACM International Conference on Information & Knowledge Management, 2020: 2685-2692.

[10] SHENG XR, ZHAO L, ZHOU G, et al. One Model to Serve All: Star Topology Adaptive Recommender for Multi-domain CTR Prediction[C]//Proceedings of the 30th ACM International Conference on Information & Knowledge Management, 2021: 4104-4113.

[11] CHAN Z, ZHANG Y, HAN S, et al. Capturing Conversion Rate Fluctuation During Sales Promotions: A Novel Historical Data Reuse Approach[C]//Proceedings of the 29th ACM SIGKDD Conference on Knowledge Discovery and Data Mining, 2023: 3774-3784.

[12] GE T, ZHAO L, ZHOU G， et al. Image Matters: Visually Modeling User Behaviors Using Advanced Model Server[C]//Proceedings of the 27th ACM International Conference on Information and Knowledge Management. 2018.

第 12 章 宏观体系——构建属于你的推荐系统知识框架

本章是全书的最后一章，在结束对所有推荐系统技术细节的讨论之后，希望读者能够回到推荐系统架构上，从更高的角度俯瞰推荐系统整体的知识框架。

笔者在第 1 章描述推荐系统的技术架构图时曾提到，读者可以暂时忽略技术架构图中的细节，在心中仅留一个框架，随着不同模块的技术细节逐渐在具体的章节中展开，相信每位读者都会以自己的方式填充心中的技术架构图。

针对某一领域构建属于自己的知识框架是至关重要的，只有建立了知识框架，才能在这个框架的基础上查漏补缺，开枝散叶；只有建立了知识框架，在思考领域相关问题时才能见微知著，深入细节而不忘整体。希望本书不仅为你带来解决推荐系统技术问题的具体方法，还能带来行业内有较高层次的技术视野。

本章将通过 3 种方式回顾本书的所有技术内容，建立它们之间的逻辑联系。

12.1 节将在第 1 章推荐系统技术架构图的基础上，进一步丰富技术细节，形成最终的推荐系统整体知识架构图。

12.2 节将针对架构图中最核心的推荐模型部分，以时间线的方式回顾模型的发展，特别是深度学习模型发展进化的过程。

12.3 节将从推荐系统算法工程师（下文简称为推荐工程师）的角度，谈一谈合格的推荐工程师应该具备的核心素质。

最后的 12.4 节，让我们尝试展望大模型时代给所有推荐系统的从业者带来的挑战和机遇。

12.1　推荐系统的整体知识架构图

图 12-1 是全书总结性的技术框架图，它与图 1-3 相呼应，在其基础上补充了本书涉及的大部分技术细节。

读者可以把该图当作全书的技术索引，看到图中的一个模块，甚至一个名词就能回忆起相应技术要点的细节。对于战时的将军而言，“不谋全局者，不足谋一域”，虽然工程师的职责可能不如将军重要，但心中也不可缺少技术系统的“全局”。只有心中有“全局”，才能在管理“一域”时找到最佳的解决方案，实现真正的全局最优。

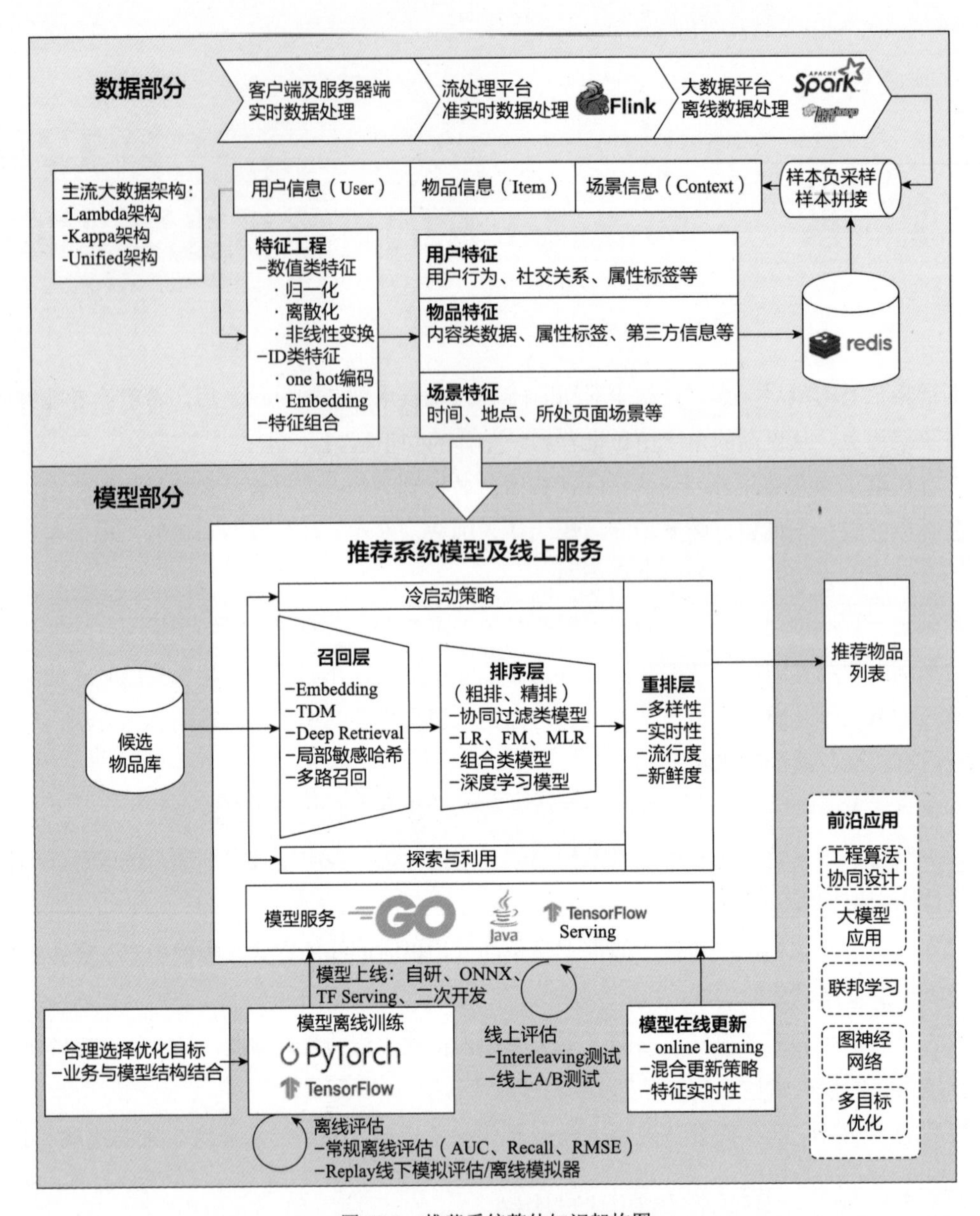

图 12-1 推荐系统整体知识架构图

从另一个角度看，“技术方案永远是多元的，不可能是唯一的”。图 12-1 是多数企业采用的企业级推荐系统架构，但不是唯一的“正确”答案。由于笔者的知识有限，肯定会遗漏一些优秀的技术途径。在实际应用中，我们还应以自己的实际业务和工程环境为出发点，构建最“合适”的而不是最“正确”的推荐系统。

12.2 推荐模型发展的时间线

图 12-2 以时间线的形式总结了本书涉及的推荐模型的发展历程。

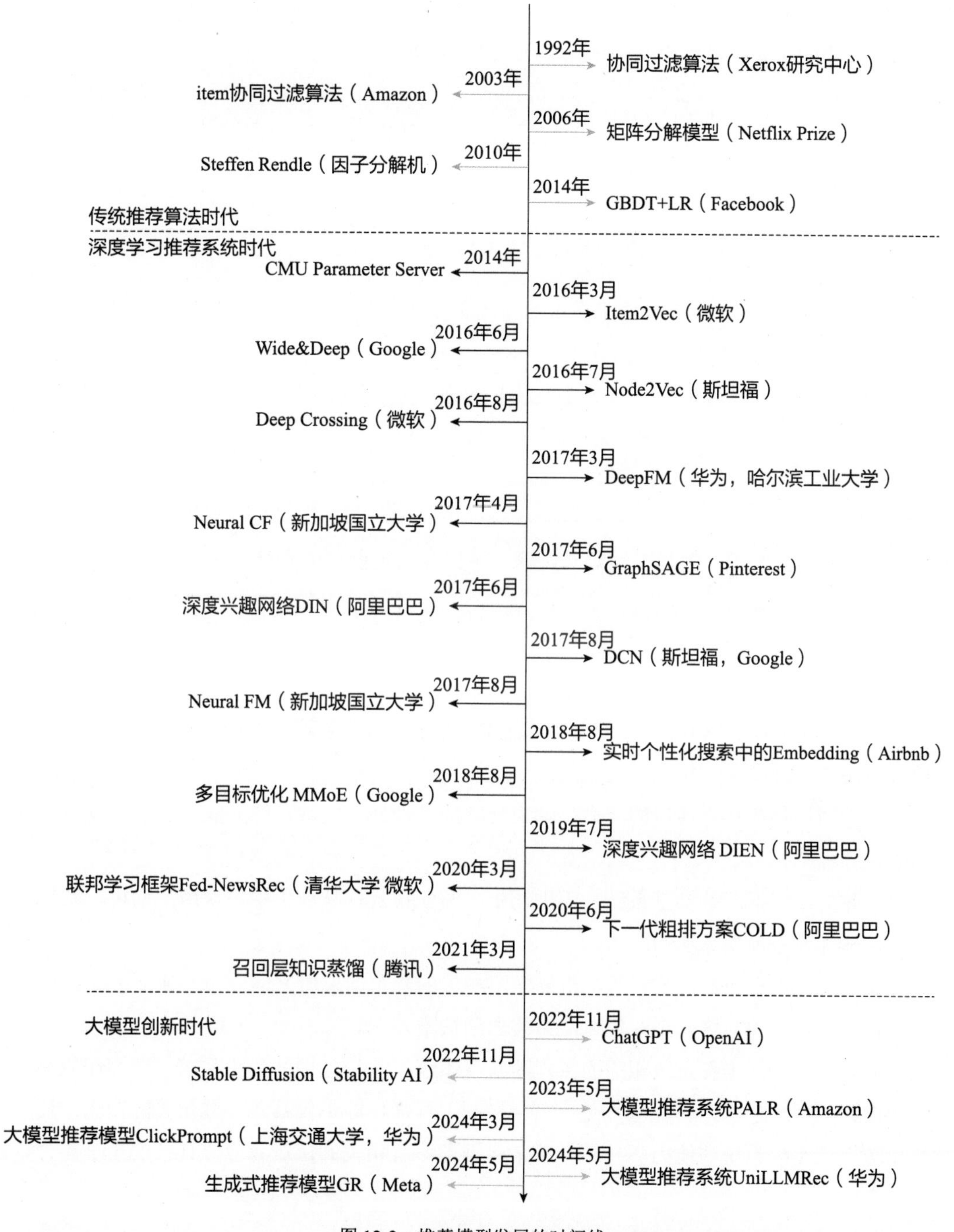

图 12-2　推荐模型发展的时间线

读者可以从图 12-2 所示的时间线中清晰感受到推荐系统技术发展的脉络。从 2016 年开始，深度学习推荐模型加快了迭代演化的速度，同时越来越多优秀的互联网公司参与进来，带来了诸多业界最佳实践。深度学习推荐模型快速发展到 2020 年，此时模型结构已经足够复杂，模型优化的红利逐渐被“吃”尽，越来越多的“算法—工程协同设计”的工作成果涌现出来，进一步挖掘推荐系统整体优化的潜力。到 2022 年 ChatGPT 出现之后，将大模型与推荐系统结合的思路成为新的创新点，进一步推动推荐系统技术的发展。

就在笔者写作本书的同时，一定又有很多优秀的技术方案被提出和应用。书本的内容是静态的，但技术的发展是动态的，对于更前沿的内容，还需要读者不断追踪学习，并结合自己遇到的问题积极思考。

12.3 如何成为一名优秀的推荐工程师

作为一名推荐工程师，笔者希望在本节与读者探讨优秀的推荐工程师应具备哪些基本素质。在算法、工程与大模型协同创新的时代，一名优秀的推荐工程师不仅应擅长机器学习相关知识，更应该从业务实践的角度出发，提升技术联系业务、协同各技术方向进行全局优化的能力。

12.3.1 推荐工程师的 4 项能力

抛开具体的岗位需求，从稍高的角度看待这个问题，一名推荐工程师的技术能力基本可以拆解成 4 个方面：**知识、工具、逻辑和业务**。下面具体说明这 4 项能力指的是什么。

（1）**知识**：主要指推荐系统相关知识和理论的储备，比如主流的推荐模型、Embedding 的主要方法等。

（2）**工具**：是指运用工具将推荐系统的知识应用于实际业务的能力。推荐系统相关的工具主要包括 TensorFlow、PyTorch 等模型训练工具，Spark、Flink 等大数据处理工具，以及一些模型服务相关的工具。

（3）**逻辑**：包括举一反三的能力、解决问题的条理性、发散思维的能力、聪明程度、通用算法的熟练程度。

（4）**业务**：包括理解推荐系统的应用场景、商业模式；从业务中发现用户动机，制定相应的优化目标并改进模型算法的能力。

如果用技能雷达图的形式展示与机器学习相关的几个职位所需的能力，则大致如图 12-3 所示。读者可以初步体会这几个职位对能力需求的细微差别。

简单来说，任何推荐系统相关的工程师都应该满足 4 项技能的最小要求，因为在成为一名优秀的推荐工程师之前，首先应该是一名合格的工程师，即不仅具备领域相关的知识，还具备把知识转换成实际系统的能力。在笔者看来，推荐系统相关的从业者应该具备的最小能力要求如下。

（1）**知识**：具备基本的推荐系统领域相关知识。

（2）**工具**：具备编程能力，了解推荐系统相关的工程实践工具。

（3）**逻辑**：具备算法基础，思考的逻辑性、条理性较强。

（4）**业务**：对推荐系统的业务场景有所了解。

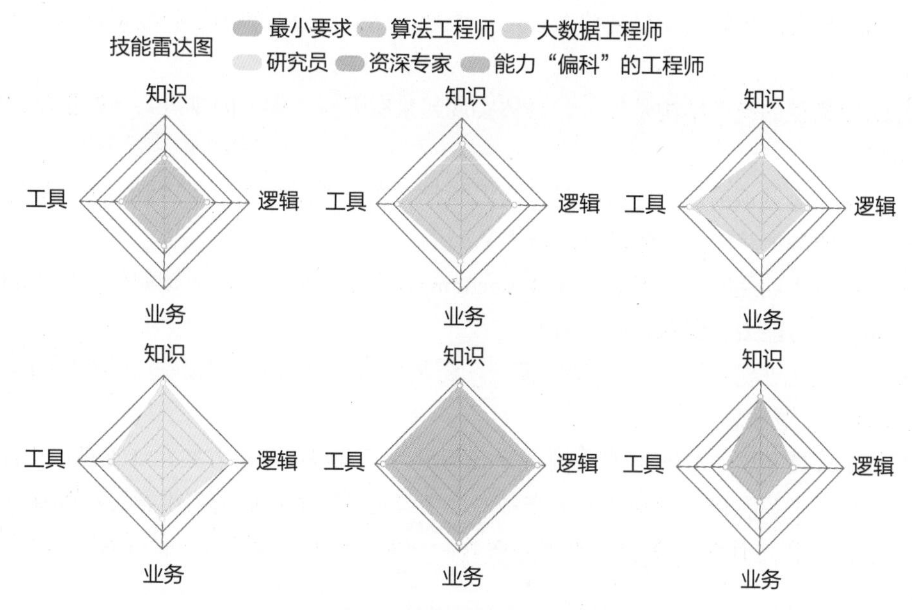

图 12-3　机器学习相关岗位技能雷达图

在最小要求的基础上，不同岗位对能力的要求也有所不同。结合图 12-3 所示的技能雷达，不同岗位对能力的要求如下。

（1）**算法工程师**：对算法工程师的能力要求是相对全面的。作为算法模型的实现者和应用者，算法工程师要求有扎实的机器学习基础、实现和改进算法模型的能力、对工具的运用能力以及对业务的敏锐洞察力。

（2）**大数据工程师**：更注重大数据工具和平台的改进，需要维护推荐系统相关的整个数据链路，因此对运用**工具**的能力要求最高。

（3）**算法研究员**：担负着提出新算法、新模型结构等研究任务，因此对算法研究员的**知识**和**逻辑**能力的要求最高。

（4）**能力“偏科”的工程师**：有些读者平时不注重对工具的使用和业务理解方面的知识积累，找工作时临时抱佛脚恶补知识、刷算法题，这在一些面试场合下也许是奏效的，但要想成为一名优秀的推荐系统工程师，还需要补齐自己的能力短板。

12.3.2　能力的深度和广度

在一项具体的工作面前，优秀的推荐系统工程师所具备的能力应该是综合的——能够从深度和广度两个方面提供解决方案。例如，公司希望改进目前的推荐模型，于是你提出了以 DIN 为主要结构的模型改进方案。这就要求你在深度和广度两个方面对 DIN 的原理和实现方案有全面的了解。

在深度方面，需要了解从模型动机到实现细节的一系列问题，例如，如下从概括到具体的学习路径。

（1）DIN 模型提出时的动机是什么？是否适合自己公司当前的场景和数据特点？（**业务**理解能力）

（2）DIN 模型的模型结构是什么？具体实现起来有哪些工程上的难点？（**知识**学习能力、**工具**运用能力）

（3）DIN 模型强调的注意力机制是什么？为什么在推荐系统中使用注意力机制能够有效果上的提升？（**业务**理解能力、**知识**学习能力）

（4）DIN 模型将用户和商品进行了 Embedding。在实际使用中，应该如何实现 Embedding 过程？（**知识**学习能力、**逻辑**思维能力）

（5）是通过改进现有模型实现 DIN 模型，还是使用全新的离线训练方式训练 DIN 模型？（**工具**运用能力、**逻辑**思维能力）

（6）线上部署和服务 DIN 模型有哪些潜在问题，又有哪些解决方案？（**工具**运用能力）

从这个例子中读者可以看到，一套完备的模型改进方案的形成需要推荐工程师深入了解新模型的细节。没有进行深入钻研，改进方案就会在实现过程中遇到方向性的错误，增加纠错成本。

推荐工程师除了要深入了解所采用技术方案的细节，还需要广泛了解各种可能的备选方案的优劣，通过综合权衡得出当前客观环境下的最优解。仍以上面的模型改进为例，推荐工程师应该从以下方面在广度上增加知识储备：

（1）与 DIN 类似的模型有哪些？是否适合当前的使用场景？

（2）DIN 模型使用的 Embedding 方法有哪些？不同 Embedding 方法的优劣是什么？

（3）训练和上线 DIN 的技术方案有哪些？如何与自己公司的技术栈融合？

在深入了解了一个技术方案的前提下，对其他方案的了解可以是概要式的，但也要清楚每种技术方案的要点和特点，必要时可通过 A/B 测试、业界交流与咨询、原型系统实验等方式排除候选方案，确定目标方案。

除此之外，在工程和理论之间权衡的能力也是推荐工程师不可或缺的技能点之一。只有具备了这一点，才能在现实和理想之间进行合理的妥协，提出成熟的技术方案。

综上所述，想要成为一名优秀的推荐工程师，应该在知识、工具、逻辑、业务这 4 个方面综合提高自己的能力，对某一技术方案应该有“深度”和“广度”上的技术储备，在客观技术环境的制约下，针对问题做出权衡和取舍，最终得出可行且合理的技术方案。

12.4 大模型时代的挑战与机遇

大模型时代对搜索、广告、推荐（下文简称“搜广推”）行业的工程师们提出了新的挑战，特别是在新的行业环境下，公司与公司之间、团队与团队之间、个人与个人之间都面临着更大的竞争压力。我们应该如何处理好这些压力，化挑战为机遇，从竞争中脱颖而出呢？笔者的建议有三个方面：**一是技术上“拥抱变化”，二是视野上“高屋建瓴”，三是主观上增强自己的“软实力”**。

1. 技术上“拥抱变化”

身处这样一个高薪高压的行业，从业者要摒弃拥有一把“金斧头”就永远高枕无忧的幻想。从本书的技术发展脉络中，相信读者能够清晰地感受到技术趋势变化之迅速、行业发展之迅猛。作为从业者的我们不得不紧跟技术发展的潮流。但面对大模型时代全新的技术栈，笔者并不建议从业者频繁地变换方向，这样无异于放弃多年的技术积累，从零开始。我们要坚信的是，“搜广推”仍然是互联网的第一变现途径，这个行业的容量仍然足够大，天花板足够高。我们应该做的是**在已有的“搜广推”技术优势之上，深入思考如何把大模型的技术趋势融入已有的推荐系统框架中**。这才是立足自身技术优势，拥抱变化的正确“姿势”，也应该是每位互联网从业者延长自己职业生涯的正确思路。另外，**我们应该辩证地看待新技术革命，虽然新技术意味着不确定性和新的挑战，但只有变化才能带来新机会，职业发展才能有新空间**。我们不能一边抱怨机会少、发展慢，一边又畏惧变化，畏惧新事物，这样的心态是不符合逻辑的。**职业发展的快车道永远青睐能够拥抱不确定性的人**。

2. 视野上“高屋建瓴”

推荐系统发展到今天，各模块的技术积累已经非常深厚。例如，单独讨论召回层的技术，各种各样的召回算法层出不穷，不断突破召回效果和工程效率的极限。笔者曾在本书中一再强调，在深度学习推荐系统 2.0 时代，进一步的优化机会存在于模块之间，存在于系统整体之上，因此我们才有了 COLD、EdgeRec 等一批工程和算法协同优化的优秀方案。在大模型时代，大模型如何与推荐系统结合，到现在仍然没有最优解。华为的 UniLLMRec、Meta 的 GR 揭开了大模型推荐系统实践的序幕，但能否演变为一场颠覆深度学习推荐系统的革命，仍需要时间验证。笔者相信，一个优秀的大模型推荐系统方案肯定是兼顾工程效率和算法效果的全局性优化方案。从工程师素质的角度来看，联合优化的思路对我们提出了更高的要求，在对推荐系统架构和新技术趋势了然于胸的基础上，**我们必须在视野上高屋建瓴，打通思维的“任督二脉”，把各个模块串联起来思考。只有这样，才能找到新的技术增长点**。

3. 增强“软实力”

技术的变化日新月异，虽然我们不可能找到一把技术的“金斧头”，让自己始终立于不败之地。但人性使然，我相信每一位从业者还是希望有足够宽的职场护城河，让自己能够拥有长久的竞争力。这样的护城河就是我们每个人的“软实力”。在初入职场时，每位年轻人都满怀对技术的渴望，这是好事，也是年轻工程师们应该去追寻的。但随着职级的提高和职业生涯的延续，笔者越来越意识到“软实力”才是保持职场优势的关键。面对不确定性高的项目时的勇气，面对阶段性挫折时的韧性，面对技术转型时的决心，面对项目压力时的毅力，这些重要的品质才是一生最宝贵的财富。从另一个层面讲，工作的真正目的就是提升自己的软实力，让你成为一个更加优秀的人。当我们成为一个更优秀的人时，我们不仅能在技术问题上更加得心应手，相信即使转到其他领域，在其他职业方向上，也能取得成功。相信当你真的能够潜下心来冷静观察身边真正优秀的人时，一定能够明白笔者这段话的含义。